21世纪高等学校计算机教育实用规划教材

网页设计
综合实践教程

蔡宗吟　杜丽君　张贵红　主　编
杨　霞　李　勤　副主编

清华大学出版社
北京

内容简介

本书围绕网站开发和网页设计，重点介绍了基于 Dreamweaver CS6 平台进行网页制作的知识与技术，以及利用网页设计辅助工具 Photoshop CS6 和 Flash CS6 进行网页素材制作的方法与技巧。全书共 9 章，从介绍网页设计基础知识开始，深入浅出地展示了 Dreamweaver CS6 基础与网站制作过程、Photoshop CS6 图片处理与网站素材制作、Flash CS6 动画制作与网站素材制作，最后以网站规划与设计完美诠释了网站设计理念、方法和制作的全过程。

本书采用项目驱动教学模式思路，以项目开发为教学框架，引导学生进行案例分析、案例制作，以及网页知识和技术的学习。全书内容衔接自然，紧密度高，主题案例贯穿始末，能够让读者在掌握网页知识和设计技术的同时，对网站开发与设计有整体清晰的认识和把握。

本书可作为计算机专业和非计算机专业学生学习网页设计的入门教材，也可作为网站开发与制作爱好者的自学参考用书。

图书在版编目（CIP）数据

网页设计综合实践教程/蔡宗吟，杜丽君，张贵红主编. —北京：清华大学出版社，2018 (2024.2重印)
(21 世纪高等学校计算机教育实用规划教材)
ISBN 978-7-302-51872-3

Ⅰ. ①网… Ⅱ. ①蔡… ②杜… ③张… Ⅲ. ①网页制作工具－高等学校－教材 Ⅳ. ①TP393.092

中国版本图书馆 CIP 数据核字(2018)第 275340 号

责任编辑：贾 斌 薛 阳
封面设计：常雪影
责任校对：胡伟民
责任印制：沈 露

出版发行：清华大学出版社
网 址：https://www.tup.com.cn，https://www.wqxuetang.com
地 址：北京清华大学学研大厦 A 座　　**邮 编**：100084
社 总 机：010-83470000　　**邮 购**：010-62786544
投稿与读者服务：010-62776969，c-service@tup.tsinghua.edu.cn
质量反馈：010-62772015，zhiliang@tup.tsinghua.edu.cn
课件下载：https://www.tup.com.cn，010-83470236
印 装 者：三河市铭诚印务有限公司
经 销：全国新华书店
开 本：185mm×260mm　　**印 张**：23.75　　**字 数**：582 千字
版 次：2018 年 11 月第 1 版　　**印 次**：2024 年 2 月第 6 次印刷
印 数：8201 ～ 8700
定 价：59.00 元

产品编号：077977-01

计算机网络已成为社会发展和进步的重要推动力。在互联网时代，人们的工作、学习和生活方式与网络紧密联系，甚至还在被日益强大的网络所不断改变。网站作为网络应用的重要平台，早已成为人们进行信息交流的有效途径。各级政府、企业，甚至个人，都在积极地利用网站进行信息推广、形象展示和各类商业活动。作为当代大学生，有必要对网站相关技术进行了解和掌握，以具备一定的计算机技能。

1. 本书主要内容

本书从介绍网站基础知识出发，以“嘉州文化长廊”网站项目作为教材框架，融会贯通地介绍了 Dreamweaver CS6、Photoshop CS6 和 Flash CS6 的理论和实践操作。整本书通过大量的案例和示例，系统性地介绍了网站设计前端技术。

第 1 章：网页设计基础知识，向读者提供全面的网站设计理论知识。

第 2 章：Dreamweaver CS6 基础入门，帮助读者快速掌握 Dreamweaver CS6 的基本操作界面、站点管理，并能制作简单的图文并茂的页面。

第 3 章：Dreamweaver CS6 网页综合设计，帮助读者熟练掌握网站布局工具表格和 DIV＋CSS，同时指导读者进行超链接应用。

第 4 章：网页设计高级应用，帮助读者了解交互式技术，如表单。学习 CSS3 和 JavaScript，提高用户网页体验。

第 5 章：Photoshop CS6 基础入门，介绍 Photoshop CS6 的基本操作和版本新增功能。

第 6 章：Photoshop CS6 图像处理，通过示例演示对选区、图层等知识进行介绍，实现“嘉州文化长廊”网站所需图片素材制作，如网站 Logo 和 Banner 的制作。

第 7 章：Flash CS6 动画设计基础，介绍 Flash 动画基础和基本工具的使用方法。

第 8 章：Flash CS6 动画制作，通过示例演示对各类动画进行介绍，从而实现“嘉州文化长廊”网站动画 Banner 制作和“乌木文化”广告动画制作。

第 9 章：网站的规划与设计，以“王阳明心学网站”为例，引导读者对前面所学理论和实践操作知识进行综合性运用，从而具备独立制作网站的能力。

2. 本书特色

本书采用理论＋实践的方式循序渐进地进行各类知识和技术的讲解。

1）项目驱动

从网站站点建设开始，以一个完整网站为例进行系统性的知识和技术讲解，引导读者进行网站搭建，感受真实的项目开发过程，进行有意义的、更具针对性的网页知识和技术的学习。

2）内容衔接紧密

无论是网页设计，还是素材制作，都紧密围绕同一主题网站进行讲解，使知识衔接自然，内容完整，整体更具鲜活力。

3）案例丰富

所有知识点通过案例和示例进行实践操作，使理论和实践完美结合，且每个例子都进行了详细步骤说明，读者能轻松上手，并能举一反三。

4）完备练习

每章后面都备有实践操作练习，以便读者对每节知识进行深度学习和掌握，从而具备灵活运用所学知识和技术的能力。

5）地方特色

本书网站内容具有鲜明的地方特色，以介绍和推广当地各类文化为目的，进行网站知识的讲解，具有一定的社会意义。

本书作者均为高校从事计算机教学的一线教师，为了方便读者学习，本书提供了完整的教学案例素材、综合网站项目、PPT课件、实验练习题目及素材等丰富资源。

本书由蔡宗吟、杜丽君和张贵红任主编，由杨霞、李勤任副主编。其中，第1、2章由杜丽君编写，第3、4章由蔡宗吟编写，第5、6章由李勤编写，第7、8章由张贵红编写，第9章由杨霞编写。全书由蔡宗吟和杜丽君负责项目框架搭建、统稿和定稿工作。另外，苏炳均、秦洪英、李林、李彬等也参与了本书的策划、编写及审稿工作。整本书的编写工作还得到了乐山师范学院教务处、计算机科学学院领导的大力支持，在此一并感谢。

由于编者水平有限，书中难免出现纰漏和不足之处，欢迎广大读者批评指正。

编　者

2017年8月

目　录

网页设计基础知识

现代社会网络无处不在，信息高效、迅速地传递，各类资源的共享使得人们越来越依赖网络。网络上展示和传递信息的方法有很多，而网站则是在网络上展示信息的最常见平台。到底什么是网站，网站应该怎么规划制作，从制作到用户能浏览需要用到哪些工具，这些都是本章需要了解的内容。

1.1 网络基础知识

1.1.1 WWW 简介

WWW 是 World Wide Web 的缩写，中文名为“万维网”，通常简称为 Web。WWW 是建立在 Internet 上的一种网络服务，为浏览者在 Internet 上查找和浏览信息提供了图形化的、易于访问的直观界面。WWW 是建立在客户/服务器模型之上的，分为 Web 客户端和 Web 服务器程序，让用户利用 Web 客户端(常用浏览器)访问浏览 Web 服务器上的页面。WWW 是以 HTML(HyperText Markup Language，超文本标识语言)与 HTTP(Hypertext Transfer Protocol，超文本传输协议)为基础，页面利用 HTML 编写，使用 HTTP 在 Internet 中传输各种超文本页面和数据。由于 WWW 由众多的网站构成，网站又分布在连接在 Internet 中的不同计算机中，为了准确地打开网站，给每一个网站设定了一个 URL(统一资源定位符)，用户可通过 URL 对网站信息资源进行访问，这些资源通过 HTTP 传送给用户。

WWW(万维网)并不等同于 Internet(互联网)，万维网只是互联网所能提供的服务其中之一，是靠着互联网运行的一项服务。万维网是无数个网络站点和网页的集合，它们在一起构成了 Internet 最主要的部分(Internet 也包括电子邮件、Usenet 以及新闻组)。它实际上是多媒体的集合，是由超级链接连接而成的。我们通常通过网络浏览器观看的，就是万维网的内容。

1.1.2 什么是 HTTP、URL 和域名

1. HTTP

HTTP 是 HyperText Transfer Protocol 的缩写，中文名为“超文本传输协议”。HTTP 是互联网上应用最为广泛的一种网络协议，其作用是从 WWW 服务器传 HTML 到本地浏

览器。所有的 WWW 文件都必须遵守这个标准。

在 Web 应用中,服务器把网页传给浏览器并不是直接将整个网页传送给浏览器,而是把网页的 HTML 代码通过 HTTP 发送给浏览器,当浏览器读取到 HTML 源码后,它会解析 HTML 显示页面,然后根据 HTML 里面的各种链接,再发送 HTTP 请求给服务器,拿到相应的图片、视频、Flash、JavaScript 脚本、CSS 等各种资源,最终显示出一个漂亮完整的页面。这种传输方式使得浏览器更加高效,使网络传输数据减少。这样不仅保证了计算机正确快速地传输超文本文档,还可以确定传输文档中的哪一部分,以及哪部分内容首先显示(如文本先于图形)等。

2. URL

URL 是 Uniform Resource Location 的缩写,中文名为"统一资源定位符"。现实生活中为了能准确定位建筑,会给每一个建筑设定一个门牌地址。网页也类似,为了能准确打开每个网页,需要给网页设定一个唯一的 Internet 地址,也就是 URL。URL 定义了一种统一的格式来描述各种信息资源,作为网络资源的标准名称,使用一系列的信息标识来帮助我们定位网络资源(包括文件、服务器的地址和目录等),同时也告诉我们如何来获取资源以及浏览器应该怎么处理它。当你在浏览器的地址框中输入一个 URL 或是单击一个超级链接时,URL 就确定了要浏览的地址,浏览器通过 HTTP 将 Web 服务器上站点的网页代码提取出来,并翻译成网页。

URL 的格式由以下三部分组成。

(1) 访问协议类型。表示采用什么协议访问哪类资源,以便浏览器决定用什么方法获得资源。

(2) 存有该资源的主机地址。可以是 IP 地址,也可以是域名地址,有时也包括端口号。

(3) 主机资源的具体地址,就是路径和文件名等。如果省略文件路径,则表示定位于 Web 服务器的主页,其文件名通常是 index. htm。

例如:http://c. lstc. edu. cn/,ftp://210. 41. 166. 191。

例子中"http"和"ftp"表示协议类型,"http"表示采用超文本传输协议 HTTP 访问 WWW 服务器,"ftp"表示通过文件传输协议 FTP 访问 FTP 服务器。"c. lstc. edu. cn"表示域名地址,"210. 41. 166. 191"表示 IP 地址。

3. 域名

URL 地址中的一部分是主机地址,主机地址可以是 IP 地址也可以是域名地址。IP 地址是由一串二进制数组成的,不方便记忆。为了让用户能快速记住主机地址,Internet 引入了域名服务。

域名(Domain Name)是由一串用点分隔的字符(可以是数字、字母和其他符号)组成的 Internet 上某一台计算机或计算机组的名字,用于在数据传输时标识计算机的电子方位(有时也指地理位置,地理上的域名指代有行政自主权的一个地方区域)。每个域名地址都对应了一个 IP 地址,相对于纯数字的 IP 地址来说,加入了字母等字符的域名让主机名字变得更加形象,也更便于用户记忆。

DNS是Domain Name System的缩写，中文名称是“域名系统”，是专门提供域名服务的系统。域名系统采用的是层次结构的命名方式，基本结构为：计算机名.网络名.机构名.最高域名。圆点“.”分隔开的每个部分为一个子域名，最右的域名为最高层次域名，从右到左依次降低。互联网上的网站太多，域名地址数目有限，因此域名服务机构制定了一系列域名来表示一些国家（或者地区）和机构，以满足市场需求。例如，域名地址“c.lstc.edu.cn”，最右边的“cn”为顶级域名，表示“中国”；“edu”是次一级域名，表示“教育机构”；“lstc”是乐山师范学院英文名称LeShan Normal University的缩写；“c”是乐山师范学院计算机科学学院的计算机名。通过以上的解析看出，域名可以清楚地表明该网站的位置。

1.2　了解网页与网站

在网络发达的现代社会，人们通过计算机、手机等各类手段在网上冲浪。大部分人在上网时都会打开网站，浏览网页。那么到底什么叫网页，什么是网站呢？下面就一起来了解网页和网站的概念。

1.2.1　网页

1. 概念

网页是一个包含HTML标签的文本文件，构成网页的元素有文字、图片、表格、声音、动画等。在查看网页源文件时会发现，网页内容只有文字没有任何图片、动画等，那为什么我们在浏览网页时又能看到图片、动画这些多媒体信息呢？实际网页通过各式各样的标记对页面上的文字、图片、动画、声音等元素进行描述（例如字体、颜色、大小、图片的位置等），而浏览器则对这些标记进行解释并生成页面，最后得到在浏览器中所看到的页面。网页文件中并没有真正地存放有图片、动画等非文字素材，存放的只是图片、动画等的链接位置，图片、动画等多媒体文件与网页文件是互相独立存放的，甚至可以不在同一台计算机上。

网页就类似活页笔记本中的一页，每一页记载的内容是有限的，为了能展示更多的信息就会制作很多的网页，网页和网页之间用超链接的方式关联起来。

网页修改和编辑可以用记事本也可以用专门的网页编辑软件（如Dreamweaver等），查看网页效果则是通过浏览器来实现的。

2. 分类

网页分为静态网页和动态网页两类。

1）静态网页

静态网页其内容是预先确定的，通常是纯HTML格式的网页文件，文件扩展名是.htm、.html、.xml等。静态网页是网站建设的基础，早期的网站一般都是由静态网页制作的，存储在Web服务器或者本地计算机/服务器中。静态网页相对更新起来比较麻烦，适用于一般更新较少的展示型网站。静态网页是相对于动态网页而言，是指没有后台数据库、不含程序和不可交互的网页，网页内容可以包含文本、图像、声音、Flash动画、客户端脚本和

ActiveX 控件及 Java 小程序等。出现各种动态的效果，如 GIF 格式的动画、Flash 动画、滚动字幕等，但没有后台数据库的网页仍然是静态网页。

静态网页的特点是：制作简单，浏览速度快。内容相对稳定，通常由文本和图像组成，用于制作一些固定版式的页面或者子页面的内容介绍。静态网页没有数据库的支持不容易修改，更新比较费时费事，在网站制作和维护方面工作量较大，因此当网站信息量很大时完全依靠静态网页制作方式比较困难。由于静态网页相对比较简单，因此对服务器性能要求较低，但对存储压力相对较大。

2）动态网页

动态网页是基本的 HTML 语法规范与 Java、VB、VC 等高级程序设计语言、数据库编程等多种技术的融合，以期实现对网站内容和风格的高效、动态和交互式的管理。因此，从这个意义上来讲，凡是结合了 HTML 以外的高级程序设计语言和数据库技术进行的网页编程技术生成的网页都是动态网页。采用动态网页技术的网站可以实现更多的功能，如用户注册、用户登录、在线调查、用户管理、订单管理等。

所谓动态是指跟静态网页相对的一种网页编程技术。静态网页随着 HTML 代码的生成，页面的内容和显示效果就基本上不会发生变化了，除非修改了页面代码，网页的内容才会变化。而动态网页则不然，页面代码虽然没有变，但是显示的内容却是可以随着时间、环境或者数据库操作的结果而发生改变的。需要注意的是，网页是否有动态效果并不能决定网页是否为动态网页，能与后台数据库进行交互、数据传递的，常以. aspx、. asp、. jsp、. php、. perl、. cgi 等作为文件后缀名的才是动态网页。例如百度的首页、淘宝的首页等就是常见的动态网页。

在制作网页时可以根据需要选择动态网页或者是静态网页，如果只是通过网页来发布一些不需要修改的信息，如公告之类的，可制作为静态网页。如果需要实现搜索、登录等交互式功能的网页则需要通过动态技术来完成，也就是要制作动态网页，并且需要数据库支持。网站可以采用动态网页和静态网页相结合的方式来制作不同需要的网页。

本书重点讲解静态网页的设计与制作。

1.2.2 网站

网站就是由多个相关的展示特定内容的网页组合在一起的集合。网站就类似一个活页笔记本，里面有很多网页，每一个网页都记载有不同的内容，可以删除无效的网页，也可以向网站中添加新的网页，网页和网页之间通过超链接来跳转。

网站由域名、网站空间、程序、模板等元素组成。在浏览器里输入域名地址打开网站时所看到的第一个网页叫作首页或者主页。首页就像网站的大门，往往会被编辑得易于了解该网站，并引导用户浏览网站其他部分的内容。这部分内容一般被认为是一个目录性质，网站有些什么内容，是否更新，都可以通过首页来告诉用户。通常作为首页的文件名是 index、default、main 或 portal 加上扩展名，如常见的静态网站首页名为 index. html。

按照网站主体性质的不同分为个人网站、政府网站、企业类网站、商业网站、教育科研机构类网站、其他非盈利机构网站等。

1.3 网站的规划与设计

在建设网站之前需要对网站进行一系列的分析和规划设计，然后根据分析的结果提出合理的建设方案。网站规划是指在建设网站前对市场进行分析、确定网站的目的和功能，并根据需要对网站建设中的技术、内容、费用、测试、维护等做出规划。

由于每个设计者都有自己的设计理念，用户也有着自己的需求，怎样才能设计出一个合格的网站呢？设计网站时需要注意以下原则。

1. 明确建立网站的目标和用户需求

建立一个网站，首先应该明确网站的类别，以用户需求为导向，考虑好网站目的，网站的功能，用户需要什么，整个设计都应该围绕这些方面来进行。设计网站时不能喧宾夺主，例如要设计一个小说网站，重点是要将小说内容正确清晰地排列好，为了美观在网页上放一大堆精美的图片不仅会拖慢网页打开的速度，还会影响用户阅读效果，这样只会引起用户的反感。不了解网站用户的需求，设计出的网站是毫无吸引力的。

2. 设计总体方案主题鲜明

网页主题是设计传达内容的主要信息。网站应根据用户的要求，以简单明确的语言和画面体现网站的主题，利用一切手段充分表现网站的个性和特点，做到主题鲜明突出，要点明确，设计的定位要始终牢牢地把握住设计主题。

3. 色彩和谐，风格统一

在网页设计中，根据和谐、均衡和重点突出的原则，将不同的色彩进行组合、搭配来构成美观的页面。从设计的技法上来说，重点突出某个色彩因素，可以打破整体色调的单调和沉闷，再将一部分的色彩施以强烈醒目的色彩，能使画面产生凝聚力和一张一弛的表现力，从而刺激视觉引起兴趣，产生生动的色彩形象感。

网站中各个页面要保持统一风格，不要在不同的网页中使用不同的主题风格，风格统一有助于加深用户对网站的印象。要实现风格的统一，并不是每个栏目做得完全一样。可以通过设计统一样式的导航条，各个栏目采用不同的色彩搭配，在保持风格统一的同时再为网站增加一些变化。

4. 导航明朗

在设计网站时，要做一个层次分明的导航系统，尽量使用户知道自己所处的位置，同时，链接层次不要太多，尽量使用户能够用较短的时间找到所需的资料。如果信息量比较大，确实需要建立很多导航链接时，则尽量采用分级目录的方式列出，或者建立搜索的表单，让浏览者通过输入关键字即可进行检索。

5. 打开速度快

通常情况，如果一个网页在20～30s还不能打开，用户就会失去耐心而放弃浏览网页。

网页打开速度除了跟服务器性能和带宽容量有关之外，更多的是与网页文件大小和代码优劣等有直接关系。为了追求美观而大量运用图片和JS程序会严重影响网页的打开速度，因此要尽量避免过度使用。

6. 平台的兼容性

网页是纯文本形式的文件，不同浏览器解读并显示的效果会有差异，因此网站制作好后，最好在不同的浏览器和分辨率下进行测试，基本原则是确保在IE 5以上的版本中都有较好效果，在1024×768和800×600的分辨率下都能正常显示。此外，还需要在网页上尽量少使用Java和ActiveX编写的代码，因为并不是每一种浏览器都能很好地支持它们。

7. 定期更新

网站需要及时更新内容，每隔一定时间还可对版面、色彩等进行改进，让用户对网站保持一种新鲜感，否则就会失去大量的用户。

1.4 网页设计

1.4.1 网页风格设计

网页的风格其实就是网页给浏览者的一个整体形象，这个整体形象是由网页的版面布局、色彩搭配、文字编排和设计、图像的创意与设计、网页的多媒体元素等因素来决定的。对于信息量大的网站来说，页面的布局风格对网站影响较大。信息量小的网站，则可侧重于网站独特的元素（如有特色的导航，特别的布局设计，较大的插图和背景等）。目前比较流行的网页设计风格有以下一些类型。

1. 全屏网页设计

全屏网页设计，利用精心挑选设计的漂亮背景，加上合理的页面布局，视觉冲击力大可很好地吸引观者注意。通常页面内的文字内容不会特别多（所出现的少量文字加上精美的排版将会变得更加吸引人），主要以图片展示为主。虽然页面精美，但是承载信息有限，通常个人网站和产品展示类网站使用此风格较多，而企业类的门户网站则较少使用。

2. 响应式网站设计

由于用户都拥有多种终端：台式计算机、笔记本、平板电脑、手机，页面的设计与开发应当根据用户行为以及设备环境（系统平台、屏幕尺寸、屏幕定向等）进行相应的响应和调整。具体的实践方式由多方面组成，包括弹性网格和布局、图片、CSS media query的使用等。响应式网页设计就是一个网站能够兼容多个终端，而不需要为每个终端做一个特定的版本。这样就可以不必为不断到来的新设备做专门的版本设计和开发了。

3. 扁平化设计

扁平化概念的核心意义是：去除冗余、厚重和繁杂的装饰效果。具体表现在去掉了多

余的透视、纹理、渐变以及能做出3D效果的元素，这样可以让“信息”本身重新作为核心被凸显出来。同时在设计元素上，则强调了抽象、极简和符号化。多数网站使用响应式设计来兼容平板电脑、手机等多平台浏览，而使用扁平化网页会更容易实现这些技术。

4. 无限滚动模式(瀑布流)

当页面内容信息很多时，某些网站设计没有采用分页方式，而是采用一种垂直瀑布流的方式布局。将那些内容垂直排布，当滚轮滚到页面下方时，会自动加载新的内容，无须单击换页，用户可以无缝阅览。例如，在百度搜索图片时，搜索到的图片页面就采取垂直瀑布流的方式显示图片。这种滚动页面方式减少了分页的数量，对于信息量大，每日更新数据快的网站可采用此方案。

1.4.2　网页布局设计

网页中加入了文字、图片、动画，怎样才能合理地把这些元素整合起来，组成一个协调的页面呢？布局就是以最适合浏览的方式将图片、文字、动画等元素排放在页面的不同位置。布局时需要顾忌的事项很多，要注意字间距，文字、图片的数量，颜色的搭配，还要考虑页面留白等。

现在常见的布局类型有以下几种。

1. “T”字型布局

所谓“T”结构，就是指页面顶部为横条网站标志＋广告条，下方左面为主菜单，右面显示内容的布局，整体效果类似英文字母“T”，所以称之为“T”字型布局。这是网页设计中用得最广泛的一种布局方式。这种布局的优点是页面结构清晰，主次分明，是初学者最容易上手的布局方法。

2. “同”字型或“国”字型布局

所谓同字型布局就是指页面顶部为“网站标志＋广告条＋主菜单”或主菜单，下方左侧为二级栏目条，右侧为链接栏目条，屏幕中间显示具体内容的布局。“国”字型布局是在“同”字型布局基础上演化而来的，在保留“同”字型的同时，在页面的下方增加一横条状的菜单或广告。这种布局的优点是充分利用版面，页面结构清晰，主次分明，信息量大，通常用于一些企业门户网站或者大型网站布局。

3. 标题正文型布局

这种布局的最上方是标题或广告等内容，下面是正文。通常文章页面或注册页面采用此种布局，其特点是简洁明快，干扰信息少，较为正规。

4. “川”型布局

“川”型布局是将整个页面在垂直方向分为三列，网站的内容按栏目分布在这三列中，可以最大限度地突出主页的索引功能。“川”型布局和“国”型布局的主要区别是：把主内容区换成了各个二级页面的链接，其中的不足是二级栏目比例不易配置平衡，色彩不易协调。

5. 宣传海报型布局

此类型是指页面布局像一张宣传海报，通常以一张精美的海报画面为布局的主体，是一种具有艺术感和时尚感的网页布局方式。这种类型基本上是出现在一些企业网站和个人网站的首页，大部分为一些精美的平面设计结合一些小的动画，放上几个简单的链接或者仅是一个“进入”的链接，甚至直接在首页的图片上做链接而没有任何提示。

6. Flash 型布局

Flash 型布局是指网页页面以一个或多个 Flash 作为页面主体的布局方式。在这种布局中，大部分甚至整个页面都是 Flash，页面本身就是动态的，画面一般比较绚丽、有趣。这种布局与宣传海报型结构比较类似，不同的是由于 Flash 功能强大，页面所表达的信息更丰富更详尽。

7. 框架型布局

框架型布局结构，常见的有左右框架型、上下框架型和综合框架型。由于兼容性和美观等因素，这种布局目前专业设计人员采用的已不多，不过在一些大型论坛上还是比较受青睐的，有些企业网站也有应用。

8. 变化型

采用上述几种布局的结合与变化，布局采用上、下、左、右结合的综合型结构，再结合 Flash 动画，使页面形式更加多样，视觉冲击力更强。

1.4.3 网页色彩设计

色彩的搭配，能体现出一个网页设计者的审美观，也会直接影响浏览者的观感，相同的颜色在不同的人看起来情绪反应可能是不同的，这与个人偏好有关，有时也与文化背景有关。无论是单个页面的色彩搭配，还是整个网站的色彩设计，首先都会确定一个主色调，用以配合网页的主题，其他的颜色辅以调节的作用。

1. 需要了解的色彩知识

1）色彩的三要素

色相、亮度和饱和度是构成色彩的三要素。亮度也被称作明度，它是指色彩的明暗程度。亮度越大色彩越亮，反之则颜色越暗。色相是指能够比较确切地表示某种颜色色别的名称，也可以理解为颜色的相貌，每一个颜色所特有的与其他颜色不相同的表象。饱和度是指颜色的纯净程度，饱和度越高颜色越鲜艳，也可以把饱和度看成是色调的鲜艳或灰暗程度。

黑、白、灰只有亮度的差别，没有色相的变化，在配色中常常将这三种非彩色作为调和、隔离的因素来使用。

2）色彩的心理感受

不同的颜色会给浏览者不同的心理感受，当色彩在饱和度、透明度上略有变化时就会让人产生不同的感觉。以绿色为例，黄绿色有青春、旺盛的视觉意境，而蓝绿色则显得幽宁、阴深。

色彩的冷暖感觉一般是由色相决定的。如火一样会让人产生温暖感称为暖色。暖色包含红、橙、黄以及这三种颜色的变种，它们通常象征活力、激情和积极。在网页设计中使用暖色以体现激情、快乐、热忱和活力的主调。如水一般冷淡的颜色称为冷色。冷色系包含绿色、蓝色和紫色，相对暖色，强度要弱，通常给人的感觉是舒缓，放松，以及有一点儿冷淡。在网页设计中使用冷色可以营造一种冷静或专业的感觉。

如淘宝、唯品会等购物网站使用的是暖色系，倾向于让人兴奋的配色。而政府、一些企业网站则适合选择冷静一些的冷色系。

2. 网页的色彩搭配

网页设计中最根本的原则是，无论你创造了一个多么耀眼的设计，其最终的作用是发挥出内容的核心位置。配色方案永远不应该比它呈现的内容更加夺目，设计应该是辅助衬托作用，目的是帮助突出网站的内容。

配色方案有多种，可以根据网站主题进行配色。配色时通常将网页中的色彩分为以下4部分。

(1) 主色调：页面色彩的主要色调、总趋势，其他配色不能超过该主要色调的视觉影响。

(2) 辅色调：仅次于主色调的视觉面积的辅助色，是烘托主色调、支持主色调、起到融合主色调效果的辅助色调。

(3) 点睛色：在小范围内点上强烈的颜色来突出主题效果，使页面更加鲜明生动。

(4) 背景色：衬托环抱整体的色调，协调、支配整体的作用。

网站的主色调有无数种颜色选择，和绘画一样，应该遵守近实远虚的原则。近就是网站要突出的内容，后面灰蒙蒙的远景就是网页背景。因此建议主色调选择简单又安全的颜色，如白色或浅灰色和深灰色的搭配文字背景。绝大部分大型网站，如京东、百度、腾讯等都采用了此类搭配方案。这种搭配对浏览者来说提高了内容的可读性，并且把图片突出在最前方。

在网页白色或者灰色主色调的前提下，可选择一种鲜艳的颜色来作为想要突出事物的辅色调，比如标题、菜单、LOGO标志等的色调。在上淘宝网购物时可发现，淘宝网选择了橙色作为辅色调。

当然在制作一些有个性的网站时，上面的搭配感觉太过于寡淡，可以采用另一种搭配方案。把颜色分为非彩色与彩色两类：非彩色指黑、白、灰，其他为彩色。搭配网页颜色时主要内容文字用非彩色，边框、背景、图片等用彩色。这样页面整体不单调，看内容时也不会觉得眼花缭乱。

3. 网页配色的忌讳

(1) 在进行网页配色时，并不是色彩越多越好看，应该尽量控制在三种色彩以内。

(2) 红、黄、蓝三原色视觉冲击力最强，也较难搭配，大范围使用要慎重。

(3) 背景和前文的对比尽量要大，不要用花纹繁复的图案作背景，以便突出主要文字内容。

1.4.4 网页内容设计

网页内容最主要由文字和图片两大要素构成，怎样合理安排文字和图片的大小、位置等是网页布局的关键之一。

1. 文字

文字是网页设计的主体，对网页中的文字进行整体设计，可以更好地表达信息，增强视觉效果。对于文字内容，要考虑两点。一是简洁、明了，能够让用户读得下去；二是把握文字的数量，文字太少，会显得单调，文字多了，网页就会显得很乏味。

从网页文字的可读性来看，需要设计者考虑字体、字号、行距、间距、背景色与文字颜色对比等。

(1) 字体、字号。长文本使用标准字体、字号。一般文字正文中文都采用宋体 12px(像素)字体，标题或者是关键字可采用黑体 14px，英文网页一般用 11px。

(2) 行宽。一行文字过长，视线移动距离长，很难让人注意到段落起点和终点，阅读比较困难；如果一行文字过短，眼睛要不停来回扫视，破坏阅读节奏。每一行文字的长度建议控制在 35～45 个字之间。

(3) 行距。设置时应该注意到，过宽的行距会让文字失去延续性，影响阅读；而行距过窄，则容易出现跳行。网页设计中，建议一般根据字体大小选 1～1.5 倍作为行间距，1.5～2 倍作为段间距。

(4) 对齐。排版中很重要的一个规范就是把应该对齐的地方对齐，比如每个段落行的位置对齐。通常情况下，建议在页面上只使用一种文本对齐，尽量避免两端对齐。

2. 图片

图片的创意与设计在视觉上比文字更能吸引人的眼球，善用图片可以更加生动、形象、直观地表达网页主题。在某些突出的位置，可以放置一些比较出彩的图片，这样既能达到美观的效果，又能让浏览者对网页印象深刻，增强网页的宣传力、感染力。

使用图片时要注意以下一些原则。

(1) 图片效果要清晰，在同质量下尽量选择文件最小的图片。对颜色细节要求小时选择.GIF 格式。如果图片质量要求高则可选择.PNG 或者.JPG 格式图片。

(2) 处理图片素材时，适当裁剪图片只保留与网页相关部分。尽量将图片在插入网页前就调整为网页所需大小，不要将大图片插入网页里再将图片缩小，这样会影响网页下载速度。

(3) 图片内文字的装饰不要过分花哨，否则会造成文字辨识不易。

(4) 图片运用要和谐。选择大图作网站背景时，图片要与网站主题贴切，与网站定位保持一致，在颜色搭配方面，如果色彩与主题不够融合的话，可以通过改变图片的亮度、饱和度等来平衡网站的整体风格特色。

3. 多媒体元素

为了让网页能更吸引人的注意,网页中可放置音频、动画、视频等,这些就是多媒体了。网页中多媒体的动态效果能够在很大程度上增加对浏览者的吸引力,但是在普通的网页中放置过多的多媒体元素,会影响网页打开速度。

1.4.5 网页设计案例分析

下面以一个叫“乐山乐水”的旅游网站为例来分析一下,在制作网页时应该怎样应用这些网页设计原则。“乐山乐水”网站首页效果如图 1-1 所示。

图 1-1 “乐山乐水”网站首页效果图

网站设计的步骤如下。

1. 确定网站主题

网站的内容是展示中国四川乐山这个城市的旅游相关信息。网站命名为“乐山乐水”,生动贴切地描述了网站的主题:乐山的山山水水,旅游文化。

2. 确定网站的布局风格

由于网站信息量较大,“乐山乐水”网站首页采用了“同”字型布局风格。网页自上而下分别是:网页的LOGO标志、网站导航栏、Flash动画效果的横幅广告、主要内容(左边栏包括滚动效果的旅游新闻区域、友情链接区域,中间为景点推荐区域和旅游路线区域,右边栏是乐山美食区域和乐山酒店区域)、版权说明区域。

3. 网站的色彩搭配

“乐山乐水”网站的背景色为白色,主色调是绿色,辅色调是同色系调节了亮度、饱和度的果绿色,搭配点睛色橙色。这种搭配方式色彩调和统一,但是又有微妙的变化,让网页有了层次感,不再单调乏味。整个网页给人的感觉自然、清新、别致。

4. 首页内容的设计

在网站的首页中最吸引人目光的就是用三张乐山美景制作的Flash动画效果。用这种方式来展示图片更加引人入胜。

在左侧边栏的旅游新闻采用了滚动文字的动态效果,很容易吸引浏览者的目光,可以让浏览者首先关注乐山旅游的相关动态。

网页内文字数量适中,文字大小和间距恰当,不仅美观,浏览者阅读起来也清晰、流畅。如果只有文字网页会显得单调,在网页中间的三张风景图片起到了点睛作用。各子栏目中的小图标应用让网页看上去更加生动活泼。

5. 素材的应用

网页里用到了Flash动画素材、滚动文字效果、LOGO标志图片、各子栏目和导航栏背景图片等。图片大小适中,动画元素只用了一个,不仅让页面充满动态美感,也没有影响到网页的下载速度。

网站设计时,不管是布局、内容还是配色,都应该突出网站的重点和特色。根据网站的风格来选择布局类型,要贴合自己的主题来选择内容,不要放一大堆信息,不管是否和主题相关。

1.5 常用网页设计工具

制作网页的工具很多,由于本书着重介绍静态网页的制作,因此选择了常用的静态网页编辑软件Adobe Dreamweaver CS6。在对网页素材处理方面选择了图像处理软件Adobe Photoshop CS6。制作动画素材的软件选择的是Adobe Flash CS6。下面简单介绍一下这三个软件。

1.5.1　网页制作软件——Adobe Dreamweaver CS6

Adobe Dreamweaver CS6 是世界顶级软件厂商 Adobe 推出的一套拥有可视化编辑界面，用于制作并编辑网站和移动应用程序的网页设计软件。它支持代码、拆分、设计、实时视图等多种方式来创作、编写和修改网页(通常是标准通用标记语言下的一个应用 HTML)，对于初级人员，可以无须编写任何代码就能快速创建 Web 页面。

其成熟的代码编辑工具更适用于 Web 开发高级人员的创作。CS6 新版本使用了自适应网格版面创建页面，在发布前使用多屏幕预览审阅设计，可大大提高工作效率。改善的 FTP 性能，更高效地传输大型文件。“实时视图”和“多屏幕预览”面板可呈现 HTML5 代码，更能够检查自己的工作。经过重新设计，添加了新式界面和快速灵活的编码引擎，可让 Web 设计人员和前端开发人员更轻松地创建、编码和管理外观精美且适合任何屏幕大小的网站。Dreamweaver 最新版本是 Adobe Dreamweaver CC。Adobe Dreamweaver CS6 主界面如图 1-2 所示。

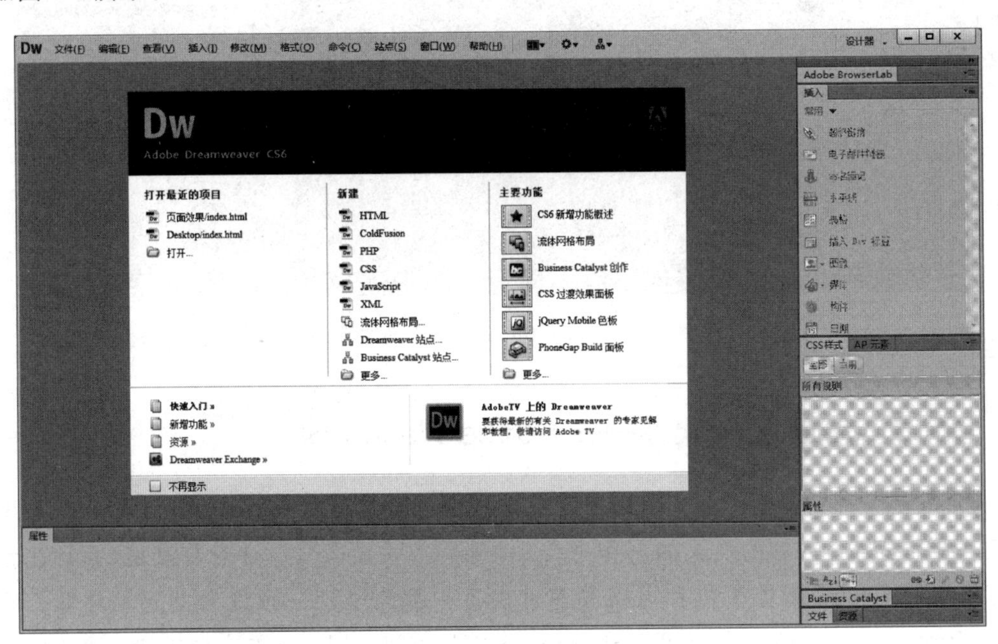

图 1-2　Adobe Dreamweaver CS6 主界面

1.5.2　图像处理软件——Adobe Photoshop CS6

Photoshop 是由美国 Adobe 公司开发的专业图像处理软件。Photoshop 功能强大，操作界面友好，深受广大平面设计人员和计算机美术爱好者的喜爱。该软件具有图像处理、彩色出版、平面设计、网页设计、多媒体设计、照片处理等功能。Adobe Photoshop CS6 是 Adobe Photoshop 的第 13 代，是一个较为重大的版本更新。Photoshop 在前几代加入了 GPUOpenGL 加速、内容填充等新特性，此代会加强 3D 图像编辑，采用新的暗色调用户界面，其他改进还有整合 Adobe 云服务、改进文件搜索等。Adobe Photoshop CS6 软件具备最先进的图像处理技术、全新的创意选项和极快的性能。借助新增的“内容识别”功能进行润色并使用全新和改良的工具和工作流程可创建出出色的设计和影片。Photoshop 最新版本是 Adobe Photoshop CC。

Adobe Photoshop CS6 主界面如图 1-3 所示。

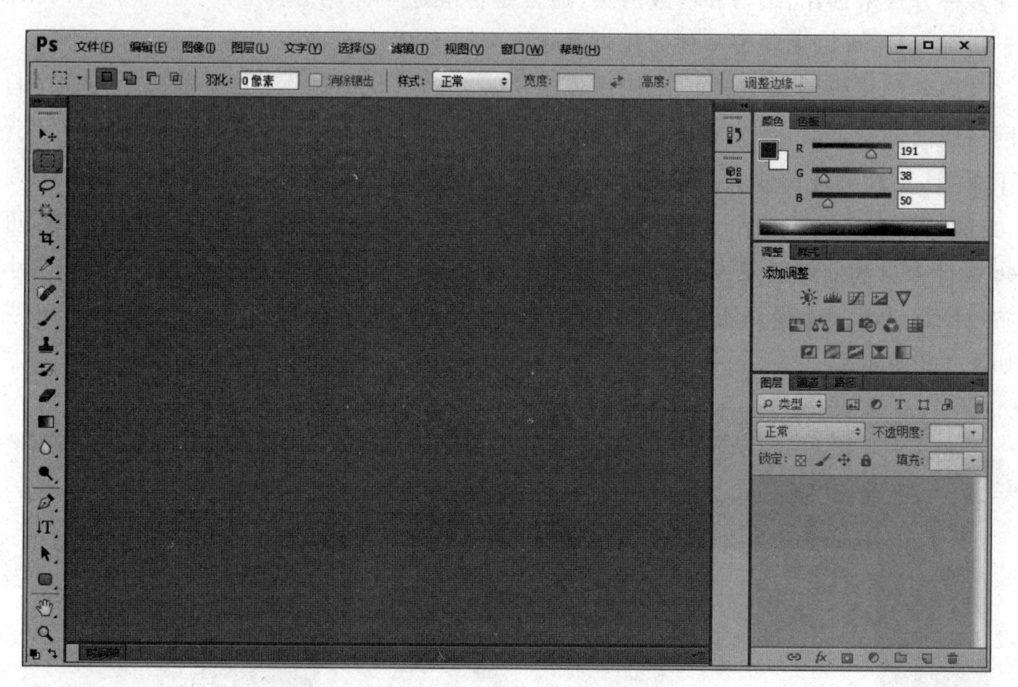

图 1-3　Adobe Photoshop CS6 主界面

1.5.3　动画制作软件——Adobe Flash CS6

Flash 是一种动画创作与应用程序开发于一身的创作软件。Adobe Flash CS6 是用于创建动画和多媒体内容的强大的创作平台。Adobe Flash CS6 设计身临其境，而且在台式计算机和平板电脑、智能手机和电视等多种设备中都能呈现一致效果的互动体验。新版 Flash Professional Cs6 附带了可生成 sprite 表单和访问专用设备的本地扩展。可以锁定最新的 Adobe Flash Player 和 AIR 运行时以及 Android 和 iOS 设备平台。Flash 广泛用于创建吸引人的应用程序，它们包含丰富的视频、声音、图形和动画。可以在 Flash 中创建原始内容或者从其他 Adobe 应用程序（如 Photoshop 或 Illustrator）导入它们，快速设计简单的动画，以及使用 Adobe ActionScript 3.0 开发高级的交互式项目。设计人员和开发人员可使用它来创建演示文稿、应用程序和其他允许用户交互的内容。Flash 可方便地将多个符号和动画序列合并为一个优化的子画面从而改善工作流程，使用原生扩展访问设备特有的功能从而创作更加引人入胜的内容，以及创建用于 HTML5 中的资料和动画。

AdobeFlash CS6 主界面如图 1-4 所示。

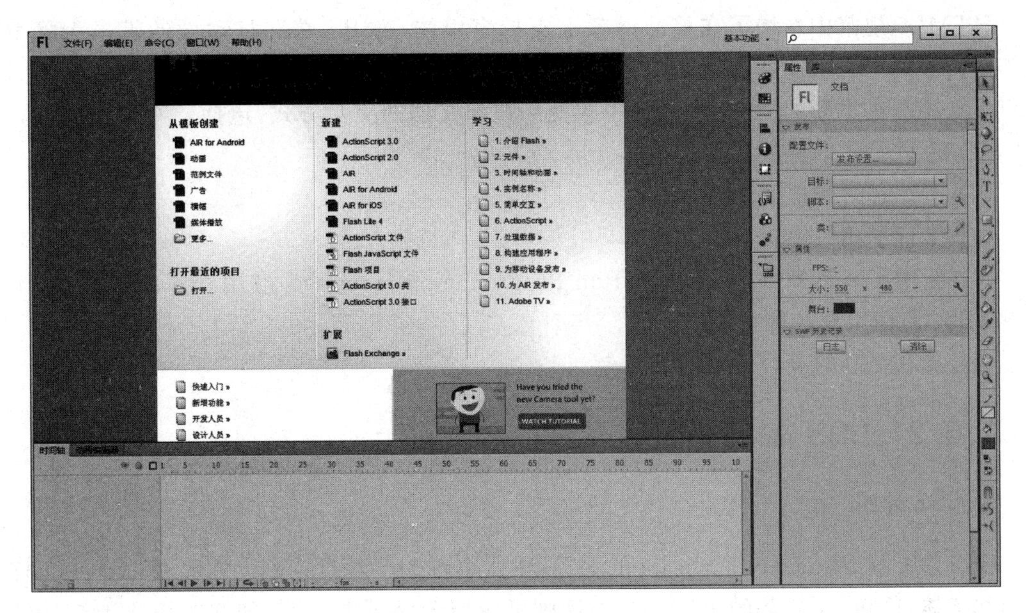

图 1-4　Adobe Flash CS6 主界面

1.6　网页制作入门

1.6.1　HTML 简介

1. HTML 介绍

HTML 是 HyperText Markup Language 的缩写，即超文本标记语言。HTML 是用来创建超文本文档 Web 页面的一种简单标记语言，可以让页面从一个平台移植到另一平台。HTML 是目前在网络上应用最为广泛的语言，也是构成网页文档的主要语言。

HTML 使用标签的形式将网页内容划分出层次结构，可用标签来描述文字、图形、动画、声音、表格、链接等。HTML 网页结构包括头部、主体两大部分。头部描述浏览器所需的信息，主体包含所要说明的具体内容。

目前 HTML 最新版本是 HTML5.0，使用最广泛的版本是 HTML4.01。

2. HTML 的发展史

HTML 是在 1993 年 6 月以互联网工程工作小组（IETF）工作草案的形式发布的。20 世纪 90 年代，HTML 得到了大幅发展，从 2.0 版、3.2 版到 4.0 版，再到 4.01 版。HTML 没有 1.0 版本是因为当时有很多不同的版本。

3. HTML5 介绍

HTML5 指的是 HTML 的第 5 次修改版，也是目前最新版本的 HTML，是基于各种全新的理念进行设计的，这些设计理念体现了对 Web 应用的可能性和可行性的新认识。

HTML5 规范中新增了在移动设备上支持多媒体，为 PC 端和移动设备带来无缝衔接的丰富内容。HTML5 新的语法特征被引进以支持这一点，如 video、audio 和 canvas 标记。HTML5 还引进了新的功能，可以真正改变用户与文档的交互方式，包括：

(1) 改进了元素标签。

(2) 淘汰过时的或冗余的属性。

(3) 实现了离线编辑。

(4) 新增了一系列 API(Application Programming Interface，应用程序编程接口)配合 JavaScript 使用实现各种功能。

(5) 具有更好的兼容性与容错机制。

1.6.2 CSS 简介

1. CSS 介绍

CSS 是 Cascading Style Sheets 的缩写，中文名称为层叠样式表。CSS 是一种定义样式结构如字体、颜色、位置等的语言。样式规则可应用于网页中元素，如文本段落或链接的格式化指令。样式规则由一个或多个样式属性及其值组成。内部样式直接放在网页中，外部样式表规则被放置在一个以.css 作为文件扩展名的独立的文档中。无论哪一种方式，样式表包含将样式应用到指定类型的元素的规则。外部样式表在使用时，网页通过一个特殊标签链接外部样式表。

CSS 能够对网页中元素位置的排版进行像素级精确控制，支持几乎所有的字体字号样式，拥有对网页对象和模型样式编辑的能力。CSS 不仅可以静态地修饰网页，还可以配合各种脚本语言动态地对网页各元素进行格式化。目前所有主流浏览器均支持层叠样式表。

2. CSS 的发展史

最早的 CSS1.0 版本是在 1996 年 12 月由 W3C 推出的，该版本提供了有关字体、颜色、对齐方式、边框和位置样式等属性设置。1998 年 5 月，W3C 发布了 CSS2.0 版，CSS2.0 新增了元素的定位属性、新的字体属性，如字体的阴影效果等。这是至今流行最广、目前主流浏览器都采用的标准。2012 年 6 月，CSS 工作组公布了 CSS3 中五十多个模块内容，其中 4 个模块的规范标准已经作为正式版发布。

3. CSS3 介绍

CSS3 是 CSS 技术的第 3 版也是目前最新的一个版本。CSS3 语言开发是朝着模块化发展的。以前的规范作为一个模块实在是太庞大而且比较复杂，所以，把它分解为一些小的模块，更多新的模块也被加入进来。这些模块包括：盒子模型，列表模块，超链接方式，语言模块，背景和边框，文字特效，多栏布局等。

CSS3 在 CSS2 的基础上对功能进行了扩展。其中新增了对网页各类元素边框、背景、文本和字体等内容的特效，还增加了动画技术，可以不用脚本代码就能实现网页元素的动画效果。CSS3 的特点如下。

(1) 完全向后兼容。原来基于 CSS2 设计的网页无须修改即可正常显示。设计者可以直接在CSS样式表文件中添加CSS3的内容，即可更新页面设计效果。

（2）模块化的新增功能。新增了多列、选择器、边框与背景等功能。

（3）元素的变形和动画效果。可以直接利用CSS对元素实现移动、旋转、扭曲和缩放等效果。可以指定一个或多个元素在一定的时间范围内按照规定的样式进行变化。

1.6.3 JavaScript简介

JavaScript一种轻量级的直译式脚本语言。JavaScript通常用于为HTML网页增加动态效果和功能。它的解释器被称为JavaScript引擎，为浏览器的一部分，是广泛用于客户端的脚本语言。目前所有浏览器都支持JavaScript，无须额外安装第三方插件。

JavaScript脚本语言具有以下特点。

（1）脚本语言。JavaScript是一种解释型的脚本语言，不用事先编译，可在程序的运行过程中逐行进行解释执行。该语言适合非程序开发人员使用。

（2）基于对象。JavaScript是一种基于对象的脚本语言，它不仅可以创建对象，也能使用现有的对象。

（3）简单。JavaScript语言中采用的是弱类型的变量类型，对使用的数据类型未做出严格的要求，是基于Java基本语句和控制的脚本语言，其设计简单紧凑。

（4）动态性。JavaScript是一种采用事件驱动的脚本语言，它不需要经过Web服务器就可以对用户的输入做出响应。在访问一个网页时，鼠标在网页中进行鼠标单击或上下移、窗口移动等操作JavaScript都可直接对这些事件给出相应的响应。

（5）跨平台性。JavaScript脚本语言不依赖于操作系统，仅需要浏览器的支持。JavaScript程序在编写后可以在不同类型的操作系统中运行，适合PC、笔记本、平板电脑和手机等各类包含浏览器的设备。

1.7 常见浏览器介绍

网站制作完成后，必须通过浏览器打开才能正常浏览。本节介绍一下目前常见的浏览器。

1. IE浏览器

IE（Internet Explorer）浏览器，是微软公司推出的一款网页浏览器。IE浏览器界面简洁明了，有强大的页面兼容能力，在使用第三方浏览器打开某个网站显示有问题时，用IE浏览器就能正常显示使用了。但是你可能在网上看到过很多关于IE浏览器的段子和笑话，大多和IE浏览器的速度慢有关。由于IE浏览器操作烦琐，页面相应卡顿非常严重，用户使用体验低，因此作为微软预装在Windows操作系统上的一款浏览器，大多数人都已放弃使用。

微软公司也已放弃IE品牌，2016年1月起停止对IE 8/9/10三个版本的技术支持，用户将不会再收到任何来自微软官方的IE安全更新；作为替代方案，微软建议用户升级到IE 11或者改用Microsoft Edge浏览器。

2. Chrome 浏览器(谷歌浏览器)

Google Chrome 又称谷歌浏览器,是一个由 Google(谷歌)公司开发的免费网页浏览器。优点:简洁,快速,不易崩溃,搜索简单,标签灵活,安全性强。JavaScript 跑得快,对于新的 HTML5 和 CSS3 等标准支持好。另外,它现在拥有的插件也很多,各种各样的都有。由于谷歌浏览器与 IE 内核不同,针对它的木马、病毒较少,安全性较高。缺点:删除浏览记录比较烦琐,有些 Google 服务被国内屏蔽,不能整合使用。对那些不符合 W3C 标准的网站不能很好地显示,它只提供对标准的支持。

3. Mozilla Firefox(火狐浏览器)

Mozilla Firefox,中文俗称"火狐"(正式缩写为 Fx 或 fx,非正式缩写为 FF),是一个自由及开放源代码的网页浏览器,使用 Gecko 排版引擎,支持多种操作系统,如 Windows、Mac OS X 及 GNU/Linux 等。

优点:火狐支持多语言,可以修改连接速度,响应速度,可以修改内置参数,可定制工具栏,拥有强大的扩展功能,可以满足各类需求打造用户自己个性化的浏览器,可以支持各种下载工具,方便快捷。缺点:火狐浏览器占用内存大,插件安装较多会存在兼容性问题,启动速度也会变慢;还会出现网页显示不正常(如网页错位,浏览网页会出现结构不准确的状况,这是因为书写网页不规范造成的,需要调整),无法支持某些网银支付的问题;媒体功能不强,对在线媒体的支持不够完美。

4. 360 浏览器

360 安全浏览器(360 Security Browser)是 360 安全中心推出的一款基于 IE 和 Chrome 双内核的浏览器,是世界之窗开发者凤凰工作室和 360 安全中心合作的产品。

优点:360 安全浏览器拥有全国最大的恶意网址库,采用恶意网址拦截技术,可自动拦截挂马、欺诈、网银仿冒等恶意网址。独创沙箱技术,在隔离模式下即使访问木马也不会感染。即时扫描下载文件,支持鼠标手势、超级拖曳、地址栏自动完成等高级功能,广告智能过滤、上网痕迹一键清除,保护隐私免干扰。

缺点:内存占用较多,打开多个窗口时容易崩溃,有些网站不能打开。

5. 搜狗高速浏览器

搜狗高速浏览器由搜狗公司开发,基于谷歌 Chromium 内核,力求为用户提供跨终端无缝使用体验,让上网更简单、网页阅读更流畅。

优点:搜狗高速浏览器首创"网页关注"功能,将网站内容以订阅的方式提供给用户浏览。搜狗浏览器有网络账户全网加速功能,即网通、电信、教育网全面提速账户,适合在学校内使用和访问国外的网站。

缺点:内存占用大,有时易崩溃、卡死。

6. 世界之窗浏览器

世界之窗浏览器是一款快速、安全、功能细节丰富且强大的绿色多窗口浏览器,由凤凰工作室(现为“北京超卓科技有限公司”)开发。最初的世界之窗采用 IE 内核开发,兼容微软 IE 浏览器,可运行于微软 Windows 98/Me/2000/XP/Vista/7/8 系列操作系统上,并且要求系统已经安装了 IE。推荐运行在安装 IE5.5 或更高版本的系统上。2013 年,采用 Chrome+IE 内核的双核世界之窗 6 诞生。世界之窗的理念是“小巧、简约、快速”。

优点:资源占用极低,速度流畅,稳定性极高,智能广告过滤、黑名单过滤节省网络带宽和计算资源,低配置机器也能流畅运行。

缺点:功能较少。

思考与实践

1. 什么是 HTTP、URL 和域名?
2. 简述网页、网站的概念和特点。
3. 网站的设计原则是什么?
4. 常见的网页设计工具有哪些?
5. 常见的浏览器有哪些?分别有哪些特点?

第2章 Dreamweaver CS6基础入门

随着网络渗透到人们生活的各个领域，越来越多的信息通过网页的方式呈现。相对于传统媒体来说，网络传递信息更加方便快捷，现在不管是企业、机构、部门还是个人都更倾向用网页来展示、传递和交换信息。

既然大家这么需要网页，那么怎么才能制作网页，需要用什么工具来制作网页呢？从本章开始本书会通过案例"嘉州文化长廊网站"来介绍网页制作相关的知识。由于网站内制作的网页大部分都是静态网页，因此本书选用了功能强大、应用广泛的网页制作软件Dreamweaver CS6。本章主要讲解了站点的建立和管理，简单网页的制作等相关知识。

2.1 Dreamweaver CS6 简介

Dreamweaver CS6 是世界顶级软件厂商 Adobe 推出的集网页制作和管理网站于一身的所见即所得网页编辑器，拥有可视化编辑界面，用于制作并编辑网站和移动应用程序的网页。Dreamweaver CS6 支持代码、拆分、设计、实时视图等多种方式来创作、编写和修改网页，对于初级人员来说，可以无须编写任何代码就轻而易举地制作出跨越平台限制和跨越浏览器限制的充满动感的网页。

2.1.1 Dreamweaver CS6 新增功能

相对于 Dreamweaver 之前的版本，Dreamweaver CS6 新增了以下一些功能。

(1) 自适应网格版面。使用响应迅速的 CSS3 自适应网格版面，来创建跨平台和跨浏览器的兼容网页设计。利用简洁、业界标准的代码为各种不同设备和计算机开发项目，提高工作效率。直观地创建复杂网页设计和页面版面，无须忙于编写代码。

(2) 改善的 FTP 性能。利用重新改良的多线程 FTP 传输工具节省上传大型文件的时间。更快速高效地上传网站文件，缩短制作时间。

(3) 增强 jQuery 移动支持。使用更新的 jQuery 移动框架支持为 iOS 和 Android 平台建立本地应用程序。借助 jQuery 代码提示加入高级交互性功能。jQuery 可轻松为网页添加互动内容。

(4) 支持 CSS3 的动画过渡效果。将 CSS 属性变化制成动画转换效果，使网页设计栩栩如生。在处理网页元素和创建优美效果时保持对网页设计的精准控制。

(5) 多屏幕预览。借助"多屏幕预览"面板，为智能手机、平板电脑和台式计算机进行设计。使用媒体查询支持，为各种不同设备设计样式并将呈现内容可视化。

2.1.2 Dreamweaver CS6 工作区

1. 启动 Dreamweaver CS6

安装好 Dreamweaver CS6 后，选择【开始】|【程序】| Adobe Dreamweaver CS6 命令。软件打开后，启动界面如图 2-1 所示。

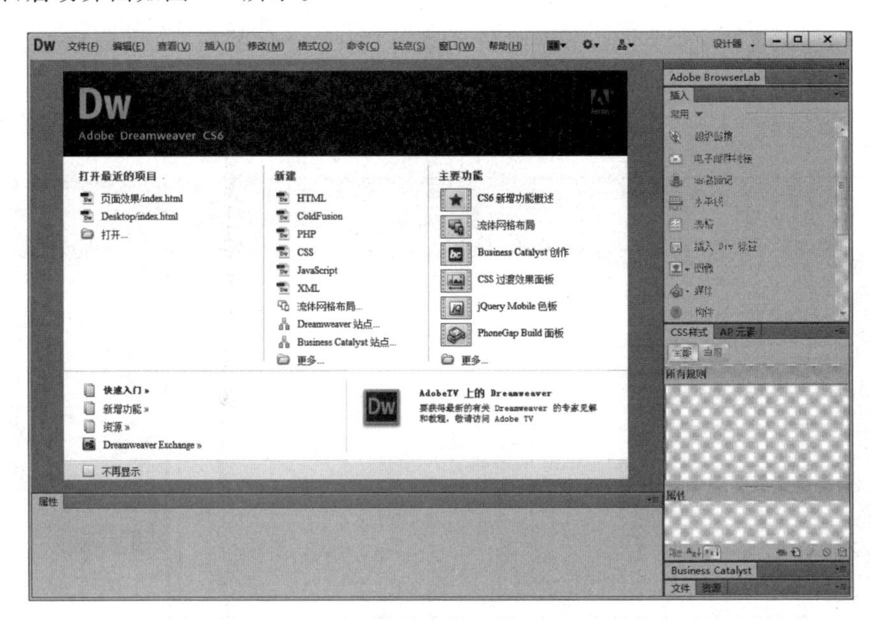

图 2-1　Dreamweaver CS6 启动界面

在启动界面的起始页窗口中，提供有【打开最近的项目】、【新建】、【主要功能】三个选项，起始页如图 2-2 所示。

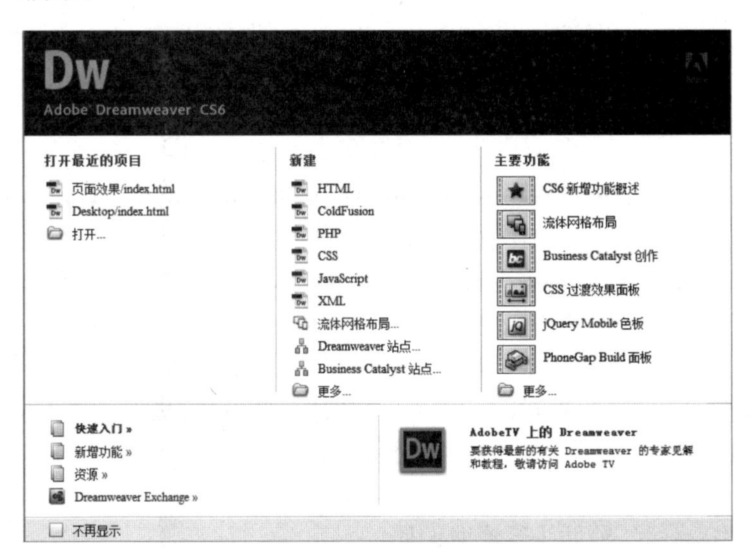

图 2-2　起始页

如果想要隐藏起始页窗口，可勾选窗口左下方的 □ 不再显示 复选框，下一次启动 Dreamweaver CS6 时就不会有起始页窗口了。如果需要重新打开起始页窗口，则可通过选择【编辑】|【首选参数】|【常规】|【显示欢迎屏幕】选项恢复。

当选择了起始页窗口中的【新建】|HTML 选项，会创建一个新的静态 HTML 网页文件，并进入 Dreamweaver CS6 的主工作区。

2. Dreamweaver CS6 主工作区

Dreamweaver CS6 的标准工作界面包括菜单栏、文档标题栏、应用程序栏、文档工具栏、标准工具栏、文档窗口、面板组等区域，如图 2-3 所示。

图 2-3　Dreamweaver CS6 主工作区界面

(1) 菜单栏。

Dreamweaver CS6 的菜单共有 10 个，即文件、编辑、查看、插入、修改、格式、命令、站点、窗口和帮助。Dreamweaver 几乎所有的功能都可以通过这些菜单来实现。

① 文件：【文件】菜单主要用于文件的管理，例如新建、打开、导入等功能。除此之外，还有对当前文档执行操作的命令，如【打印代码】、【在浏览器中预览】等。

② 编辑：【编辑】菜单主要用于编辑文本，提供一些常用编辑命令，如剪切、复制、撤销、重做、快捷键等。用户还可以通过【编辑】菜单中的【首选参数】选项设置 Dreamweaver CS6 的环境参数。例如，是否显示欢迎屏幕、是否允许多个连续的空格、CSS 样式的设置等。

③ 查看：【查看】菜单用于切换视图模式，如设计、代码、拆分的切换，还可以显示或隐藏面板、工具栏以及标尺、辅助线等辅助工具。

④ 插入：【插入】菜单用于插入各种对象，如图像、媒体、表格、表单、超级链接、HTML

元素等，与【插入】面板的功能相同。

⑤ 修改：【修改】菜单具有对页面元素进行修改的功能，可以实现对网页页面属性（如页面的外观、链接、标题等）的设置，还可以对表格、图像、框架集等对象进行修改和调整。

⑥ 格式：【格式】菜单用于设置文本属性，例如，设置文本的缩进、颜色，设置段落的段落格式、对齐方式，编辑 HTML 和 CSS 样式等。

⑦ 命令：【命令】菜单提供了一些常用操作命令，如录制播放命令、编辑命令列表、排序表格等。除此之外，还可以利用扩展管理命令安装下载的各类插件。

⑧ 站点：【站点】菜单用于创建和管理站点，同时通过 Dreamweaver CS6 中集成的 FTP 功能可完成上传和存回网站文件。

⑨ 窗口：【窗口】菜单用于显示或隐藏面板、检查器和窗口，还可以通过该菜单实现在各文档窗口之间的切换。

⑩ 帮助：【帮助】菜单主要是各种联机帮助功能，以及关于 Dreamweaver 的版本信息。例如，按 F1 键，就会打开电子帮助文本。需要注意的是，要在安装软件时安装了帮助文件才能打开帮助文档。

（2）文档标题栏或者叫文档选项卡。文档标题栏位于文档窗口的左上方，标题栏上显示了当前文档的文件名。Dreamweaver 允许多个文档同时打开，利用选项卡可以方便地选择要编辑的文档，还可以在标题栏处关闭当前文档。

（3）文档工具栏。文档工具栏包括文档窗口的 4 种视图切换按钮。还包含文件管理、可视化助理、在浏览器中预览/调试等按钮。

（4）文档窗口。文档窗口是 Dreamweaver 主界面中最大的一个区域，用于显示和编辑当前文档。当设计者打开或新建一个项目时即可进入文档窗口，可以在文档窗口中实现输入文字、插入表格和编辑图片等操作。

文档窗口有以下 4 种视图。

【设计】视图：是一个用于可视化页面布局、可视化编辑和快速应用程序开发的设计环境。在该视图中，Dreamweaver 显示文档的完全可编辑的可视化表示形式，类似于在浏览器中查看页面时看到的内容。

【代码】视图：是一个用于编写和编辑 HTML、JavaScript、服务器语言代码以及任何其他类型代码的手工编码环境。

【拆分】视图：可以使用户在单个窗口中同时看到同一文档的代码视图和设计视图的内容。

【实时视图】：类似于设计视图，实时视图更逼真地显示文档在浏览器中的表示形式，并能够像在浏览器中那样与文档进行交互。实时视图不可编辑，但可以在代码视图中进行编辑，然后刷新实时视图来查看所做的更改。

文档窗口的这几种视图可以通过【查看】菜单的相应选项进行切换，也可以通过单击文档工具栏中的 代码 拆分 设计 实时视图 按钮进行切换。

（5）状态栏。状态栏位于文档窗口的底部，提供当前文档的相关信息，如当前文档的文件大小、当前文档的窗口大小等，如图 2-4 所示。

标签选择器用 HTML 标记方式显示当前选定内容的信息。单击该层次结构中的任何标签以选择该标签及其全部内容。单击< body >可以选择文档的整个正文。显示百分比用

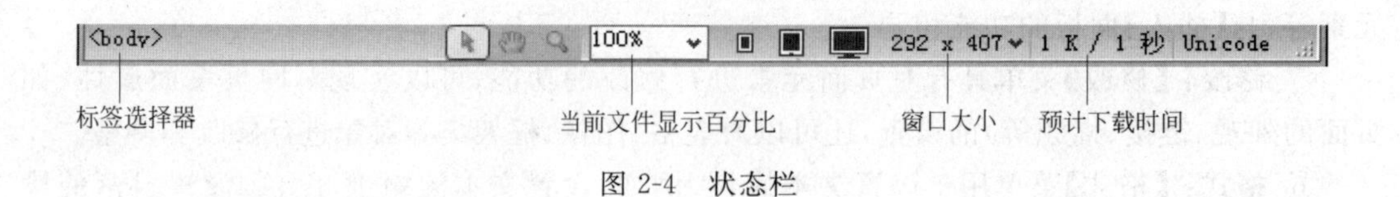

图 2-4 状态栏

于调节当前文件在窗口中的显示比例，如果网页中的内容突然变得很小，那应该是用快捷方式调节了文件的显示百分比。按住 Ctrl 键，再滚动鼠标中键，可以设置文件的显示百分比。设置窗口大小菜单用于将【文档】窗口的大小调整到预定义或自定义的尺寸。表示手机尺寸，表示平板电脑大小，表示 PC 大小。预计下载时间是指当前网页预计的下载时间。

(6) 工作区切换器。Dreamweaver CS6 默认以【设计器】方式显示工作区，用户可通过其下拉菜单选择其他方式展示工作区，如果选择【经典】选项，则将与 Dreamweaver 早期版本的工作区展示方式一样。

(7) 面板组。面板组是用来显示用户所用工具面板的。默认情况下，右侧面板组里有【插入】面板、【CSS 样式】面板、【文件】面板等，窗口下方的是【属性】面板。所有的面板都可以通过【窗口】菜单对应的命令项来打开或者隐藏。下面介绍一下常用面板。

【插入】面板：包含用于创建和插入对象(例如表格、图像和链接)的按钮。这些按钮按几个类别进行组织，用户可以通过从【类别】菜单中选择所需类别来进行切换，如图 2-5 所示，当前文档包含服务器代码时(例如 ASP 或 CFML 文档)，还会显示其他类别，默认显示【常用】类别，如图 2-6 所示。

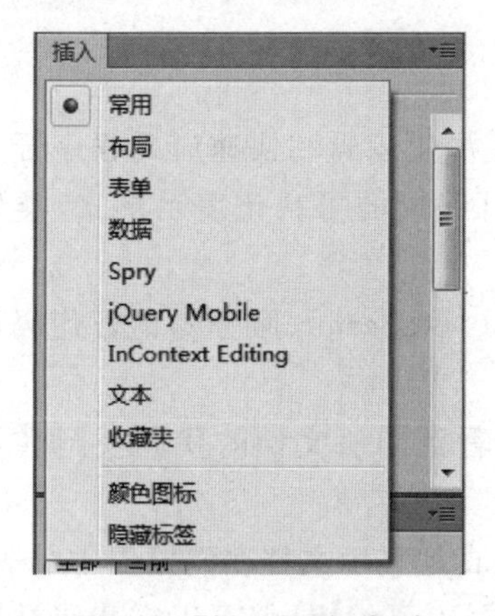

图 2-5 【插入】面板类别

图 2-6 常用【插入】面板

① 常用类别：用于创建和插入最常用的对象，例如图像和表格。

② 布局类别：用于插入表格、表格元素、div 标签、绘制 AP div 等。还可以选择表格的两种视图：标准(默认)表格和扩展表格。

③ 表单类别：包含一些按钮，用于创建表单和插入表单元素、Spry 验证等。

④ 数据类别：可以插入 Spry 数据对象和其他动态元素，例如记录集、重复区域以及插入记录表单和更新记录表单等。

⑤ Spry 类别：包含一些用于构建 Spry 页面的按钮，包括 Spry 数据对象。

⑥ jQuery Mobile 类别：包含构建 jQuery 部件，如文本输入、密码输入等。

⑦ InContext Editing 类别：包含供生成 InContext 编辑页面的按钮，包括用于“可编辑区域”和“重复区域”。

⑧ 文本类别：包含对文本内容进行属性设置的标签，如加粗、斜体等。

⑨ 收藏夹类别：用于将【插入】面板中最常用的按钮分组和组织到某一公共位置。

【文件】面板：使用【文件】面板可以查看和管理 Dreamweaver 站点中的文件。在【文件】面板中查看站点、文件或文件夹时，可以更改查看区域的大小，还可以展开或折叠【文件】面板，如图 2-7 所示。

图 2-7 【文件】面板

【属性】面板：默认情况下，【属性】面板位于工作区的底部，如图 2-8 所示。但是如果需要的话，用户可以将它拖放到工作区的顶部，也可以将它变为工作区中的浮动面板。【属性】面板并不是将所有的属性加载在面板上，而是根据设计者选择的对象来动态显示对象的属性。【属性】面板显示的内容是随当前在文档中选择的对象来确定的。例如，当前选择了一幅图像，那么【属性】面板上就出现该图像的相关属性。

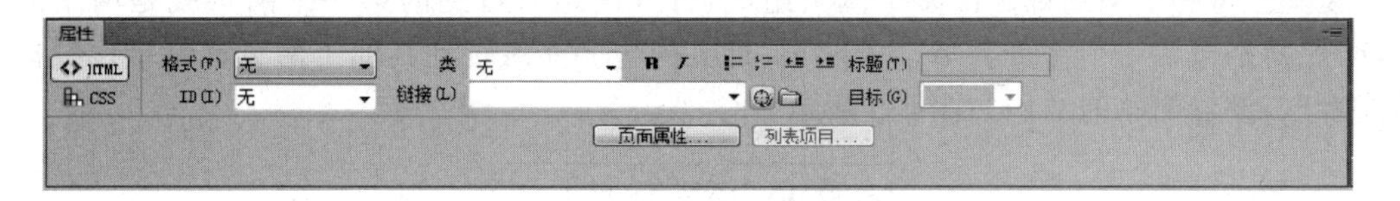

图 2-8 【属性】面板

2.2 Dreamweaver CS6 站点建设与管理

每一个网站实际上都是由众多的网页构成的，网页和网页之间通过超链接的方式关联起来。这些网页可能是用来描述相同的主题，或者是为了实现相同的目的。用浏览器浏览网站时可以通过超链接从一个网页跳转到另一个网页。

网站里内容的结构类似于磁盘文件的组织结构，也是由文档和文档所在的文件夹构成。Dreamweaver 通过站点的方式来对网站进行管理。制作网站需要先在本地磁盘上建立一个站点文件夹，将所有和网站相关的文件和文件夹都放到站点文件夹中。Dreamweaver CS6 提供了本地站点和远程站点两种管理方式。存放在本地磁盘里的站点称为本地站点。存储在互联网服务器上的站点以及相关文档称为远端站点。由于网络的不稳定性，通过网络对服务器上的站点进行编辑和管理非常不方便，所以通常在本地计算机中完成对站点的设计，站点设计完成后再利用工具将整个网站上传到互联网服务器上，形成远端站点。

本节将通过对案例“嘉州文化长廊网站”的建立和管理，来介绍怎样规划一个站点，怎样创建和管理站点及站点文件。

2.2.1 案例分析：嘉州文化长廊网站

“嘉州文化长廊网站”是一个介绍四川乐山文化的网站。乐山，古称嘉州，风光秀丽、物产丰富、历史悠久，是国家历史文化名城。乐山是中国唯一一个拥有三处世界遗产的城市（乐山大佛景区、峨眉山景区、东风堰），是世界著名的生态和文化旅游胜地。

嘉州文化长廊网站的主题是乐山的各类文化，包括人文艺术，如乐山的画派、各种民间艺术、乐山的乌木文化、佛教文化等。除了人文艺术，作为一个旅游胜地，乐山的旅游文化、饮食文化也是值得大书特书的。

网站围绕文化这个主题对乐山进行全方位的宣传。网站功能主要是展示信息，网站中的网页主要采用静态网页的形式来制作。

2.2.2 网站站点规划与创建

1. 网站站点的规划

通过对“嘉州文化长廊网站”主题的分析可以得知，本网站是一个面向大众，用于展示信息的中小规模静态网站。

网站主要包括文化动态、嘉州画派、民间艺术、乌木文化、佛教文化、旅游文化、饮食文化几个模块。每一个网站都是由多个网页组成，打开网站时看到的第一个网页就是网站的首页，因此网站包含一个首页和多个子网页，首页内包含能跳转到其他子网页的链接。根据网站的特点，设置网站的结构如图 2-9 所示。

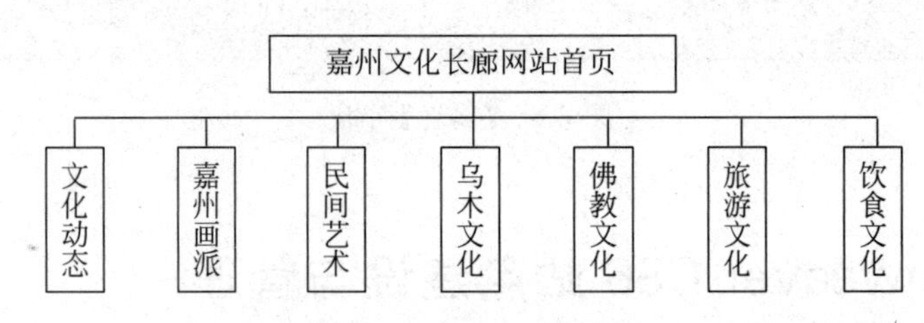

图 2-9 网站模块结构图

网站结构设计好后，为了让网站管理方便，还需要规划网站的目录结构。网站的目录是指用于存放网站相关文件的文件夹。在设计网站时首先要考虑的是网站大概有多少页面，页面内容的分类，各页面之间如何关联，再通过这些分析，将网站文件分门别类地存放到各自的文件夹中以便管理和查找。

在管理网站时，网站需要一个存放网站所有相关的文件的目录，这个目录叫站点根目录。在根目录中可建立用于放置各类文件的子目录。根目录和各子目录及文件的关系就是网站的目录结构。为了方便网站建立后对网站本身的维护管理，网站内容的扩充和移植，结合网站结构规划，设计者将“嘉州文化长廊网站”的站点目录结构规划为如图 2-10 所示。

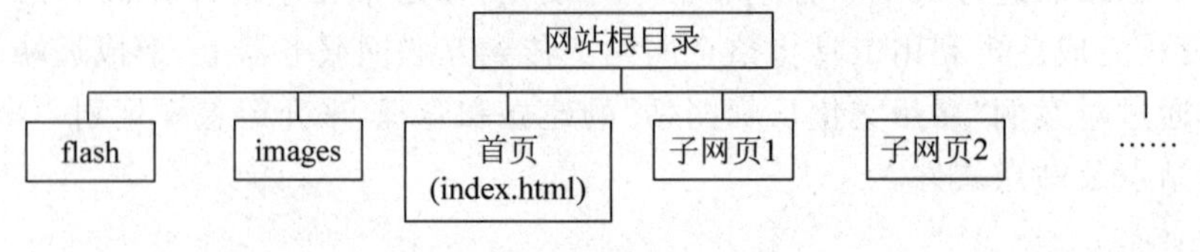

图 2-10 网站目录结构

在建立目录结构时，需遵守以下原则。

(1) 不要将所有文件都存放在根目录下。全部存放根目录会导致文件管理混乱，上传速度慢。

(2) 按栏目内容建立子目录。当网站内容非常多时，按照网站的栏目分别建立子目录，和该栏目相关的所有文件均存放在该子目录中以便管理。

(3) 不要使用中文目录。使用中文目录可能对网址的正确显示造成困难，也可能会导致网页背景图片不能正常显示。不要使用过长的目录。

(4) 尽量使用意义明确的目录，如 Flash 表示存放动画文件的目录，这样方便记忆和管理。

根据以上原则，在"嘉州文化长廊网站"的站点目录结构中，建立"flash"文件夹用于存放动画相关文件，"images"文件夹用于存放网页中所用到的图片。这两个文件夹都位于站点根目录中。网站的首页必须放在站点根目录里，其他子网页可根据网站内容多少来决定存放在何处。

2. 本地站点的创建

网站目录结构规划好后，就可以开始创建站点了。为了方便管理和编辑，设计者可以先在本地计算机创建网站的本地站点。站点的建立可以通过 Dreamweaver 软件来完成。创建站点的第一步需要指定一个文件夹作为站点根文件夹，操作步骤如下。

(1) 在本地磁盘 E 盘中新建文件夹 lsculture。

(2) 打开 Dreamweaver 软件后，选择菜单【站点】|【新建站点】命令，或者在 Dreamweaver 窗口右下角的【文件】面板(如图 2-11 所示)中单击【管理站点】按钮，将会弹出【管理站点】对话框，如图 2-12 所示。单击【新建站点】按钮。

图 2-11 【文件】面板

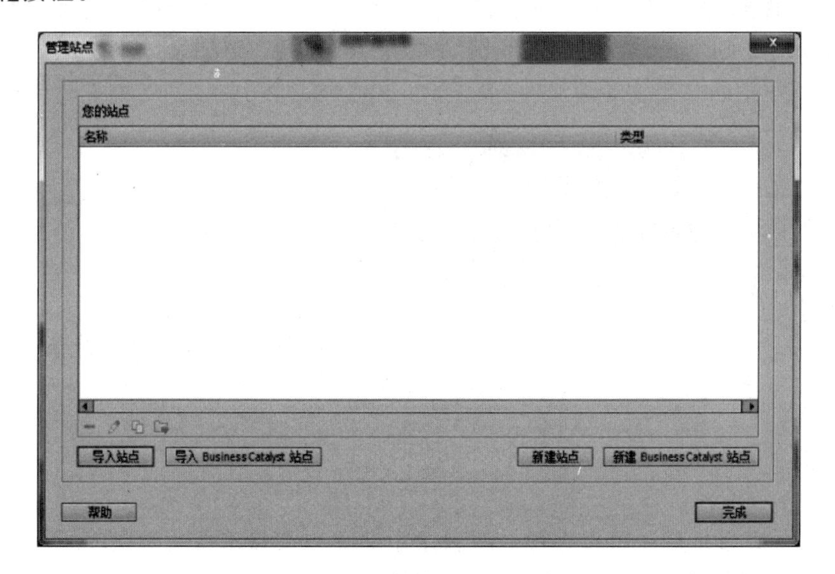

图 2-12 【管理站点】对话框

(3) 选择新建站点后会弹出【站点设置对象】对话框，选择【站点】选项，在右侧窗口提示输入【站点名称】和【本地站点文件夹】，站点名称为“嘉州文化长廊”，本地站点文件夹选择E盘中已经建好的文件夹lsculture，如图2-13所示。单击【保存】按钮后，本地站点创建完成。

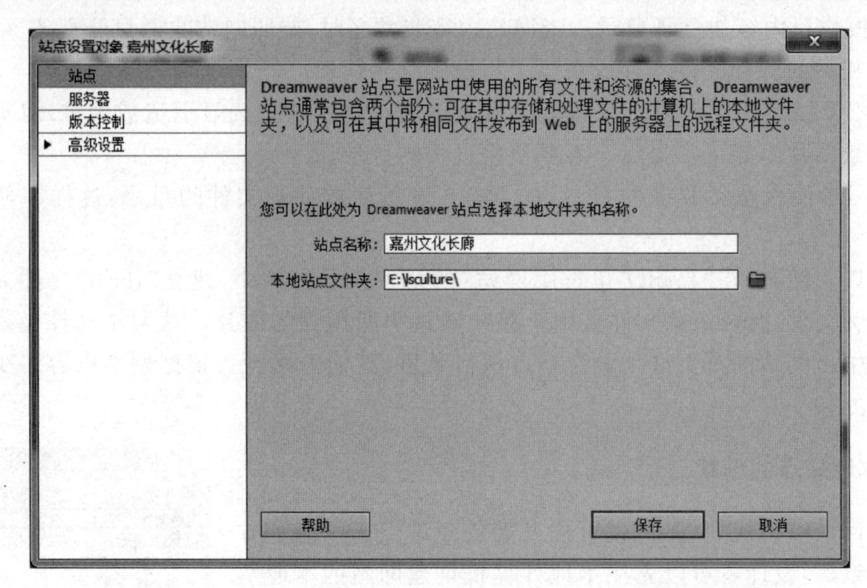

图 2-13 站点设置

3. 创建站点目录结构

站点是文件与文件夹的集合，定义好的站点是空站点，需要在其中添加文件和文件夹，也就是建立站点的目录结构。

基于前面规划好的站点目录结构，完成站点目录的建立。创建目录可以在【文件】面板的站点窗口中进行，方法如下。

(1) 在【文件】面板中右击站点根目录，在弹出的快捷菜单中选择【新建文件】或【新建文件夹】选项，如图2-14所示，在根目录中建立文件index.html(首页文件)和文件夹images(存放图片文件)、flash(存放动画文件)等。

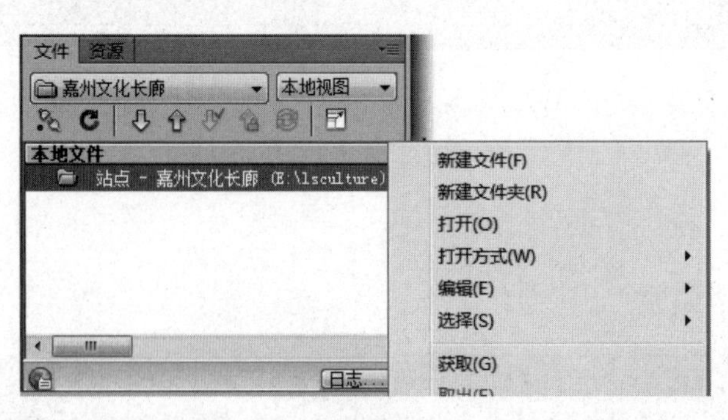

图 2-14 新建文件或文件夹

(2) 建好一级目录后还可以在各一级目录中建立二级目录或文件，建立方式同上。

为了避免在浏览网页时出现网页显示不正常的问题，在创建目录时文件和文件夹命名需要遵守以下命名规则。

① 最好用英文或者汉语拼音缩写命名，文件多的时候可以与数字、符号组合使用，不能使用中文命名。

② 最好使用小写字母，因为有些操作系统（如 UNIX）对大小写敏感。

③ 文件和文件夹的名称可以使用下画线“_”，但是不能使用空格、特殊符号以及“~”“!”“@”“#”“$”“%”“^”“&”“*”等符号，名字不要过长。

建好后的目录结构如图 2-15 所示。

图 2-15 站点目录结构

2.2.3 站点管理

Dreamweaver CS6 允许设计者建立多个站点，并可对站点进行编辑、复制、删除、导入、导出等操作。所有这些操作都可通过【管理站点】对话框来完成，如图 2-16 所示。

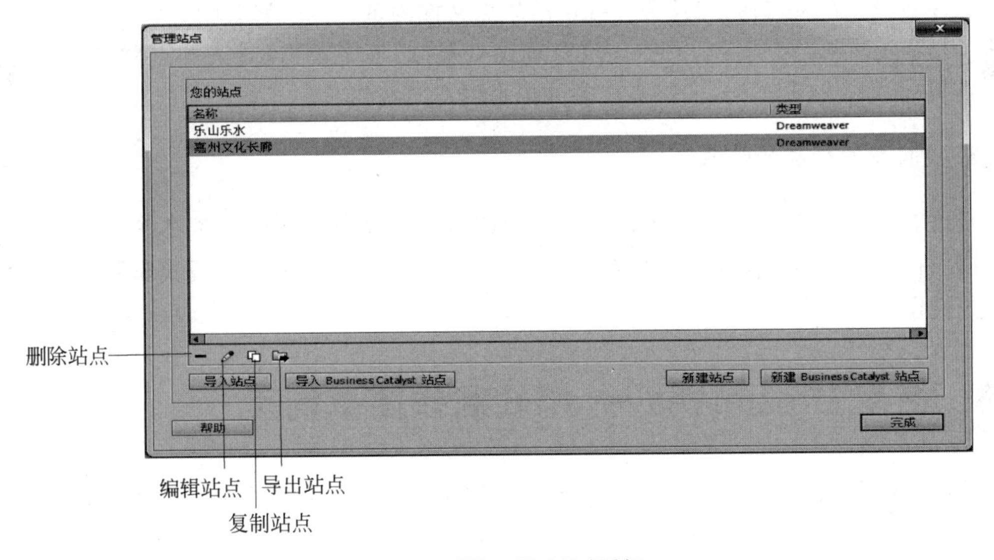

图 2-16 【管理站点】对话框

1. 删除站点

如果某个本地站点已经没有使用了，可将该站点删除。操作方式为：在【管理站点】对话框中选择要删除的站点，然后单击 ▬（删除站点）按钮。在【管理站点】对话框中删除站点只是删除了 Dreamweaver CS6 中该站点的信息，也就是该站点和 Dreamweaver 没有关联了。保存在磁盘中的文件夹和文件仍然存在，不受任何影响。

2. 编辑站点

编辑站点即修改已建好站点的属性和参数。在【管理站点】对话框中单击 ✎（编辑站点）按钮，弹出的对话框就是新建站点时的对话框。

3. 复制站点

如果需要建立多个站点，新建站点和已经建立的站点有很多参数设置相同，可以通过复制站点的方法来建立新站点。在【管理站点】对话框中选择要复制的源站点，再单击 (复制站点)按钮，即可生成一个和源站点相同的新站点。复制完后就可对新站点进行修改，如站点存放目录等。

4. 导入和导出站点

为了防止 Dreamweaver 中的站点信息丢失，或者想要在各计算机和产品版本之间移动站点，与其他用户共享这些设置，可以将站点导出为包含站点设置的 XML 文件，并在以后将该站点导入 Dreamweaver。

(1) 导出站点：若要导出站点，可在【管理站点】对话框中选择要导出的一个或多个站点，然后单击 (导出站点)按钮。在弹出的【导出站点】对话框中设置好各站点文件的路径和文件名，然后单击【保存】按钮。导出的站点文件为带.ste 扩展名的 XML 文件。

(2) 导入站点：若要导入站点，在【管理站点】对话框中单击【导入站点】按钮，弹出【导入站点】对话框，找到要导入的站点文件并单击【打开】按钮。

5. 文件与文件夹的管理

对建立好的文件和文件夹，可以进行移动、复制、重命名和删除等基本的管理操作。在【文件】面板中右击需要操作的文件或文件夹，从弹出的快捷菜单中选择【编辑】选项，即可进行相关操作。

2.3 使用 Dreamweaver CS6 制作简单网页

站点结构建立好后就可以开始建设网站内容了。网站是需要通过网页来展示和传递信息的，本节介绍的是怎样在 Dreamweaver CS6 中制作一个简单网页。

2.3.1 案例分析："嘉州画派"网页设计

1. 网页结构分析

在"嘉州文化长廊网站"的多个网页中，"嘉州画派"是内容和形式都较简单的一个网页，如图 2-17 所示。网页中没有用到任何布局工具，直接将网页内容按照从上到下，从左到右的顺序排列。从上到下依次是标题、主要内容、页脚。

2. 网页内容分析

嘉州画派作为嘉州人文艺术的重要组成部分，是嘉州文化长廊网站首先要介绍的内容。介绍的网页中用到了文字和图片两种类型的元素。标题以图文混排的方式展示。主要内容以文字的方式介绍画派简介，以图片的方式展示作品信息。页脚为版权信息。

3. 网页风格分析

为了让网页看上去美观并易于阅读，网页中设置了两种不同类型的标题效果，加入了水平线分隔标题和正文，设置了段落缩进效果、文字居中效果、图片对齐效果等。为突显主题，标题上的图片采用的是水墨效果。

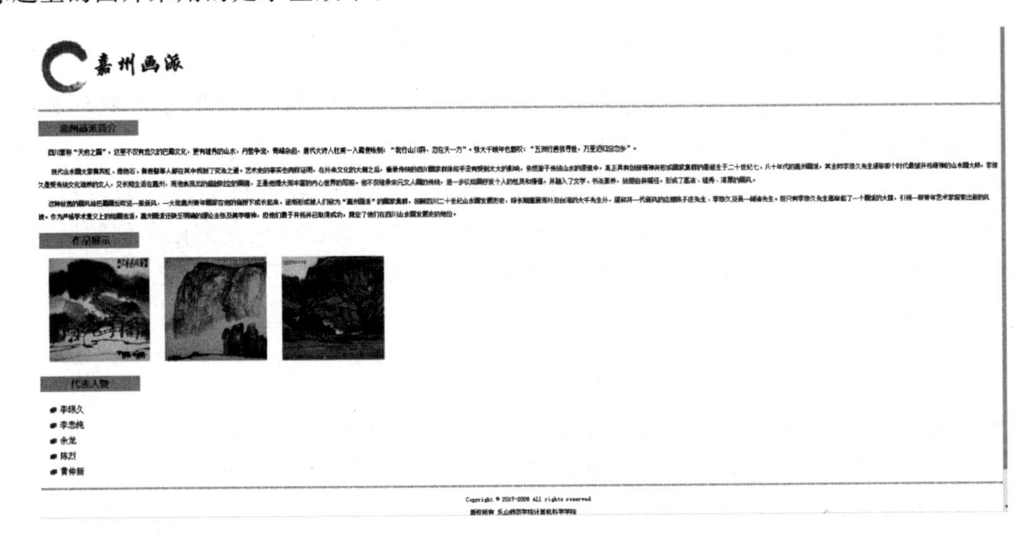

图 2-17　“嘉州画派”网页效果图

2.3.2　HTML 基础

HTML(HyperText Markup Language，超文本标记语言)是目前网络上应用最为广泛的语言，也是构成网页文档的主要语言。网页中不但包含文字，还有图片、视频、Flash 小游戏，有复杂的排版、动画效果，所以，HTML 定义了一套语法规则，来告诉浏览器如何把一个丰富多彩的页面显示出来。HTML 标记用于描述、设置网页文件的内容及格式，设计者只需输入文件内容和必要的标记，文件内容就能在浏览器中按照标记定义的格式显示出来。用 HTML 编写的文件称为 HTML 文档，就是常见的静态网页，扩展名为.html 或.htm，它能独立于各种操作系统平台(如 Windows、Mac OS 等)。HTML 文件可以用 Dreamweaver 等编辑软件来编写(Dreamweaver CS6 中的“代码”视图显示的就是当前网页的 HTML 代码)，也可以用记事本、写字板来编写。懂得 HTML 有助于提高网页制作水平，对网页进行修改或者借鉴别人网页制作经验时需要通过 HTML 代码来完成。

1. HTML 标记格式

HTML 用于描述功能的符号称为“标记”，所有 HTML 标记都必须用一对尖括号“< >”括起来，这叫作“定界符”。标记在表示 HTML 文档内容结构和含义的时候，通常有两种方式，分别称作单标记和双标记。

(1) 单标记。单标记表示一种功能，没有范围之分。单标记的语法格式为：

```
<标记名称>
```

例如，
表示给标记处换行，<hr />表示画一根横线（即水平线）。标记中的"/"表示标记到此结束的意思，在HTML5版本中标记后面的"/"可以省略，如
。

（2）双标记。成对出现的标记称为双标记，双标记包括开始标记和结束标记，二者之间为标记所影响的范围。开始标记和结束标记名称相同，无斜杠的标记为开始标记，表示该标记的作用开始，有斜杠的标记为结束标记，表示该标记的作用结束。双标记的语法格式为：

```
<标记名称>内容</标记名称>
```

例如：<title>嘉州画派</title>，在两个标记之间的文本"嘉州画派"，是指网页文档的标题为"嘉州画派"的意思。此处标记"title"表示文档标题。

（3）包含属性的标记。标记属性的作用是对标记影响的内容进行更详细的控制，属性不是必要的。标记属性可以由用户设置，否则采用默认值。属性出现在标记名称的后面，并且以空格进行分隔。如果标记有多个属性，属性不区分先后顺序，不同属性之间也可以空格隔开。其格式如下：

```
<标记名称 属性1="值1" 属性2="值2" … />内容</标记>
```

例如：<hr width="400" />，表示水平线的宽度为400像素。

<h1 align="center">我是文章标题</h1>，表示"我是文章标题"文本水平居中显示。

在书写标记时要注意以下几点。

① HTML标记名称大都为相应的英文单词首字母或缩写，如p表示paragraph（段落）、img表示image（图像），可以通过记单词的方法来记标记名称。

② 双标记中，标记属性只能写在开始标记中。

③ 超文本标记名称不区分大小写（建议使用小写），如<HTML>和<html>是等效的，但标记之间的内容的名称要区分大小写。

④ 一个标记元素可写在多行，参数位置不受限制。

⑤ Dreamweaver CS6在【代码】窗口书写代码有提示功能，如写完标记名称再按空格键，则会在旁边出现该标记的属性列表，用户可在属性列表中直接选择想要的属性，不用自己输入。

2. HTML文档的基本结构

HTML文档分为文档头和文档体两部分，在文档头里，对这个文档进行了一些必要的定义，文档体中才是要显示的各种文档信息。一个基本的HTML文档结构如下。

```
<! DOCTYPE html PUBLIC " - //W3C//DTD XHTML 1.0 Transitional//EN" "http://www.w3.org/TR/xhtml1/DTD/xhtml1 - transitional.dtd">
<html xmlns = "http://www.w3.org/1999/xhtml">
<head>
<meta http - equiv = "Content - Type" content = "text/html; charset = utf - 8" />
<title>我是文档标题</title>
</head>
<body>
<h1 align = "center" >我是文章标题 </h1>
</body>
```

```
</html>
```

代码说明如下。

(1) 通常 HTML 页面均以 DOCTYPE 开始，它声明文档的类型，且之前不能有任何内容(包括换行符和空格)，否则将使文档声明无效。如果缺少 DOCTYPE 会导致文件在浏览器中显示不正常。

(2) 接着是<html>标记，以</html>结束。

结构中包含三个顶层标记：<html>、<head>和<body>。文档以<html>开始，以</html>结束，<head>和<body>嵌入其中。

(3) 在<head>和</head>标记中的内容是文档头，用于描述页面的头部信息，如文档的标题(<title>标记)、页面的元信息(<meta />标记)、CSS 样式代码、JS 代码等信息。所有在<head>和</head>标记之间的内容都是不会显示在页面上的。

(4) <body>和</body>之间的内容是文档体，是 HTML 的主要部分，它包括文件所有的实际内容和绝大多数标记符号。页面上显示的任何东西都包含在这两个标记之中。

HTML 的标记非常多，在后面章节中会介绍各种不同的标记及其用法。

2.3.3 CSS 基础

CSS(Cascading Style Sheet，层叠样式表)简称样式表，用于为网页文档中的元素添加各种样式，如字体大小、背景颜色、边框设置、列表格式等，起到了网页文档的美化作用。CSS 是将格式规则存放在样式表中，网页通过对样式表的引用为目标区域的元素添加样式。

网页设计最初使用 HTML 标记来定义页面文档及格式，但这些标记不能满足更多的文档样式需求，如果利用 HTML 标记来实现所有格式设置，会导致代码烦琐且臃肿。设计者需要认识到，在网页设计中，HTML 负责的工作是网页框架搭建和内容显示，在此基础上，设计者还需要对内容进行外观设计和美化，这个工作就交由 CSS 来完成，两者各司其职。利用 CSS，设计者可以精确、灵活地控制网页里每一个元素的字体样式、背景、排列方式、区域大小、边框等。

1. CSS 样式表

CSS 有三种使用方式，根据声明位置的不同分为内联样式表、内部样式表和外部样式表。

(1) 内联样式表。内联样式表又称为行内样式表，通过使用 style 属性为各种 HTML 元素标记添加样式，其作用范围只在指定的 HTML 元素内部。基本语法格式如下：

```
<标记名称 style="属性名称 1:属性值 1; 属性名称 2:属性值 2; …">
```

当有多个属性时，需要用分号将属性隔开。

例如：<h1 style="color:red; font-size:36px">我是文章标题</h1>

该声明表示设置当前<h1>和</h1>标签之间的文本字体颜色为红色，字体大小为 36 像素。

(2) 内部样式表。内部样式表通常位于<head>和</head>标记内，通过使用<style>和</style>标签标记各类样式规则，其作用范围是当前整个文档。语法格式如下：

```
<style>
选择器{属性名 1:属性值 1; 属性名 2:属性值 2; …}
</style>
```

例如：
```
<style type="text/css">
        body {
        margin: 0px;
        font-family: "宋体";
    }
    </style>
```

该语句包含一个<body>标记，意思是设置整个网页的上边距为 0 像素，文字字体为“宋体”。

(3) 外部样式表。外部样式表为独立的 CSS 文件，其后缀名为.css，在网页文档的首部<head>和</head>标签之间使用<link>标签对其进行引用，该文件的所有格式即可用于当前整个文档。对 CSS 文件的引用语法格式如下：

```
<link rel="stylesheet" href="样式文件">
```

同一个网页文档可以引用多个外部样式表文件，不同网页也可以引用同一个外部样式表文件以统一网页风格。通常将多个网页中相同的格式设置放入外部样式表文件，以提高制作网页的效率。

(4) 样式表层叠优先级。

内联样式表、内部样式表和外部样式表可以在同一个网页文档中被引用，多种样式可能会用于同一个 HTML，如果其中有样式条件冲突，CSS 会优先选择级别高的样式应用到该网页元素上。

三种样式表的优先级为：内联样式拥有最高的优先权，其次是内部样式表，最后是外部样式表中的样式声明。也就是说，元素是以就近原则显示离其最近的样式规则。如果没有任何样式表文件，则以当前浏览器中的样式声明(默认值)为最终效果。

2. 创建 CSS 样式表

创建 CSS 样式表的方式有以下三种。

(1) 选择【格式】|【CSS 样式】|【新建】命令。

(2) 单击【CSS 样式】面板上的【新建 CSS 规则】按钮，或者在面板的空白处右击，在弹出的快捷菜单里选择【新建】命令。

(3) 在【属性】面板中选择 CSS 选项卡，在【目标规则】下拉列表里选择【新 CSS 规则】命令，再单击【编辑规则】按钮。

【CSS 样式】面板是建立和管理 CSS 样式最方便的工具，因此后面的介绍均以【CSS 样式】面板中建立样式的方式来讲解怎样创建 CSS 样式。【CSS 样式】面板(如图 2-18 所示)默认位于 Dreamweaver 窗口的右侧，可以通过【窗口】|【CSS 样式】命令，打开或隐藏【CSS 样式】面板，也可按 Shift+F11 组合键来实现。

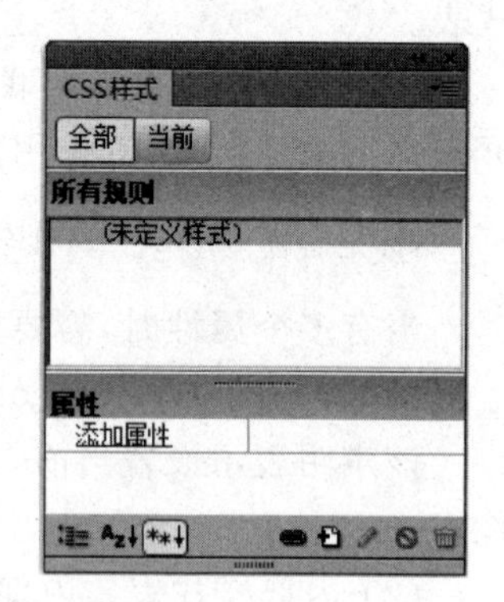

图 2-18 【CSS 样式】面板

在面板的顶部有【全部】和【当前】两种模式可选。【全部】是显示当前文档所有的 CSS 规则,【当前】只显示当前选定的 CSS 规则。

面板底部排列着几个按钮,其功能如下。

(1)【附加样式表】按钮：附加链接到或导入外部样式表到当前文档中。

(2)【新建 CSS 规则】按钮：创建新的 CSS 样式,可选择要创建的样式类型。

(3)【编辑样式】按钮：编辑修改选定的 CSS 规则。

(4)【删除 CSS 规则】按钮：删除选中的 CSS 规则,并删除所有应用了该规则元素的相应格式。

单击【新建 CSS 规则】按钮后,将弹出【新建 CSS 规则】对话框,如图 2-19 所示。该对话框由三个选项构成：选择器类型、选择器名称和规则定义。

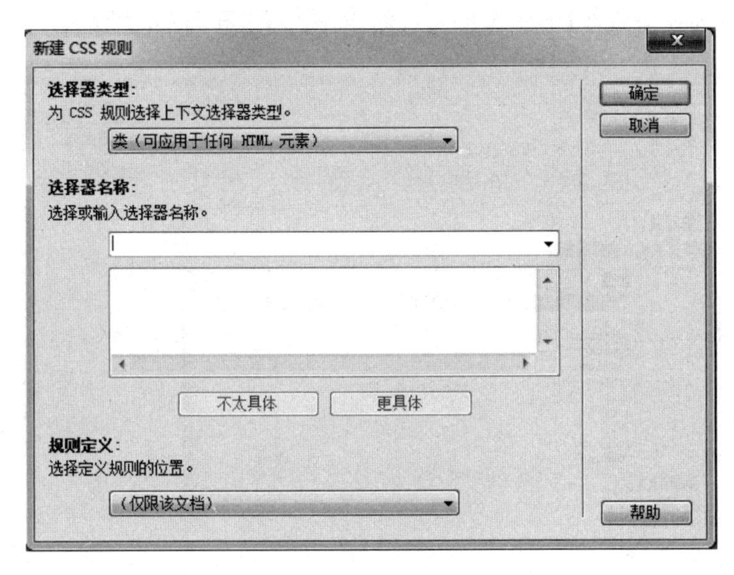

图 2-19 【新建 CSS 规则】对话框

1) 选择器类型

“选择器”是指明“样式”规则的作用对象,也就是“样式”应用于网页中的哪些元素。要使用 CSS 对 HTML 页面中的元素实现一对一、一对多或者多对一的控制,就需要用到 CSS 选择器。不同类型的选择器有着对 HTML 页面中的元素不同的控制范围。

(1) 类选择器：所定义的规则样式可应用于任何 HTML 元素,也可重复多次应用于不同的 HTML 元素。类选择器在声明时需要在【选择器名称】文本框中输入样式名称。类名必须以英文句号“.”开头,后面加上英文、数字等构成的名称,如“. pstyle”样式如下：

```
.pstyle {line - height: 30px;}
```

在标签中应用格式如下。

```
<h1 class = " pstyle ">嘉州画派</h1>
<p class = "pstyle">我是一个小段落</p>
```

“h1”和“p”这两个不同标签控制的内容,通过使用类选择器 pstyle 具有相同的风格。

(2) ID 选择器：仅用于一个 HTML 元素,ID 值具有唯一性,类似于现实生活中的身份证号码。有一个元素使用该样式后,其他元素就不能再选择该样式。ID 选择器名称必须以井号“#”开头。

(3) 标签选择器：一个完整的 HTML 页面由很多不同的标签(标记)组成，而标签选择器则是指修改 HTML 文档中该标签所代表的元素，也就是对 HTML 指定标签进行重新定义。

例如：p{background:black}

此代码表示将当前文档中所有段落的背景颜色设置为黑色。“p”代表了所有段落。

(4) 复合内容：基于选定的内容以及伪类选择器。

2) 选择器名称

选择好选择器类型后，再选择或输入选择器名称。如果选择【标签】选择器，可在选择器名称的下拉列表中选择相应的标签名，如图 2-20 所示。如果选择【类】选择器或者是 ID 选择器，就需要在【选择器名称】中输入相应名称，如图 2-21 和图 2-22 所示。

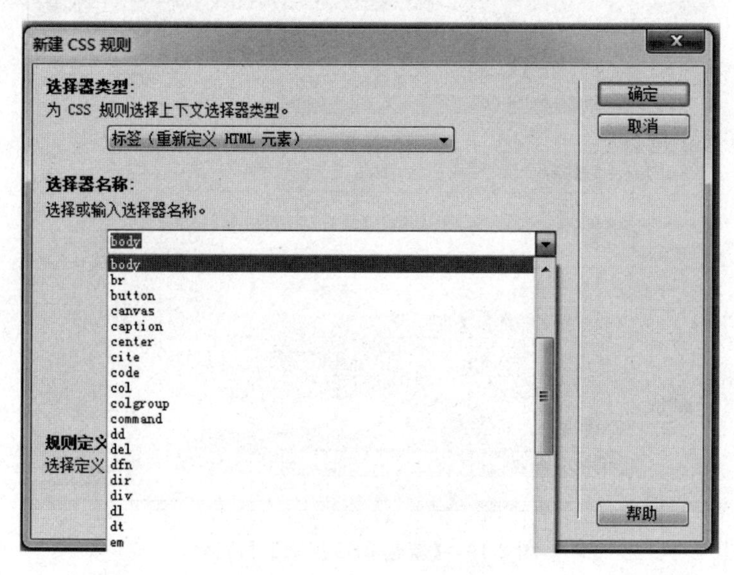

图 2-20 标签选择器名称

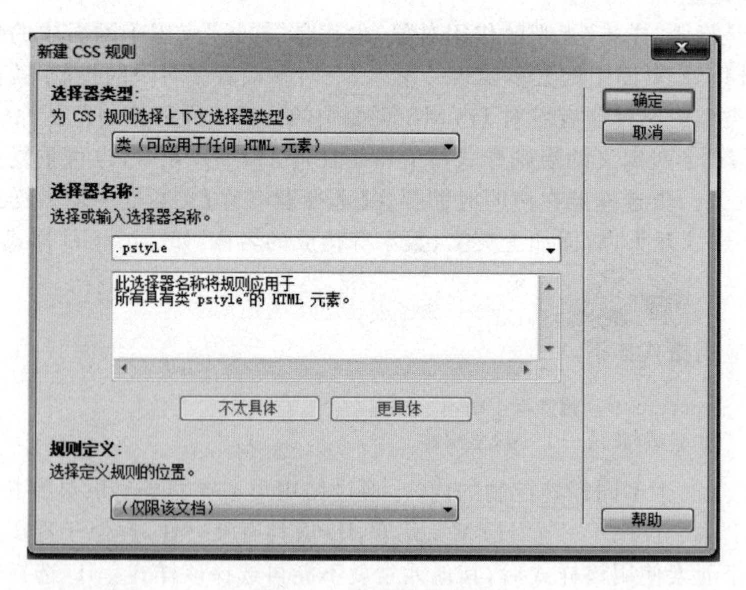

图 2-21 类选择器名称

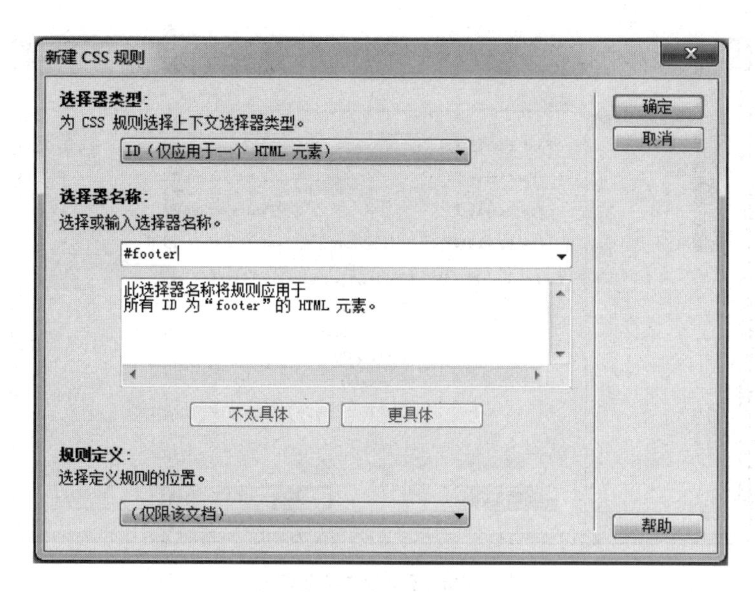

图 2-22　ID 选择器名称

3）规则定义

选择定义规则的位置，即 CSS 类型。Dreamweaver 提供了以下两个选项。

（1）仅限该文档：也称 CSS 内嵌风格，把 CSS 规则放在当前 HTML 文档中。只应用于当前文档的 HTML 元素。

（2）新建样式表文件：也称 CSS 外部风格，把 CSS 规则单独存放在后缀名为 CSS 的文件中。其他 HTML 文档要应用外部 CSS 文件里的样式可通过“附加样式表”的方式来实现。

3. CSS 规则定义

确定 CSS 类型和选择器名后，将弹出【CSS 规则定义】对话框，在对话框中设计者可以定义各类元素的格式，如字体、颜色、边距和边框等网页元素的属性。在 Dreamweaver CS6 中，CSS 属性分为 9 大类，分别是：类型、背景、区块、方框、边框、列表、定位、扩展和过渡。

（1）类型：主要定义网页中文字的字体、大小、颜色等风格，如图 2-23 所示。

① Font-family：设置样式字体。

② Font-size：设置字体大小。可以通过选择数字和度量单位来选择特定的大小，也可以选择相对大小。

③ Font-weight：设置字体粗细效果。normal 等于 400，bold 等于 700。

④ Font-style：指定 normal（正常）、italic（斜体）或 oblique（偏斜体）作为字体样式，默认设置为“正常”。

⑤ Font-variant：设置文本的小型大写字母变体。

⑥ Line-height：设置文本所在行的高度。习惯上将该设置称为行高。可选择“正常”自动计算字体大小的行高，或输入一个确切的值并选择一种度量单位。

⑦ Text-transform：将所选内容中每个单词的首字母大写或将文本设置为全部大写或小写。none：无转换。capitalize：将每个单词的第一个字母转换成大写。uppercase：将每

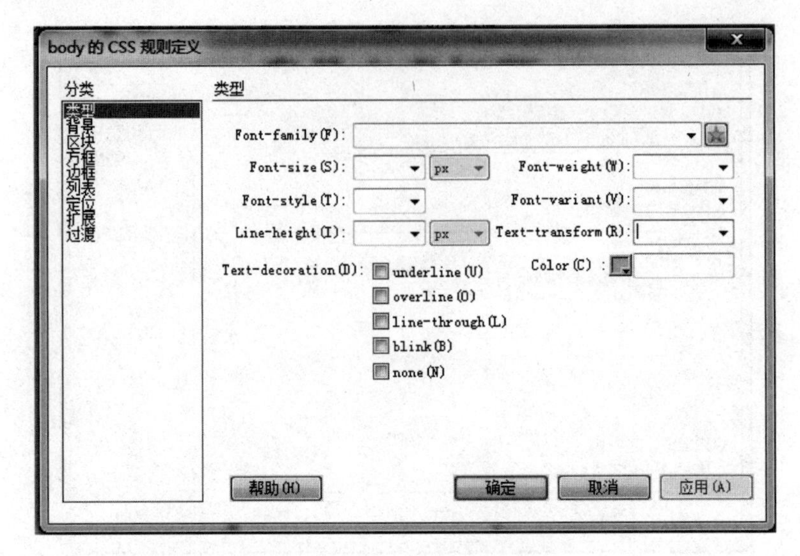

图 2-23 【类型】规则定义

个单词转换成大写。lowercase：将每个单词转换成小写。

⑧ Text-decoration：向文本中添加 underline(下画线)、overline(上画线)、line-through(删除线)、blink(文本闪烁)。常规文本的默认设置是 none(无)。链接的默认设置是“下画线”。

⑨ Color：设置文本颜色。颜色可通过颜色调板选择，可在文本框中填入颜色名称(如 red)，也可用十六进制值的颜色(如 #8000FF)来表示。

(2) 背景：定义 CSS 样式的背景设置。可以对网页中的任何元素应用背景属性，如在文本、表格、页面等的后面添加背景。还可以设置背景图像的位置，如图 2-24 所示。

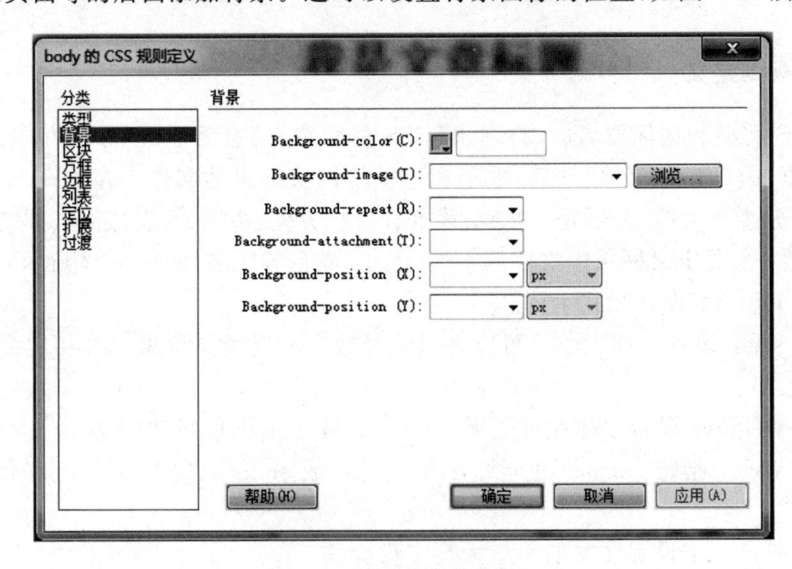

图 2-24 【背景】规则定义

① Background-color：设置元素的背景颜色。

② Background-image：设置元素的背景图片。

③ Background-repeat：确定是否以及如何重复背景图像。no-repeat(不重复)是只在元素开始处显示一次图像。repeat(重复)是同时在水平和垂直方向重复平铺图像。repeat-x(横向重复)是指水平方向重复平铺图像。repeat-y(纵向重复)是在垂直方向重复平铺图像。图像会被剪辑以适合元素的边界。

④ Background-attachment：确定背景图像是 fixed(固定)在其原始位置还是随内容一起 scroll(滚动)。默认选项为滚动。

⑤ Background-position(X)和 Background position(Y)：指定背景图像相对于元素的起始位置。这可用于将背景图像与页面中心垂直(Y)和水平(X)对齐。

(3) 区块：定义标签和属性的间距和对齐设置，如图 2-25 所示。

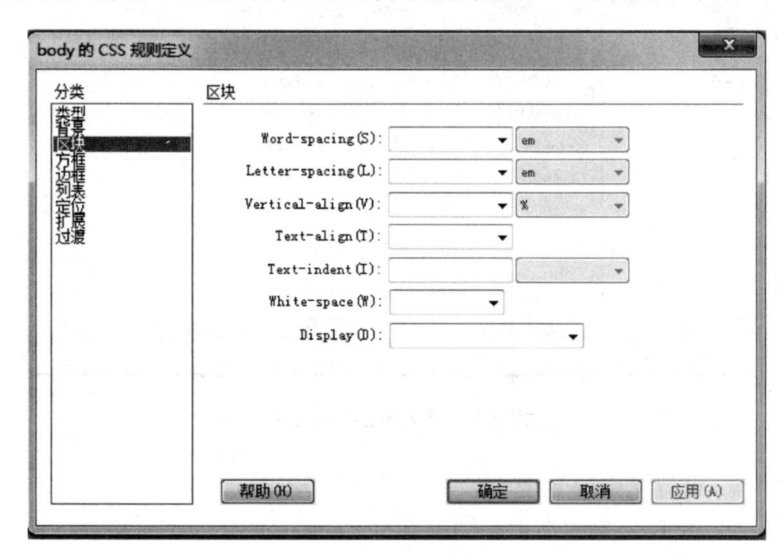

图 2-25 【区块】规则定义

① Word-spacing：设置字(单词)之间的间距。其默认值 normal 与设置值为 0 是一样的。若要设置特定的值，请在弹出菜单中选择【值】选项，然后输入一个数值。在第二个弹出菜单中选择度量单位(如像素、点等)。属性接受一个正长度值或负长度值。如果提供一个正长度值，那么字之间的间隔就会增加。为 Word-spacing 设置一个负值，会把它拉近。

② Letter-spacing：增加或减小字母或字符的间距。设置方式与 Word-spacing 相同。字母间距设置覆盖对齐的文本设置，输入的长度值会使字母之间的间隔增加或减少指定的量。

③ Vertical-align：指定应用此属性的元素的垂直对齐方式，图像的对齐方式也用此属性设置。

④ Text-align：设置文本在元素内的对齐方式。left 左对齐，默认值。right 右对齐。center 居中对齐。justify 实现两端对齐文本效果。

⑤ Text-indent：指定第一行文本缩进的程度。设置时注意选择缩进量的单位，如果是段落缩进，通常单位选择 pixels。可以使用负值创建凸出，但显示方式取决于浏览器。

⑥ White-space：确定如何处理元素中的空格。

⑦ Display：指定是否及如何显示元素。none(无)指定到某个元素时，此元素不会被

显示。

(4) 方框：用于设置元素属性定义以及控制元素在页面上的放置方式。可以理解为方框就是一个盒子，在这里可以定义盒子的宽、高、外边距和内边距，以及整个盒子是否要浮动和是否要清除浮动。在应用填充和边距设置时将设置应用于元素的各个边，也可以使用【全部相同】设置将相同的设置应用于元素的所有边，如图 2-26 所示。

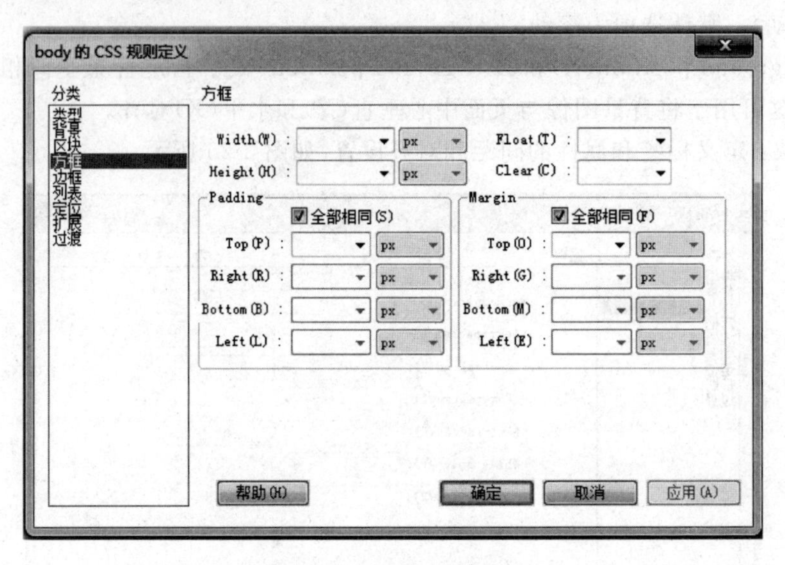

图 2-26 【方框】规则定义

① Width：宽，设置元素的宽度

② Height：高，设置元素的高度。

③ Float：浮动，指定其他元素在浮动的元素周围流动的一侧。浮动的元素固定在浮动一侧，其他内容在另一侧围绕它流动。类似环绕效果，left 是指浮动元素固定位于左侧，其他内容环绕该元素。right 指元素固定在右侧，与左侧类似。none 无环绕效果。float 在绝对定位和 display 为 none 时不生效。

④ Clear：指定不允许有其他浮动元素的元素一侧。none 允许两边都可以有浮动对象。both 不允许有浮动对象。left 不允许左边有浮动对象。right 不允许右边有浮动对象。

⑤ Padding：填充。指定元素内容与元素边框之间的间距(如果没有边框，则为边距)。取消选择【全部相同】复选框可设置元素各个边的填充。

⑥ Margin：边距。指定一个元素的边框与另一个元素之间的间距(如果没有边框，则为填充)。

(5) 边框：定义元素周围的边框的设置(宽度、颜色和样式)，如图 2-27 所示。

① Style：设置边框的样式外观。样式的显示方式取决于浏览器。取消选择【全部相同】可设置元素各个边的边框样式。none 无边框。dotted 点状边框。dashed 虚线边框。solid 实线边框。double 双线边框。两条单线与其间隔的和等于指定的 border-width 值。groove 为 3D 凹槽轮廓。ridge 为 3D 凸槽轮廓。inset 为 3D 凹边轮廓。outset 为 3D 凸边轮廓。

② Width：设置元素边框的粗细。

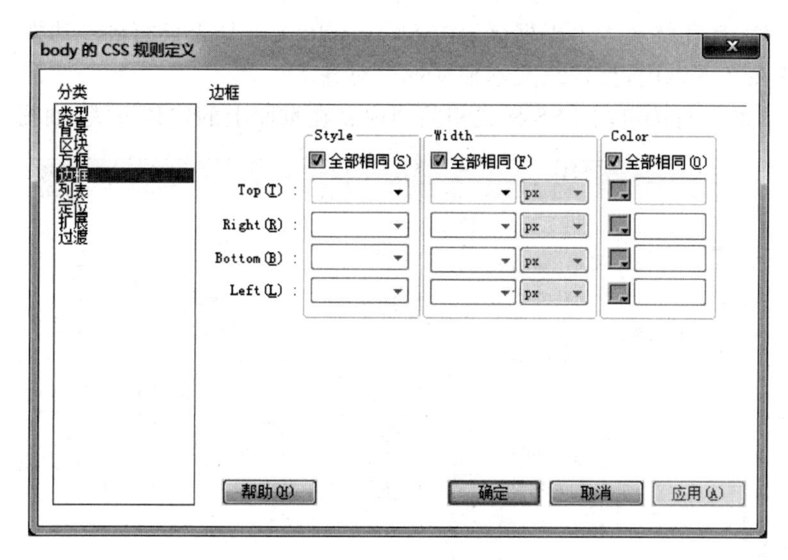

图 2-27 【边框】规则定义

③ Color：设置边框的颜色。

选定【全部相同】复选框时，以上属性上下左右 4 条边值相同。取消选择【全部相同】可设置元素各个边的不同属性。如果 border-width 等于 0 或者没有设置，则边框将不会显示。

(6) 列表：定义列表标签相关属性，如项目符号图片和类型，如图 2-28 所示。

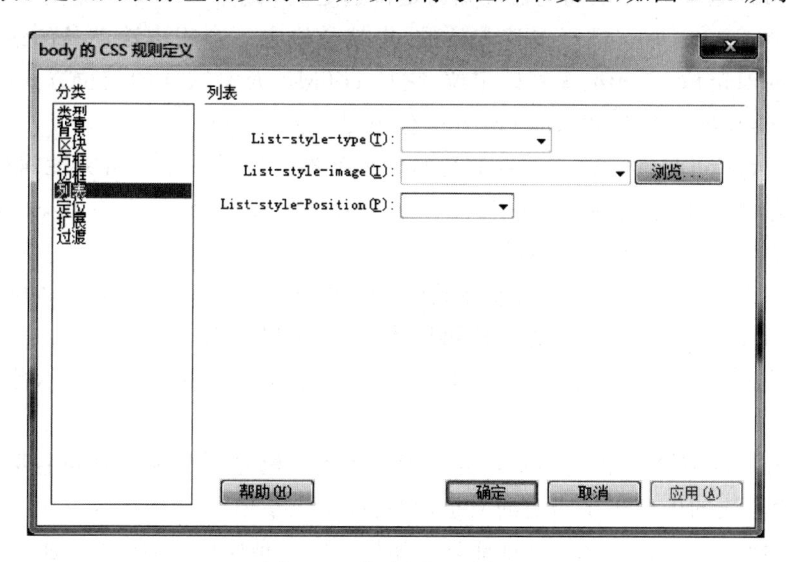

图 2-28 【列表】规则定义

① List-style-type：设置列表符号或编号的外观。disc 实心圆。circle 空心圆。square 实心方块。decimal 阿拉伯数字。lower-roman 小写罗马数字。upper-roman 大写罗马数字。lower-alpha 小写英文字母。upper-alpha 大写英文字母。none 不使用项目符号。

② List-style-image：为项目符号指定自定义图像。单击【浏览】按钮选择图像，或输入图像的路径。

③ List-style-Position：outside 设置列表项文本是否换行并缩进(外部)，列表项目标记

放置在文本以外,且环绕文本不根据标记对齐。inside 文本是否换行到左边距(内部),列表项目标记放置在文本以内,且环绕文本根据标记对齐。

(7) 定位:确定与选定的 CSS 样式相关的内容在页面上的定位方式,如图 2-29 所示。

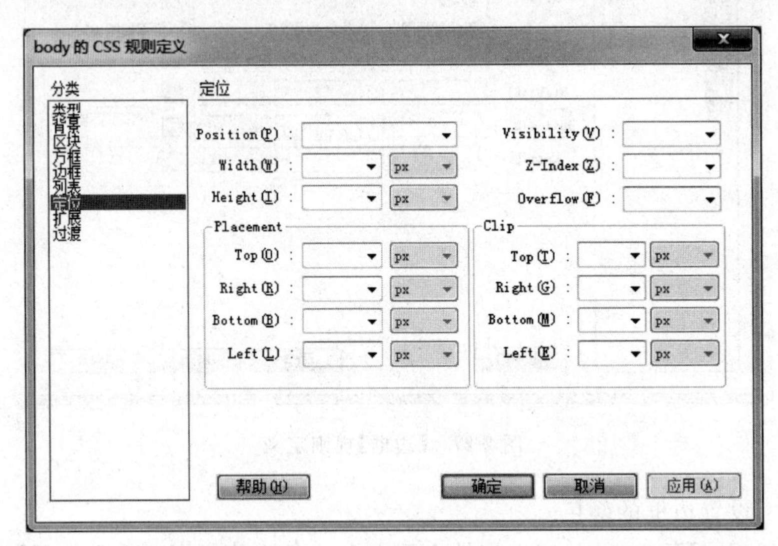

图 2-29 【定位】规则定义

① Position:位置。确定浏览器应如何定位选定的元素。absolute 绝对定位。fixed 固定定位,是根据窗口为原点进行偏移定位的,也就是说它不会根据滚动条的滚动而进行偏移。relative 相对定位。static 无特殊定位,它是 HTML 元素默认的定位方式,即设计者不设定元素的 position 属性时默认的 position 值就是 static。

② Visibility:可见性。确定内容的初始显示条件。如果不指定可见性属性,则默认情况下,内容将继承父级标签的值。visible 可见,默认值。hidden 元素不可见。inherit 规定应该从父元素继承 visibility 属性的值。

③ Z-Index:Z 轴。确定内容的堆叠顺序。Z 轴值较高的元素显示在 Z 轴值较低的元素(或根本没有 Z 轴值的元素)上方。值可以为正,也可以为负。

④ Overflow:溢出。确定当容器(如 div 或 p)的内容超出容器的显示范围时的处理方式。

⑤ Placement:位置。指定内容块的位置和大小。浏览器如何解释位置取决于【类型】设置。如果内容块的内容超出指定的大小,则将改写大小值。

⑥ Clip:剪辑。定义内容的可见部分。如果指定了剪辑区域,则可以通过脚本语言(如 JavaScript)访问它,并操作属性以创建像擦除这样的特殊效果。

(8) 扩展:样式属性包括滤镜、分页和指针选项,如图 2-30 所示。

① Page-breake-before:打印期间在样式所控制的对象之前强行分页。

② Page-break-after:打印期间在样式所控制的对象之后强行分页。

③ Cursor:当指针位于样式所控制的对象上时改变指针图像。

④ Filter:对样式所控制的对象应用特殊效果。

(9) 过渡:是元素从一种样式逐渐改变为另一种的效果。要实现这一点,必须规定两

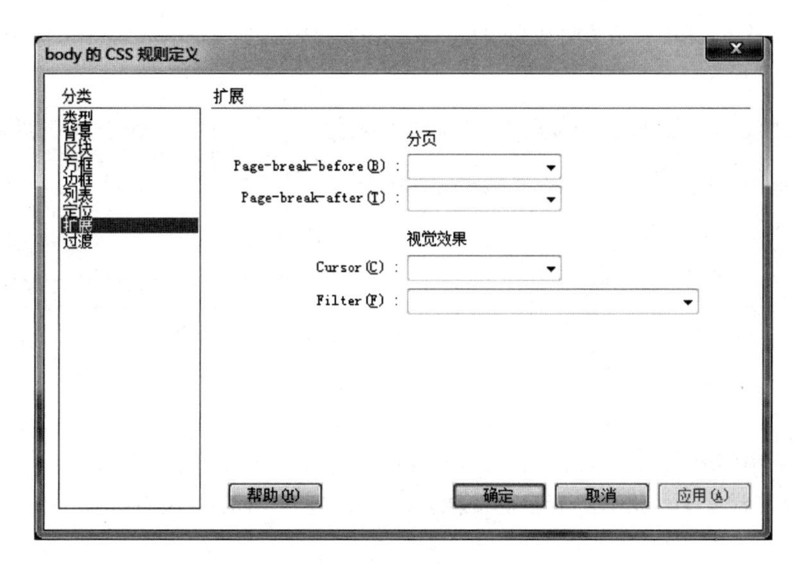

图 2-30 【扩展】规则定义

项内容：一是指定要添加效果的 CSS 属性；二是指定效果的持续时间，如图 2-31 所示。过渡效果也可以通过【CSS 过渡效果】面板来制作。

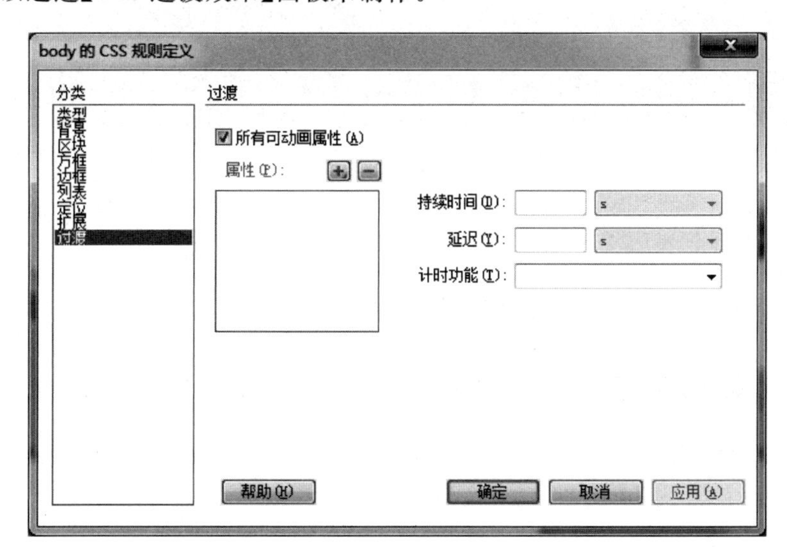

图 2-31 【过渡】规则定义

4. 样式的应用

样式定义好后怎样才能让样式起作用？不同类型的样式应用方式不同。

(1) 标签样式：标签样式设置好后不需要应用直接生效。

(2) 类。类可以用于任何 HTML 元素，因此应用前应该先选中需要应用的对象。应用的方式如下。

① 在【文档】窗口中右击选中的对象，从弹出的快捷菜单中选择【CSS 样式】命令，然后选择要应用的样式。

② 选中对象后，在【属性】面板的 HTML 选项卡中，【类】下拉列表中选择要应用的样式，如图 2-32 所示

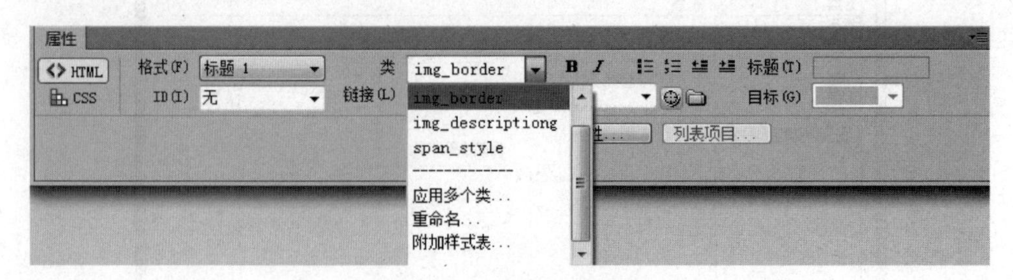

图 2-32 【属性】面板类的应用

③ 单击菜单【格式】|【CSS 样式】命令，然后在子菜单中选择要应用的样式。

④ 在【CSS 样式】面板中选择【全部】模式，右击要应用的样式名称，在弹出的子菜单中选择应用。

(3) ID。只能用于唯一的对象。应用方法如下。

① 选定对象后可在【属性】面板中 ID 下拉列表中选择要应用的样式，如图 2-33 所示

图 2-33 【属性】面板 ID 应用

② 在代码中修改要应用标签的 ID 属性，如：

```
<p id = "footer">版权所有 乐山师范学院计算机科学学院</p>
```

2.3.4 案例制作：图文并茂页面制作

了解了制作网页需要用到的一些基础知识后，设计者就可以开始设计网页了。下面利用 Dreamweaver CS6 制作"嘉州画派"这个简单网页。网页效果展示在 2.3.1 节中。网页制作步骤如下。

1. 新建网页

设计者需要新建一个用于介绍"嘉州画派"的网页 jzhp. html，并将该网页存在站点"嘉州文化长廊"的根文件夹 lsculture 中。新建网页的方法如下。

(1) 选择菜单【文件】|【新建】命令，弹出【新建文档】对话框，如图 2-34 所示，选择左列【空白页】选项，页面类型为 HTML，布局为【无】，单击【创建】按钮，即可创建并打开名为"Untitled-1"的空白网页文件。

说明：如果需要修改文件名，需要选择菜单【文件】|【保存】命令，在弹出的【另存为】对话框中，选择站点根目录 lsculture 作为保存的位置，输入文件名"jzhp. html"，单击【保存】按

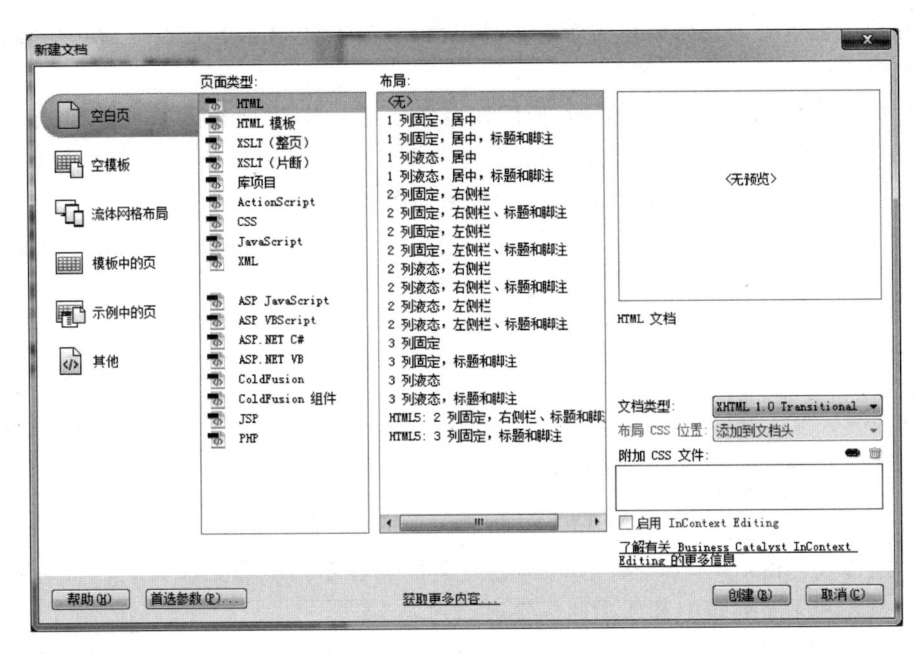

图 2-34 【新建文档】对话框

钮即可。

(2) 在【文件】面板中右击站点根文件夹 lsculture，选择弹出菜单中的【新建文件】命令，建好后直接在【文件】面板中修改新建网页文件文件名为“jzhp.html”。

网页建好后就需要往网页中加入内容了。在“嘉州画派”网页中有文字、图片、水平线、列表等元素。把网页所用元素加入到网页后还需要对网页内容进行格式设置，如对齐方式、文字颜色、列表格式等。这部分需要用 CSS 样式来完成。

2. 输入并编辑文本

文本是网页中必不可少的重要元素，Dreamweaver 中可以通过直接输入、复制粘贴或导入的方式轻松地将文本输入文档中。还可在文档中插入一些特殊字符，如版权符号、商标等。文字在网页中主要以以下三种格式呈现。

(1) 标题。标题 1～标题 6，标记为< h1 >～< h6 >，标题 1 的字号最大，标题 6 的字号最小，能自动换行，同时有加粗效果。网页中的“嘉州画派”、“作品展示”等标题就是以标题格式来显示的。

(2) 段落。标记< p >，正文段落，在文字的开始和结尾处都会自动换行。如图 2-35 所示，正文内容均由段落格式控制，有多少段落，就需要多少对< p >标记控制。

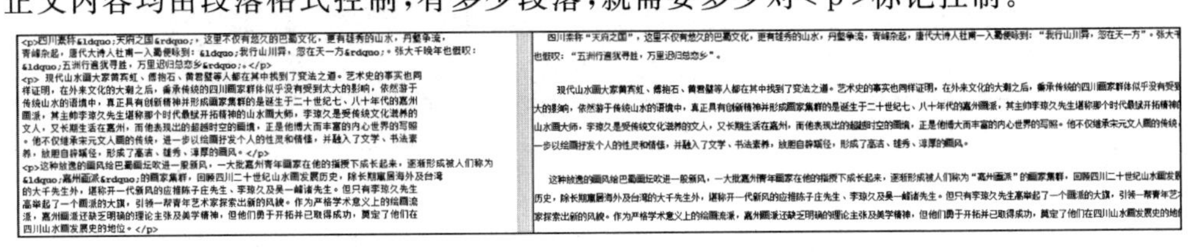

图 2-35 段落格式

图片左边显示的为代码窗口中带标记的段落格式，右边显示的是设计窗口中段落格式的显示效果。

(3) 列表。为使文本结构更清晰，使用列表来排列文本，主要有以下两种形式的列表。

① 有序列表。又称为编号列表，列表标记为< ol >，列表项目使用有序的数字、英文字母或罗马字符进行排列，其标记代码和显示效果如图 2-36 所示。

② 无序列表。又称为项目列表，列表标记为< ul >，列表项目使用实心或空心圆点、正方形等进行排列，其标记代码和效果如图 2-37 所示。

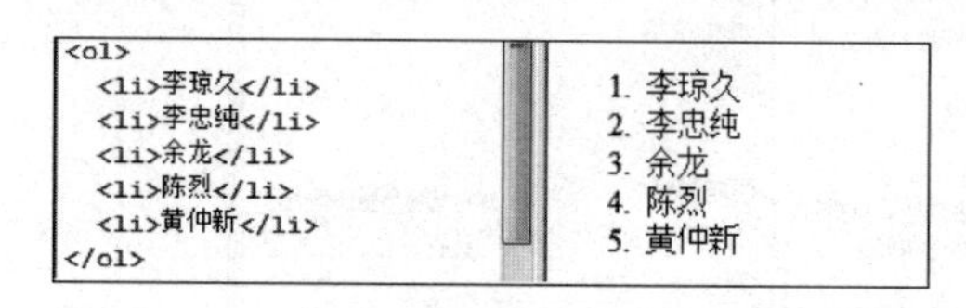

图 2-36 有序列表

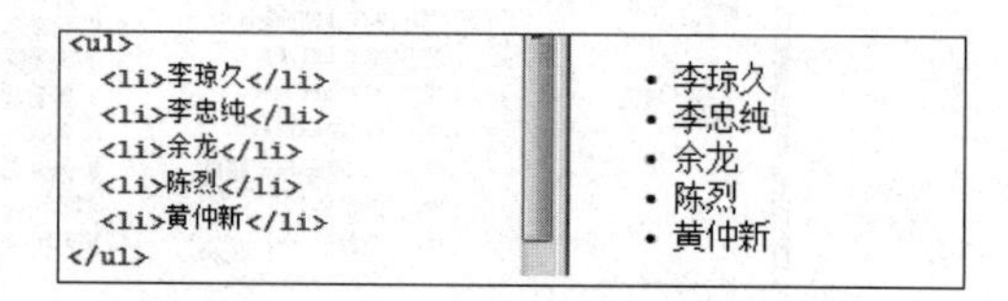

图 2-37 无序列表

图中左边代码窗口的< ol >和< ul >标签分别代表有序列表和无序列表，< li >表示列表项。有序列表和无序列表中都使用此标签表示列表项。

了解了文本格式后，利用 Dreamweaver CS6 对 jzhp. html 网页中的文本进行编辑。

步骤 1：将【文档】窗口的视图切换为【设计】视图，在空白文档的第一行输入"嘉州画派"，选中文字并在【属性】面板中选择格式为【标题 1】，如图 2-38 所示。可选择【代码】或【拆分】视图进行代码查看，最终效果如图 2-39 所示。在后面的内容中，用同样的方式输入"嘉州画派简介""作品展示"和"代表人物"三个标题，并将这三个标题设置为【标题 3】。

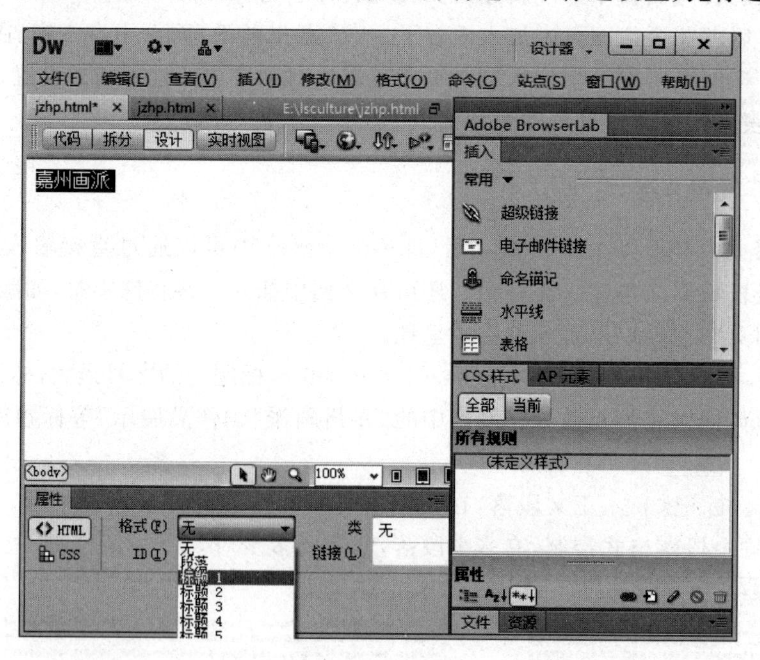

图 2-38 设置标题格式

步骤 2：为了使标题与正文分隔，插入"水平线"进行简单排版，水平线的标记为< hr >，是 horizontal line 的缩写。选择菜单【插入】|HTML|【水平线】命令(如图 2-40 所示)，即可

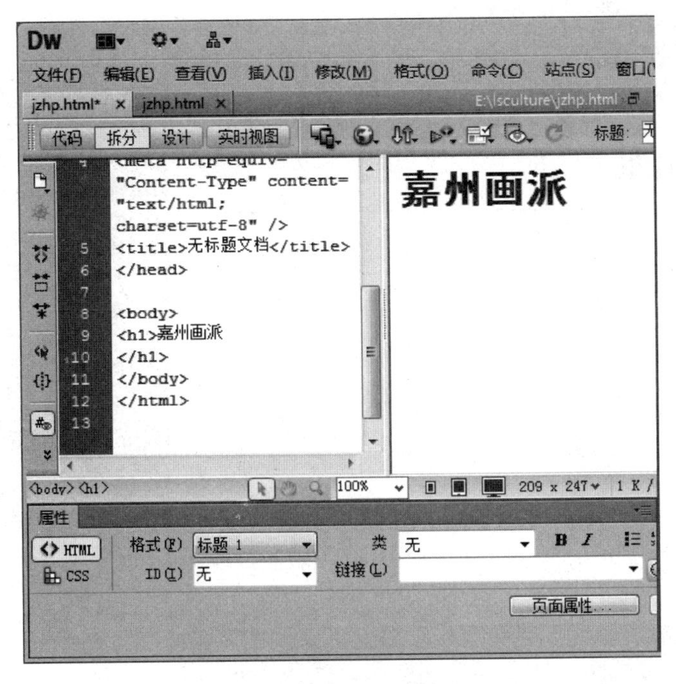

图 2-39　标题 1 效果

完成水平线的插入。水平线有自动换行功能，效果如图 2-41 所示。当选择水平线时，在【属性】面板中可对其进行宽度、高度、排列方式等设置，如图 2-42 所示。

图 2-40　插入水平线

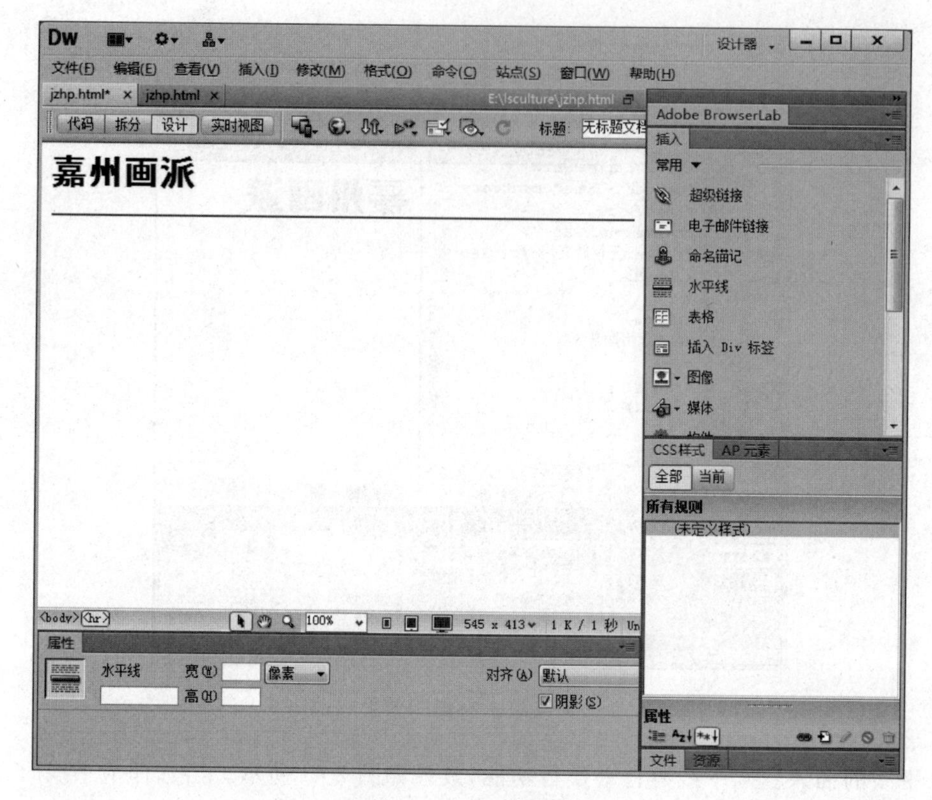

图 2-41 水平线效果

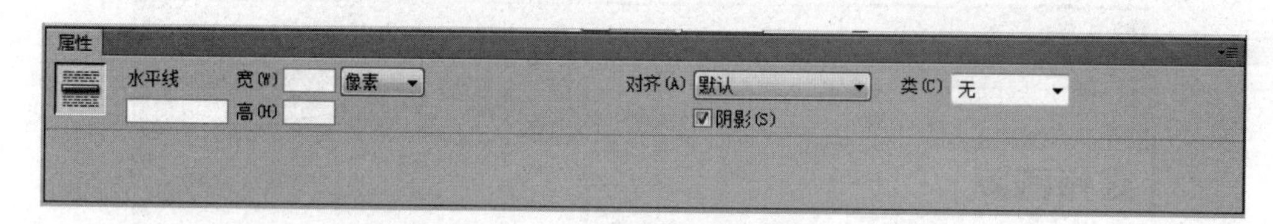

图 2-42 水平线【属性】面板

步骤 3：通过复制粘贴方式将正文内容放置到插入点，选择【编辑】|【选择性粘贴】命令，弹出【选择性粘贴】对话框，如图 2-43 所示。选择【仅文本】单选按钮，单击【确定】按钮。

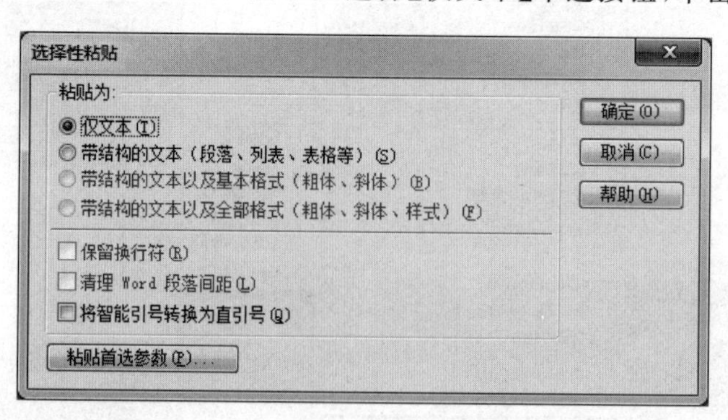

图 2-43 【选择性粘贴】对话框

【仅文本】的形式粘贴只会将文字内容粘贴到网页中，所有的格式都没有，因此也没有分段。如果需要在指定位置分段，将插入点放置在需要分段位置，按 Enter 键即可。分段后效果如图 2-44 所示。粘贴时想要保留文本的段落等结构可选择第二个项【带结构的文本(段落、列表、表格等)】。

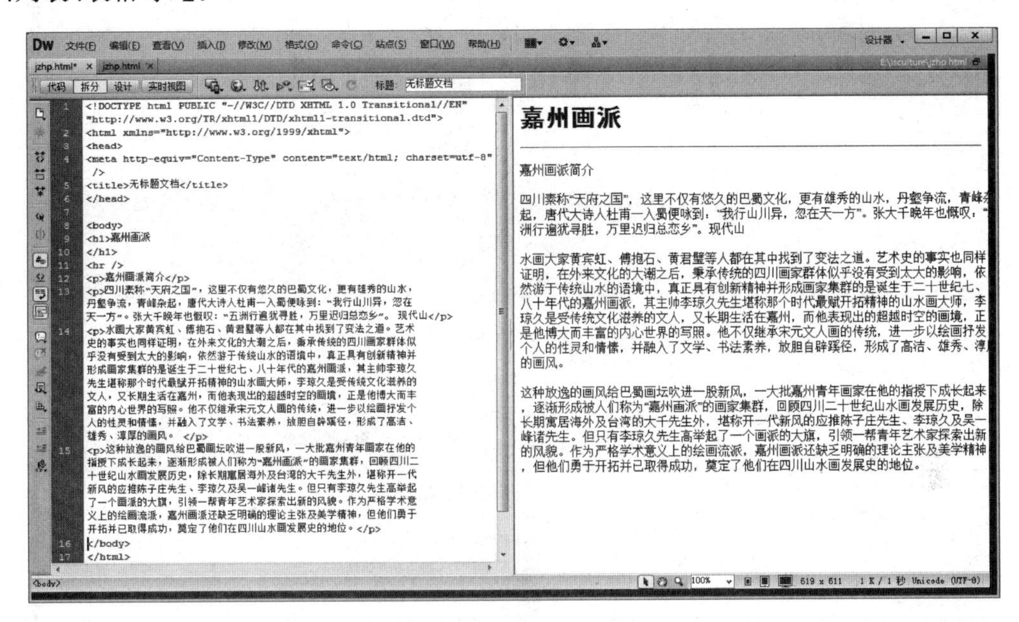

图 2-44　段落格式化效果

步骤 4：在“代表人物”下插入列表信息。输入文字后，选中文本内容，在【属性】面板中选择编号列表 或项目列表 ，如图 2-45 所示。最终效果如图 2-46 所示。需要注意的是，要设置为列表项目的文字必须是段落格式。

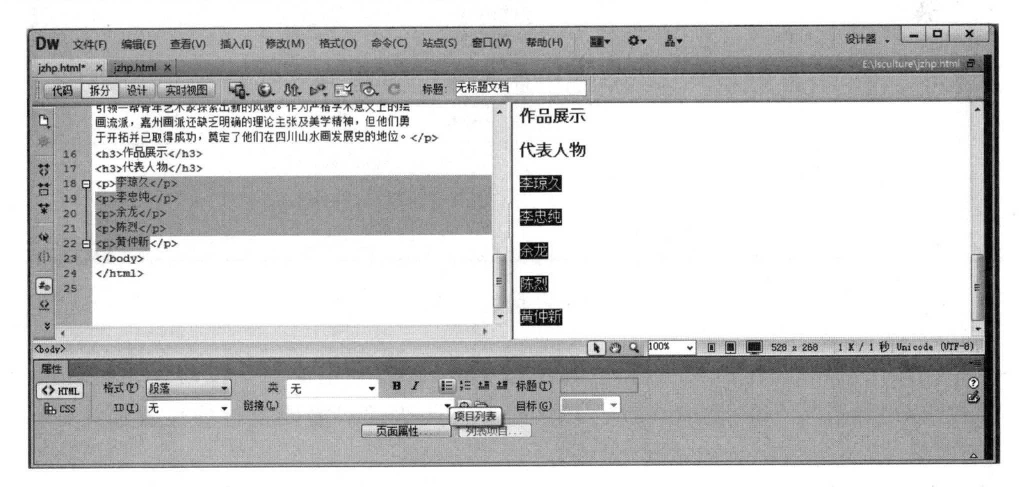

图 2-45　设置列表

步骤 5：插入水平线，制作版权区域信息，如图 2-47 所示。

换行和分段效果的行间距不同。段落间距较大，因此版权信息内容整个为一段，每一行

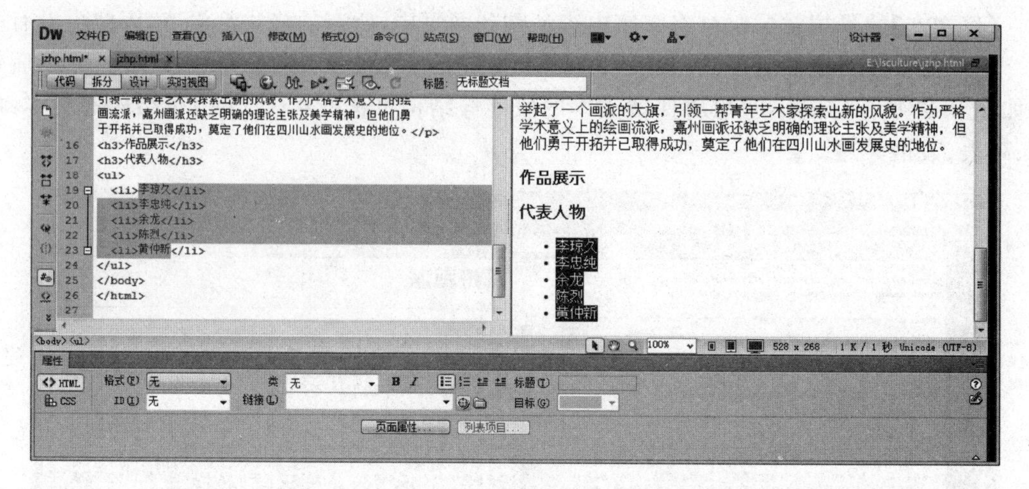

图 2-46 项目列表效果

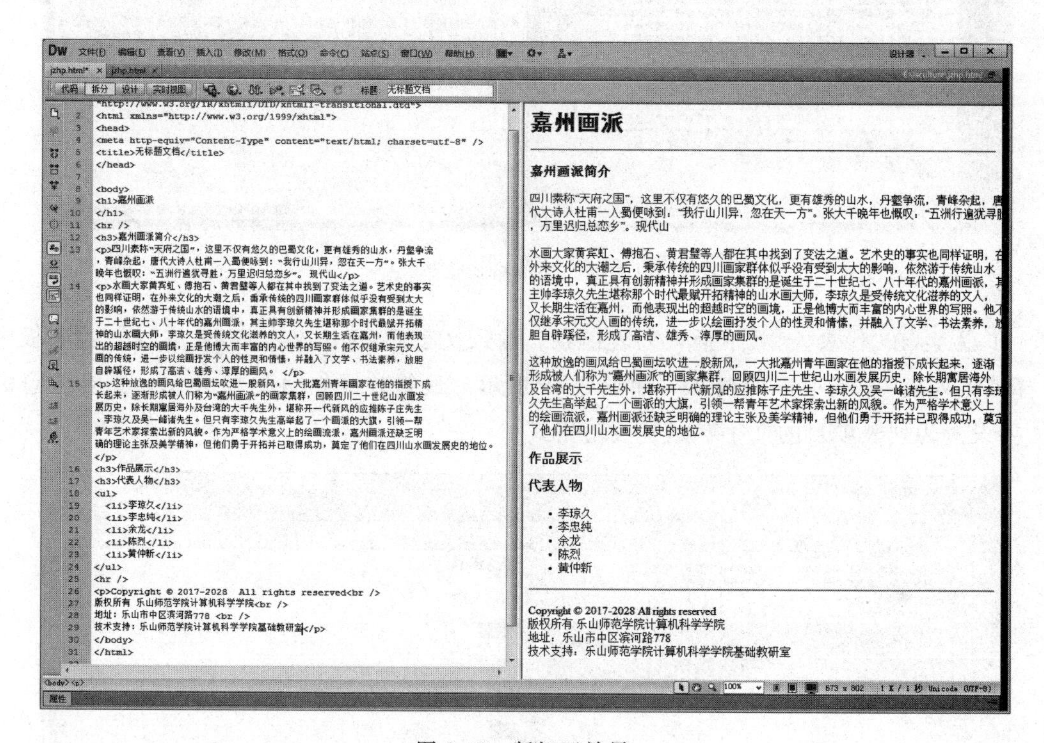

图 2-47 版权区效果

内容只是换行但是没有分段。一行输入完成按 Enter 键，会生成一个段落。要实现换行但不分段效果，可通过按 Shift+Enter 组合键(或者在代码窗口需要换行的位置输入< br >标记)实现。

输入版权信息中第一行的版权符号方法：选择菜单【插入】|HTML|【特殊字符】|【版权】选项，如图 2-48 所示。其他特殊符号可选择菜单【插入】|HTML|【特殊字符】|【其他字符】选项，在弹出的对话框中查找，如图 2-49 所示。

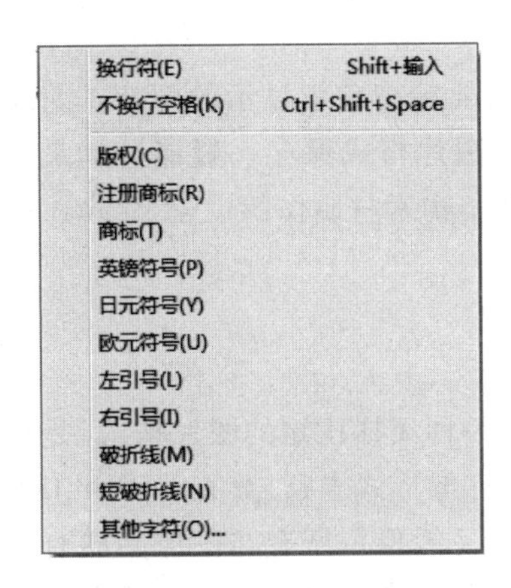

图 2-48 插入特殊字符

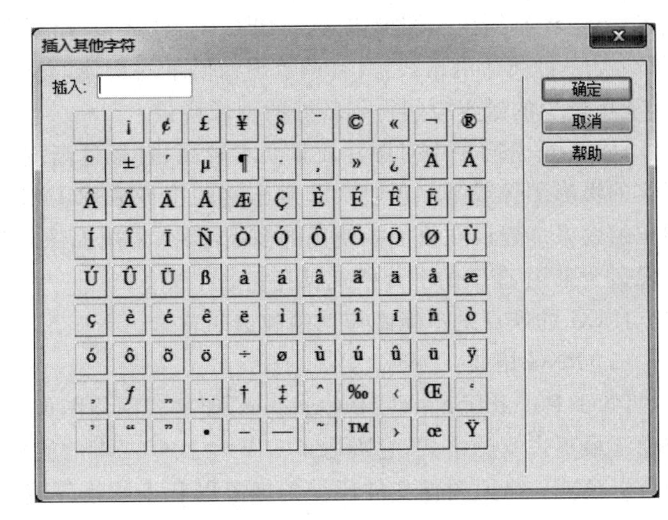

图 2-49 插入其他字符

在 HTML 中特殊符号以“&”开始，“;”结束的格式对此类信息进行控制。

空格在 HTML 中就是一个特殊符号，空格的代码为“ ”。由于空格会影响网页的显示格式，建议尽量少输入空格。如需插入多个空格，方法如下。

（1）可以直接在代码窗口中需要空格的位置输入代码“ ”。

（2）选择菜单【插入】|HTML|【特殊字符】|【不换行空格】命令实现。

（3）按 Shift+Ctrl+Space 组合键。

（4）选择菜单【编辑】|【首选参数】|【常规】|【允许多个连续空格】，设置好参数后直接按空格键就可以输入多个空格。

通过以上步骤，文本录入已完成，但与最终网页效果有差别，如文字颜色、对齐方式、水平线外观风格、段落的行间距以及列表标记的图形化等，这些工作将放在 CSS 部分介绍。

3. 插入并编辑图片

网页中文本内容已全部编辑好，但是只有文字的网页看上去很单调。为了让网页看上去更生动美观，下面需要在网页中插入一些图片来调节。

1）图片格式

图片格式有很多种，使用最为广泛的是 GIF(.gif)、JPEG(.jpg)和 PNG(.png)三种格式。这三种格式的图片文件小，适合网络传输，也能被所有浏览器支持。

（1）GIF 格式

GIF(Graphics Interchange Format，图形交换格式)是一种索引颜色的图像格式。GIF 格式的特点是压缩比高、磁盘空间占用较少、可以同时存储若干幅静止图像，进而形成连续的动画。

GIF 的缺点是不能存储超过 256 色的图像，图片质量较低。对于大面积同一颜色或颜色变化不大的图片可以使用此格式，如导航条、按钮、图标、透明图像和动画。

（2）JPEG 格式

JPEG 是由联合照片专家组(Joint Photographic Experts Group)开发的静态图像压缩

技术，是一种有损压缩图像格式。JPEG 支持 32 位颜色图像，可以保持原图像的真实颜色。JPEG 是一种灵活的格式，具有调节图像质量的功能，允许用不同的压缩比例对文件进行压缩，能用最少的磁盘空间得到较好的图像质量。

JPEG 适合网页中对图片质量要求较高、有颜色渐变、需要精确色彩显示的图片。对于写实的摄影图像或是颜色层次非常丰富的图像采用 JPG 的图片格式保存一般能达到最佳的压缩效果。建议在页面中使用的商品图片、采用人像或者实物素材制作的广告 Banner 等图像适合采用 JPG 的图片格式保存。

JPEG 的缺点是不能制作动画和透明背景。

(3) PNG 格式

PNG(Portable Network Graphics，便携式网络图像)是一种无损压缩的图片格式，是目前保证最不失真的格式，它吸取了 GIF 和 JPG 二者的优点，存储形式丰富，兼有 GIF 和 JPG 的色彩模式；能把图像文件压缩到极限以利于网络传输，但又能保留所有与图像品质有关的信息；显示速度很快，只需下载 1/64 的图像信息就可以显示出低分辨率的预览图像。

PNG 适合图像上颜色较少，并且主要以纯色或者平滑的渐变色进行填充，或者具备较大亮度差异以及强烈对比的简单图像(如【加入购物车】按钮中的背景和文字)。一般层次丰富颜色较多的图像采用 JPG 存储，而颜色简单对比强烈的则需要采用 PNG 格式。

PNG 支持透明图像的制作，但是不支持动画效果。

2) 插入图片

HTML 中图片的标记是< img >，其基本格式如下：

```
< img src = "图片文件路径" width = "图片宽度" height = "图片高度" />
```

在 Dreamweaver 中，插入图片的方法主要有以下 4 种。

(1) 在【插入】面板的【常用】类别中单击【图像】按钮。

(2) 选择菜单【插入】|【图像】命令。

(3) 在【文件】面板中选中图像，直接拖放至相应位置。

(4) 在【代码】窗口中需要插入图片的位置输入图片代码。

整个网页中一共插入了 4 张图片，首先在文章标题“嘉州画派”左边插入图片 sm. png。插入点定位好后，选择菜单【插入】|【图像】命令。在弹出的【选择图像源文件】对话框中选定图片 sm. png，再单击【确定】按钮即可。用同样的方法在“作品展示”下方，依次插入 ylzp. jpg、lqjzp. jpg 和 hzx. jpg 三张图片。效果如图 2-50 所示。

从效果看出图片大小不一，看上去不够整齐美观，设计者需要修改图片相关属性来让图片看起来更协调。选中图像，在位于窗口下方图像【属性】面板中(如图 2-51 所示)对图像进行设置，通过单击面板右下角的 △ 或 ▽ 图标，可对面板进行折叠和展开。

面板包括如下属性。

(1) 源文件：指定图像的源文件。在右侧的文本框中输入图像的路径或单击 图标定位到图像源文件。

(2) 链接：指定图像的超链接。

(3) 宽度和高度：设置图像的宽度和高度，以像素为单位。当图像插入页面时，Dreamweaver 会自动使用图像的原始尺寸。

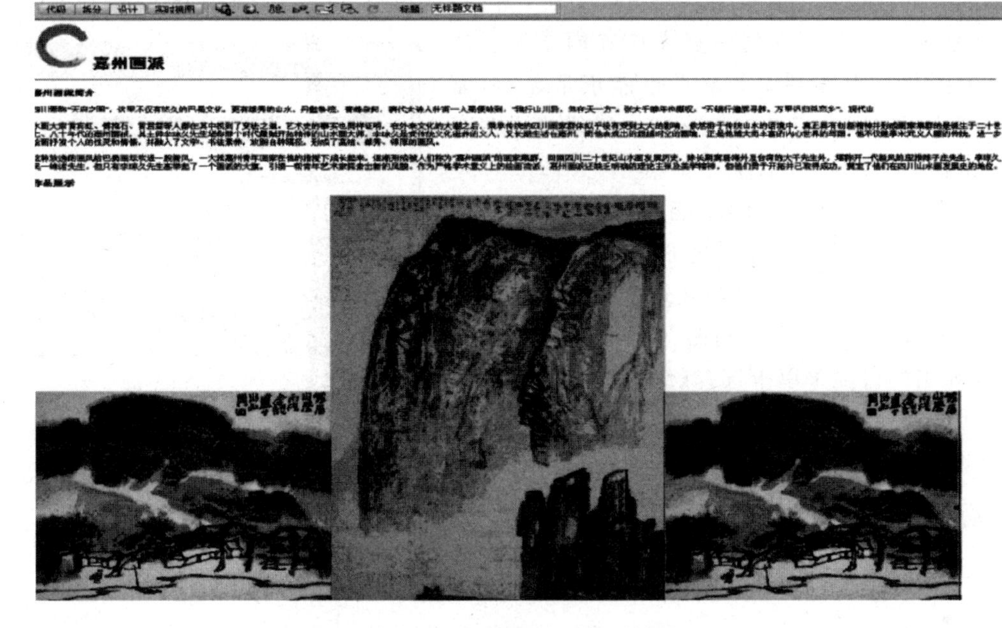

图 2-50　插入图片后网页效果

图 2-51　图片【属性】面板

(4) 替换：用来代替图像显示的替代文本。

(5) 编辑：启动外部编辑器对指定的图像进行进一步编辑。

(6) 地图名称 地图(M) 和热点工具：允许用户创建图像地图。

(7) 目标：指定链接的页面加载的框架或窗口名称。

分别选中并设置网页内容"作品展示"下方的 ylzp.jpg、lqjzp.jpg 和 hzx.jpg 三张图片的高度和宽度均为 200 像素。修改后效果如图 2-52 所示。

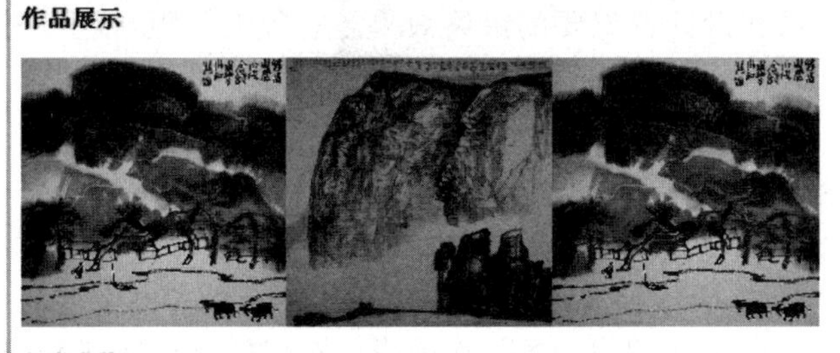

图 2-52　修改图片大小后网页效果

插入的图片如果不是位于当前站点文件夹中,Dreamweaver 会弹出如图 2-53 所示对话框,询问是否要将图片存到站点文件夹内。为了让网页上的图片在上传到服务器后也能正常显示,需要将该图片复制到站点的文件夹中。建议放置在存放图片素材的 images 文件夹中。

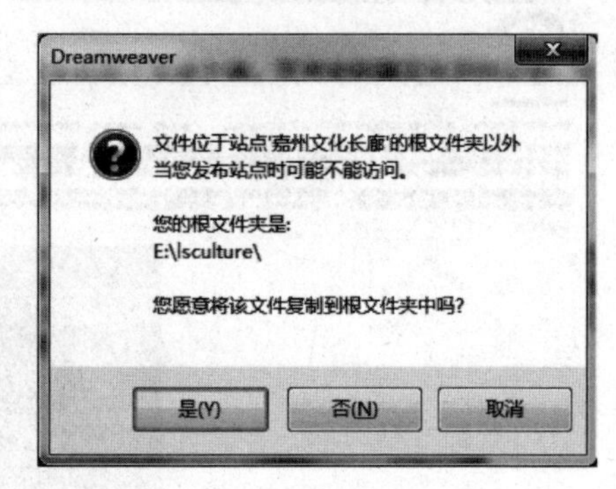

图 2-53　复制图片提示

图片不具有自动换行的功能,它可以与文字处于同行,同行文字默认位于图片底部。图片之间的间隔可以通过输入多个空格的方式来实现。要设置图片对齐方式、水平和垂直间距等可通过右键单击图片,在弹出的快捷菜单中选择【编辑标签】命令,或 CSS 样式来完成。

网页加入图片和文字后的最终效果如图 2-54 所示。

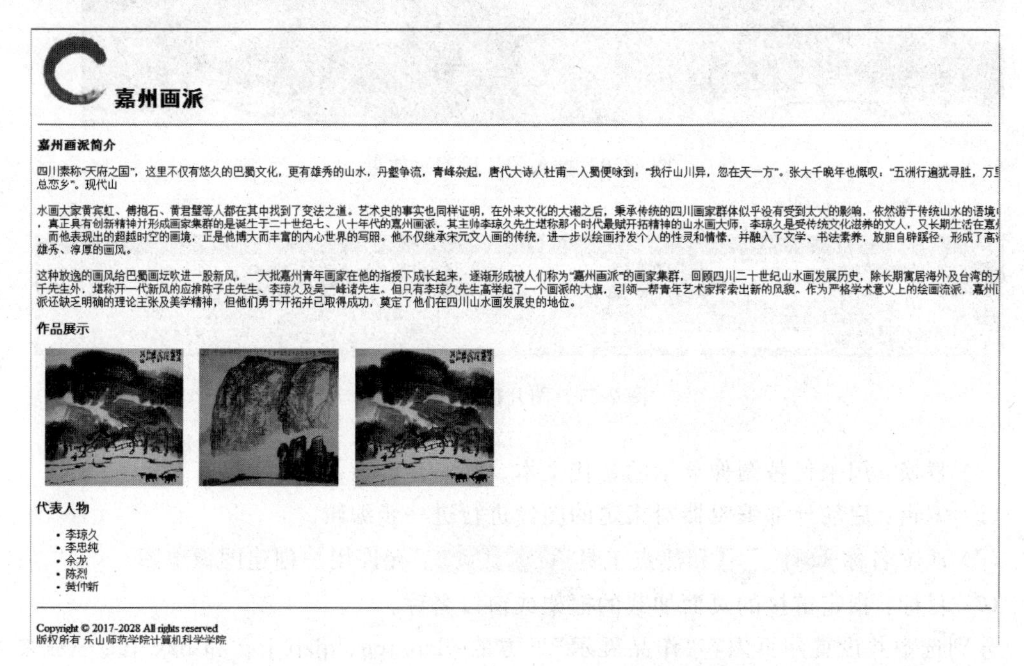

图 2-54　加入图片和文字后的网页效果

4. CSS 样式应用实例

把网页内容编辑完成后,网页效果和设计者想要的最终效果还有很大差距,接下来设计者需要利用 CSS 样式来修改各元素的格式,以达到 2.3.1 节中所展示的网页效果。

1) 页面整体风格设置

网页中文字内容较多,要能快速地将网页中大部分文字改成相同的格式设置,最好的方法是修改标签< body >的 CSS 样式。< body >标签代表了整个网页,当标签属性被修改后会影响整个网页所有的内容。< body >标签 CSS 格式设置方法如下。

单击【CSS 样式】面板中的【新建 CSS 规则】按钮 ,在弹出的【新建 CSS 规则】对话框中,设置选择器类型为【标签】,选择器名称在下拉列表中选定为 body(当选择器类型为标签时，选择器名称尽量通过在下面的下拉列表中选择的方式来设置，以免自己输入时输错标签名称），由于该格式只用于当前网页文件，因此规则定义选择【仅限该文档】选项，如图 2-55 所示。后面所有的规则都只用于当前文档，在其他规则定义中将不再赘述。

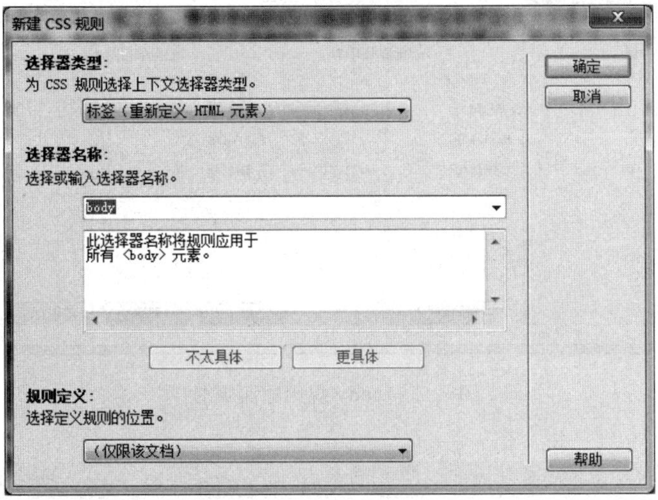

图 2-55 新建 body 规则

全部设置好后单击【确定】按钮，在弹出的【body 的 CSS 规则定义】对话框中选定【类型】，设置文字字体(Font-family)为【宋体】，如图 2-56 所示。再选择【方框】分类，设置上下左右边距(margin)为 0，如图 2-57 所示。

图 2-56 body 规则字体属性

body 边距设置为 0，是为了让网页内容距离网页边框 4 个边没有缝隙。为了让网页内容能在任何计算机里正常显示，建议将网页的正文字体设置为【宋体】。如果想要选择的字体在字体列表中没有，可单击列表最下方的【编辑字体列表】选项，如图 2-58 所示，在弹出的对话框中添加要用的字体，如图 2-59 所示。

<body>作为标签选择器类型的规则，定义好后格式设置就可生效。

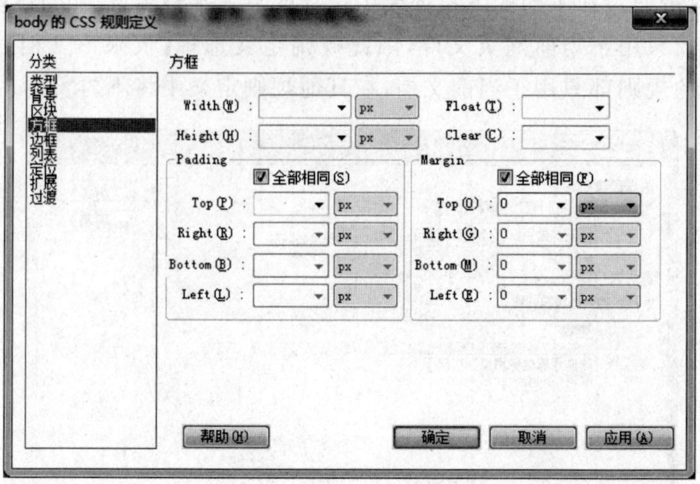

图 2-57 body 规则边距属性

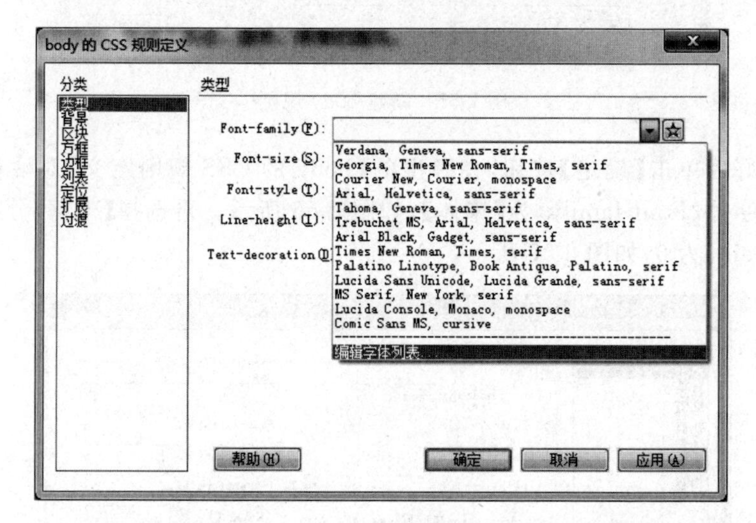

图 2-58 添加字体

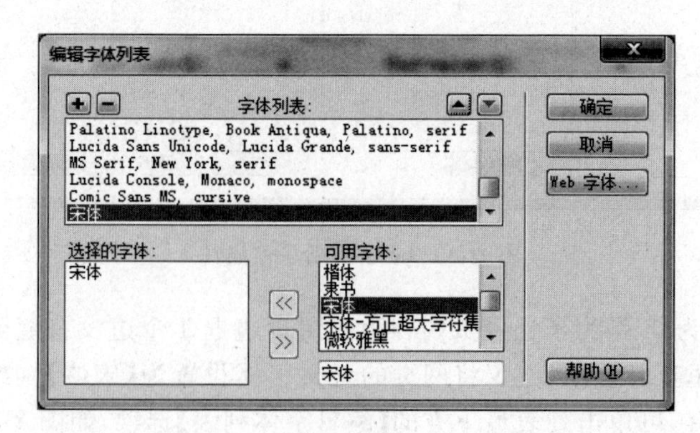

图 2-59 【编辑字体列表】对话框

2）标题风格设置

标题“嘉州画派”是【标题 1】格式，标签为< h1 >。整个网页中只有一个，可通过修改标签格式的方法来修改格式。该标题的格式设置方法如下。

选中标题“嘉州画派”，单击【CSS 样式】面板中的【新建 CSS 规则】按钮，在弹出的对画框中设置选择器类型为【标签】，因为选定的文字是标签< h1 >包含的内容，所以选择器名称文本框中将自动显示“h1”。

在【h1 的 CSS 规则定义】对话框中将字体设置为【华文行楷】，字体大小（Font-size）为 45px，字体颜色（Color）设置为＃91111e，单击【应用】按钮查看效果，如图 2-60 所示。

图 2-60 标题 1 格式效果

说明：HTML 中元素的颜色是由 6 位或 3 位的十六进制来表示的，格式是以“＃”开头，数字分别代表红色、绿色和蓝色（RGB），如“＃061”中，0 代表红色，6 代表绿色，1 代表蓝色。

“嘉州画派简介”“作品展示”“代表人物”三个文字都是标题 3 格式，如果要把这三部分文字设置相同格式可直接修改“标题 3”标签< h3 >。用同样的方式新建< h3 >规则定义，在【类型】分类中设置文字字体为【幼圆】，行高（Line-height）为 30px，文字颜色为＃ba090d。在【背景】分类中设置背景颜色（Background-color）为＃DBB39B。在【方框】分类中设置宽度（Width）为 200px。【区块】中修改水平对齐（Text-align）为 center。应用后效果如图 2-61 所示。

3）水平线风格设置

水平线的标签为< hr >，网页里有两条水平线，且具有相同的风格，即深红色点状水平线。因此建立一个选择器类型为【标签】，选择器名称为“hr”的 CSS 规则。

在【hr 的 CSS 规则定义】对话框中选择【边框】分类，边框风格（Style）设置为 dotted，边框粗细（Width）设为 2px，颜色（Color）设置为＃d17172，与标题色同色系，如图 2-62 所示。但在【设计】视图中无法看到最终效果，设计者可单击【实时视图】按钮查看最终效果。

图 2-61　标题 3 格式效果

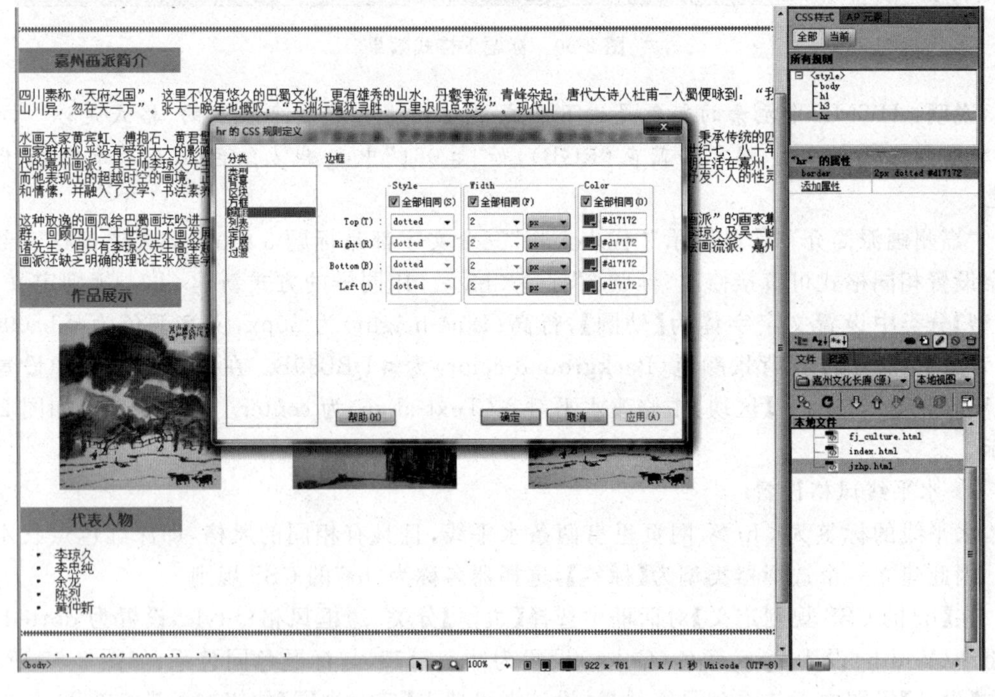

图 2-62　水平线规则定义

4）段落风格设置

段落标签为< p >，除了正文中会用到此标签外，页脚文字信息也是用< p >标签控制的，如果用标签作为选择器，将会导致所有< p >控制的内容应用相同风格，为了避免这种情况发生，选择使用【类名】作为选择器，类名为 pstyle。段落格式设置方法如下。

单击【CSS 样式】面板中的【新建 CSS 规则】按钮，在弹出的【新建 CSS 规则】对话框中，设置选择器类型为【类】，选择器名称在下拉列表中输入名称 pstyle，类名可以是英文或拼音，可以包含数字，但必须以字母开头，按照“所见即所知”规则进行命名，如图 2-63 所示。

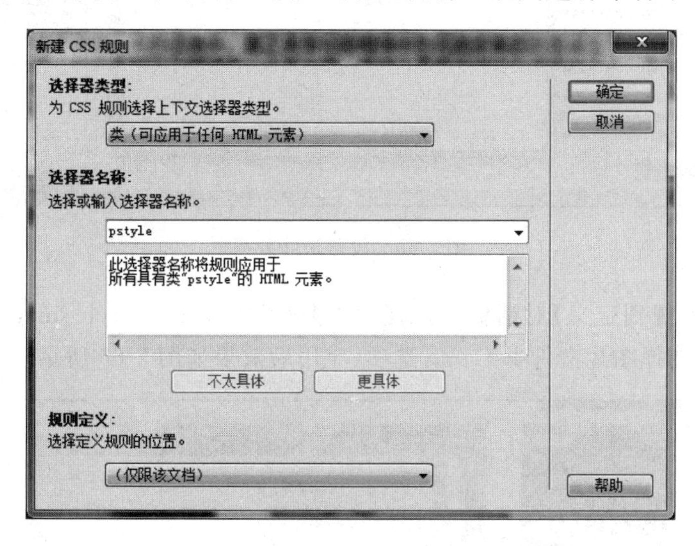

图 2-63 新建类. pstyle

在【. pstyle 的 CSS 规则定义】对话框中，设置【类型】分类的字体大小（Font-size）为 12px，行高为 25px。【区块】分类的首行缩进（Text-indent）为 24px。

类建立好后并不能立即有效果，需要选中元素应用才有效果。选择正文三段文本，单击鼠标右键，在弹出的快捷菜单中选择【CSS 样式】|. pstyle 命令，如图 2-64 所示。通过【实时视图】查看行间距效果，如图 2-65 所示。

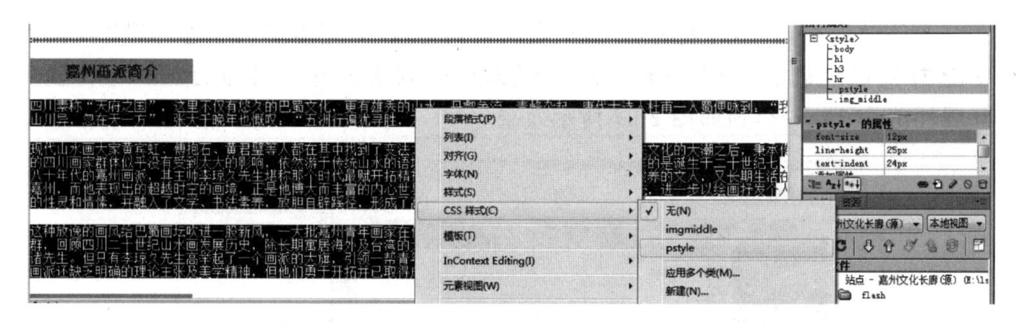

图 2-64 应用类. pstyle

5）列表格式设置

将项目或编号列表标记替换成图片。当前页面中只有一个列表项，列表标记可以是< ul >或< ol >，列表项标记是< li >，因此选择标签作为选择器。这里选择 li 作为选择器。

图 2-65　段落最终效果

在【li 的 CSS 规则定义】对话框中，对【列表】分类中的 List-style-image 属性进行设置，单击【浏览】按钮选择图片文件 list. png 选项，应用后效果如图 2-66 所示。

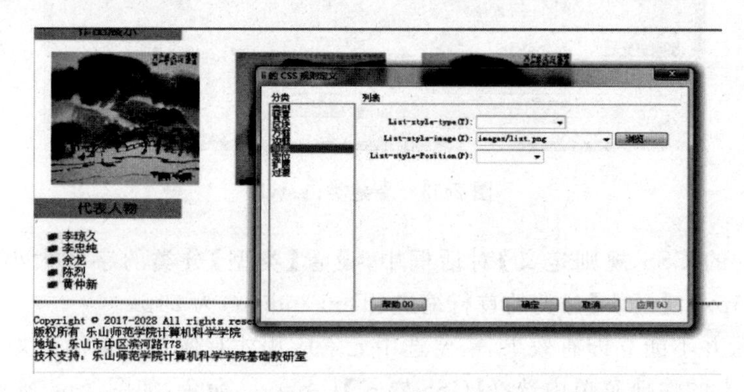

图 2-66　修改列表图片后的列表效果

但与最终效果相比，不难发现，列表项之间的间距较小，还需对列表进行其他风格设置。由于 li 选择器已经创建，因此在【CSS 样式】面板中双击 li 选择器进行编辑。设置 Line-height 属性值为 30px，得到如图 2-67 所示效果。

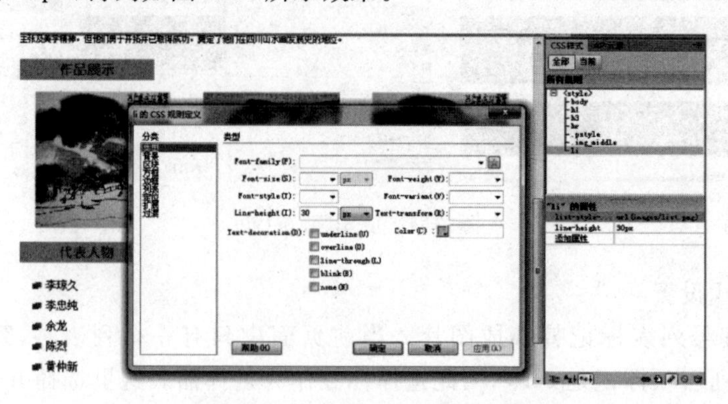

图 2-67　修改行高后列表效果

6）图片与文字对齐方式设置

设置网页标题文字与图片的垂直关系为居中对齐。目前它们的垂直关系是居底部对齐，垂直居中对齐设置方法如下。

新建一个选择器类型为【类】，选择器名称为“.img_middle”的 CSS 规则，修改【区块】分类中垂直对齐方式（Vertical-align）为 middle。设置好后选择标题 1 左边的 sm.png 图片，单击右键，在弹出的快捷菜单中选择【CSS 样式】|.img_middle。应用后单击【实时视图】效果如图 2-68 所示。

图 2-68　图片居中对齐效果

7）页脚格式设置

页脚内容居中且行间距增大。新建一个选择器类型为 ID，选择器名称为“footer”的 CSS 规则。在【footer 的 CSS 规则定义】对话框中，将【类型】分类的字体大小（Font-size）设置为 12px，行高（Line-height）属性值设为 25px，【区块】分类的水平对齐（Text-align）属性设置为 center。规则建好后，选中页脚内容，在【属性】面板中选择 ID 选择器名称 footer，如图 2-69 所示，即可完成 CSS 的应用。

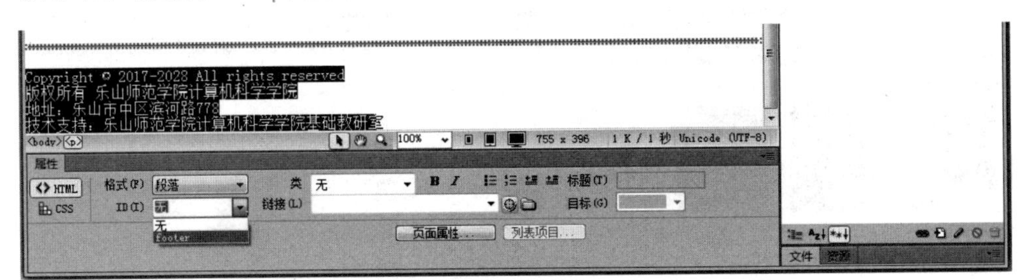

图 2-69　应用 ID 规则 footer

ID 选择器类型的 CSS 规则只能用一次，如果一个 ID 被应用后，其他元素就不能再选择该 ID。如果应用时选错元素，需要再次选定用错的元素，在【属性】面板里设置该元素的 ID 为【无】。之后其他元素才能选择该 ID。

5. 修改文档标题

窗口标题是在浏览器中浏览时显示在窗口左上角标题栏的文字。文档默认的窗口标题是“无标题文档”，如果所有的网页都使用“无标题文档”不方便浏览者阅读，在此设计者将此网页的文档标题改为“嘉州画派”，以方便访问者分辨不同网页。设置方法为：在当前文档的【文档工具栏】处修改标题为“嘉州画派”，如图 2-70 所示。

图 2-70 修改文档标题

6. 保存并浏览网页

网页内容和格式都设置好后，需要将该网页保存才能在浏览器中看到最新的效果。保存网页的方式如下。

(1) 选择菜单【文件】|【保存】命令。

(2) 按 Ctrl+S 组合键。

网页保存好后，应该在浏览器中预览，这样才能看到网页的最终效果。在浏览器中预览可以单击文档工具栏中的【在浏览器中预览/调试】按钮，或者按快捷键 F12。“嘉州画派”网页最终效果如图 2-71 所示。

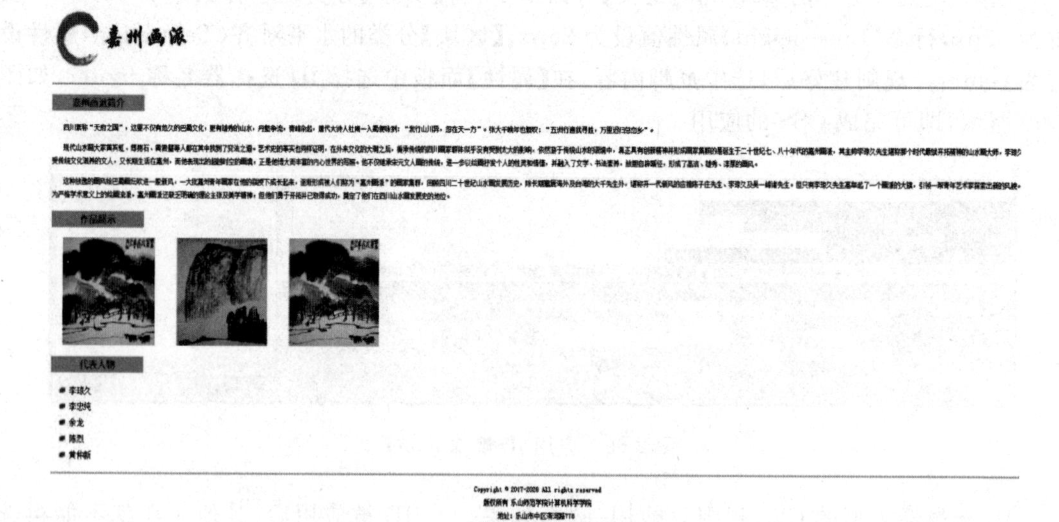

图 2-71 网页最终效果

在制作网页时应该养成边做边保存,并在浏览器中预览的习惯。在编辑状态下,甚至在实时视图下看到的网页效果和在浏览器中看到的网页效果,有可能是有区别的。做好一部分就预览一下,如果和想要的效果有出入可以及时调整。如果全部做完了再预览调整相对就会麻烦许多。

在设计 CSS 的时候,如果所有建立的规则都是【仅限该文档】,那么 CSS 相关代码都是保存在当前文档的文件头,也就是< head >标签内。所有的 CSS 规则用标签< style >来控制,如图 2-72 所示。

```
<style type="text/css">
body {
    font-family: "宋体";
    margin: 0px;
}
h1 {
    font-family: "华文行楷";
    font-size: 45px;
    color: #91111e;
}
h3 {
    font-family: "幼圆";
    line-height: 30px;
    color: #ba090d;
    background-color: #DBB39B;
    text-align: center;
    width: 200px;
}
hr {
    border: 2px dotted #d17172;
}
.pstyle {
    font-size: 12px;
    line-height: 25px;
    text-indent: 24px;
}
.img_middle {
    vertical-align: middle;
}
li {
    list-style-image: url(images/list.png);
    line-height: 30px;
}
#footer {
    line-height: 25px;
    text-align: center;
    font-size: 12px;
}
</style>
```

图 2-72 “嘉州画派”网页 CSS 代码

思考与实践

1. 简述 Dreamweaver CS6 的新增功能。
2. HTML 中单标记和双标记的区别是什么?分别列举几个单标记和双标记。
3. 简述 HTML 网页基本结构。
4. 什么是 CSS?
5. CSS 选择器类型有几种?它们的区别是什么?怎么应用 CSS?
6. Dreamweaver CS6 的 CSS 规则定义分别是哪几类?
7. 标记< p >和标记< br >代表什么意思?它们的区别是什么?

8. 怎么在网页中插入如“空格”、“版权符号”等特殊符号？
9. 无序列表和有序列表的标记分别是什么？两种列表的区别是什么？
10. 制作如图 2-73 所示的“乐山佛教文化”网页，网页名称为“fj_culture. html”。

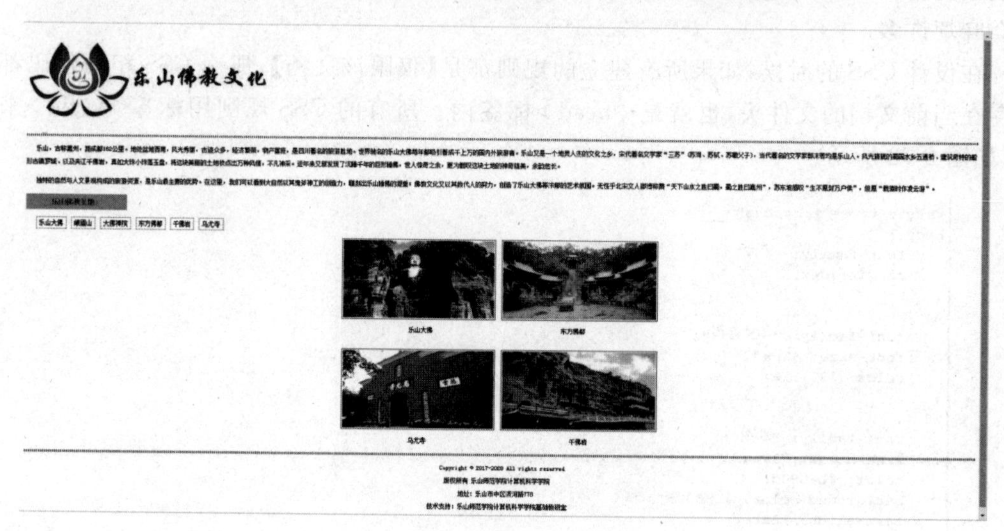

图 2-73 乐山佛教文化效果图

Dreamweaver CS6 网页综合设计

第2章介绍了图文并茂的网页设计，设计者采用自上而下的布局方式将文字和图片内容进行顺序放置。除文字和图片外，网页元素还包含动画、声音、视频等，仅仅是自上而下的设计太过单一，设计者需要实现更丰富的结构呈现，来合理放置各类元素，使网页结构丰满、界面友好，且便于操作。本章将介绍布局工具表格和DIV＋CSS，进行丰富多样的结构设计。同时引入网页设计的重要应用——超链接。

3.1 表格布局

表格是网页布局的一种常用工具，由于表格具有整齐规范的特点，因此，将它用于网页布局中，将会实现整齐简洁的页面结构。

3.1.1 案例分析："文化动态"网页设计

1. 网页结构分析

本节将以嘉州文化长廊网站中的子页"文化动态"网页为例(如图3-1所示)，使用表格进行基本数据的排版和整体页面的布局。

使用表格将页面划分为三个区域：页眉、主体内容和页脚。通过表格嵌套，实现了页眉部分网站Banner和导航条的分割与组合，页面主体内容区域"新闻动态"和"图说新闻"版块的分割与组合。

2. 网页内容分析

页眉部分插入了Flash动画，融合了网站Logo和Banner。主导航条包含网站的8个栏目，方便用户进行浏览。此页面的主要内容是展示嘉州的各类文化新闻，主体内容部分的左侧以文字新闻方式展开信息显示，右侧以图片新闻方式突出热点或重要新闻，包含静态图片和动画图片。

3. 网页风格分析

为展示嘉州深厚的文化底蕴，整个网站选择了棕色和红色为主色调，使网页厚重而又不

图 3-1 “文化动态”页面效果图

失蓬勃生机，此页面也延续了这种风格。绝大多数文字字体为宋体，文字颜色以黑色为主，大小为 12 像素，标题信息加粗。

导航条文字字体为【微软雅黑】，大小为 16 像素。导航条的“文化动态”加亮显示，以红色背景加图片衬托白色文字，以提示用户当前所处位置在“文化动态”页面。

3.1.2 表格基础

本节将以“新闻动态”版块为操作实例，实现表格插入与编辑，如图 3-2 所示。

1. 插入表格

在文档【视图】窗口中，将光标放在需要创建表格的位置，单击【插入】面板中【常用】分类的【表格】图标，或者选择【插入】菜单中的【表格】命令，弹出【表格】对话框，如图 3-3 所示。【表格】对话框中主要属性说明如下。

(1) 行数：设置表格的行数。

(2) 列：设置表格的列数。

(3) 表格宽度：设置表格的宽度，可以填入数值，在其后的下拉列表框中有【百分比】和

当前位置：新闻动态　　MORE

乐山群众文艺精品节目今晚亮相央视《群英汇》	7-15 22:01
知名博主子望携新书来乐签售 分享生活正能量	7-15 20:54
范小青谈文学与当下社会：写作者在这个时代要有所警醒	7-15 20:52
第四届四川国际旅游交易博览会9月17日在乐山开幕	7-15 20:49
沐川：桃源山居荷花盛开醉游人	7-15 20:46
去峨眉张沟避暑：听鸟叫蝉鸣 枕水声入眠	7-15 19:56
文化与文脉:井研着力打好文化牌	7-15 19:23
广西崇左打造世界岩画历史文化旅游目的地	7-15 19:11
保护传承"非遗" 峨眉武术扎根校园	7-15 19:04
嘉州画院第六届中青年书画家作品展开展	7-15 19:04
沐川民间艺人李启林 痴迷"峨山号"数十载	7-15 19:04
弘扬民间文艺　守护精神家园	7-15 19:04
85后木雕艺术追梦人 一只笔筒上展现乐山大佛全景	7-15 19:04
乐山非遗传承谷昱身手"后继有人"	7-15 19:04
促文旅产业升级 8地入围中国文旅融合先导区试点	7-15 19:04

图 3-2 “新闻动态”版块

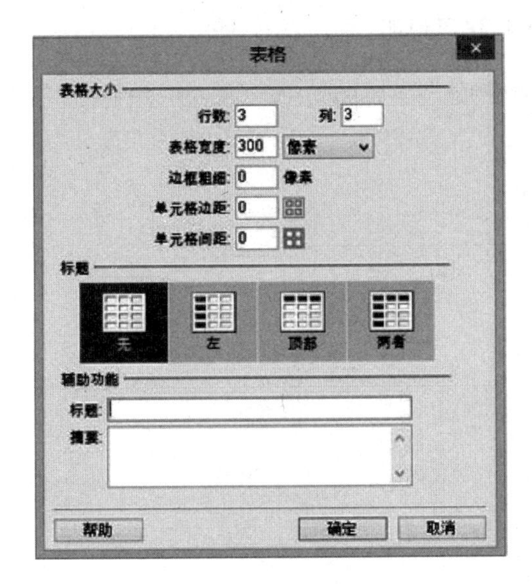

图 3-3 【表格】对话框

【像素】两个单位选项。百分比是相对单位，表格的宽度会随浏览器窗口的大小而改变，像素是绝对单位，其宽度不随浏览器窗口改变。

(4) 单元格边距：设置单元格的内容与所在单元格边框之间的距离，以“像素”为单位。如果未设置具体值，表格默认有边距。

(5) 单元格间距：设置单元格与单元格之间的距离，以“像素”为单位。如果未设置具体值，表格默认有间距。

(6) 边框粗细：设置表格边框的宽度，以“像素”为单位。输入数字 0 表示没有边框，在【设计】视图中用虚线表示表格边框。

(7) 页眉：设置页眉样式，有以下 4 种样式。

① 无：表格不使用列或行标题。

② 左：将表格的第一列作为标题列，可以为表格的每一行输入一个标题。

③ 顶部：将表格的第一行作为标题行，可以为表格的每一列输入一个标题。

④ 两者：用户能够在表格的左边和顶部同时输入行标题和列标题。

被设置为页眉的单元格中字体默认为黑体居中。

1）实例演示

新建网页文件 news_left.html，插入无边框表格：列数和行数都为 3 的表格，宽度为 640 像素，边框粗细、单元格边距、单元格间距分别设为 0，其余项不设置。插入的表格如图 3-4 所示。如果插入有边框表格：将边框改为 1，则插入的表格如图 3-5 所示。如果插入有边框有间距表格：再将间距设为 2，则插入的表格如图 3-6 所示。

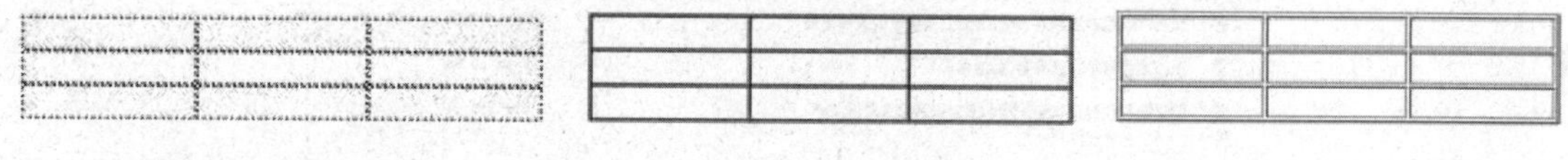

图 3-4　无边框表格　　图 3-5　有边框表格　　图 3-6　有边框有间距表格

2）图 3-4 表格 HTML 代码说明

```
<table width="500" border="0" cellspacing="0" cellpadding="0">
  <tr>
    <td> </td>
    <td> </td>
    <td> </td>
  </tr>
  <tr>
    <td> </td>
    <td> </td>
    <td> </td>
  </tr>
  <tr>
    <td> </td>
    <td> </td>
    <td> </td>
  </tr>
</table>
```

表格有三个基本标签：<table>、<tr>和<td>。<table>标签位于最外层，<tr>代表行（table row 的缩写），<td>为数据单元格（table data cell 的缩写），同时也代表列。要插入三行三列的表格，需要三对<tr>，每行三列，即每对<tr>中分别嵌套三对<td>。

<table>属性说明如下。

(1) border：表格边框。无边框时值为 0，有边框时值为大于 1 的整数，值越大，外边框就越粗，而单元格边框宽度不受影响。

(2) cellspacing：单元格间距，即单元格之间的距离。

(3) cellpadding：单元格填充，即单元格内信息与单元格边框的距离。

2. 选择表格

在网页中插入表格后，可以对该表格进行编辑，编辑的对象包括表格、行、列、单元格，而编辑这些对象之前应该先选定对象。

1）选择整个表格

（1）将鼠标放在表格边框的任意处，当光标变为 ↤|↦ 时单击，即可选中整个表格。

（2）在表格内的任意处单击，然后在状态栏中选中< table >标签即可。

（3）在表格内的任意处右击，在弹出的快捷菜单中选择【表格】|【选择表格】命令或者选择【修改】|【表格】|【选择表格】命令。

（4）单击表格左上角。

2）选择单个单元格

（1）按住 Ctrl 键，在需要选中的单元格上单击。

（2）单击要选择的单元格，再选择状态栏中的< td >标签。

3）选择连续的单元格

按住鼠标左键，从一个单元格的左上方开始向要连续选择的单元格方向拖动；或者按住 Shift 键并单击要选择的单元格。

4）选择不连续的单元格

可以按住 Ctrl 键，单击要选择的所有单元格。

5）选择行或列

将光标移动到行左侧或列上方，光标指针变为向右或向下的箭头图标时单击即可。

3. 调整表格的大小

1）调整表格的大小

选取整个表格后，将光标放在表格外边框处，光标变为双箭头后按住鼠标左键拖动，即可改变表格大小。

当调整整个表格的大小时，表格中的所有单元格按比例更改大小。如果表格的单元格指定了具体的宽度或高度，调整表格大小将更改【文档】窗口中单元格的可视大小，但这些单元格的宽度和高度值不变。

2）调整行高和列宽

把光标放在需要调整列的边框处，光标变为 ↤|↦ 时，按住鼠标左键拖动即可改变行或列的大小。当前列宽改变时，相邻列的宽度也会随之改变，而表格的总宽度不改变。

若要更改某个列的宽度并保持其他列的大小不变，可按住 Shift 键，然后拖动列的边框，此列的宽度就会改变，但表的总宽度也会改变以保证其他列不受影响。

行的调整方法同列的相似，不再赘述。

4. 填加内容

实例演示：在建立的无边框三行三列的表格中填加内容。首先在第一行中依次插入图片（news. gif）、新闻标题和日期，输入完成后，表格会根据内容自动调整单元格的大小，如

图 3-7 所示。

图 3-7　第一行内容输入

另外两行信息按以上方式编写,文字素材请参考文件“文化动态页面文字素材.txt”。

5. 插入行或列

1）插入单行或单列

(1) 单击一个单元格,选择【插入】|【表格对象】命令,在子菜单中选择【插入行】或【插入列】。

(2) 单击一个单元格,选择【修改】|【表格】|【插入行】命令或【修改】|【表格】|【插入列】命令。

(3) 右击要插入行或列的任一单元格,然后选择【表格】|【插入行】命令或【表格】|【插入列】命令。

(4) 单击列标题菜单,然后选择【左侧插入列】或【右侧插入列】选项,如图 3-8 所示。

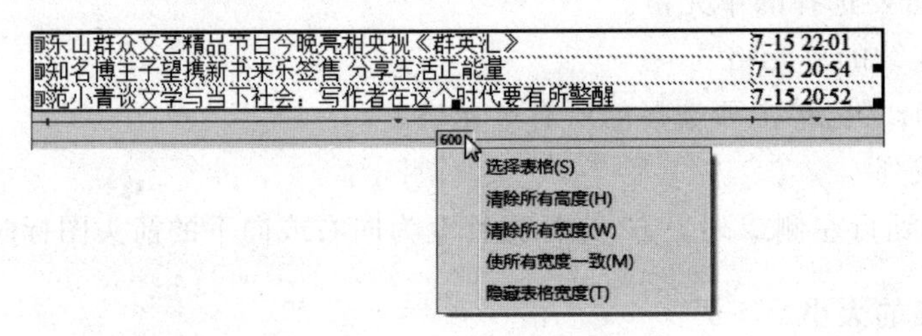

图 3-8　列标题菜单效果图

2）插入多行或多列

单击一个单元格,选择【修改】|【表格】|【插入行或列】命令,弹出【插入行或列】对话框,在其中选择【行】或【列】选项,如图 3-9 所示,设置需要插入的行或列的数目。

3）实例演示

为满足内容要求,在三行三列表格基础上,再插入 13 行,并完成内容输入。在第一行之上再插入一行,在第二列和第三列分别完成“当前位置：新闻动态”文字添加及图片插入(more.gif)。最终效果如图 3-10 所示。

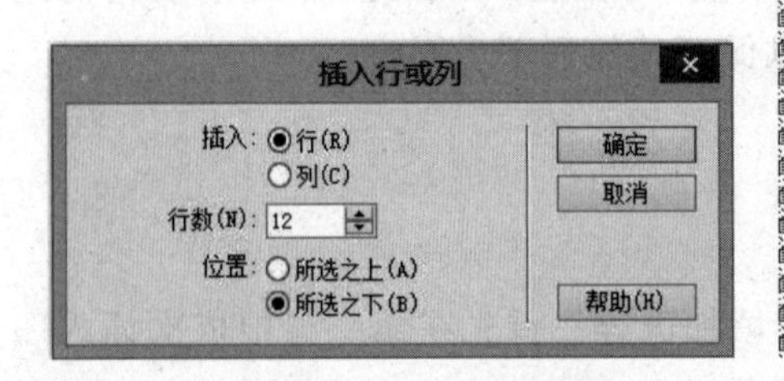

图 3-9　【插入行或列】对话框

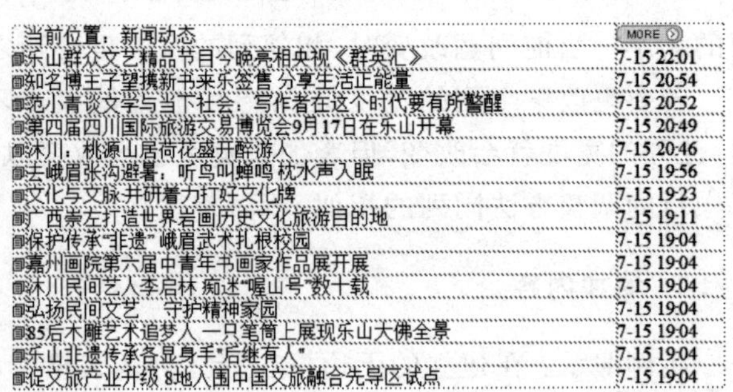

当前位置：新闻动态	MORE
乐山群众文艺精品节目今晚亮相央视《群英汇》	7-15 22:01
知名博主子望携新书来乐签售 分享生活正能量	7-15 20:54
范小青谈文学与当下社会：写作者在这个时代要有所警醒	7-15 20:52
第四届四川国际旅游交易博览会9月17日在乐山开幕	7-15 20:49
沐川：桃源山居荷花盛开醉游人	7-15 20:46
去峨眉张沟避暑，听鸟叫蝉鸣 枕水声入眠	7-15 19:56
文化与文旅并研着力打好文化牌	7-15 19:23
广西崇左打造世界岩画历史文化旅游目的地	7-15 19:11
保护传承"非遗" 峨眉武术扎根校园	7-15 19:04
嘉州画院第六届中青年书画家作品展开展	7-15 19:04
沐川民间艺人李启林 痴迷"喔山号"数十载	7-15 19:04
弘扬民间文艺　守护精神家园	7-15 19:04
85后木雕艺术追梦人 一只笔筒上展现乐山大佛全景	7-15 19:04
乐山非遗传承各显身手"后继有人"	7-15 19:04
促文旅产业升级 8地入围中国文旅融合先导区试点	7-15 19:04

图 3-10　插入行后最终效果

6. 删除行或列

选择要删除的行或列，在行或列的范围内右击，在弹出的快捷菜单中选择【表格】|【删除列】命令或【表格】|【删除行】命令。

选择完整的一行或一列，然后选择【编辑】|【清除】命令或按 Delete 键。

7. 拆分和合并单元格

1）拆分单元格。

选中要拆分的单元格，单击鼠标右键，在弹出的快捷菜单中选择【表格】|【拆分单元格】命令，弹出【拆分单元格】对话框，在其中设置将单元格拆分成多行或多列。

2）合并单元格。

选中要合并的多个单元格，单击鼠标右键，在弹出的快捷菜单中选择【表格】|【合并单元格】命令，或者单击【属性】面板中的【合并】按钮 。

3）实例演示

对“新闻动态”所在行的第一列和第二列进行合并，如图 3-11 所示。

图 3-11 合并第一行第 1、2 列

8. 表格【属性】面板

选中一个表格后，【属性】面板更改为表格的相关属性参数，如图 3-12 所示。

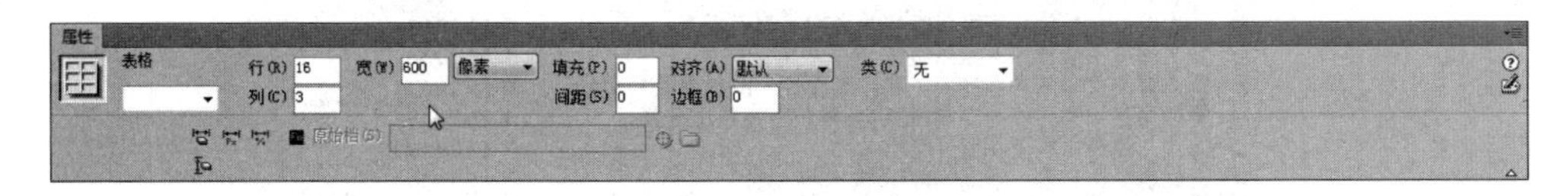

图 3-12 表格【属性】面板

在【属性】面板中可以设置表格的各项属性参数。

(1) 表格 ID：表格的名称。该名称通常在编写代码时用到，一般不需要设定。

(2) 行和列：表格中行和列的数目。可以通过修改两个文本框的数值来改变表格的行数或列数。

(3) 宽和高：以像素或百分比为单位设置表格的宽度和高度。通常情况下不需要设置表格的高度。

(4) 填充：单元格边距，是单元格内容和单元格边框之间的距离。

(5) 间距：单元格间距是相邻的单元格之间的距离。

(6) 对齐：确定表格水平方向的显示位置，其值包含默认、左对齐、居中对齐和右对齐。

(7) 边框：指定表格边框的宽度，以像素为单位。

(8)【清除列宽】按钮 和【清除行高】按钮 ：从表格中删除所有明确设置的行高或列宽。

(9) 和 按钮：将表格宽度在像素和百分比之间转换。

9. 单元格【属性】面板

把光标移动到某个单元格或选择若干单元格，可以利用单元格【属性】面板对这个单元格的属性进行设置，【属性】面板如图 3-13 所示。

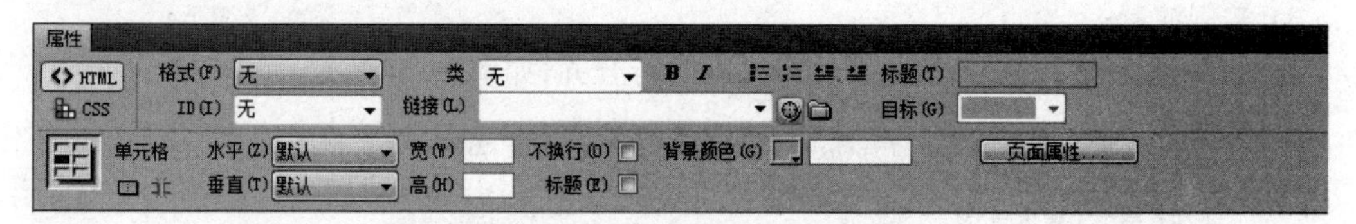

图 3-13　单元格【属性】面板

1) 属性面板说明

(1) 水平：设置单元格内元素的水平排版方式为居左、居右或居中。

(2) 垂直：设置单元格内的垂直排版方式为顶端对齐、底端对齐或居中对齐。

(3) 高和宽：设置单元格的宽度和高度。

(4) 不换行：防止单元格中较长的文本自动换行。

(5) 背景颜色：设置单元格的背景颜色。

2) 实例演示

调整 news. gif 图片所在单元格的列宽，值为 40 像素，且水平居中对齐。调整第三列宽度，值为 125 像素，more. gif 图片居中对齐，日期信息默认居左对齐。最终效果如图 3-14 所示。

当前位置：新闻动态		MORE
●	乐山群众文艺精品节目今晚亮相央视《群英汇》	7-15 22:01
●	知名博主子望携新书来乐签售 分享生活正能量	7-15 20:54
●	范小青谈文学与当下社会：写作者在这个时代要有所警醒	7-15 20:52
●	第四届四川国际旅游交易博览会9月17日在乐山开幕	7-15 20:49
●	沐川：桃源山居荷花盛开醉游人	7-15 20:46
●	去峨眉张沟避暑：听鸟叫蝉鸣 枕水声入眠	7-15 19:56
●	文化与文脉并研 着力打好文化牌	7-15 19:23
●	广西崇左打造世界岩画历史文化旅游目的地	7-15 19:11
●	保护传承"非遗" 峨眉武术扎根校园	7-15 19:04
●	嘉州画院第六届中青年书画家作品展开展	7-15 19:04
●	沐川民间艺人李启林 痴迷"喔山号"数十载	7-15 19:04
●	弘扬民间文艺　守护精神家园	7-15 19:04
●	85后木雕艺术追梦人 一只笔筒上展现乐山大佛全景	7-15 19:04
●	乐山非遗传承各显身手"后继有人"	7-15 19:04
●	促文旅产业升级 8地入围中国文旅融合先导区试点	7-15 19:04

图 3-14　调整单元格后效果图

10. 网页美化

“新闻动态”版块的结构和内容已完成，最后一个环节就是使用 CSS 进行页面美化。

步骤 1：对整个页面内容进行统一风格设置。新建标签选择器 body，在【类型】分类中，设置字体类型(Font-family)为【宋体】，字体大小(Font-size)为 12px，效果如图 3-15 所示。

当前位置：新闻动态	MORE
乐山群众文艺精品节目今晚亮相央视《群英汇》	7-15 22:01
知名博主子望携新书来乐签售 分享生活正能量	7-15 20:54
范小青谈文学与当下社会：写作者在这个时代要有所警醒	7-15 20:52
第四届四川国际旅游交易博览会9月17日在乐山开幕	7-15 20:49
沐川：桃源山居荷花盛开醉游人	7-15 20:46
去峨眉张沟避暑：听鸟叫蝉鸣 枕水声入眠	7-15 19:56
文化与文脉：井研着力打好文化牌	7-15 19:23
广西崇左打造世界岩画历史文化旅游目的地	7-15 19:11
保护传承"非遗"峨眉武术扎根校园	7-15 19:04
嘉州画院第六届中青年书画家作品展开展	7-15 19:04
沐川民间艺人李启林 痴迷"喔山号"数十载	7-15 19:04
弘扬民间文艺　守护精神家园	7-15 19:04
85后木雕艺术追梦人 一只笔筒上展现乐山大佛全景	7-15 19:04
乐山非遗传承各显身手"后继有人"	7-15 19:04
促文旅产业升级 8地入围中国文旅融合先导区试点	7-15 19:04

图 3-15　body 选择器应用效果

说明：由于此表格没有设置具体高度，因此表格高度是随着内容的变化而自动调整的，界面显得很局促。怎么设置每行的高度呢？一种最有效的方式是设置行高(Line-height)值。

对 body 选择器进行编辑，设置 Line-height 值为 30px，效果如图 3-16 所示。

当前位置：新闻动态	MORE
乐山群众文艺精品节目今晚亮相央视《群英汇》	7-15 22:01
知名博主子望携新书来乐签售 分享生活正能量	7-15 20:54
范小青谈文学与当下社会：写作者在这个时代要有所警醒	7-15 20:52
第四届四川国际旅游交易博览会9月17日在乐山开幕	7-15 20:49
沐川：桃源山居荷花盛开醉游人	7-15 20:46
去峨眉张沟避暑：听鸟叫蝉鸣 枕水声入眠	7-15 19:56
文化与文脉：井研着力打好文化牌	7-15 19:23
广西崇左打造世界岩画历史文化旅游目的地	7-15 19:11
保护传承“非遗” 峨眉武术扎根校园	7-15 19:04
嘉州画院第六届中青年书画家作品展开展	7-15 19:04
沐川民间艺人李启林 痴迷“喔山号”数十载	7-15 19:04
弘扬民间文艺　守护精神家园	7-15 19:04
85后木雕艺术追梦人 一只笔筒上展现乐山大佛全景	7-15 19:04
乐山非遗传承各显身手“后继有人”	7-15 19:04
促文旅产业升级 8地入围中国文旅融合先导区试点	7-15 19:04

图 3-16　设置行高后效果

步骤 2：给整个“新闻动态”版块设置外边框。新建类名选择器 news_border，在【边框】分类中，设置上、右、下、左边框风格，边框风格(Style)为 solid，边框宽度(Width)为 1px，边框颜色为＃F0E8DF，如图 3-17 所示。将类 news_border 应用于整个“新闻版块”表格，效果如图 3-18 所示。

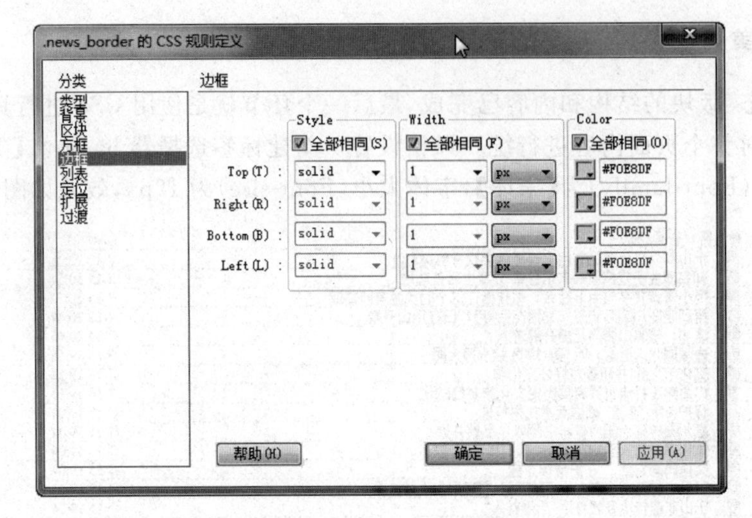

图 3-17 表格外边框风格设置

当前位置：新闻动态	MORE
乐山群众文艺精品节目今晚亮相央视《群英汇》	7-15 22:01
知名博主子望携新书来乐签售 分享生活正能量	7-15 20:54
范小青谈文学与当下社会：写作者在这个时代要有所警醒	7-15 20:52
第四届四川国际旅游交易博览会9月17日在乐山开幕	7-15 20:49
沐川：桃源山居荷花盛开醉游人	7-15 20:46
去峨眉张沟避暑：听鸟叫蝉鸣 枕水声入眠	7-15 19:56
文化与文脉:井研着力打好文化牌	7-15 19:23
广西崇左打造世界岩画历史文化旅游目的地	7-15 19:11
保护传承"非遗" 峨眉武术扎根校园	7-15 19:04
嘉州画院第六届中青年书画家作品展开展	7-15 19:04
沐川民间艺人李启林 痴迷"噻山号"数十载	7-15 19:04
弘扬民间文艺 守护精神家园	7-15 19:04
85后木雕艺术追梦人 一只笔筒上展现乐山大佛全景	7-15 19:04
乐山非遗传承容显身手"后继有人"	7-15 19:04
促文旅产业升级 8地入围中国文旅融合先导区试点	7-15 19:04

图 3-18 外边框应用效果

步骤 3：对“新闻动态”版块的标题栏进行风格设置。新建类名选择器 news_title，在【类型】分类中，设置文字的字体重量(Weight)为 bold。在【边框】分类中，设置左边框风格，边框风格(Left-Style)为实线 solid，边框宽度(Left-Width)为 5px，边框颜色(Left-Color)为#BA090D，如图 3-19 所示。应用效果如图 3-20 所示。

左边框与内容之间应该有一定的间距，因此对类选择器 news_title 进一步编辑，选择【方框】分类，设置左填充(Padding-Left)为 5px，如图 3-21 所示，应用后效果如图 3-22 所示。

步骤 4：对“新闻动态”版块中的每条新闻信息设置下边框虚线。新建类名选择器 news_content_border，在【边框】分类中，设置下边框(Bottom-Style)为 dashed，边框宽度(Bottom-Width)为 1px，边框颜色(Bottom-Color)为#999。选中要应用的所有单元格(除第一行)，应用此类选择器，效果如图 3-23 所示。

步骤 5：对整个版块进行细节调整。第一行的红色左边框线上端应该与外边框保持一

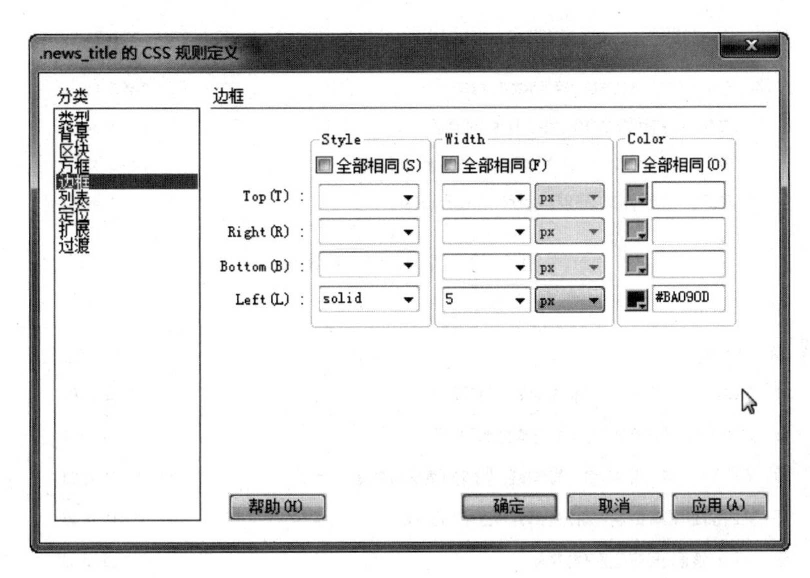

图 3-19 【边框】风格设置

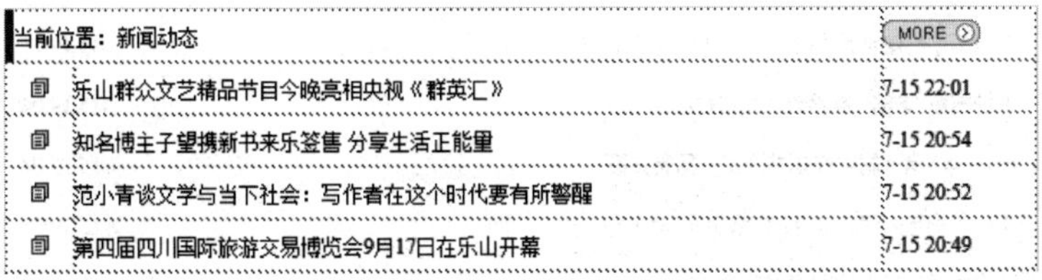

当前位置：新闻动态 MORE
乐山群众文艺精品节目今晚亮相央视《群英汇》 7-15 22:01
知名博主子望携新书来乐签售 分享生活正能量 7-15 20:54
范小青谈文学与当下社会：写作者在这个时代要有所警醒 7-15 20:52
第四届四川国际旅游交易博览会9月17日在乐山开幕 7-15 20:49

图 3-20 【边框】风格应用效果

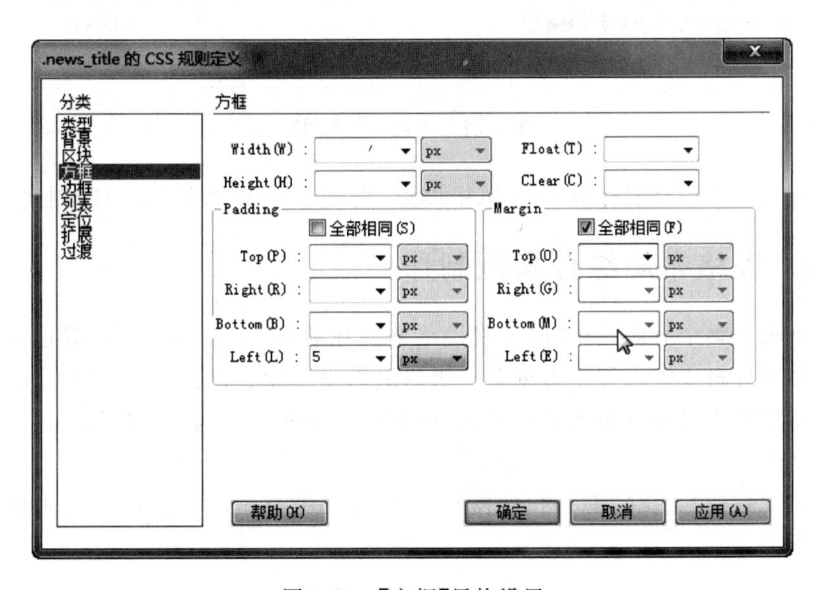

图 3-21 【方框】风格设置

定的间距，编辑类选择器 news_border，在【方框】分类中，设置上填充(Padding-Top)为15px。调整后的效果如图 3-24 所示。

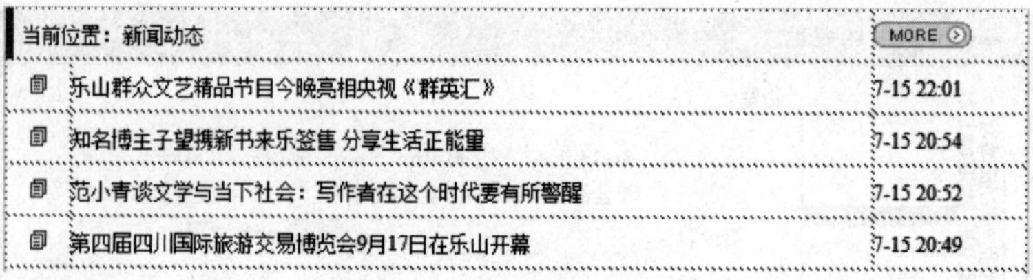

当前位置：新闻动态	MORE
乐山群众文艺精品节目今晚亮相央视《群英汇》	7-15 22:01
知名博主子望携新书来乐签售 分享生活正能量	7-15 20:54
范小青谈文学与当下社会：写作者在这个时代要有所警醒	7-15 20:52
第四届四川国际旅游交易博览会9月17日在乐山开幕	7-15 20:49

图 3-22　左填充应用效果

当前位置：新闻动态	MORE
乐山群众文艺精品节目今晚亮相央视《群英汇》	7-15 22:01
知名博主子望携新书来乐签售 分享生活正能量	7-15 20:54
范小青谈文学与当下社会：写作者在这个时代要有所警醒	7-15 20:52
第四届四川国际旅游交易博览会9月17日在乐山开幕	7-15 20:49
沐川：桃源山居荷花盛开醉游人	7-15 20:46
去峨眉张沟避暑：听鸟叫蝉鸣 枕水声入眠	7-15 19:56
文化与文脉:井研着力打好文化牌	7-15 19:23
广西崇左打造世界岩画历史文化旅游目的地	7-15 19:11
保护传承"非遗"峨眉武术扎根校园	7-15 19:04
嘉州画院第六届中青年书画家作品展开展	7-15 19:04
沐川民间艺人李启林 痴迷"喔山号"数十载	7-15 19:04
弘扬民间文艺　守护精神家园	7-15 19:04
85后木雕艺术追梦人 一只笔筒上展现乐山大佛全景	7-15 19:04
乐山非遗传承各显身手"后继有人"	7-15 19:04
促文旅产业升级 8地入围中国文旅融合先导区试点	7-15 19:04

图 3-23　虚线应用效果

设计者利用基本表格操作和 CSS 风格设置，完成了"新闻版块"页面的创建。

3.1.3　表格布局综合案例制作

使用表格布局整个页面，将不同元素规范整齐地展现，实现元素的准确定位，并方便用户在不同的屏幕分辨率下都能正常浏览。表格嵌套是实现表格布局的关键技术。表格嵌套通过在单元格里插入另外一个表格的方式，能够将复杂网页结构由繁化简，同时保证每个版块的相对独立性。

本节要完成制作"文化动态"网页，网页宽度为 1100px，如无特殊说明，表格的边框、填充和间距设置为 0px。

1. 新建网页

新建"文化动态"网页文件，文件名为 news. html，网页标题为"文化动态"。

当前位置：新闻动态	MORE
乐山群众文艺精品节目今晚亮相央视《群英汇》	7-15 22:01
知名博主子望携新书来乐签售 分享生活正能量	7-15 20:54
范小青谈文学与当下社会：写作者在这个时代要有所警醒	7-15 20:52
第四届四川国际旅游交易博览会9月17日在乐山开幕	7-15 20:49
沐川：桃源山居荷花盛开醉游人	7-15 20:46
去峨眉张沟避暑：听鸟叫蝉鸣 枕水声入眠	7-15 19:56
文化与文脉:井研着力打好文化牌	7-15 19:23
广西崇左打造世界岩画历史文化旅游目的地	7-15 19:11
保护传承"非遗" 峨眉武术扎根校园	7-15 19:04
嘉州画院第六届中青年书画家作品展开展	7-15 19:04
沐川民间艺人李启林 痴迷"喔山号"数十载	7-15 19:04
弘扬民间文艺　守护精神家园	7-15 19:04
85后木雕艺术追梦人 一只笔筒上展现乐山大佛全景	7-15 19:04
乐山非遗传承各显身手"后继有人"	7-15 19:04
促文旅产业升级 8地入围中国文旅融合先导区试点	7-15 19:04

图 3-24　上填充应用效果

2. 页眉制作

步骤 1：在网页中插入一个 4 行 1 列的表格，宽度为 1100px，在表格【属性】面板中设置表格为【居中对齐】。在第 4 行中嵌入一个 1 行 8 列的表格，宽度为 750px，居中显示。页眉结构图如图 3-25 所示。

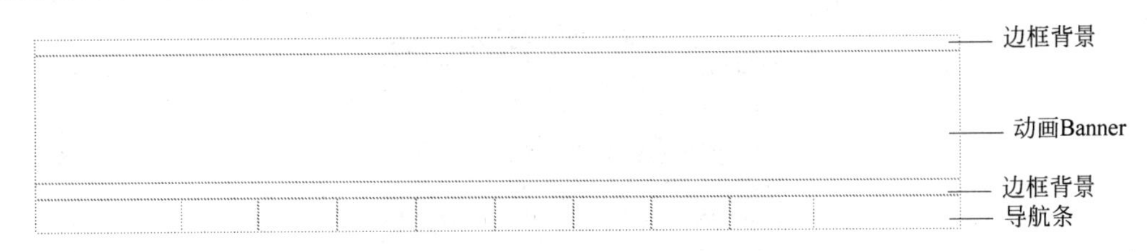

图 3-25　页眉结构图

步骤 2：分别在第 1 行和第 3 行插入边框背景。新建类名选择器 header_bg，在【背景】分类中，选择背景图片 header_bg. png，其大小为 183×30，背景重复 Background-repeat 值为 repeat-x，如图 3-26 所示。为了使背景能够显示完整，还需要在【方框】分类中设置高度 Height 为 30px。

将类选择器 header_bg 应用于表格第 1 行和第 3 行，得到如图 3-27 所示效果。

步骤 3：在第二行插入 Flash 动画文件，文件名为 banner. swf，大小为 1100×150。插入 Flash 文件的操作方法有以下两种。

(1) 在【插入】面板中选择【常用】|【媒体】|SWF 命令，如图 3-28 所示。

(2) 单击【插入】菜单，选择【媒体】|SWF，如图 3-29 所示。

插入 Flash 文件后的效果如图 3-30 所示。

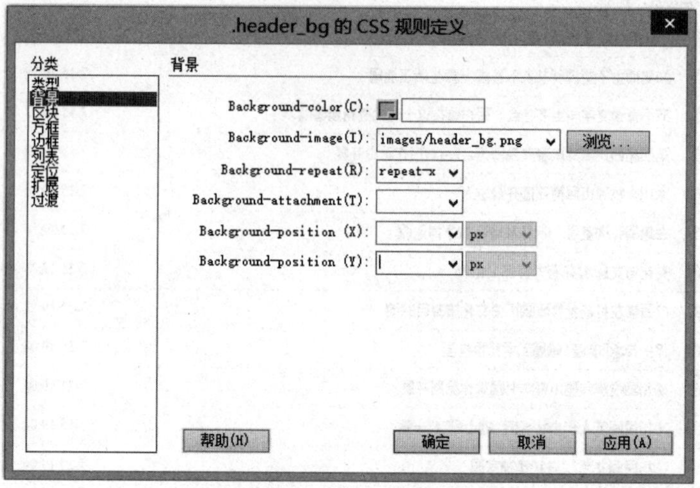

图 3-26　背景设置

图 3-27　页眉边框应用效果

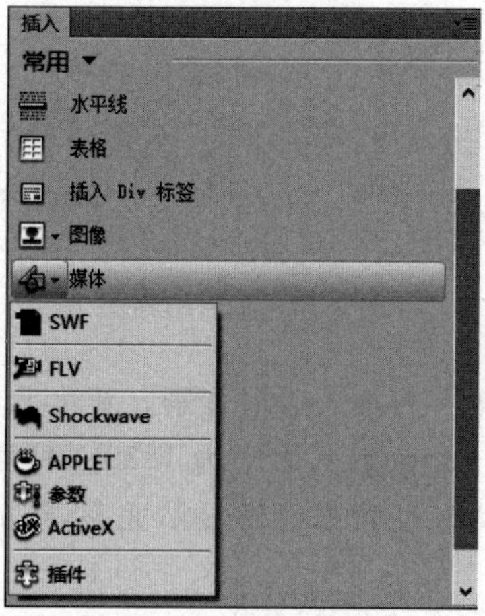

图 3-28　插入 Flash 方式一

步骤 4：设置导航条整体风格。首先设置导航条背景颜色，单击第 4 行单元格，在【属性】面板中设置【背景颜色】为＃f0e8df，如图 3-31 所示。

接着对此单元格进行下边框风格设置，新建 ID 选择器 navi_border，在【边框】分类中，

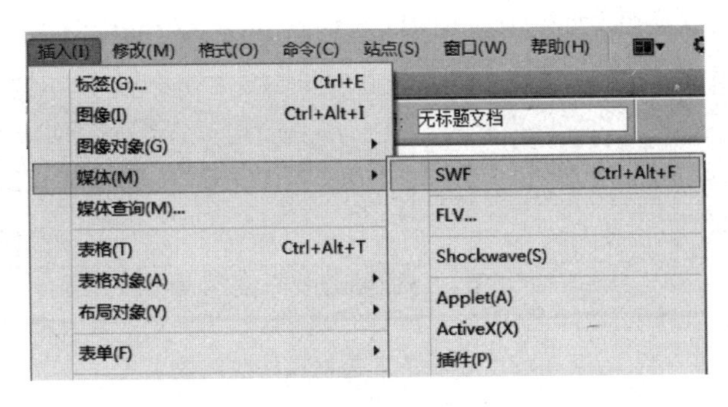

图 3-29 插入 Flash 方式二

图 3-30 插入 Flash 文件效果图

设置下边框风格(Bottom-Style)为 solid,下边框宽度(Bottom-Width)为 5px,下边框颜色(Bottom-Color)为#ba090d,如图 3-32 所示。

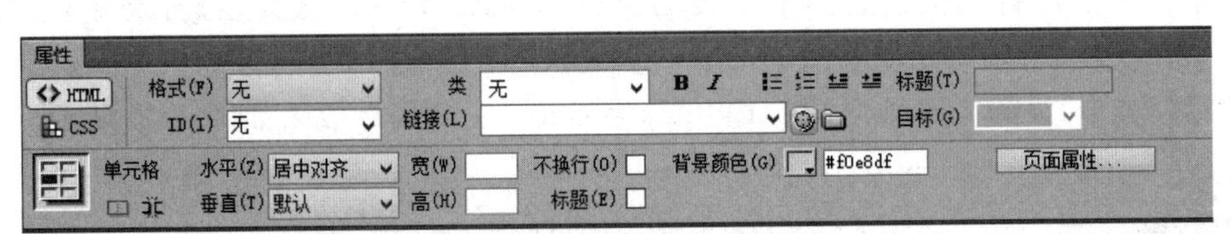

图 3-31 设置导航条背景色

#navi_border 的 CSS 规则定义

分类: 类型 背景 区块 方框 边框 列表 定位 扩展 过渡

边框

	Style	Width	Color
	全部相同(S)	全部相同(F)	全部相同(O)
Top(T):		px	
Right(R):		px	
Bottom(B):	solid	5 px	#ba090d
Left(L):		px	

帮助(H) 确定 取消 应用(A)

图 3-32 导航条下边框风格设置

单击此单元格，在【属性】面板中应用 ID 选择器 navi_border，得到如图 3-33 所示效果。

图 3-33 导航条下边框风格应用效果

步骤 5：导航条文字录入及风格设置。对嵌入表格进行编辑，从左到右依次录入信息“网站首页、嘉州画派、文化动态、民间艺术、乌木文化、佛教文化、旅游文化、饮食文化”。效果如图 3-34 所示。

图 3-34 录入导航文字信息效果

对导航文字进行风格设置。新建类名选择器 navi_text，在【类型】分类中，设置行高(Line-height)为 40px，文字类型(Font-family)为【微软雅黑】，文字大小(Font-size)为 16px。在【区块】分类中，设置文本排列(Text-align)为 center。应用后效果如图 3-35 所示。

图 3-35 导航文字效果图

对“文化动态”文字进行风格设置。新建 ID 选择器 navi_text_news，在【类型】分类中，设置文字颜色(Color)为 # FFF。在【背景】分类中，设置背景颜色(Background-color)为 # BA090D，背景图片(Background-image)为 dragon. png，背景重复(Background-repeat)为 no-repeat，如图 3-36 所示。

说明：背景颜色和背景图片的叠放关系是背景颜色在背景图片下面，此例中的 dragon. png 是背景透明的图片，因此当同时设置背景颜色和背景图片后，透过透明的图片背景将呈现出背景颜色。

步骤 6：文字“文化动态”应用选择器 navi_text_news 所建的风格。应用时，请区分是对文字的应用，还是对文字所在单元格的应用。图 3-37 是应用于单元格，背景颜色和图片

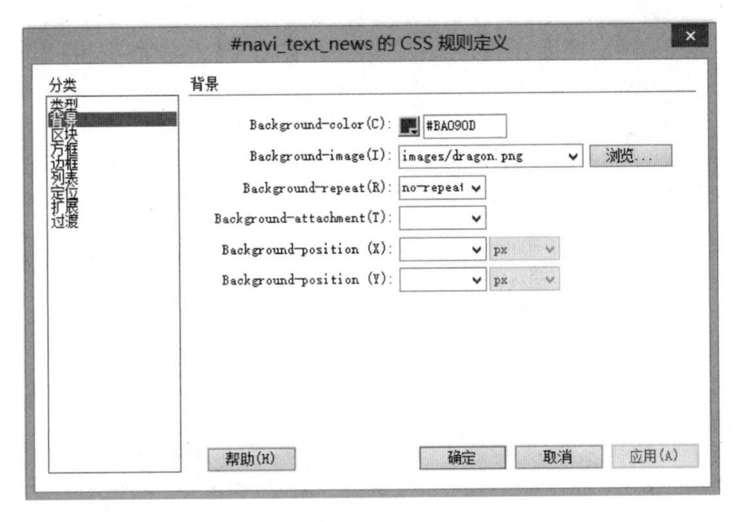

图 3-36 “文化动态”文字背景设置

覆盖范围因单元格大小而定。图 3-38 是应用于文字,其效果影响范围因文字大小而定。

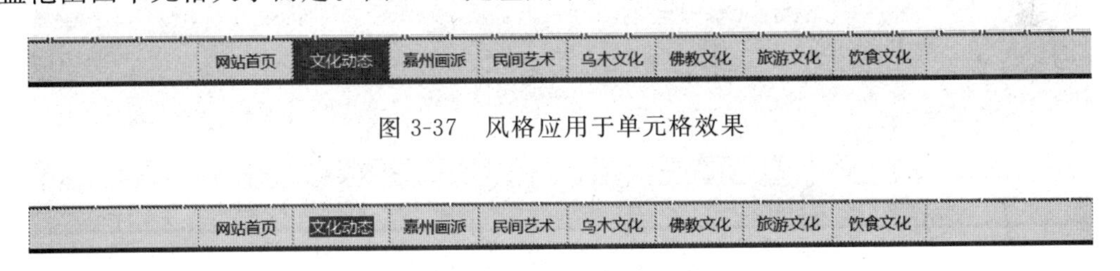

图 3-37 风格应用于单元格效果

图 3-38 风格应用于单元格内文字效果

此例因页面效果需要,风格需应用于文字上,因此,为了准确选择应用对象,设计者选中“文化动态”文字后,切换到【代码】视图,对其添加< span >标签,如图 3-39 所示。再切换到【设计】视图,对文字应用风格,其对应代码如图 3-40 所示。

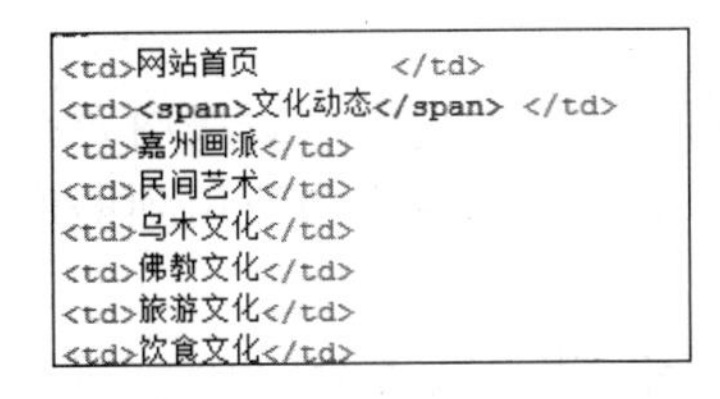

图 3-39 添加< span >标签

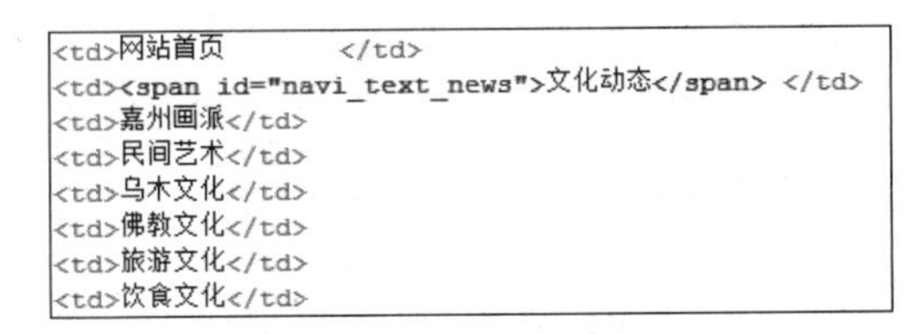

图 3-40 应用 ID 选择器对应代码位置

对 ID 选择器 navi_text_news 继续编辑,为使 dragon.png 图片正常显示,在【方框】分类中,对文字和边框的填充距离进行设置,上、右、下、左填充值分别为 10px、5px、10px、5px,如图 3-41 所示。

页眉最终效果图如图 3-42 所示。

3. 主体内容制作

步骤 1:在页眉表格之后,插入一个一行两列的表格,宽度为 1100px,填充为 5px,居中

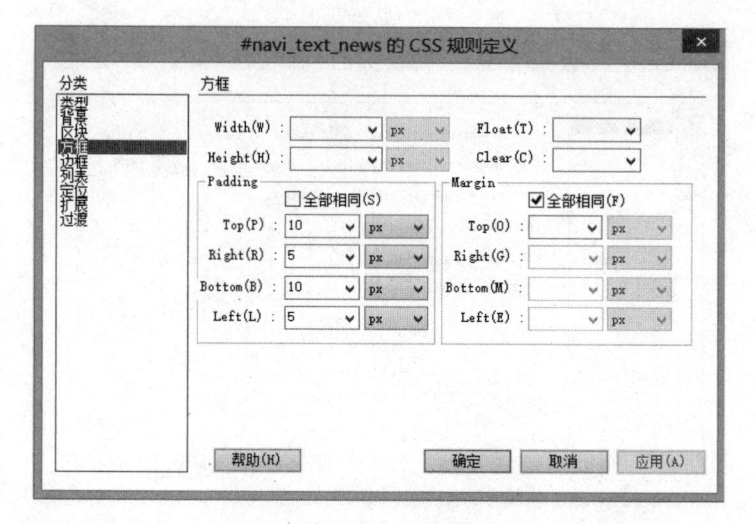

图 3-41　文字与背景填充设置

图 3-42　页眉最终效果图

对齐，如图 3-43 所示。

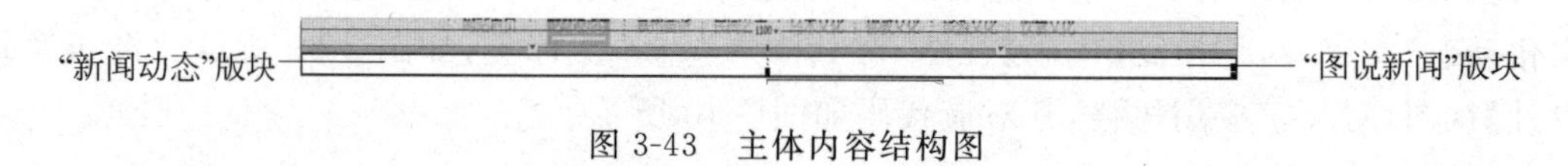

图 3-43　主体内容结构图

步骤 2：制作“新闻动态”版块。此版块所在单元格宽度为 650px。由于版块内容在表格基础中已经制作完成，设计者只需将 news_left. html 页面中的所有内容和使用到的所有 CSS 风格选择器复制过来，得到如图 3-44 所示效果。

步骤 3：在“图说新闻”单元格中插入一个三行两列的表格，表格宽度为 100%，即与所在单元格等宽。设置第 1 行第 2 列宽度为 125px，第 2、3 和 4 行分别进行单元格合并。第 2 行为间隔行，高度为 10px，得到如图 3-45 所示效果。

设置间隔行高度时，一定要切换到代码视图，将其默认的空格（ ）去掉，如图 3-46 所示。

选中表格，应用创建好的类名选择器 news_border，设置与“新闻动态”版块一样的外边框效果。

步骤 4：在第 1 行第 1 列插入文字信息“图说新闻”，由于风格与文字“新闻动态”相同，此单元格直接使用已创建好的类名选择器 news_title。在第 1 行第 2 列插入图片 more. gif，

图 3-44 “新闻动态”版块效果

设置水平居中对齐。效果如图 3-47 所示。

图 3-45 “图说新闻”版块嵌套表格结构图

```
<tr>
  <td height="10" colspan="2"> </td>
  </tr>
<tr>
```

图 3-46 第二行对应代码

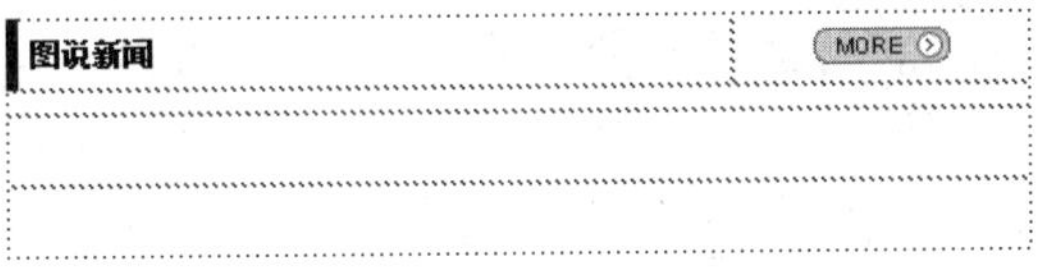

图说新闻 MORE

图 3-47 “图说新闻”版块第一行效果图

步骤 5：在第 3 行插入一个一行两列表格，填充为 3px。新建类名选择器 news_pic_border，在【边框】分类中，设置边框风格（Border-style）为 solid，Border-width 为 1 像素，Border-color 为 #CCC。对嵌入表格应用此风格选择器。

接着单击第 1 列，在对应的单元格【属性】中面板中，设置宽度为 210px，且水平居中对齐。在第 1 列插入图片 news.jpg，在图片【属性】面板中调整图片大小，设置为 200×150。效果如图 3-48 所示。

在第 2 列输入文字信息。在【属性】面板上，将文字标题信息设置为【标题 4】格式（h4），其余文字设置为段落格式，如图 3-49 所示。

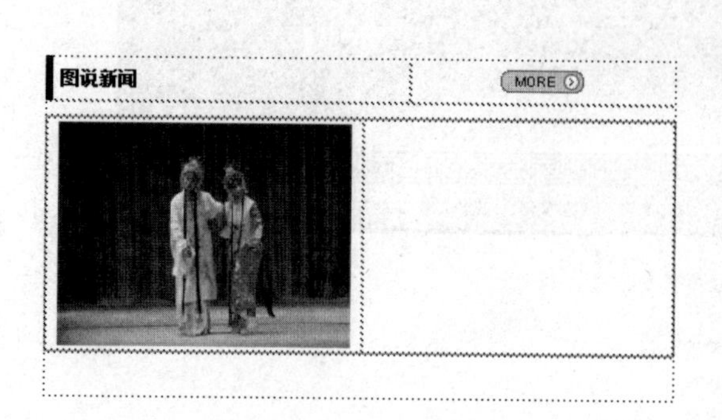

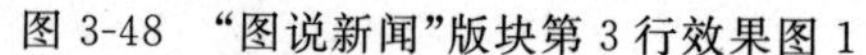

图 3-48 “图说新闻”版块第 3 行效果图 1

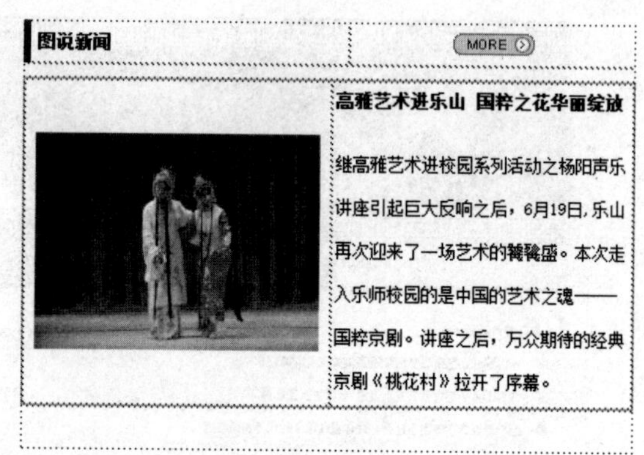

图 3-49 “图说新闻”版块第 3 行效果图 2

新建标签选择器 h4，设置行高(Line-height)为 20px，上填充(Padding-top)为 0px。对段落格式的文字信息进行风格设置。首先将光标放于文字处，然后单击【新建 CSS 规则】命令，将自动生成复合内容选择器，如图 3-50 所示。利用此选择器，设置段落行高(Line-height)为 20px，首行缩进(Text-indent)为 20px。

说明：复合内容选择器是 CSS 选择器的另一种常用类型，它是由已创建好的标签选择器、类名选择器或 ID 选择器，通过空格间隔组合而成的。如无特殊声明，复合内容选择器都是自动创建。

通过浏览器查看，得到如图 3-51 所示效果。

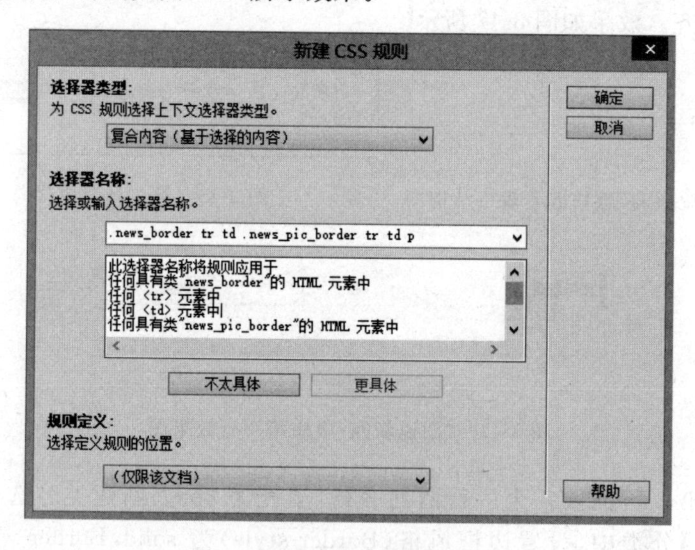

图 3-50 复合内容选择器面板

步骤 6：在“图说新闻”版块的第 4 行插入带边框的广告图片。

调整第 4 行单元格高度，在单元格【属性】面板上设置高度为 290px。新建 ID 选择器 news_adv，在【背景】分类中，选择背景图片(Background-image)为 news_borderbg. png，背景位置(水平)(Background-position)为 center，如图 3-52 所示。效果如图 3-53 所示。

插入图片 news_adv. gif，大小调整为 380×230，水平居中对齐。

图 3-51 “图说新闻”版块第 3 行最终效果图

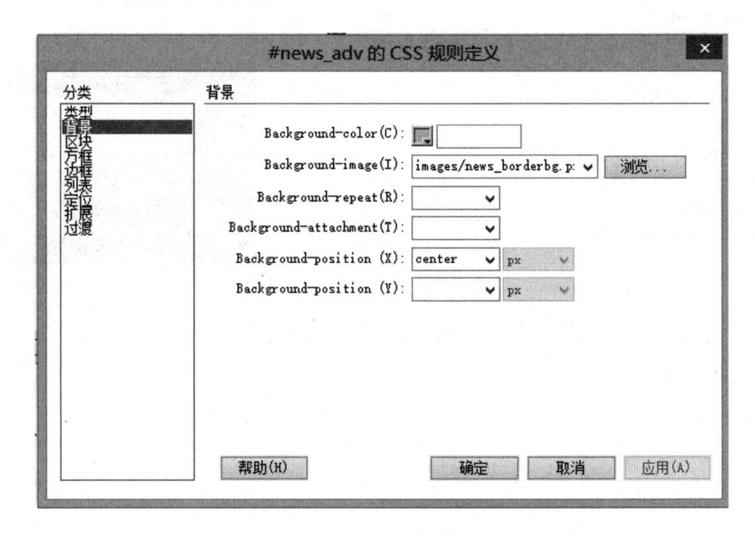

图 3-52 边框背景设置

图 3-53 边框背景效果

说明：因单元格垂直对齐方式默认为居中对齐，由于左列内容高度小于右列内容，使得页面效果不友好，设计者需调整“新闻动态”版块垂直对齐方式为顶端对齐。

主体内容制作完成页面效果如图 3-54 所示。

图 3-54 主体内容制作完成后效果图

4. 页脚制作

步骤 1：在主体内容表格后，插入一个 1 行 1 列的表格，宽度为 1100px，高度为 148px，表格居中对齐。

步骤 2：新建 ID 选择器 footer，在【背景】分类中，插入背景图片(Background-image)为 footer.png。设置完毕后，将此风格应用于表格单元格中。得到如图 3-55 所示效果。

图 3-55 页脚背景图片插入效果

步骤 3：在单元格中录入页脚版权信息，格式为段落，并水平居中对齐。最终页脚效果如图 3-56 所示。

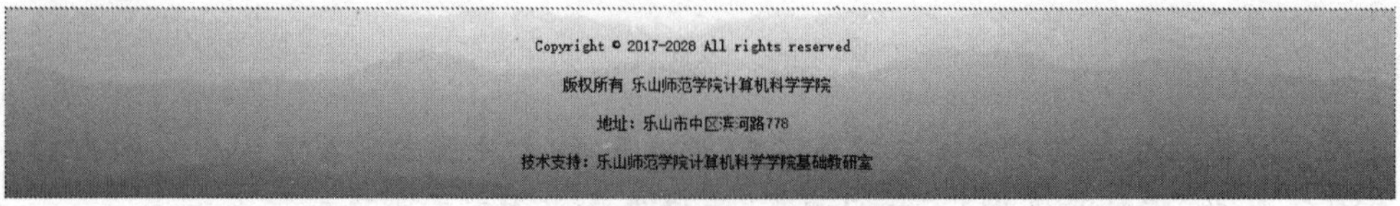

Copyright © 2017-2028 All rights reserved

版权所有 乐山师范学院计算机科学学院

地址：乐山市中区滨河路778

技术支持：乐山师范学院计算机科学学院基础教研室

图 3-56 页脚效果

5. 完善页面风格

编辑标签选择器 body，在方框分类中，设置上边距(Margin-top)为 0px，使网页内容上边界紧贴浏览器窗口。

"文化动态"页面制作完成，保存后，可按 F12 键查看页面效果。

3.2 DIV＋CSS 布局

DIV＋CSS 是网站标准中常用的术语之一，也是目前最流行的网页布局技术。设计者通过使用 DIV＋CSS 技术，能够灵活地进行网页元素的排版，提高网页开发效率，真正实现了网页内容和形式的分离。

本节将围绕"民间艺术"网页制作，深入浅出地介绍 DIV＋CSS 布局技术，最后通过案例"嘉州文化长廊"首页的制作，熟练掌握 DIV＋CSS 技术。

3.2.1 网站标准

网站标准即 Web 标准，是在 W3C 组织下建立的一系列标准的集合。Web 标准让网页的开发和维护变得更加简单容易，在多种平台下，网页也能正常运行，具有良好的兼容性。

网页主要由三部分组成：结构(Structure)、表现(Presentation)和行为(Behavior)。对应的标准也分为以下三方面。

(1) 结构化标准语言，组织网页包含的各种类型的内容的语言，包括 HTML、XHTML 和 XML。

(2) 表现标准语言，W3C 组织为了将结构、内容和风格设计相分离，提出了 CSS 的概念，它不仅用于传统的 HTML 文件，也可控制 XHTML 和 XML 文件的风格。

(3) 行为标准，即控制页面行为的脚本语言，使整个网页具有较强的功能性，如用户单击某网页内容时网页将做出何种反应。行为标准语言主要有：JavaScript、VBScript 和 JScript。

建立网站标准，其主要目的如下。

(1) 让更多的网站用户获得更好的网站体验。

(2) 确保任何形式的网页文件能够长期有效。

(3) 简化代码、降低建设成本。

(4) 让网站更容易使用，能适应更多不同用户和更多网络设备。

(5) 当浏览器版本更新或者出现新的网络交互设备时，确保所有应用能够继续正确执行。

对于网站设计和开发人员来说，遵循网站标准就是使用标准；对于网站用户来说，网站标准就是最佳体验。DIV＋CSS 开发模式实现了结构和表现的分离，是 Web 标准的典型代表。

3.2.2 案例分析

1. 网页结构分析

本节将以嘉州文化长廊网站中的子页"民间艺术"网页为例(如图 3-57 所示)，使用 DIV

标签进行网页结构划分和组合，利用 CSS 进行定位控制。

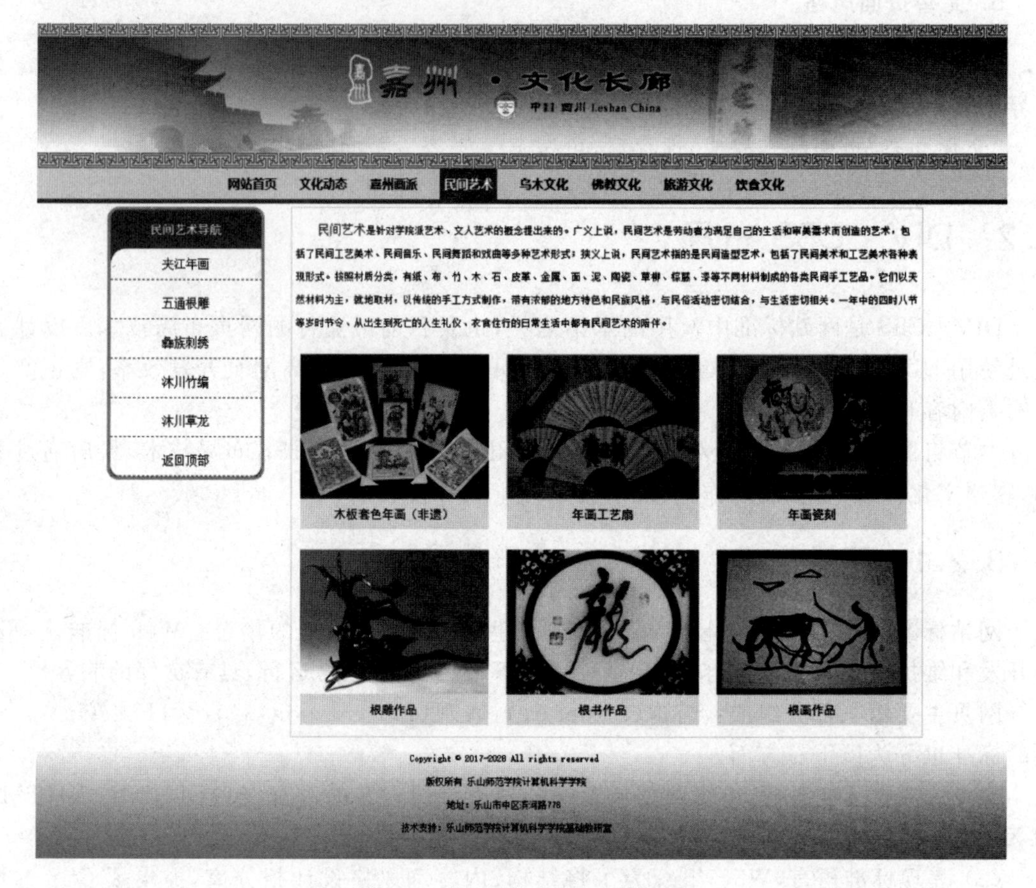

图 3-57 “民间艺术”页面效果图

通过 DIV 将页面划分为三个区域：页眉、主体内容和页脚。页眉和页脚部分宽度为 100％，实现宽度自适应，以自适应不同屏幕和分辨率，是目前流行的结构设置。页面主体内容部分使用定宽方式，设置宽度为 1100px，其包含“民间艺术导航”和“艺术品展示”两个版块，利用 CSS 浮动方式进行了水平并排。

除了用 DIV 标签放置元素外，此页面还运用了列表（ul 或 ol）、段落（p）进行各类元素的结构设置。如水平导航条和垂直导航条都使用了列表标签结合 CSS 进行了结构设置。

2. 网页内容分析

页眉部分插入了 Flash，融合了网站 Logo 和 Banner。页眉导航信息包含 8 大版块栏目，方便用户进行浏览。

此页面的主要内容是展示嘉州的民间艺术，主体内容部分的左侧以导航方式呈现嘉州的民间艺术目录，右侧除对“民间艺术”做介绍外，以图片方式展示各类民间艺术。

3. 网页风格分析

为展示嘉州深厚的文化底蕴，整个网站选择了棕色和红色为主色调，使网页厚重而又不失蓬勃生机，此页面也延续了这种风格。水平导航条的“民间艺术”加亮显示，以红色背景加图片衬托白色文字，以提示用户当前所处位置在“民间艺术”页面。

垂直导航条最终效果以圆角矩形进行列表显示，网页大多数是棱角分明的矩形，圆角的设置使页面变得柔和。圆角矩形颜色设置与整体风格一致，棕色边框、红色背景和红色下边框线。

绝大多数文字字体为宋体，文字颜色以黑色为主，大小为12px，标题信息加粗。水平导航条文字字体为微软雅黑，大小为16px。

3.2.3 DIV 基础

1. 认识 DIV 标签

标记<div>的英文全称是 Division，中文意思为“区分”，也称为层。在层里面可以放置各类网页元素，比如文字、图像、动画，甚至是另一个层，因此我们也称它是个透明的容器。其格式如下：

```
<div>学习 DIV + CSS 布局技术</div>
```

div 与段落、标题标签一样，是一个块级元素，通常自动以新行开始。

2. 插入 DIV

在 Dreamweaver CS6 中，设计者可以使用 DIV 标签创建 CSS 布局版块，并对它们进行定位，其方法如下。

(1) 在【设计】视图，将插入点放置在要显示层的位置。

(2) 执行下列之一操作插入层。

① 选择【插入】|【布局对象】|【Div 标签】命令(如图 3-58 所示)。

② 在【插入】面板中选择【布局】|【插入 Div 标签】命令，如图 3-59 所示。

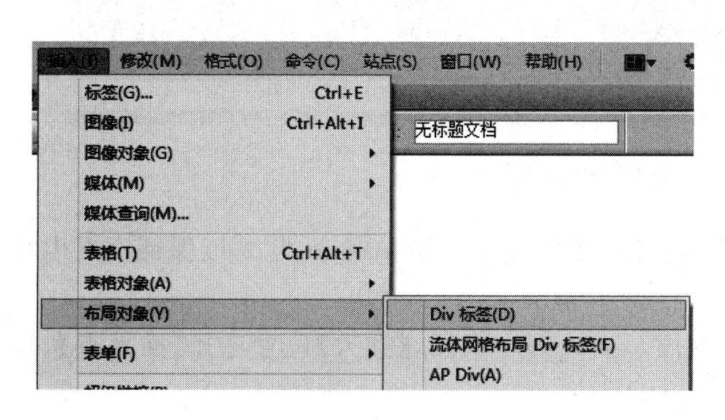

图 3-58 插入 DIV 方式一

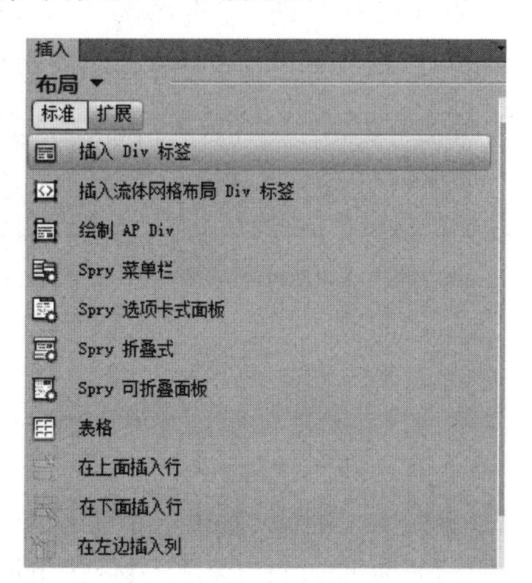

图 3-59 插入 DIV 方式二

(3) 在打开的【插入 Div 标签】对话框中(如图 3-60 所示)进行【插入】、【类】和 ID 选项的设置。

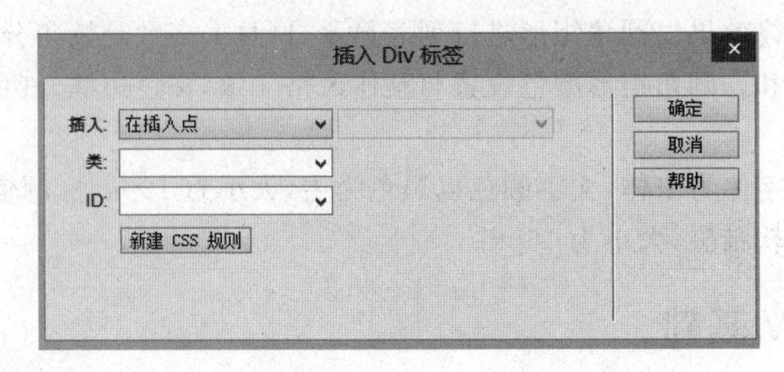

图 3-60 【插入 Div 标签】对话框

各选项的含义如下。

①【插入】选项：设置 DIV 标签的位置。除【在插入点】选项值外，还有其他 4 个选项，将在后续章节中结合实例进行介绍。

②【类】选项：设置 DIV 标签的类名。

③ ID 选项：设置 DIV 标签的 ID 值，在【设计】视图中可以帮助其他元素准确定位。

(4) 单击【确定】按钮后，DIV 标签将以虚线框的形式显示在文档中，并带有默认的提示信息，如图 3-61 所示。将插入点放置在线框内，可输入任何形式的内容。默认情况下，DIV 宽度是根据浏览器宽度自动调整的，高度随着内容变化而改变。

此处显示 class "box" id "box1" 的内容

图 3-61 插入 DIV 标签效果

3.2.4 案例制作——页眉 Banner 制作

新建网页文件，文件名为 art. html，标题名称为“民间艺术”。此阶段完成页眉部分 Banner 边框和插入 Banner 动画的制作，如图 3-62 所示。

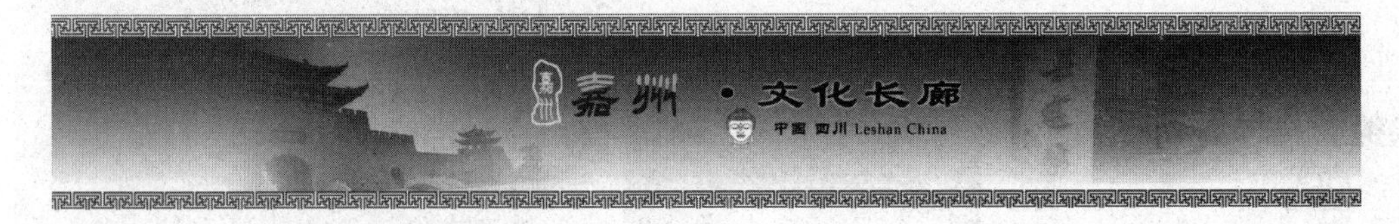

图 3-62 Banner 效果图

步骤 1：新建标签选择器 body，在【方框】分类中设置边距 margin 为 0，以保证网页内容与浏览器之间无缝隙。

步骤 2：制作放置第一个边框条纹的层。插入第一个层，【插入】位置选择【插入点】，输入【类】值为 banner_tw，【ID】值为 banner_tw1。

步骤 3：制作放置 Banner 动画的层。插入第二个层，在打开的【插入 Div 标签】对话框中，【插入】选项值有了更多的选择，如图 3-63 所示。选择【在标签之后】选项，其右边的菜单项中将显示页面中所有包含 ID 值的标签，目前只有 ID 值为 banner_tw1 的 DIV 标签，如图 3-64 所示。

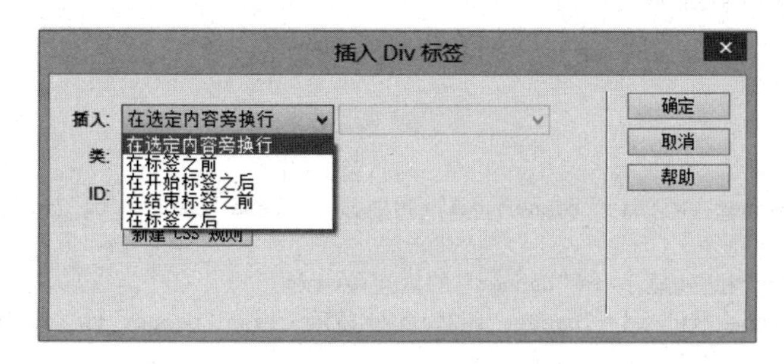

图 3-63　【插入】选项操作步骤一

图 3-64　【插入】选项操作步骤二

选择【插入】位置在＃banner_tw1 层后插入，设置层 ID 为 banner，类名不设置。得到如图 3-65 所示效果。

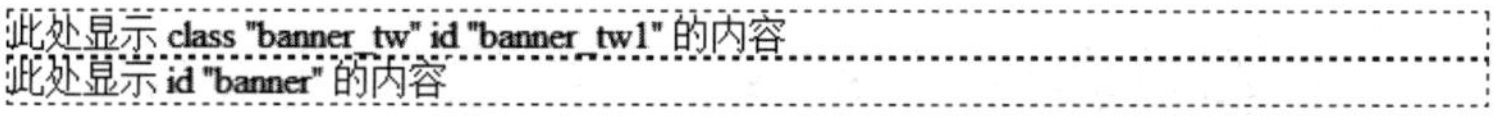

此处显示 class "banner_tw" id "banner_tw1" 的内容
此处显示 id "banner" 的内容

图 3-65　插入 DIV 结构关系图

步骤 4：制作放置第二个边框条纹的层。插入第三个层，【插入】位置选择【在标签之后】，具体位置是在＃banner 层之后，【类】值为 banner_tw，ID 值为 banner_tw2，如图 3-66 所示。

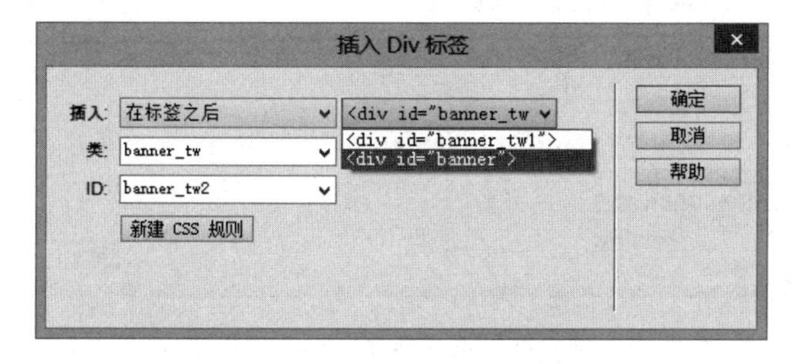

图 3-66　＃banner_tw2 具体设置

插入的三个层的结构关系如图 3-67 所示。

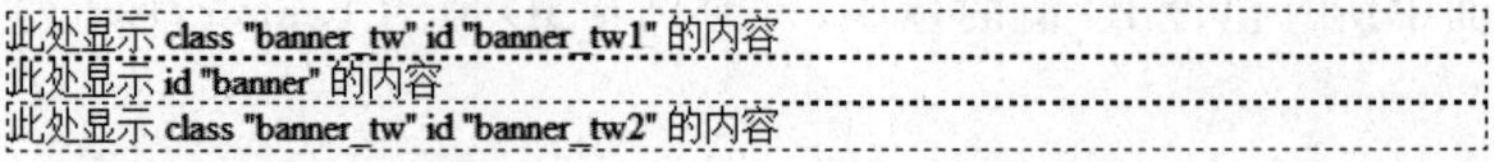

此处显示 class "banner_tw" id "banner_tw1" 的内容
此处显示 id "banner" 的内容
此处显示 class "banner_tw" id "banner_tw2" 的内容

图 3-67　Banner 各元素层次关系

具体代码如下。

```
<div class = "banner_tw" id = "banner_tw1">此处显示 class "banner_tw" id "banner_tw1" 的内容
</div>
<div id = "banner">此处显示 id "banner" 的内容</div>
<div class = "banner_tw" id = "banner_tw2">此处显示 class "banner_tw" id "banner_tw2" 的内容
</div>
```

步骤 5：制作 Banner 边框条纹。新建类名选择器 banner_tw，在【背景】分类中，插入背景图片 header_tw. png，图片大小为 122×20。在【方框】分类中，设置宽度为 auto 或 100%，高度为 20px。确定后，手动清除 # banner_tw1 和 # banner_tw2 层默认提示信息，网页效果如图 3-68 所示。

图 3-68　banner 条纹边框效果图

步骤 6：单击 # banner 层后，选择【新建 CSS 规则】命令，将自动生成 # banner 选择器，如图 3-69 所示。在【方框】分类中，设置宽度为 auto 或 100%，高度为 150px。在【背景】分类中，插入背景图片 headerbg. png。在【区块】分类中，设置 text-align 为 center。得到如图 3-70 所示效果。

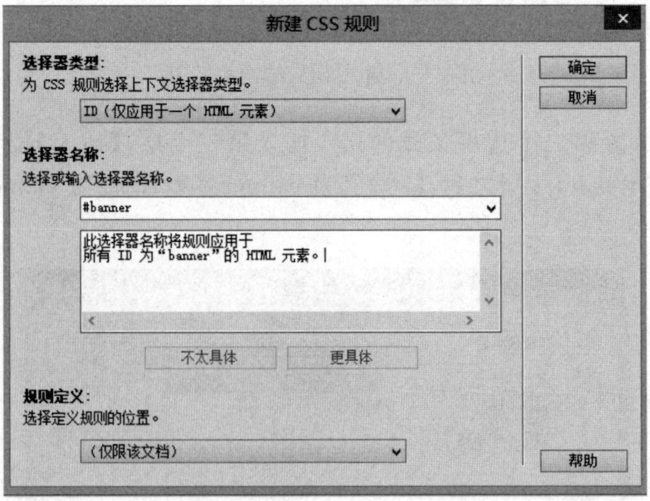

新建 CSS 规则
选择器类型：
为 CSS 规则选择上下文选择器类型。
ID（仅应用于一个 HTML 元素）
选择器名称：
选择或输入选择器名称。
#banner
此选择器名称将规则应用于
所有 ID 为"banner"的 HTML 元素。
不太具体　更具体
规则定义：
选择定义规则的位置。
（仅限该文档）
确定
取消
帮助

图 3-69　选择器 # banner 面板

步骤 7：将光标放置在 # banner 层中，插入 Flash，文件名为 banner. swf，再清除默认提示信息，得到如图 3-71 所示效果。

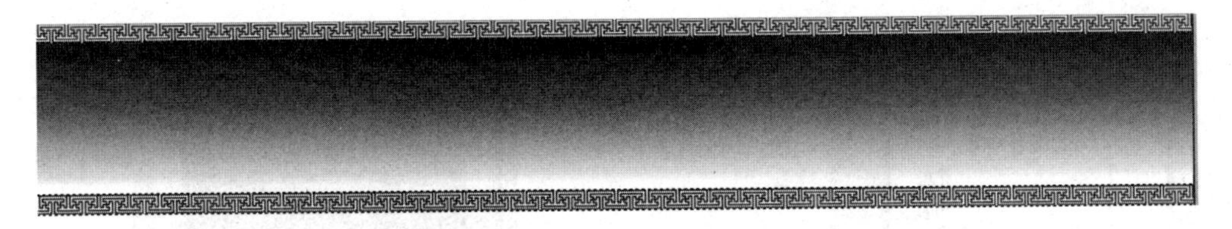

图 3-70 ＃banner 层风格设置效果图

图 3-71 网页 Banner 效果图

CSS 代码如下。

```
body {
    margin: 0px;}
.banner_tw {
    background-image: url(images/banner_tw.png);
    height: 20px;}
#banner {
    height: 150px;
    background-image: url(images/headerbg.png);
    text-align: center;}
```

说明： 在 DIV+CSS 布局中，ID 设置非常重要，不仅用于定义 CSS 风格，而且帮助设计者准确进行 DIV 定位。设计者在声明类时，要分析页面是否有多处地方有相同的风格，否则可以不用声明。在此例中，由于 Banner 有上下边框条纹，具有相同的结构特征，因此在＃banner_tw1 和＃banner_tw2 层中声明了相同的类 banner_tw，并利用此类名选择器，实现了两个层的风格设置。

3.2.5 CSS 盒子模型

在学习 DIV+CSS 布局技术中，盒子模型是学好 CSS 控制页面的基础。将页面中的每个元素看作是一个盒子，页面由这些盒子组成，这些盒子之间会相互影响，因此为了掌握盒子模型，设计者需要理解盒子的内部结构和盒子之间的关系。

1. 盒子模型结构

盒子模型的内部结构由元素内容、内边距(也叫填充)、边框和外边距组成，其结构关系如图 3-72 所示。实际上，一个元素的实际宽度值＝元素宽度＋左右内边距＋左右边框宽度＋左右外边距，一个元素的实际高度＝元素高度＋上下内边距＋上下边框宽度＋上下外边距。

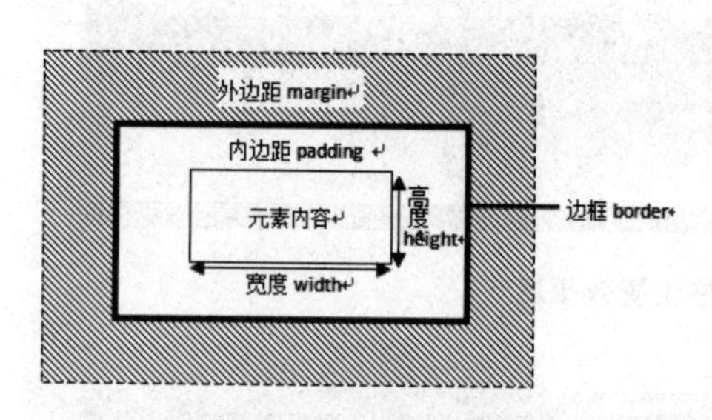

图 3-72 盒子模型结构

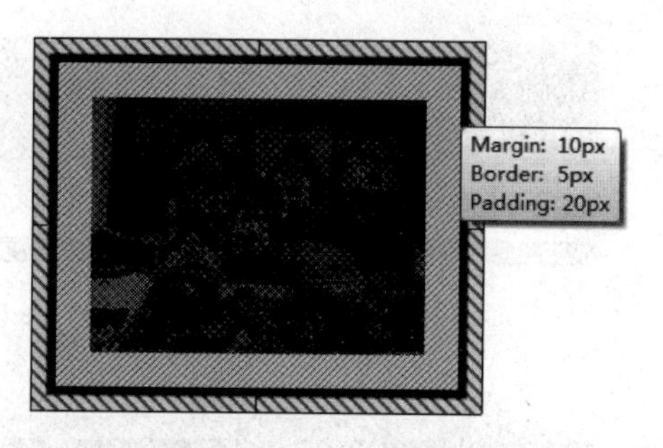

图 3-73 盒子模型实例

示例：插入大小为 200×150 的层，ID 值为 img1。层里包含一个宽度为 200px，高度为 150px 的图片。在【方框】分类中，设置内边距(填充)padding 为 20px，外边距 margin 为 10px。在【边框】分类中，设置边框风格 border 为 5px、实线 solid、颜色 # FFF。具体效果如图 3-73 所示，具体 CSS 代码如图 3-74 所示。

```
#img1 {
    height: 150px;
    width: 200px;
    border: 5px solid #000;
    margin: 10px;
    padding: 20px;
}
```

图 3-74 实例 CSS 代码

此例中内边距、边框和外边距 4 个方向(上、右、下、左)的值相同，但根据实际需求，设计者也可进行不同值的设置，如 margin-top 值为 10px，margin-bottom 值为 5px。

2. 盒子模型相互关系

1) 水平关系

水平排列的盒子之间的位置关系是由盒子内部结构的各属性值决定的，比如，左右外边距之和决定了盒子间的距离。

2) 垂直关系

由于 DIV 固有特征是换行显示内容，所以 DIV 元素默认情况下是呈垂直排列关系。比如，# img1 层之后插入 # img2 层，其内容与风格与 # img1 层相似，将得到如图 3-75 所示的排列效果。这两个层之间的外边距将会发生叠加合并，合并后的外边距高度等于这两个元素的外边距值的较大值。如图 3-75 所示的两个元素上下外边距值都为 10px，因此叠加后的外边距为 10px。

如果对 # img2 层的上下外边距修改为 20px，得到如图 3-76 所示的排列效果，它们之间的边距将变成 20px。

3.2.6 盒子的浮动

在 DIV+CSS 布局中，浮动 float 属性能帮助设计者实现良好的界面效果，是使用率很高的布局方式。当元素被设置成浮动后，它将从原来的文档流中脱离出来，向左或向右移动，直到碰到包含它的容器外边框或另一个浮动元素边框为止。

在【方框】分类中，设计者可选择以下浮动方式。

(1) none：不浮动。

(2) left：向左浮动。

图 3-75 盒子关系一

图 3-76 盒子关系二

(3) right：向右浮动。

示例：插入＃container 层，宽度为 500px，高度为 500px。在＃container 层分别插入＃box1，＃box2 和＃box3 层，大小为 150×150，盒子外边距值都为 10px，效果如图 3-77 所示。

如果设置盒子 1 向右浮动，它会脱离文档流并且向右移动，直到它的右边缘碰到包含框的右边缘，得到如图 3-78 所示效果。

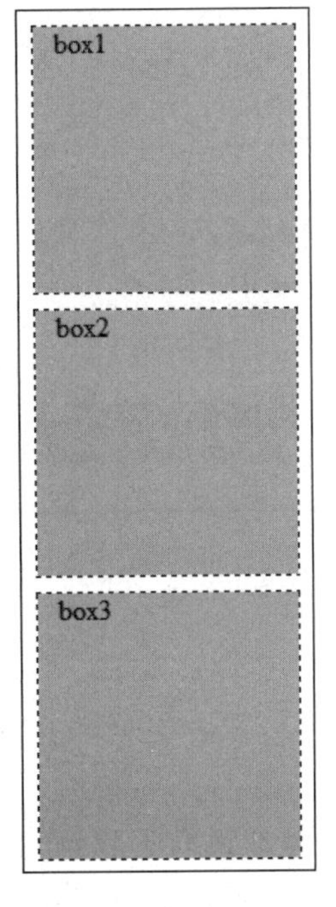

图 3-77 垂直排列

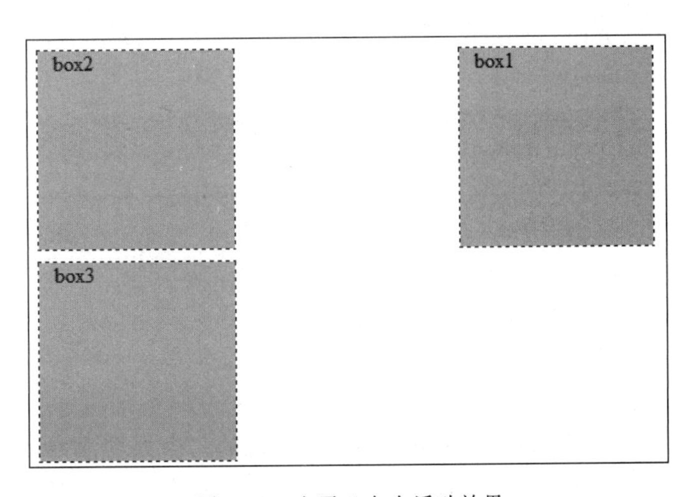

图 3-78 盒子 1 向右浮动效果

如果盒子 1 向左浮动，它脱离文档流并且向左移动，直到它的左边缘碰到包含框的左边缘。因为它不再处于文档流中，所以它不占据空间，实际上覆盖住了盒子2，使盒子2从视图中消失（盒子2包含的文字信息会被挤压显示）。效果如图3-79所示。

如果把所有三个盒子都向左浮动，那么盒子1向左浮动直到碰到包含框，另外两个盒子向左浮动直到碰到前一个浮动元素框。得到如图3-80所示效果。

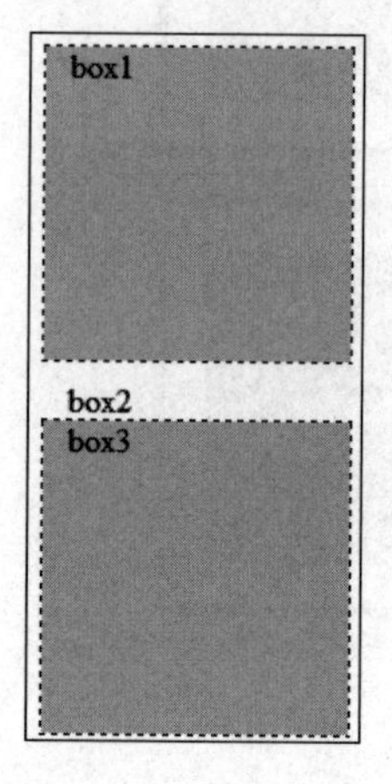

图3-79　盒子1向左浮动效果

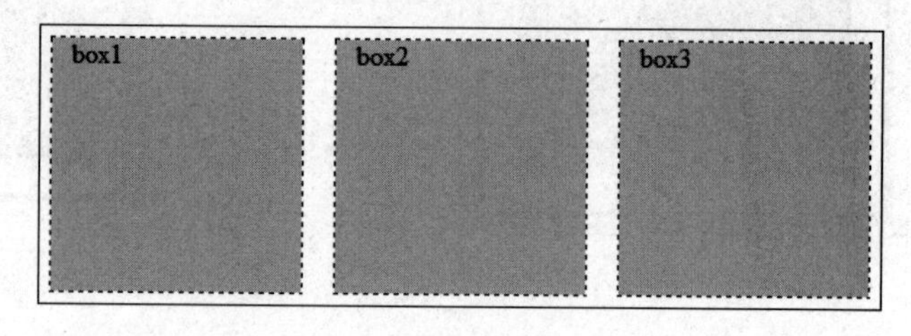

图3-80　三个盒子向左浮动效果

CSS具体代码如下。

```
#box1 {
    height: 150px;
    width: 150px;
    margin: 10px;
    background-color: #CCC;
    float: left; }
#box2 {
    height: 150px;
    width: 150px;
    margin: 10px;
    background-color: #CCC;
    float: left; }
#box3 {
    height: 150px;
    width: 150px;
    margin: 10px;
    background-color: #CCC;
    float: left; }
```

如果包含框太窄，无法容纳水平排列的三个浮动元素，那么其他浮动块向下移动，直到有足够的空间，如图3-81所示，将#container宽度变为400px，盒子3下移。如果浮动元素的高度不同，那么当它们向下移动时可能被其他浮动元素挡住"去路"，如图3-82所示，盒子1高度变为200px，盒子3被卡住。

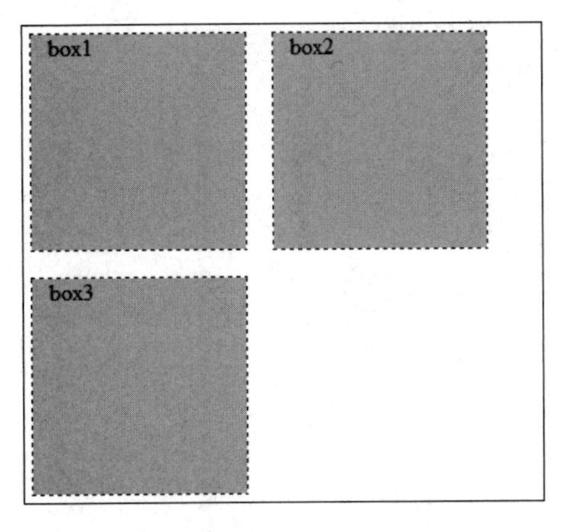

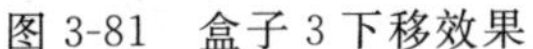

box1
box2
box3

图 3-81 盒子 3 下移效果

box1
box2
box3

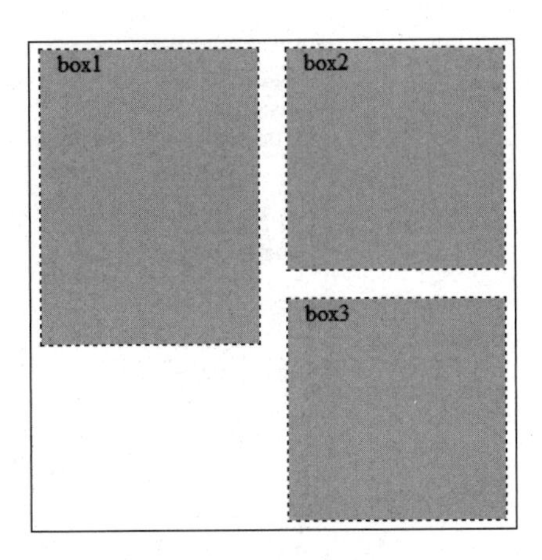

图 3-82 盒子 3 被卡住效果

设计者利用 CSS 的浮动属性，可对元素进行重新排列，实现灵活多变的布局效果。

3.2.7 案例制作——页眉导航条制作

此阶段利用浮动技术完成“民间艺术”页面页眉导航条的制作。

步骤 1：在＃banner_tw2 层后插入导航层，ID 值设置为 navi。新建＃navi 选择器，在【方框】分类中，设置宽度自动或 100％，高度为 40px。【背景】分类中，背景颜色为＃f0e8df。【边框】分类中，设置下边框风格，边框风格 Border-bottom-style 为 solid，边框宽度(Border-bottom-width)为 5px，边框颜色(Border-bottom-color)为＃BA090D。

步骤 2：在＃navi 层中以列表格式编辑导航条文字信息，如图 3-83 所示。选择列表位置，单击【新建 CSS 规则】命令，将自动生成针对列表项的复合内容选择器“＃navi ul li”，如图 3-84 所示。在【方框】分类中，设置浮动 float 为左浮动，得到如图 3-85 所示效果。

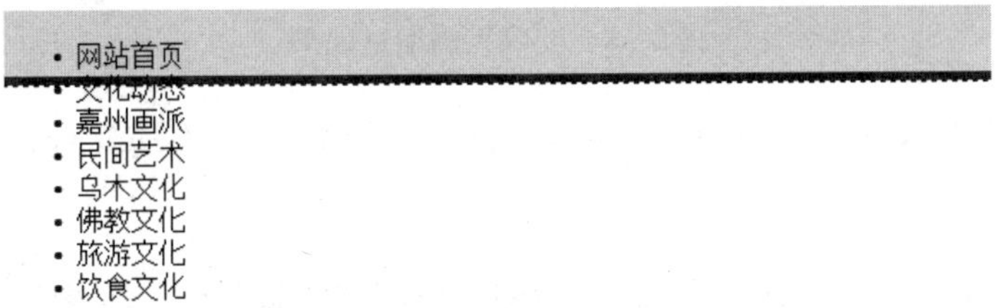

网站首页
文化动态
嘉州画派
民间艺术
乌木文化
佛教文化
旅游文化
饮食文化

图 3-83 插入列表信息初始效果

步骤 3：继续编辑“＃navi ul li”选择器。在【列表】分类中，设置列表风格类型(List-style-type)为 none。在【方框】分类中，设置左外边距(Margin-left)值为 30px。在【类型】分类中，设置文字字体(Font-family)为【微软雅黑】，字体大小(Font-size)为 16px，字体重量(Font-weight)为 bold，行高(Line-height)为 40px，得到如图 3-86 所示效果。

步骤 4：设置导航文字信息水平和垂直排列方式。新建复合内容选择器“＃navi ul”，清除掉列表固有的缩进效果，在【方框】分类中，设置左内边距(Padding-left)为 0px，上下外边距为 0px，得到如图 3-87 所示效果。

继续编辑“＃navi ul”选择器，使导航文字信息居中排列。在【方框】分类中，设置列表宽

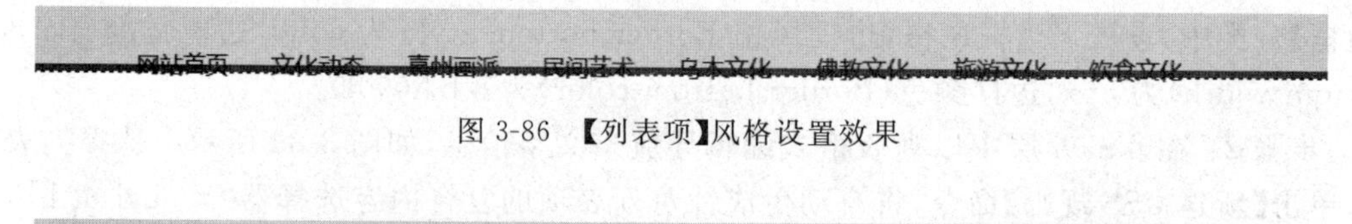

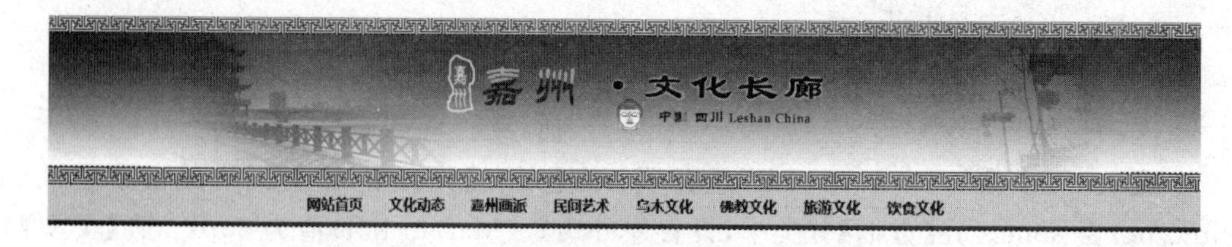

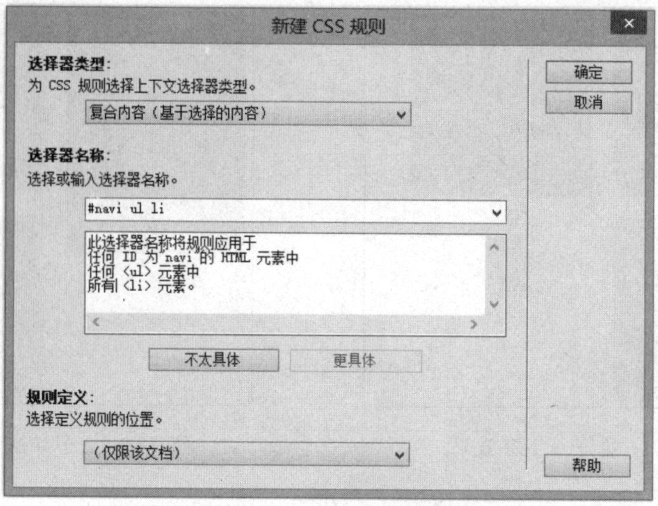
新建 CSS 规则
选择器类型:
为 CSS 规则选择上下文选择器类型。
复合内容(基于选择的内容)
选择器名称:
选择或输入选择器名称。
#navi ul li
此选择器名称将规则应用于
任何 ID 为 navi 的 HTML 元素中
任何 <ul> 元素中
所有 <li> 元素。
不太具体
更具体
规则定义:
选择定义规则的位置。
(仅限该文档)
确定
取消
帮助

图 3-84 “列表项”复合内容选择器

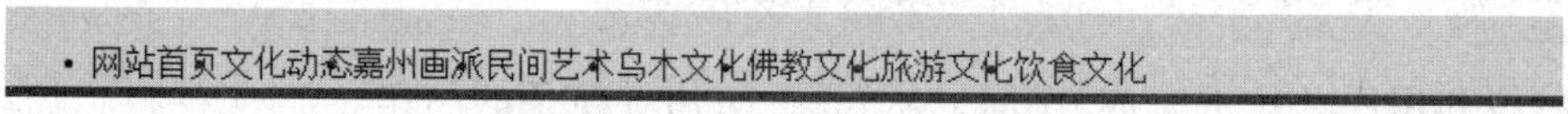
网站首页文化动态嘉州画派民间艺术乌木文化佛教文化旅游文化饮食文化

图 3-85 “列表项”左浮动效果

图 3-86 【列表项】风格设置效果

网站首页
文化动态
嘉州画派
民间艺术
乌木文化
佛教文化
旅游文化
饮食文化

图 3-87 清除列表缩进效果

度为 800px,高度为 40px,左右外边距 Margin-left 和 Margin-right 值为 auto。得到如图 3-88 所示效果。

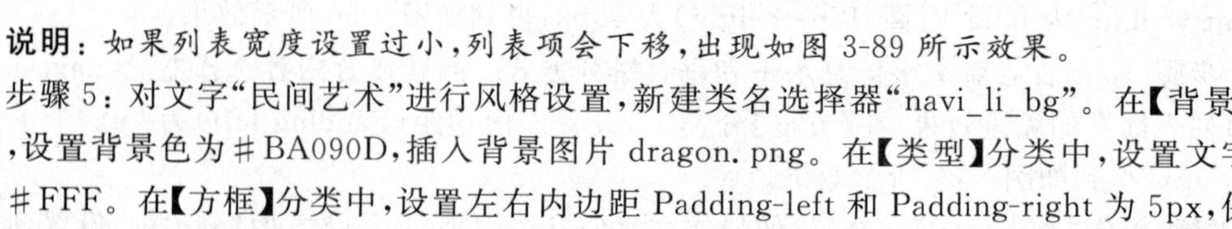
嘉州 · 文化长廊
网站首页
文化动态
嘉州画派
民间艺术
乌木文化
佛教文化
旅游文化
饮食文化

图 3-88 列表水平居中排列效果

说明:如果列表宽度设置过小,列表项会下移,出现如图 3-89 所示效果。

步骤 5:对文字“民间艺术”进行风格设置,新建类名选择器“navi_li_bg”。在【背景】分类中,设置背景色为#BA090D,插入背景图片 dragon.png。在【类型】分类中,设置文字颜色为#FFF。在【方框】分类中,设置左右内边距 Padding-left 和 Padding-right 为 5px,保证

图 3-89 列表项错位效果

背景图片完整显示。应用后，得到如图 3-90 所示效果。

图 3-90 “民间艺术”文字风格效果

CSS 具体代码如下。

```
#navi {height: 40px;
    width: auto;
    background-color: #f0e8df;
    border-bottom-width: 5px;
    border-bottom-style: solid;
    border-bottom-color: #BA090D; }
#navi ul li {float: left;
    list-style-type: none;
    margin-left: 30px;
    font-family: "微软雅黑";
    line-height: 40px;
    font-size: 16px;
    font-weight: bold; }
#navi ul { padding-left: 0px;
    margin-top: 0px;
    width: 800px;
    margin-right: auto;
    margin-left: auto; }
.navi_li_bg {background-image: url(images/dragon.png);
    background-color: #BA090D;
    padding-right: 5px;
    padding-left: 5px;
    color: #FFF; }
```

3.2.8 导航条专项

导航条是不可缺少的网页元素，除出现在页眉中，还可在主体内容和页脚中出现，方便用户进行操作。导航条一般分为水平导航和垂直导航，设计者综合利用 DIV、列表和浮动技术，可创造出各式各样的导航样式。

示例1：插入＃navi层，设置大小为200×200px。在层中插入列表，如图3-91所示。

示例2：按照前面所讲授的方法，清除列表固有的左填充，保持默认的上外边距值不变，并对列表项进行风格处理。新建复合内容选择器"＃navi ul li"，清除列表标识，设置内边距为5px，下外边距为15px，下边框风格为虚线、1px、＃CCC。应用后，得到垂直导航条，如图3-92所示。

示例3：在示例2基础上，对选择器"＃navi ul li"继续编辑，设置宽度为80px，左浮动，右外边距为10px，去掉下边框风格，得到三行两列的导航条，如图3-93所示。

示例4：在示例3基础上，将列表项宽度变为40px，得到两行三列的导航条，如图3-94所示。

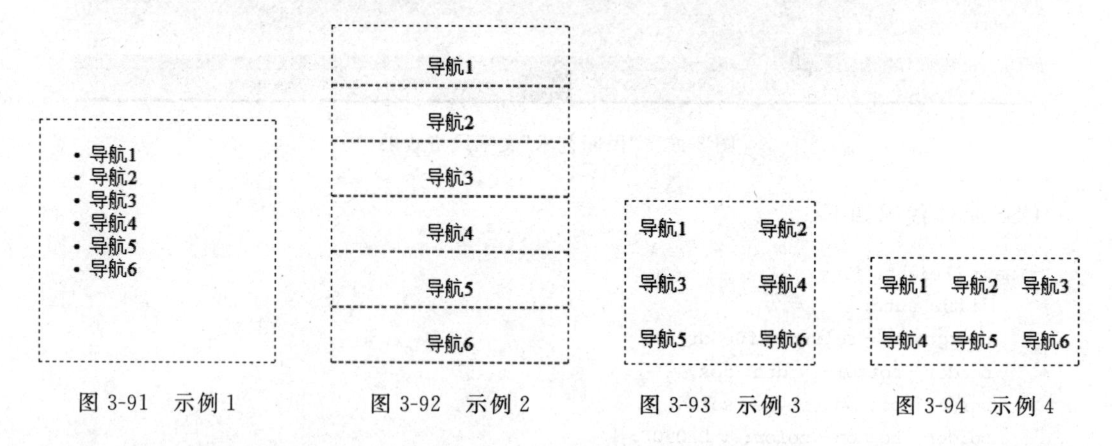

图3-91 示例1　　图3-92 示例2　　图3-93 示例3　　图3-94 示例4

设计者可在此基础上做更多丰富应用，如添加背景图片、颜色、插入导航标识图片等。

3.2.9 清除浮动

清除浮动是与浮动相对立的属性，在【方框】分类中，设计者可选择清除浮动clear方式如下。

(1) none：允许两边都可以有浮动对象。

(2) both：不允许有浮动对象。

(3) left：不允许左边有浮动对象。

(4) right：不允许右边有浮动对象。

在容器中插入带有浮动效果的盒子，如果操作不当，会导致页面出现错位，如图3-95所示，＃container容器层高度小于浮动框高度，三个盒子溢出。

图3-95 浮动错位效果

解决方法一：重新设置#container容器层的高度，能够完全包含所有盒子。

解决方法二：使用清除浮动属性，具体操作如下。

（1）在#container容器层中插入.clearall层，插入位置在#container结束标签前。

（2）清除#container层之前设置的高度值。

（3）新建类名选择器clearall，在【方框】分类中，设置clear值为both，得到如图3-96所示效果。

图3-96 清除浮动效果

CSS代码如下。

```
#container {   width: 600px;
    background-color: #900; }
#box1 {   height: 150px;
    width: 150px;
    margin: 10px;
    background-color: #CCC;
    float: left; }
#box2 {   height: 150px;
    width: 150px;
    margin: 10px;
    background-color: #CCC;
    float: left; }
#box3 {   height: 150px;
    width: 150px;
    margin: 10px;
    background-color: #CCC;
    float: left; }
.clearall {   clear: left; }
```

HTML代码如下。

```
<div id="container">
<div id="box1">box1</div>
<div id="box2">box2</div>
<div id="box3">box3</div>
<div class="clearall"></div>
</div>
```

清除浮动不仅解决了页面错位的问题，而且还是实现高度自适应的方法之一。

3.2.10 案例制作——主体内容和页脚制作

此阶段将完成“民间艺术”页面主体内容和页脚的制作，使用清除浮动实现主体内容容器高度自适应，使用浮动实现左列菜单和右列详细信息的并排。结构图如图 3-97 所示。

1. 主体内容制作

步骤 1：继续制作网页 art.html。在＃navi 层后插入＃mainbody 层，新建 ID 选择器＃mianbody。在【方框】分类中，设置宽度为 1100px，设置上外边距为 5px，左右外边距为自动 auto，让层水平居中对齐。

步骤 2：设置＃mainbody 层高度自适应。在＃mainbody 层中插入类名为 clearall 的层，插入位置如图 3-98 所示，在层＃mainbody 结束标签之前。新建类名选择器 clearall，在【方框】分类中，设置 clear 值为 both。

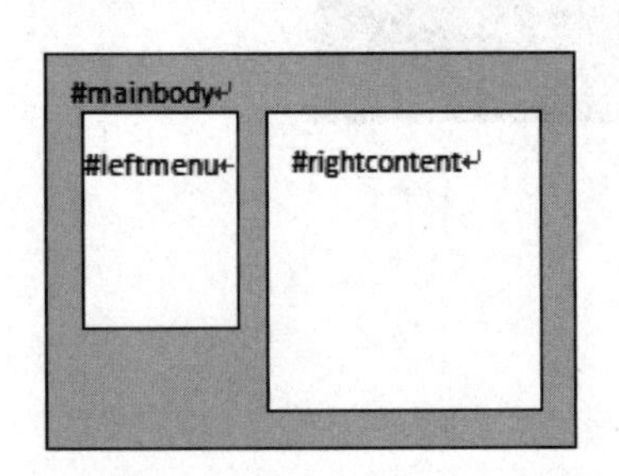

图 3-97　主体内容部分结构图

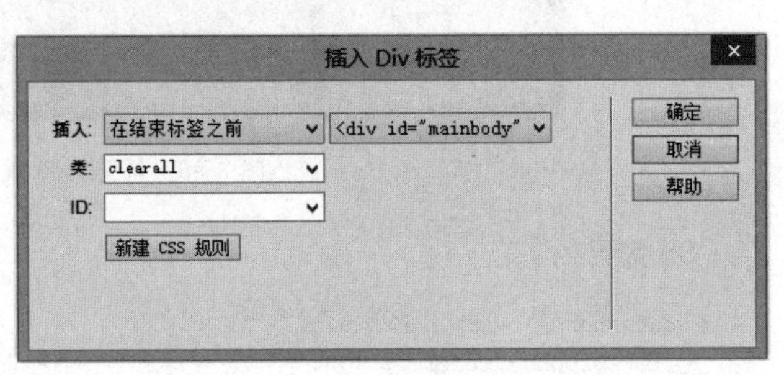

图 3-98　清除浮动层插入位置对话框

步骤 3：插入＃leftmenu 层，宽度为 200px，左浮动，左外边距为 20px。插入段落格式文字“民间艺术导航”以及列表格式信息“夹江年画、五通根雕、彝族刺绣、沐川竹编、沐川草龙、返回顶部”，如图 3-99 所示。

步骤 4：风格美化＃leftmenu 层。继续编辑＃leftmenu 选择器，背景色为＃BA090D，边框风格为实线、4px、＃ CDAB7D。应用后，得到如图 3-100 所示效果。

步骤 5：风格美化文字“民间艺术导航”。选中文字后，单击【新建 CSS 规则】命令，自动新建“＃mainbody ＃leftmenu p”选择器。在【类型】分类中，设置文字字体为黑体、大小为 16px，文字颜色为白色＃FFF。在【区块】分类中，设置文本排列方式为居中。应用后，得到如图 3-101 所示效果。

图 3-99　插入文字效果

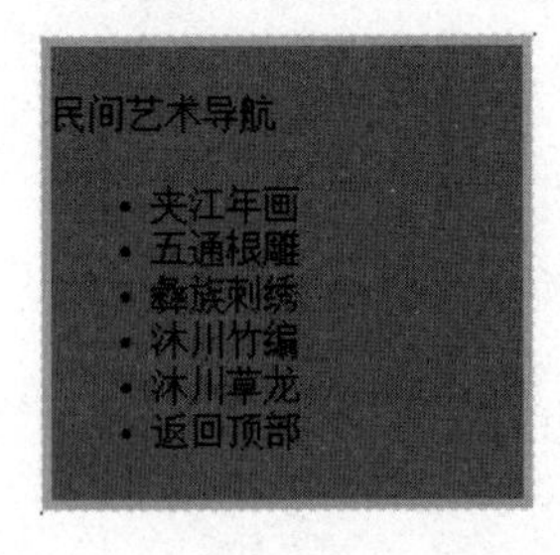

图 3-100　＃leftmenu 风格效果

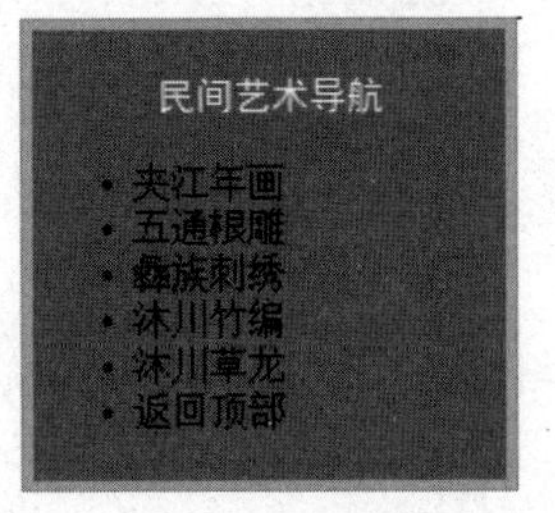

图 3-101　段落美化效果

步骤 6：风格美化列表，新建“＃mainbody ＃leftmenu ul”选择器。清除列表缩进，设置内边距 padding 为 0px，外边距 margin 为 0px。设置背景色为白色＃FFF，无列表标记，文字居中对齐。应用后，得到如图 3-102 所示效果。

新建“#mainbody #leftmenu ul li”选择器，设置行高为40px，上外边距为10px，下边框风格为虚线dashed、1px、#BA090D。应用后，得到如图3-103所示效果。

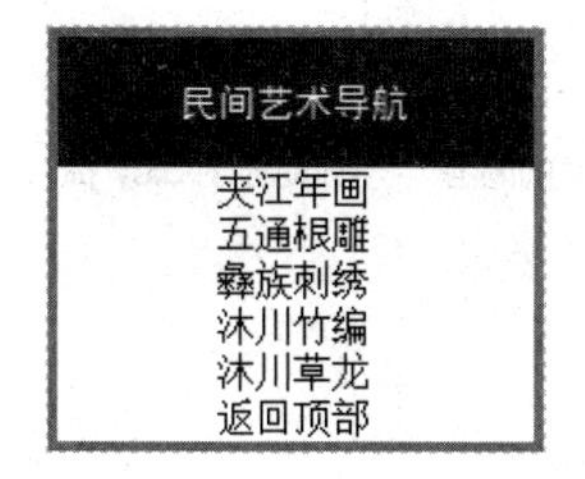

图3-102 列表ul风格效果

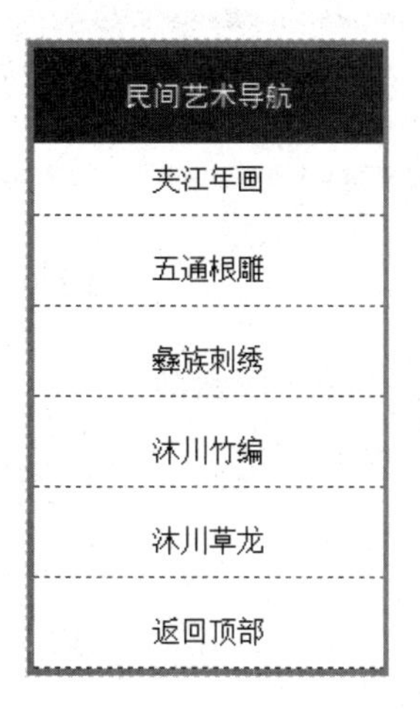

图3-103 列表项li风格效果

到目前为止，#mainbody层随着左列表内容的增加而自动变化，得到如图3-104所示效果。

图3-104 高度自适应效果图

步骤7：在#leftmenu层后插入#rightcontent层，宽度为830px，右浮动，右外边距为5px，边框风格为1px、solid、#F0E8DF。

步骤8：在#rightcontent层中插入文字，格式为段落(参考文件“民间艺术页面文字素材.txt”)。新建“#mainbody #rightcontent p”选择器，设置文字大小为13px，行高30px，首行缩进30px，左右外边距为5px。

对“民间艺术”4个字进行风格美化。新建类名选择器art_text，设置文字大小为18px，文字颜色为#BA090D。选中文字应用此类。

最终文字风格效果如图3-105所示。

步骤9：制作年画和根雕展品信息，即6个大小、风格相似的盒子。插入第1个盒子，插入位置选择#rightconten层【结束标签之前】，类名为pic，ID为pic1。新建类名选择器pic，大小为250×230px，左浮动，内边距为2px，外边距为10px，边框风格为：1px solid #CCC。

设置完毕后，在第1个盒子#pic1后插入第2个盒子，类名也为pic，ID为pic2。以此类民间艺术是针对学院派艺术、文人艺术的概念提出来的。广义上说，民间艺术是劳动者为满足自己的生活和审美需求而创造的艺术，包括了民间工艺美术、民间音乐、民间舞蹈和戏曲等多种艺术形式；狭义上说，民间艺术指的是民间造型艺术，包括了民间美术和工艺美术各种表现形式。按照材质分类，有纸、布、竹、木、石、皮革、金属、面、泥、陶瓷、草柳、棕藤、漆等不同材料制成的各类民间手工艺品。它们以天然材料为主，就地取材，以传统的手工方式制作，带有浓郁的地方特色和民族风格，与民俗活动密切结合，与生活密切相关。一年中的四时八节等岁时节令、从出生到死亡的人生礼仪、衣食住行的日常生活中都有民间艺术的陪伴。

图 3-105　右列文字风格效果

推，最终得到如图 3-106 所示效果。

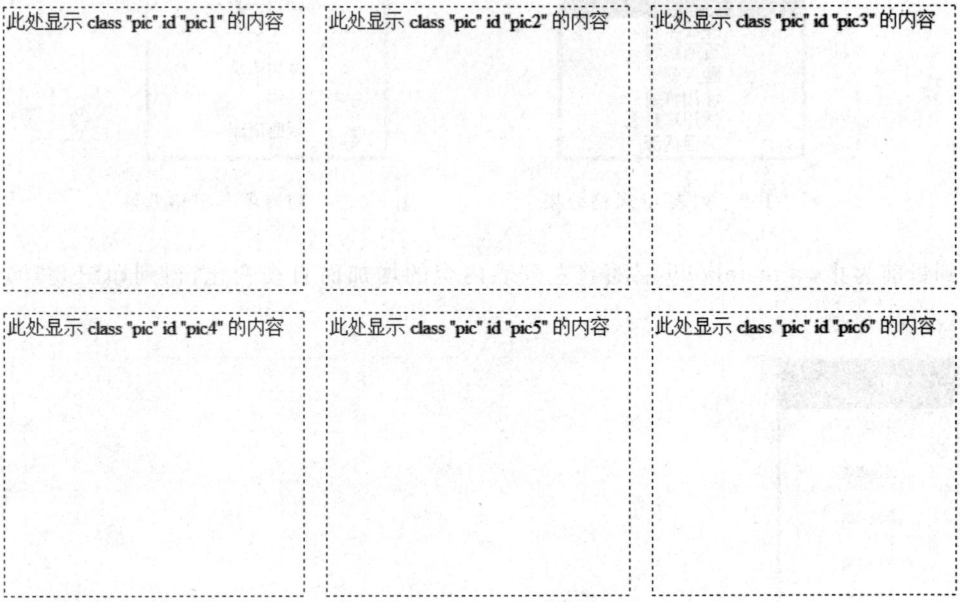

此处显示 class "pic" id "pic1" 的内容

此处显示 class "pic" id "pic2" 的内容

此处显示 class "pic" id "pic3" 的内容

此处显示 class "pic" id "pic4" 的内容

此处显示 class "pic" id "pic5" 的内容

此处显示 class "pic" id "pic6" 的内容

图 3-106　插入 6 个盒子结构图

步骤 10：在 #pic1～#pic6 盒子中依次插入图片 art1.jpg～art6.jpg。

步骤 11：编辑提示信息。选择在 #pic1 层【结束标签之前】插入类名为 pic_text 的层，ID 不设置。新建类名选择器 pic_text，设置文字字体为黑体，行高为 40px，背景色 #F7F0E8，文本居中对齐。设置完毕后，在层中输入文字描述信息“木板套色年画(非遗)”。

按照相同的方法在 #pic2～#pic6 中插入类名为 pic_text 的层，填写相关描述信息后，得到如图 3-107 所示效果。到目前为止，“民间艺术”页面已完成页眉和主体内容制作，如图 3-108 所示。

说明：效果与最终效果有一定区别，左列菜单不是圆角矩形，右列展品无阴影，这些效果需要利用 CSS3 才能完善，相关知识将在第 4 章中介绍。

主体内容部分 CSS 代码如下。

```
#mainbody {width: 1100px;
    margin-right: auto;
    margin-left: auto;
    margin-top: 5px;}
```

图 3-107 民间艺术展品效果图

图 3-108 “民间艺术”页面阶段性效果图

```
#mainbody #left_menu { width: 200px;
    float: left;
    background-color: #BA090D;
    border: 4px solid #cdab7d;
```

```
    margin-left: 20px;}
#mainbody #rightcontent {width: 830px;
    float: right;
    margin-right: 5px;
    border: 1px solid #F0E8DF;}
#mainbody .clearall {clear: both;}
#mainbody #left_menu p {color: #FFF;
    font-family: "黑体";
    text-align: center;
    font-size: 16px;}
#mainbody #left_menu ul {background-color: #FFF;
    list-style-type: none;
    text-align: center;
    margin: 0px;
    padding-top: 0px;
    padding-right: 0px;
    padding-bottom: 0px;
    padding-left: 0px;}
#mainbody #left_menu ul li {line-height: 40px;
    border-bottom-width: 1px;
    border-bottom-style: dashed;
    border-bottom-color: #BA090D;
    margin-top: 10px;}
#mainbody #rightcontent p {text-indent: 30px;
    line-height: 30px;
    margin-right: 5px;
    margin-left: 5px;
    font-size: 13px;}
.art_text {  font-size: 16px;
    color: #BA090D;}
.pic {  height: 230px;
    width: 250px;
    padding: 2px;
    margin: 10px;
    float: left;}
.pic_text {  line-height: 40px;
    text-align: center;
    background-color: #F7F0E8;
    font-family: "黑体";}
```

HTML 代码如下所示。

```
<div id="mainbody">
  <div id="left_menu">
    <p>民间艺术导航</p>
    <ul>
      <li>夹江年画</li>
      <li>五通根雕</li>
      <li>彝族刺绣</li>
      <li>沐川竹编</li>
      <li>沐川草龙</li>
```

```
      <li>返回顶部</li>
    </ul>
  </div>
  <div id="rightcontent">
    <p><span class="art_text">民间艺术</span>是……</p>
    <div class="pic" id="pic1"><img src="images/art1.jpg" width="250" height="187" />
      <div class="pic_text">木板套色年画(非遗)</div>
    </div>
    <div class="pic" id="pic2"><img src="images/art2.jpg" width="250" height="187" />
      <div class="pic_text">年画工艺扇</div>
    </div>
    <div class="pic" id="pic3"><img src="images/art3.jpg" width="250" height="187" />
      <div class="pic_text">年画瓷刻</div>
    </div>
    <div class="pic" id="pic4"><img src="images/art4.jpg" width="250" height="187" />
      <div class="pic_text">根雕作品</div>
    </div>
    <div class="pic" id="pic5"><img src="images/art5.jpg" width="250" height="187" />
      <div class="pic_text">根书作品</div>
    </div>
    <div class="pic" id="pic6"><img src="images/art6.jpg" width="250" height="187" />
      <div class="pic_text">根画作品</div>
    </div>
  </div>
  <div class="clearall"></div>
</div>
```

2. 页脚制作

页脚与页眉一样，也采用宽屏模式，自适应浏览器宽度。

在层#mainbody后插入#footer层。新建ID选择器footer，宽度自动或100%，高度为148px，文字大小12px，行高30px。在【背景】类型中，插入背景图片footer_bg.jpg。在层#footer中编辑版权信息，段落格式并居中对齐。应用后，得到如图3-109所示效果。

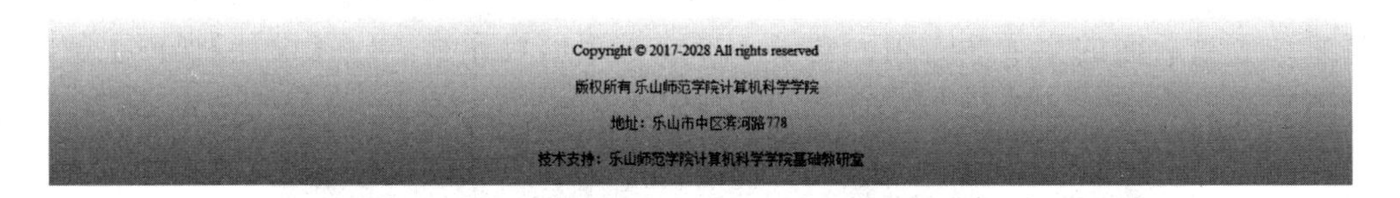

图3-109　页脚效果图

3.2.11　盒子的定位

CSS的定位position能够使设计者对元素的位置做更多的控制，position有以下4种不同类型的定位。

(1) static：静态定位，是position属性的默认值，即元素出现在文档流中的原始位置。

(2) relative：相对定位，通过对垂直或水平位置的设置，元素相对于原始位置进行移动。

(3) absolute：绝对定位，元素将从文档流中脱离，放置在文档中的任何位置，相对于浏览器窗口进行位置计算。

(4) fixed：固定定位，元素相对于浏览器窗口固定，无论页面滚动到哪儿，它始终保持位置不变。

示例 1：在#container 容器中水平放置三个大小相同的盒子，每个盒子的外边距都设置为 10px，如图 3-110 所示。

图 3-110 三个盒子位置关系

示例 2：相对定位实例。在【定位】分类中，选择 position 属性值为 relative，left 值为 20px，top 值为 10px。应用后，盒子 1 的位置相对于原始位置向下移动 10px，向右移动了 20px，水平方向刚好贴着盒子 2，三个盒子位置关系如图 3-111 所示。

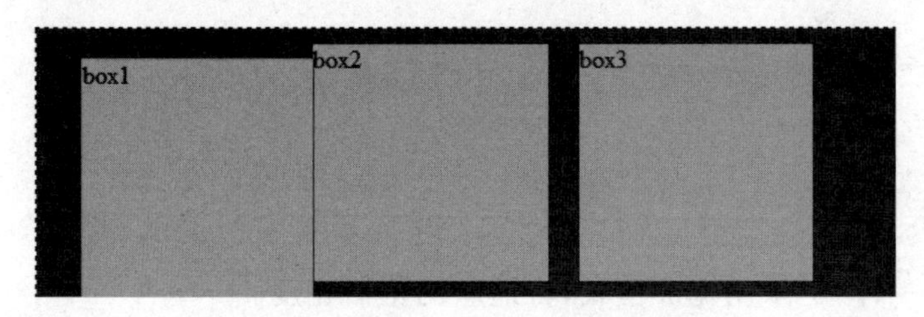

图 3-111 盒子 1 相对定位后效果

示例 3：绝对定位实例。对示例 1 中的盒子 1 设置绝对定位。在【定位】分类中，选择 position 属性值为 absolute，left 值为 20px，top 值为 20px。应用后，盒子 1 从文档流中脱离，原来位置被后面的盒子 2 占领。盒子 1 形成了矩形块元素，可在【设计】视图上随意拖动，如图 3-112 所示。

图 3-112 盒子 1 绝对定位后效果

示例 4：固定定位实例。对“民间艺术”网页文件 art.html 中的左侧导航条进行固定定位设置，继续编辑“#mainbody #left_menu”选择器，在【定位】分类中，选择 position 属性值为 fixed，其他值不设置。无论滚动条在哪儿，左侧导航条始终相对于浏览器窗口固定不变，如图 3-113 所示效果。

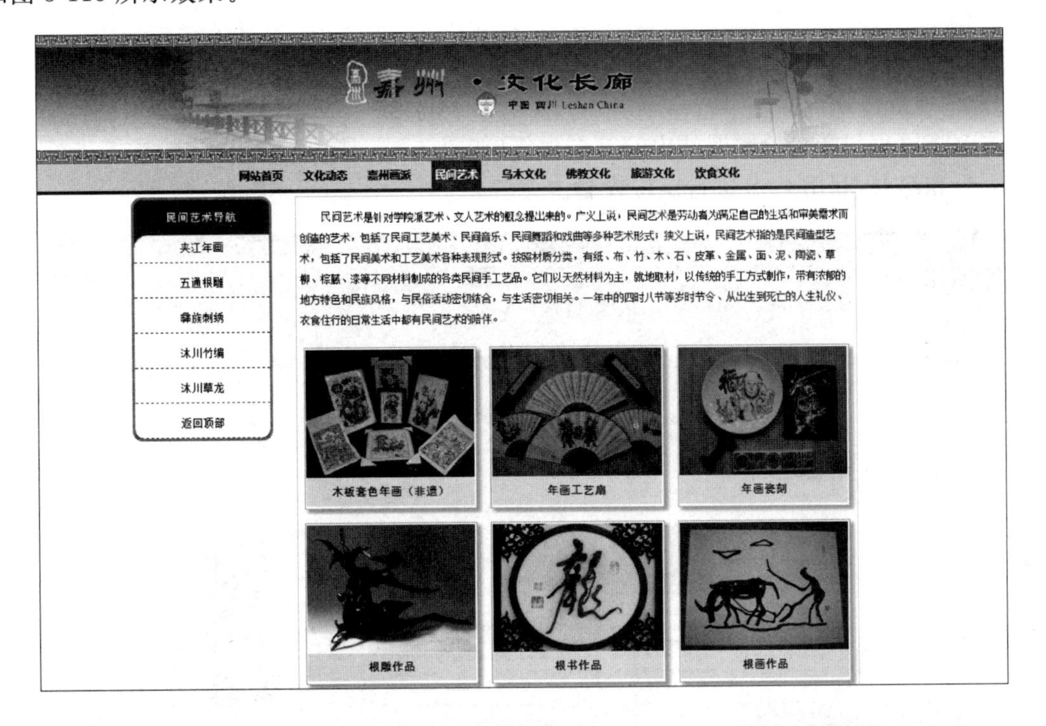

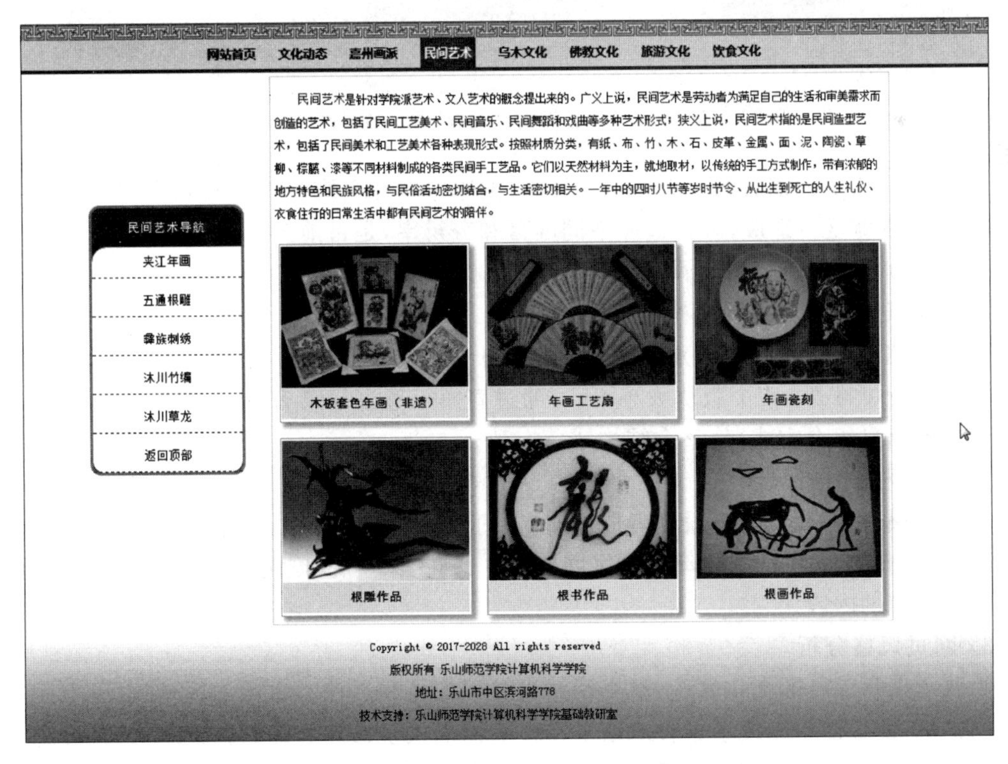

图 3-113 左侧导航条固定定位效果

3.2.12 综合提高练习

1. 案例分析

1）网页结构分析

本节将以嘉州文化长廊网站中的首页为例（如图 3-114 所示），使用 DIV 标签进行网页结构划分和组合，利用 CSS 进行定位设置。

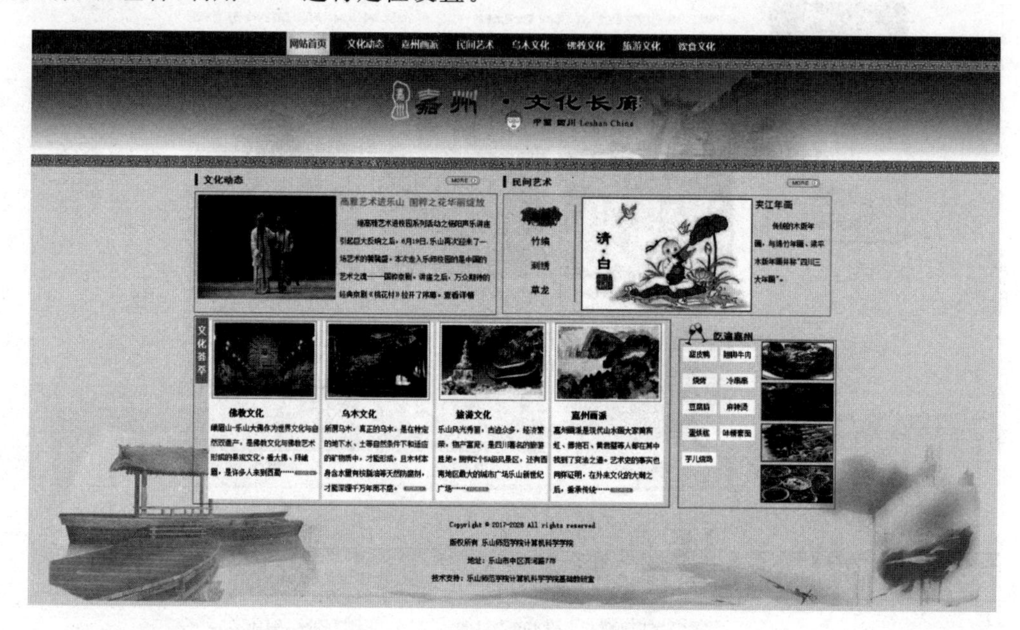

图 3-114 “嘉州文化长廊”首页效果图

通过 DIV 将页面划分为三个区域：页眉、主体内容和页脚。页眉和页脚部分设置宽度为 100%，实现宽度自适应，以自适应不同屏幕和分辨率，是目前流行的结构设置。

页眉部分水平导航条置于网页顶端，结构上与前面两张网页有所区别，旨在让设计者能掌握对相同页眉元素的不同结构设置方式。

页面主体内容宽度采用了定宽设置，宽度为 1100px。此部分包括 4 个版块，均采用左浮动方式进行了排列。4 个版块大小不一，通过直角矩形进行了有效分割，版块内部又采用不同形式的信息组合方式，使整个结构错落有致。

2）网页内容分析

首页是整个网站的大门，设计者通过对首页的浏览能够大致了解网站传递的信息。因此，首页包含 4 大版块：“文化动态”“民间艺术”“文化荟萃”和“吃遍嘉州”，详略有致地介绍了网站所涵盖的内容。

3）网页风格分析

为展示嘉州深厚的文化底蕴，整个网站选择了棕色和红色为主色调，使网页厚重而又不失蓬勃生机，此页面也延续了这种风格。整个页面插入了特殊处理的背景图片，并设置了与此相近的灰白背景色，使整个页面更具有质感，页面底部更显得饱满。

页眉水平导航条以醒目的红色作为背景且置于网页顶部，并配以白色的文字颜色，让浏览者在视觉上感受到冲击，有效地引导浏览者进行访问。文字“网站首页”加亮显示，以灰白色的图片作为背景衬托棕色文字，以提示用户当前所处位置在“网站首页”页面。

绝大多数文字字体为宋体，大小为 12px，标题信息加粗。水平导航条文字字体为“微软雅黑”，大小为 16px。

2. 新建网页文件

新建并保存网页文件 index. html，网页标题为“嘉州文化长廊首页”。

3. 整体页面风格设置

新建 body 标签选择器，设置页面统一风格。在【类型】分类中，设置字体类型为【宋体】，大小为 12px。在【背景】分类中，设置背景颜色为 # f0efeb，背景图片为 bg. jpg，背景不重复，水平居中，垂直居底。在【方框】分类中，设置外边界为 0px。

4. 页眉制作

页眉结构与“民间艺术”页面相似，只是导航条风格有所变化，且置于顶端。具体操作方法前面已讲述，这里只针对不同内容和风格进行说明。

步骤 1：制作导航条。插入 # navi 层，新建 ID 选择器 navi。在【类型】分类中，设置字体类型为【微软雅黑】，字体大小 16px，文字颜色为白色 # FFF，行高 40px。在【背景】分类中，设置背景色为 # BA090D。在【方框】分类中，设置宽度为 100%，高度为 40px。

步骤 2：在 # navi 层中，插入列表信息“网站首页、文化动态、嘉州画派、民间艺术、乌木文化、佛教文化、旅游文化、饮食文化”。

新建复合内容选择器“# navi ul li”。在【方框】分类中，设置浮动 float 为左浮动，设置左外边距(Margin-left)值为 30px。在【列表】分类中，设置列表风格类型(List-style-type)为 none。

新建复合内容选择器“# navi ul”，清除掉列表固有的缩进效果。在【方框】分类中，宽度为 800px，高度为 40px，设置左内边距(Padding-left)为 0px，上下外边距为 0px，左右外边距 Margin-left 和 Margin-right 值为 auto，得到如图 3-115 所示效果。

网站首页 文化动态 嘉州画派 民间艺术 乌木文化 佛教文化 旅游文化 饮食文化

图 3-115 导航条效果图

步骤 3：对文字“网站首页”进行风格美化。新建类名选择器 navi_li_bg。在【背景】分类中，插入背景图片 navi_bg. png。在【类型】分类中，设置文字颜色为 # A66407。在【方框】分类中，设置左右内边距 Padding-left 和 Padding-right 为 6px。应用后，得到如图 3-116 所示效果。

网站首页 文化动态 嘉州画派 民间艺术 乌木文化 佛教文化 旅游文化 饮食文化

图 3-116 “网站首页”文字效果

步骤 4：制作 Banner 部分。请参考 3.2.4 节内容。最终得到如图 3-117 所示页眉效果。

图 3-117 页眉效果图

5. 主体内容制作

主体内容包含 4 个版块：文化动态、民间艺术、文化荟萃和吃遍嘉州。其结构如图 3-118 所示。

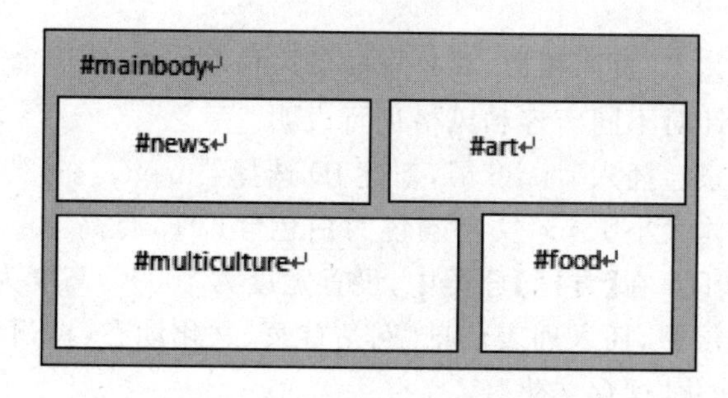

图 3-118 首页主体内容结构图

主体内容宽度为 1100px，里面插入了 4 个盒子，并具有浮动效果。

1）主体内容结构设计

步骤 1：在层 #banner_tw2 之后插入 #mainbody 层。新建 ID 选择器 mainbody，在【方框】分类中，设置宽度为 1100px，并居中对齐，上外边距为 10px。

步骤 2：在 #mainbody 层结束标签之前插入.clearall 层，用于实现高度自适应。新建类名选择器 clearall，在【方框】分类中，设置 clear 值为 both。

步骤 3：在 #mainbody 层开始标签之后依次插入 #news、#art、#multiculture 和 #food 4 个盒子。新建层 #news 选择器"#mainbody #news"，设置宽度为 530px，高度为 230px，左浮动。新建层 #art 选择器"#mainbody #art"，设置宽度为 560px，高度为 230px，左浮动。新建层 #multiculture 选择器"#mainbody #multiculture"，设置宽度为 810px，高度为 310px，左浮动。新建层 #food 选择器"#mainbody #food"，设置宽度为 270px，高度为 330px，左浮动。

说明：设计者也可不设置 4 个盒子的高度，参照步骤 2，在 4 个盒子里分别插入类名为 clearall 的层，实现高度自适应。

步骤 4：调整盒子的外边距。编辑选择器"#mainbody #news"，右外边距设为 10px，下外边距设为 10px。编辑选择器"#mainbody #multiculture"，右外边距设为 10px，得到如图 3-119 所示效果。

2）制作“文化动态”版块

步骤1：在层#news中依次插入#news_title和#news_content层。在#news_title层中输入文字“文化动态”和插入图片more.gif，得到如图3-120所示效果。

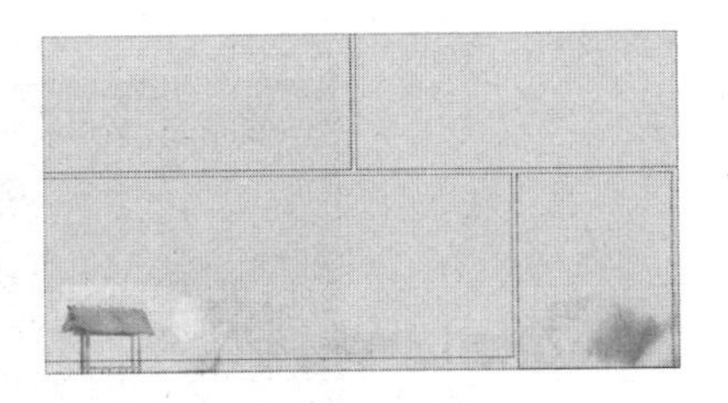

图3-119 4个盒子布局效果

步骤2：新建复合内容选择器“#mainbody #news #news_title”。在【类型】分类中，设置文字字体为【黑体】，大小16px，字体重量为bold，行高20px，文字颜色#BA090D。在【方框】分类中，设置左内边距为10px。在【边框】分类中，设置左边框风格：5px solid #BA090D。应用后，如图3-121所示。

图3-120 文化动态标题初始效果

图3-121 #news_title风格效果

选中more.gif图片，单击【新建CSS规则】命令，自动创建“#mainbody #news #news_title img”选择器，在【方框】分类中，设置左外边距为350px，得到如图3-122所示效果。

图3-122 文化动态标题栏显示效果

步骤3：在#news_content层中制作图文并茂效果内容。插入图片news.jpg，再编辑文字内容（请参考文件“首页文字素材.txt”），文字“高雅艺术进乐山 国粹之花华丽绽放”无格式设置，其余文字设为段落格式，得到如图3-123所示效果。

选中news.jpg图片，自动新建“#mainbody #news #news_content img”选择器，在【方框】分类中，设置浮动值为左浮动left，实现文字围绕图片的效果。设置右外边距为6px，让图片和文字保持一定的间距，得到如图3-124所示效果。

图3-123 图文并茂初始效果

新建类名选择器.news_content_title，对“高雅艺术进乐山 国粹之花华丽绽放”进行风格设置。在【类型】分类中，文字字体为【黑体】，大小16px，文字颜色为#b98339。选中文字，应用此类，得到如图3-125所示效果。

新建标签选择器p，在【类型】分类中，设置行高30px，首行缩进30px，右外边距为5px，

图 3-124 文字围绕图片效果

下外边距为 0px。新建类名选择器 specialtext，在【类型】分类中，设置文字重量加粗 bold，文字颜色 #a10a1b。将此类名选择器应用于文字“查看详情”。最终效果如图 3-126 所示。

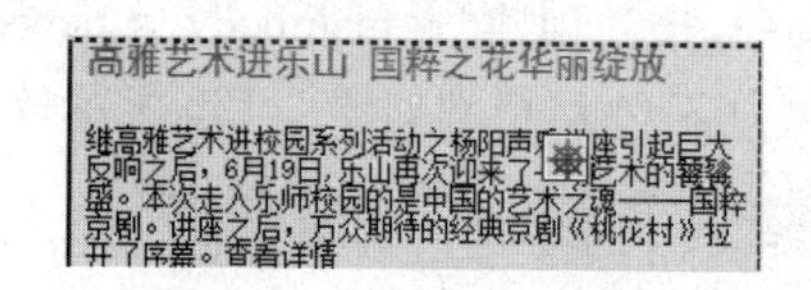

图 3-125 文字标题效果

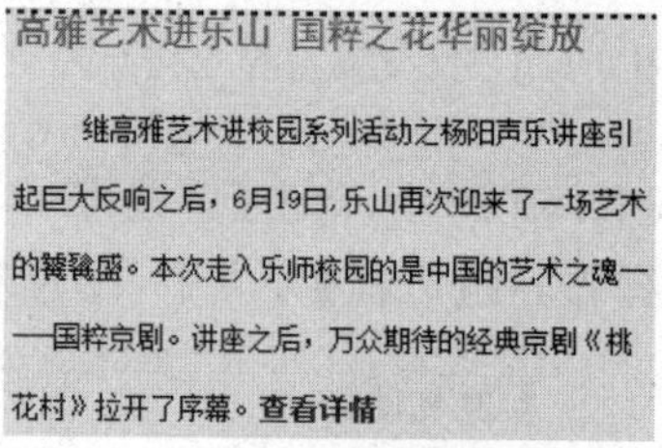

图 3-126 文字风格应用效果

步骤 4：设置 #news_content 层风格。选择 #news_content 层，新建“#mainbody #news #news_content”选择器，在【方框】分类中，设置内边距为 5px，上外边距为 10px。在【边框】分类中，设置边框风格为：1px solid #9B6C26。

最终，文化动态版块效果如图 3-127 所示。

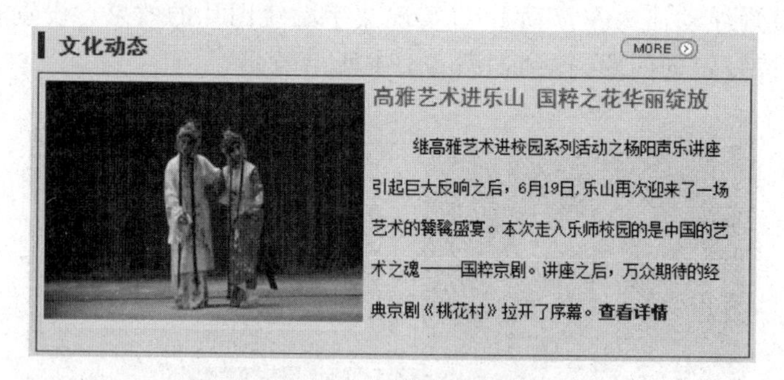

图 3-127 “文化动态”版块效果图

3）制作“民间艺术”版块

步骤 1：在层 #art 中依次插入 #art_title 和 #art_content 层。在 #art_title 层中输入文字“民间艺术”和插入图片 more.gif。

#art_title 层的风格设置与前面讲的 #news_title 相同。这里不再赘述。

步骤 2：设置层 #art_content 风格。新建“#mainbody #art #art_content”选择器后，设置高度为 190px，其他风格设置与 #news_content 层相同，不再赘述。

步骤 3：编辑层＃art_content 中列表信息。插入列表信息“年画、竹编、刺绣、草龙”，并对列表设置风格。新建选择器“＃mainbody ＃art ＃art_content ul”，更改其固有缩进，在【方框】分类中，设置左内边距为 0px，上外边距为 10px，浮动为左浮动。

新建选择器“＃mainbody ＃art ＃art_content ul li”。在【类型】分类中，设置字体类型为【黑体】，大小为 16px，行高 41px。在【区块】分类中，文本排列方式为居中 center。在【方框】分类中，设置宽度为 110px，高度为 41px。在【边框】分类中，设置右边框风格：1px solid ＃666，得到如图 3-128 所示效果。

新建类名选择器 li_bg，在【背景】分类中，插入背景图片 list_bg. png，设置背景不重复且水平居中显示。将此选择器应用于列表项文字“年画”上，得到如图 3-129 所示效果。

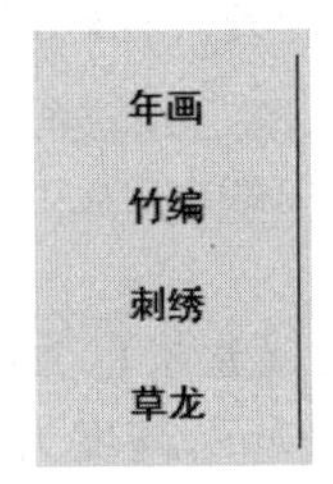

图 3-128 列表风格设置效果

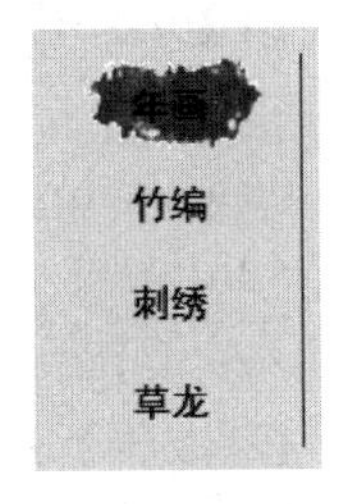

图 3-129 背景风格应用效果

步骤 4：制作层＃art_content 中“年画”对应的图文并茂内容。在层＃art_content 结束标签之前插入＃art_nh 层。新建“＃mainbody ＃art ＃art_content ＃art_nh”选择器，在【方框】分类中，设置宽度为 420px，右浮动。

在层＃art_nh 中插入图片 nh. jpg，调整图片大小为 280×180。新建选择器“＃mainbody ＃art ＃art_content ＃art_nh img”，在【边框】分类中，设置图片边框为：1px solid ＃000。在图片后插入年画描述文字（请参考“首页文字素材. txt”），为实现文字围绕图片效果，设置图片左浮动，右外边距为 5px。此方法在“文化动态”版块中已做介绍。

新建类名选择器 nh_text，设置字体为【黑体】，大小 16px。将此选择器应用于文字“夹江年画”。其余文字设为段落格式，将自动应用之前设置的段落标签选择器风格。

最终得到如图 3-130 所示效果。

图 3-130 “民间艺术”版块效果图

4）制作“文化荟萃”版块

步骤 1：编辑“＃mainbody ＃multiculture”选择器，在【方框】分类中，设置内边距为 2px。在【边框】分类中，设置边框风格：1px solid ＃9B6C26。

步骤 2：在层＃multiculture 中依次插入＃multiculture_title 和＃multiculture_content 层。

对层＃multiculture_title 进行风格设置。新建复合内容选择器“＃mainbody ＃multiculture ＃multiculture_title”，设置宽度为 22px，高度为 100px，左浮动。

对层＃multiculture_content 进行风格设置。新建“＃mainbody ＃multiculture ＃multiculture_content”选择器，设置宽度为 780px，高度为 300px，右浮动。

步骤 3：编辑层＃multiculture_title 内容和风格。首先插入文字“文化荟萃”，接着继续编辑“＃mainbody ＃multiculture ＃multiculture_title”选择器。在【类型】分类中，设置文字字体为【微软雅黑】，大小为 16px，加粗，文字颜色为白色＃FFF。在【背景】分类中，设置背景色为＃BA996F。在【区块】分类中，设置文本水平居中对齐。在【方框】分类中，设置上内边距为 10px。

步骤 4：编辑层＃multiculture_content。在层＃multiculture_content 中插入类名为 culture_type，ID 值依次为 culture1～culture4 的 4 个层。

新建类名选择器 culture_type。在【背景】分类中，设置背景色为白色。在【区块】分类中，设置水平居中对齐。在【方框】分类中，设置宽度为 190px，高度为 300px，左浮动，上外边距 5px，右外边距为 5px。

完成以上步骤后，得到如图 3-131 所示界面效果。

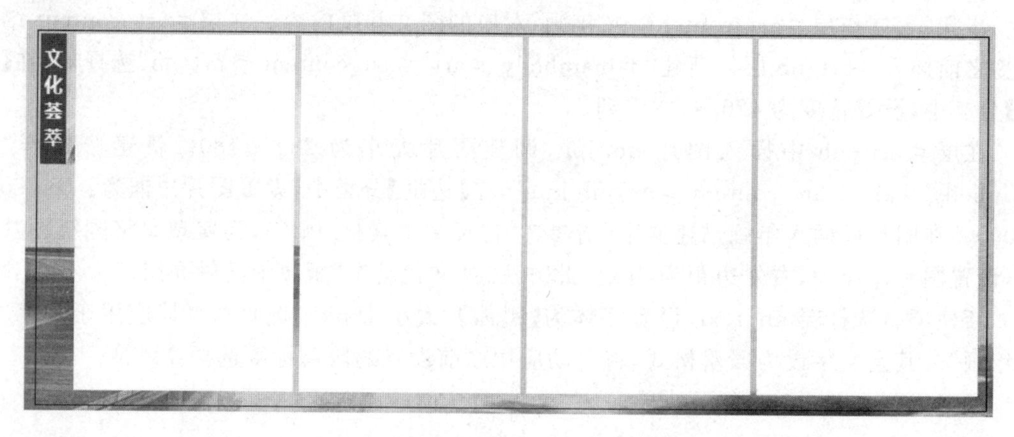

图 3-131 “文化荟萃”版块阶段性效果

步骤 5：在层＃culture1 中插入图片 pic1.jpg。新建类名选择器 img_border，在【边框】分类中，设置边框风格：1px solid ＃999。在【方框】分类中，设置内边距为 2px。选中图片，应用此风格。

在层＃culture1 结束标签前插入类名为 culture_detail 的层，不设置 ID。新建类名选择器.culture_detail，在【方框】分类中，设置上外边距为 10px。在【区块】分类中，设置水平居左对齐。在层中插入文字信息，得到如图 3-132 所示效果。

设置文字为段落格式，将光标插入到文字“佛教文化”后，按 Shift＋Enter 组合键，实现强制换行，得到如图 3-133 所示效果。

新建复合内容选择器“.culture_detail p”(设计者自己输入)，对此层中的文字做进一步风格设置。行高设置为 25px，左外边距设置为 3px，右外边距为 0px。

对文字“佛教文化”做进一步风格设置。新建类名选择器.culture_text,在【类型】分类中,设置文字大小为14px,字体重量为bold。将选择器应用于文字“佛教文化”上。

在文字末尾插入图片more1.gif,最终效果如图3-134所示。

图3-132　文字效果1

图3-133　文字效果2

图3-134　文字效果3

步骤6:分别在层#culture2、#culture3、#culture4上插入pic2.jpg、pic3.jpg、pic4.jpg,选中图片,应用类名选择器img_border。参照步骤5的方法在层结束标签之前插入类名为culture_detail的层,进行文字录入及风格设置。

最终,“文化荟萃”版块效果如图3-135所示。

图3-135　“文化荟萃”版块效果图

5)制作“吃遍嘉州”版块

步骤1:在层#food中依次插入#food_title和#food_content层。

步骤2:在层#food_title中依次插入大小40×38px的图片food.png和文字“吃遍嘉州”。新建“#mainbody #food #food_title”选择器,在【类型】分类中,设置文字字体为幼圆,大小16px。在【方框】分类中,设置高度为38px,左外边距为10px。

选中图片food.png,新建“#mainbody #food #food_title img”选择器,在【定位】分类中,设置定位position值为相对relative,top值为10px,即相对原始位置向下移动10px。

步骤3:设置层#food_content风格。新建“#mainbody #food #food_content”选择器,在【方框】分类中,设置高度为280px,上内边距为2px。在【边框】分类中,设置边框风格为：1px solid ＃9B6C26。

应用风格后，得到如图 3-136 所示效果。

步骤 4：编辑层＃food_content 内容。在层＃ food-content 中插入美食列表信息“甜皮鸭、翘脚牛肉、烧烤、冷串串、豆腐脑、麻辣烫、蛋烘糕、味精素面、芋儿烧鸡”。

对列表进行风格设置，新建“＃mainbody ＃food ＃food_content ul”，在【方框】分类中，设置宽度为 130px，左浮动，内边距为 0px，外边距为 0px。在【列表】分类中，设置无列表标记，即 list-style-type 值为 none。应用后得到如图 3-137 所示效果。

图 3-136 步骤 3 效果

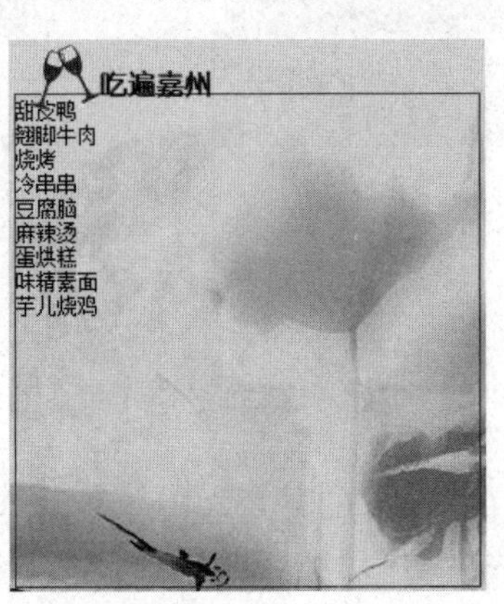

图 3-137 步骤 4 效果

步骤 5：对列表项进行风格设置，新建“＃mainbody ＃food ＃food_content ul li”，在【边框】分类中，设置宽度为 50px，左浮动，内边距为 5px，上下外边距为 10px，左外边距为 5px。在【背景】分类中，设置背景为白色。在【区块】分类中，设置水平居中对齐。应用后，得到如图 3-138 所示效果。

步骤 6：在层＃food_content 结束标签之前插入层＃food_img。新建“＃mainbody ＃food ＃food_content ＃food_img”选择器，在【区块】分类中，设置水平居中对齐。在【方框】分类中，设置宽度 130px，右浮动。

在层中依次插入 food1.jpg～food4.jpg，图片之间按 Shift＋Enter 组合键，实现强制换行。使用< marquee >标签实现图片向上滚动。最终，“吃遍嘉州”版块如图 3-139 所示。

吃遍嘉州

甜皮鸭 翘脚牛肉 烧烤 冷串串 豆腐脑 麻辣烫 蛋烘糕 味精素面 芋儿烧鸡

图 3-138 步骤 5 效果

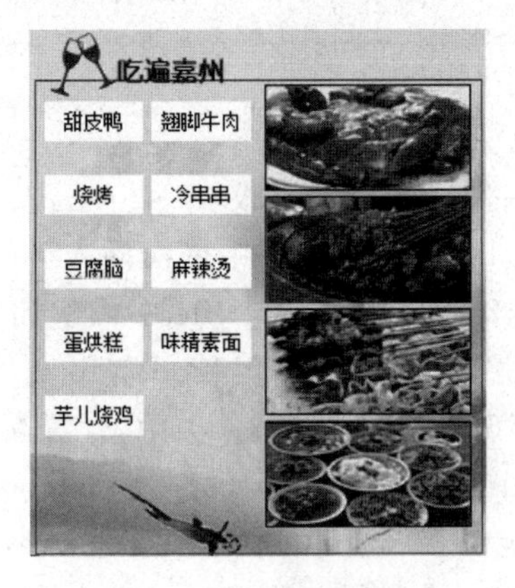

图 3-139 最终效果图

主体内容部分制作完毕,得到如图 3-140 所示效果。

图 3-140 主体内容效果图

6. 页脚制作

步骤 1：在层 # mainbody 之后插入 # footer 层新建 ID 选择器 footer,在【区块】分类中,设置水平居中对齐。

步骤 2：在层中插入版权信息,格式为段落。

嘉州文化长廊首页制作完毕。

说明：在制作前,设计者需结合效果图进行分析,同一效果的实现有不同方法,这里的步骤仅作参考。比如,在主体内容部分,每个版块的边框风格都是相同的,但这里都做了重复设置,设计者可考虑新建关于边框风格的类名选择器,进行以逸待劳的设计。

3.3 超链接应用

超链接是网页中最重要的应用,是网站与用户进行交互的重要手段。一个网站包含若干个网页,这些页面需要相互链接才能使整个网站具有功能性。通过超链接,浏览者可以很轻松地实现从一个页面跳转到目标位置,获得良好的网站体验。

本节将介绍内部超链接、外部超链接、锚记超链接、文本超链接、图片超链接等,同时实现对超链接的风格设置。

3.3.1 案例分析

设计者已制作完成“嘉州文化长廊”网站 7 个页面：首页 index. html,嘉州画派 jzhp. html,佛教文化 fj_culture. html,文化动态 news. html,旅游文化 travel. html,民间艺术 art. html 和乌木文化 wumu. html。目前,这些网页都是相对孤立的,浏览者无法通过单击文本或图片元素进行目标切换。

通过本节的学习,设计者将完成如下任务。

(1) 实现7个页面的相互链接。

(2) 实现页面与其他相关主题网站的链接。

(3) 实现页面内的位置跳转。

(4) 对超链接文字或图片进行风格美化。

3.3.2 超链接基础

1. 超链接语法

超链接标记为<a>,英文全称anchor,其必不可少的属性为href,描述目标文件路径。语法结构如下:

```
<a href = "路径">文本或图片元素</a>
```

2. 路径概念

在建立链接时,需要弄清楚链接元素与目标对象的位置关系,即路径,才能准确跳转到目标位置。路径描述通常有以下两种表示方法。

1) 绝对路径

指某个文件在网站上的完整路径描述,即URL(Uniform Resource Locator,统一资源定位器)。例如:http://210.41.160.7/index.html。或是文档的绝对路径,例如:file:///f/images/pic1.jpg。

绝对路径的优点是如果目标位置不改,就能够准确地找到相关文件。链接网站以外的资源就需要用绝对路径。

2) 文档目录相对路径

以当前文档所在的位置为起点,到目标文件经过的路径。相对路径最适合网站的内部链接。如果链接到同一目录下,则只需要输入要链接文件的名称;要链接到下一级目录中的文件,则只需要输入目录名,然后输入"/"再输入文件名,例如flash/banner.swf;如果要链接到上一级目录中的文件,则先输入"../"再输入目录名、文件名,例如../images/logo.jpg。

相对路径的优点是移植性强,只要整个站点的结构和文件的位置不变,改变站点的路径不会影响链接路径的效果。但是当链接对象和链接载体的相对位置变化后,同样需要改变路径。

3. 超链接类型

超链接类型有不同分类方式,如果按照链接对象分类,可分为以下几种。

(1) 内部超链接:同一网站文档之间的链接。

(2) 外部超链接:不同网站文档之间的链接。

(3) 锚点超链接:页面内指定位置的链接。

(4) 电子邮件超链接:启动邮件客户端程序,可以写邮件并发送到链接的邮箱中。

(5) 下载超链接:如果对象是压缩包或exe文件,可实现下载功能。

如果按照链接元素分类，可分为文本超链接和图片超链接。

3.3.3 案例制作——实现内部超链接

1. 认识内部超链接

内部超链接是指在同一个网站内的不同页面之间的链接。目标对象可以是任意格式的文件，不仅可以是网页，还可以是其他文件，如 PPT 文件。可形成如下链接格式。

1) 同一目录内的网页文件

```
<a href = "目标文件名.html">文本或图片元素</a>
```

2) 下一级目录中的网页文件

```
<a href = "目录/目标文件名.html">文本或图片元素</a>
```

3) 上一级目录中的网页文件

```
<a href = "../目标文件名.html">文本或图片元素</a>
```

4) 上级目录中另一目录的网页文件

```
<a href = "../目录名/目标文件名.html">文本或图片元素</a>
```

2. 创建内部超链接

设计者将完成 7 个页面的相互链接，这里以首页 index.html 为例进行介绍。

步骤 1：设置首页页眉导航条超链接。在【设计】视图选中导航条上的“文化动态”文字，如图 3-141 所示。

图 3-141 选中超链接文字

步骤 2：在对应的【属性】面板中，设置【链接】对象。有以下两种方式。

(1) 单击【链接】文本框右侧的【浏览文件】命令，浏览并选择一个目标文件。

(2) 使用【指向文件】命令，将链接目标指向【文件】面板中的网页文件。

选择【浏览文件】命令，在弹出的面板中选择“文化动态”文件 news.html，如图 3-142 所示。单击【确定】按钮后，文化动态超链接制作完成。

步骤 3：参照步骤 2 方法，完成导航条信息的超链接制作。由于当前页面为首页，因此“网站首页”文字链接对象设置为#，表示当前页面。“饮食文化”链接对象也设为#。得到如图 3-143 所示效果。

步骤 4：在主体内容部分设置文本和图片超链接。

步骤 5：其他页面按照上述方法进行内部超链接设置。

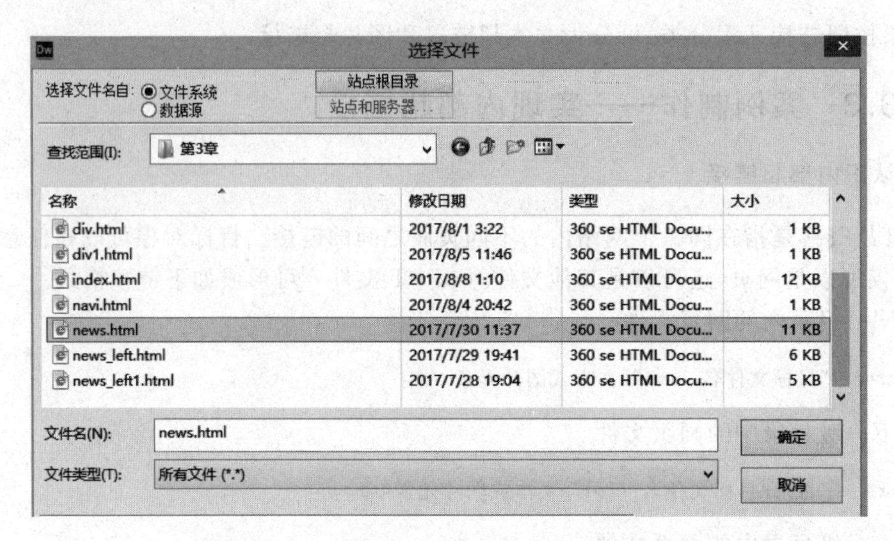

图 3-142 【选择文件】面板选择目标文件

图 3-143 导航条设置超链接效果

3.3.4 案例制作——实现外部超链接

1. 认识外部超链接

外部超链接是指链接网站以外的资源，即通过绝对路径描述，实现链接关系。格式如下：

```
<a href = "URL">文本或图片元素</a>
```

URL 包括协议、域名或地址，如：http://www.taobao.com。

2. 创建外部超链接

对“旅游文化”网页的友情链接版块设置外部超链接。

步骤 1：选中途牛图片，在【属性】面板中输入超链接路径 http://www.tuniu.com。

步骤 2：继续编辑【属性】面板，在【目标】下拉列表框中选择目标文件的打开方式，选项含义如下。

(1) _blank：将目标文件加载到新的浏览器窗口。

(2) _parent：将目标文件加载到链接载体所在框架的父框架或父窗口。如果链接载体所在框架不是嵌套框架，则目标文件加载到整个浏览器窗口。

(3) _self：将目标文件加载到链接载体所在的同一框架或窗口。此为默认值，通常不需要指定它。

(4) _top：将目标文件加载到整个浏览器窗口，从而删除所有框架。

对于外部超链接而言，一般选择_blank 方式，在新窗口中打开，避免覆盖原网站信息，方便用户进行切换。设置如图 3-144 所示。

步骤 3：按以上步骤完成“携程”“驴妈妈”“蚂蜂窝”三个图片超链接设置。

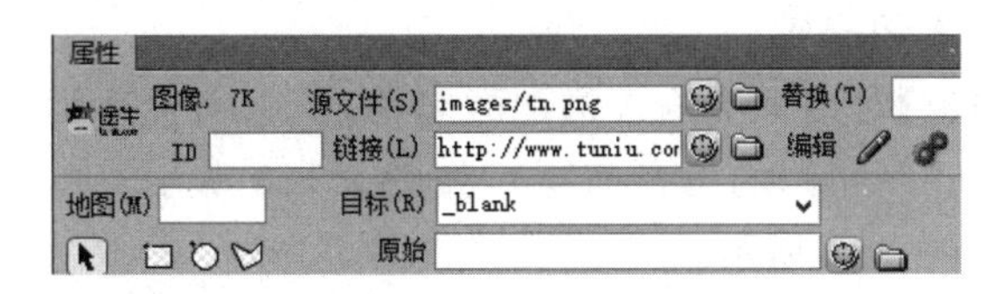

图 3-144 外部超链接设置

3.3.5 案例制作——实现锚记超链接

1. 认识锚记超链接

当网页内容很长时，为了方便浏览，可以使用锚记超链接来实现在页面内的不同位置的跳转。锚记超链接可以链接到同一个页面中指定的不同位置，还可以结合内部超链接跳转到其他网页中指定的位置。

要在页面内实现锚记超链接，首先需要对目标位置进行命名，超链接标记格式为：

<a name = "书签名">目标位置</a>

目标位置可以包含文本、图像等，也可以不包含任意内容，只是一个位置的命名。

其次，对链接元素进行设置，格式如下。

<a href = "＃书签名">文本或图片元素</a>

当单击元素后，将定位到“书签名”的位置。

2. 创建锚记超链接

对“民间艺术”页面左侧导航信息实现锚记超链接，要求单击导航信息，能定位到对应的展品位置。

步骤 1：在【设计】视图中，将插入点定位到需要命名锚记的地方。如把插入点定位在“木板套色年画”所在的位置，如图 3-145 所示。

图 3-145 定位命名锚记位置

步骤 2：执行如下之一操作，打开【命名锚记】对话框。

(1) 选择【插入】面板中的【常用】|【命名锚记】命令。

(2) 选择菜单【插入】|【命名锚记】命令。

(3) 按 Ctrl+Alt+A 组合键。

步骤 3：在【命名锚记】对话框中输入锚记的名称，要求名称所见即所知，最好是英文或拼音缩写。例如，输入“nh”(年画的拼音缩写)，如图 3-146 所示。单击【确定】按钮后，锚记标识在插入点出现，如图 3-147 所示。

图 3-146 【命名锚记】对话框

图 3-147 锚记标识

步骤 4：链接命名锚记。在【设计】视图中选择要创建链接的文本或图片。如图 3-148 所示，选中“夹江年画”文字。在对应的【属性】面板中，设置【链接】对象内容为＃nh，如图 3-149 所示。

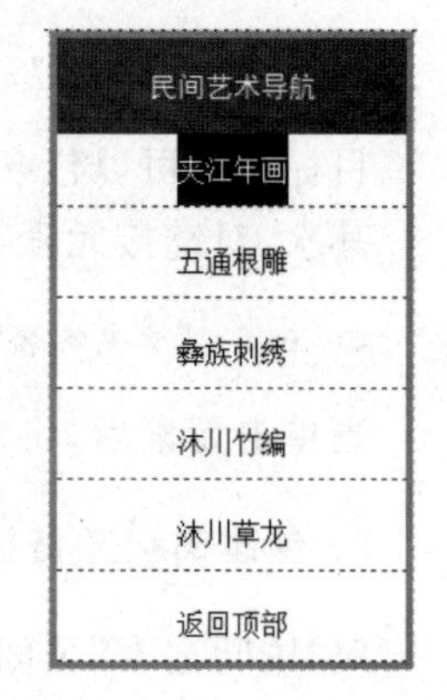

图 3-148 选中链接文字

3. 内部和锚记超链接综合运用案例

单击首页上的“民间艺术”版块列表信息，将准确定位到“民间艺术”页面中的对应位置。比如，单击年画，将定位到页面的年画展品处。步骤如下。

编辑首页文件 index. html。在首页“民间艺术”版块中，选中文字“年画”。在对应的【属性】面板中，设置【链接】对象值为 art. html＃nh，如图 3-150 所示。

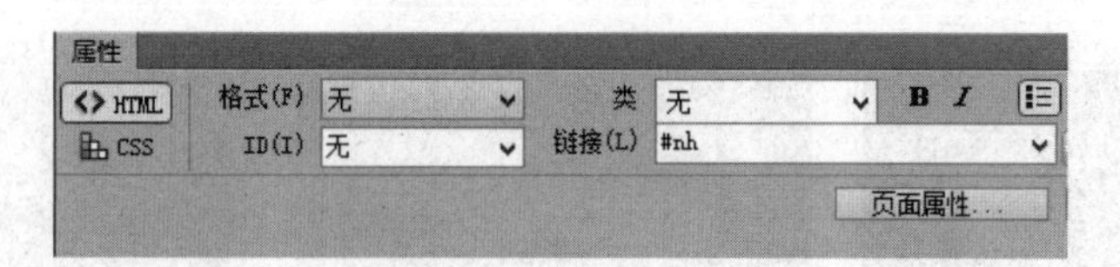

图 3-149 输入链接锚记

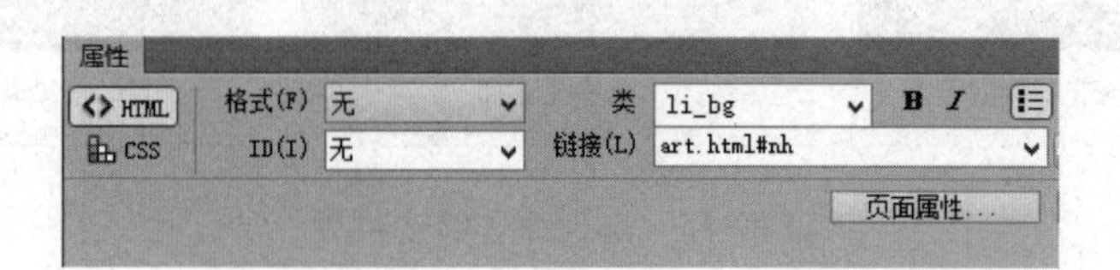

图 3-150 跳转页面并定位设置

3.3.6 案例制作——超链接风格美化

对所有页面文本或图片实现超链接后，网页内容将变得不友好，比如首页(如图 3-151 所示)，文字超链接变成了蓝色带下画线效果，如果访问后，将变成紫色带下画线。

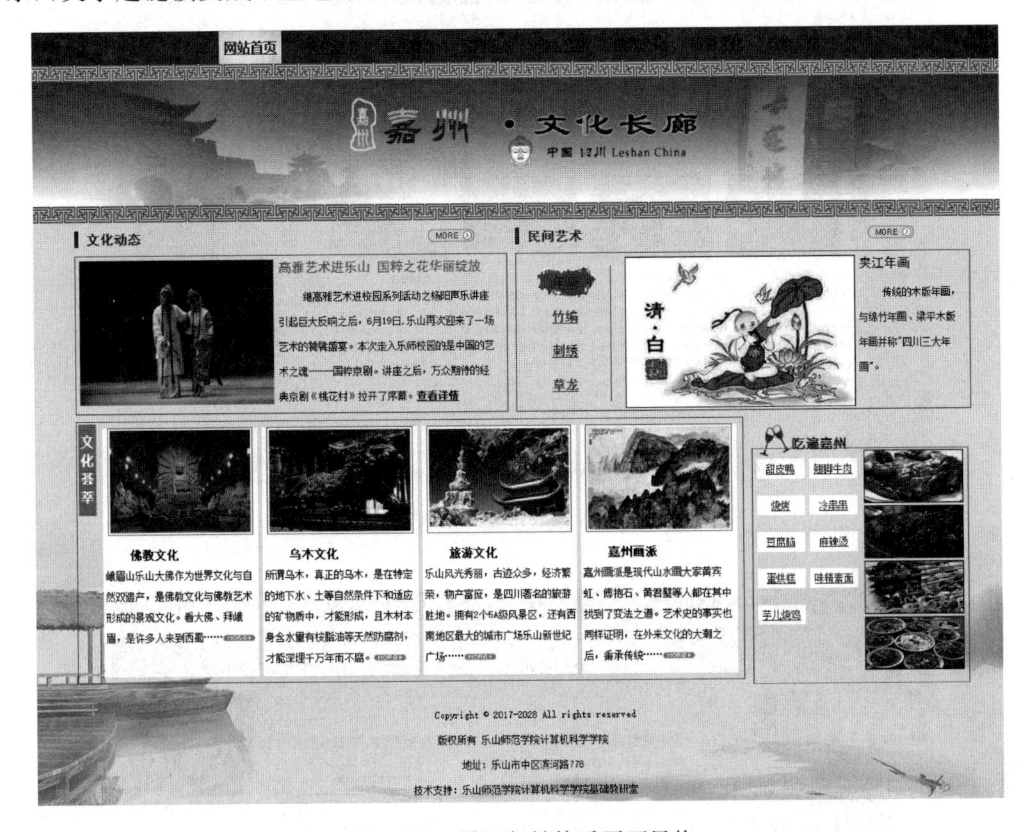

图 3-151 设置超链接后页面风格

本节将以首页为例，对超链接风格进行设置。

1. a标签选择器风格设置

步骤 1：新建标签选择器 a，对页面超链接进行统一风格设置。在【类型】分类中，设置文字颜色为黑色，文字装饰 text-decoration 为 none，即不带下画线。应用后，得到如图 3-152 所示效果。

步骤 2：在网页局部实现不同超链接效果。选择导航条文字“网站首页”，单击【新建 CSS 规则】，新建“#navi ul .navi_li_style a”选择器，在【类型】分类中，设置文字颜色为 #A66407。

选择导航条其他文字信息，单击【新建 CSS 规则】按钮，新建“#navi ul li a”选择器，在【类型】分类中，设置文字颜色为白色。

同样的方式设置“文化动态”版块的“查看详情”文字。使页面风格恢复到设置超链接之前的效果，如图 3-153 所示。

图 3-152　步骤 1 效果

图 3-153　步骤 2 效果

2. 伪类选择器风格设置

超链接有 4 个伪类,分别代表其 4 种不同的状态。之所以称为伪类,是因为它们不是真正的类,真正的类是以"."开头,而超链接的伪类是以 a 开头,后边跟个冒号,再跟状态限定字符。

(1) a:link:表示未访问的链接状态。

(2) a:hover:表示光标移动到链接上状态。

(3) a:active:表示鼠标激活链接状态,即单击超链接。

(4) a:visited:表示已访问的链接状态。

使用伪类选择器设置风格能增加用户与网站之间的交互性,增强用户良好的网站体验,使其感受到不同位置的超链接在不同状态下的风格变化。

步骤 1:新建伪类选择器,统一设置网页风格。

在【新建 CSS 规则】对话框中选择类型为【复合内容(基于选择的内容)】,在【选择器名称】下拉列表框中选择伪类选择器 a:hover,如图 3-154 所示。

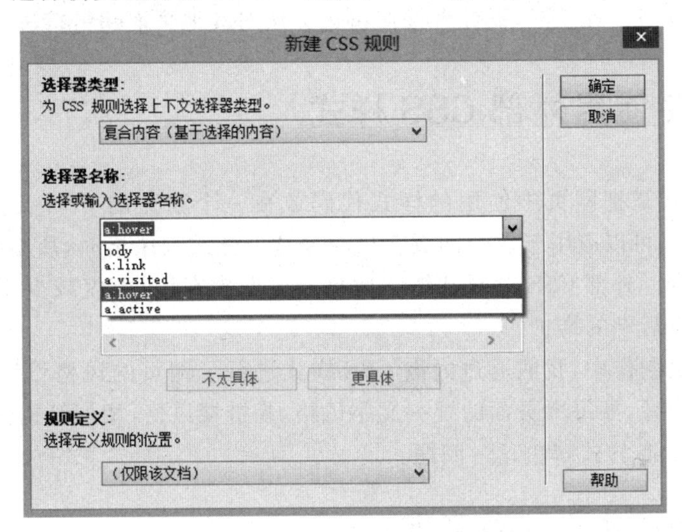

图 3-154 伪类选择器设置面板

新建 a:hover 伪类选择器后,在【类型】分类中,设置文字颜色为#BA090D。浏览网页时,当光标指向超链接文本时,得到如图 3-155 所示的效果。

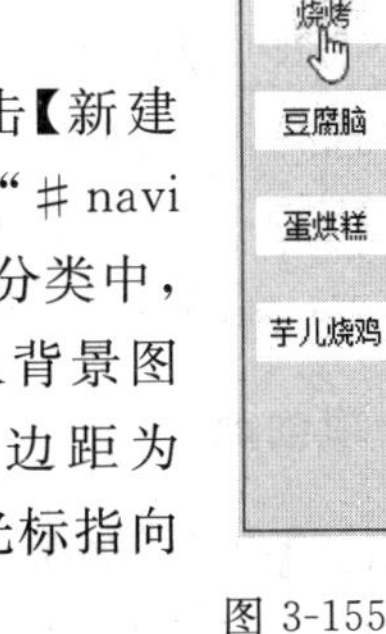

图 3-155 伪类 a:hover 设置效果

步骤 2:对导航条信息设置超链接伪类选择器。

选择文字"网站首页"以外的导航条文字,单击【新建 CSS 规则】,在弹出的面板中,新建复合内容选择器"#navi ul li a:hover"(设计者需自己输入修改)。在【类型】分类中,设置文字颜色为#A66407。在【背景】分类中,插入背景图片 navi_bg.png。在【方框】分类中,设置上下内边距为 10px,左右内边距为 6px。应用后,在浏览器中,当光标指向导航条时得到如图 3-156 所示效果。

步骤 3:对"民间艺术"版块超链接信息设置伪类选择器。

选择文字"年画"以外的信息,单击【新建 CSS 规则】,在弹出的面板中,新建复合内容选择器“#mainbody #art #art_content ul li a:hover”。在【类型】分类中，设置文字颜色为黑色。在【背景】分类中，插入背景图片 list_bg.png。在【方框】分类中，设置上下内边距为12px，左右内边距为20px。应用后，在浏览器中，当光标指向时得到如图 3-157 所示效果。

图 3-156　光标指向导航条时风格效果

图 3-157　背景效果

首页超链接风格设置完毕，设计者按照讲述方法对其他页面超链接进行风格美化。

3.4 创建并使用外部 CSS 样式

外部 CSS 样式是把网页中使用的样式代码放在一个独立的 CSS 文件中(扩展名为.css)，一个外部样式可以应用于多个网页。当改变这个样式表风格时，所有被应用的页面元素样式会随之改变。外部 CSS 对网站统一风格设置非常有用，不仅减少了冗余的代码，而且方便设计者进行后期的维护。

在前面的网页制作中，我们通过内嵌 CSS 样式进行了网页的风格设置，在设置过程中难免造成了重复设计，如每个页面的统一文字风格，超链接风格，相似结构的风格。现在，设计者可通过外部 CSS 样式解决这一问题。

3.4.1 创建外部 CSS 文件

创建外部 CSS 文件的方法如下。

1. 通过 CSS 样式面板创建

步骤 1：在【CSS 样式】面板中选择【新建 CSS 规则】命令。

步骤 2：在【新建 CSS 规则】对话框中，选择【定义规则】的位置为【新建样式表文件】，然后再确定要创建的 CSS 选择器类型和名称。

步骤 3：单击【确定】按钮后，弹出【将样式表文件另存为】对话框，输入样式表名称，如 style.css，如图 3-158 所示。通常，一个网站只需一个外部 CSS 样式文件。

2. 通过【文件】命令项创建

步骤 1：【文件】|【新建】命令，在弹出的【新建文档】对话框中选择 CSS 页面类型。

步骤 2：单击【创建】按钮后，Dreamweaver 会创建 CSS 文档窗口，选择【文件】|【保存】命令。

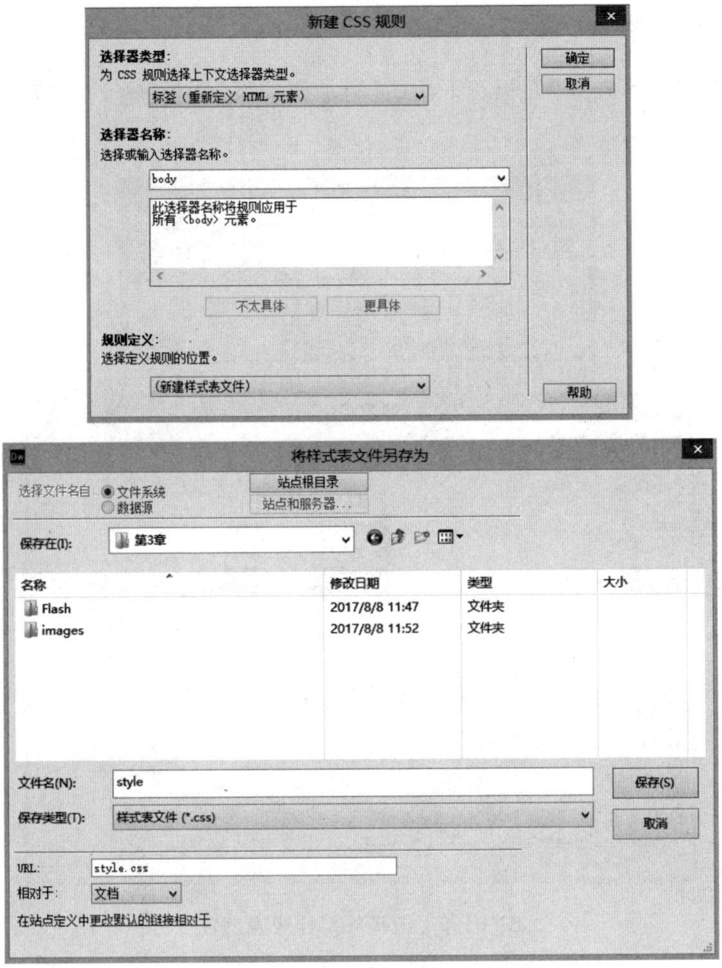

新建 CSS 规则

选择器类型：
为 CSS 规则选择上下文选择器类型。
标签（重新定义 HTML 元素）
确定
取消

选择器名称：
选择或输入选择器名称。
body
此选择器名称将规则应用于
所有 <body> 元素。
不太具体
更具体

规则定义：
选择定义规则的位置。
（新建样式表文件）
帮助

将样式表文件另存为

选择文件名自：文件系统 数据源
站点根目录
站点和服务器...
保存在(I)：第3章

名称	修改日期	类型	大小
Flash	2017/8/8 11:47	文件夹	
images	2017/8/8 11:52	文件夹	

文件名(N)：style
保存(S)
保存类型(T)：样式表文件 (*.css)
取消
URL：style.css
相对于：文档
在站点定义中更改默认的链接相对于

图 3-158　新建样式表文件设置

3.4.2　链接外部 CSS 文件

1. 代码方式链接

使用< link >标记链接外部 CSS 样式表，其格式为：

```
< head >
…
< link href = "style.css" rel = "stylesheet" type = "text/css" />
…
</head >
```

< link >标记必须放在< head >标记内，表示浏览器从“style. css”文件中以文档格式读取定义的样式表。属性“rel="stylesheet"”定义在网页中使用外部的样式表，“type="text/css"”定义文件的类型为样式表文本，href 定义 CSS 文件的路径。

2. 基于 Dreamweaver 操作方式链接

步骤 1：单击【CSS 样式】面板右下角的【附加样式表】图标，弹出【链接外部样式表】对话框，如图 3-159 所示。

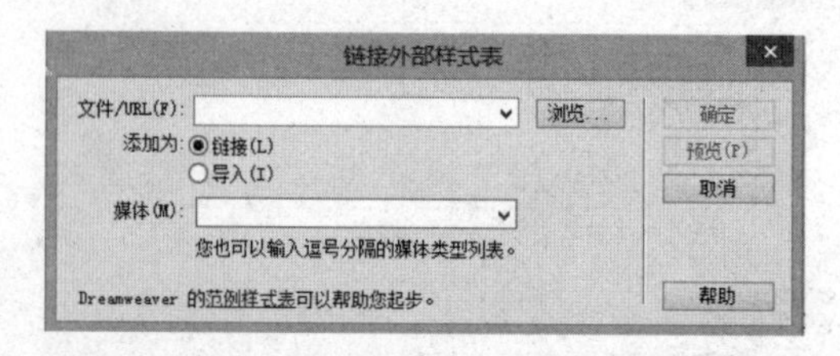

图 3-159　链接外部样式表设置

步骤 2：在【文件/URL】文本框中输入样式表的名字，或单击【浏览】按钮，通过【选择样式表文件】对话框选择需要链接的样式表文件。

步骤 3：单击【确定】按钮后，返回到【链接外部样式表】对话框，选择【链接】单选按钮。单击【确定】按钮后，外部样式文件链接完毕。

3.4.3 案例制作——创建并链接外部样式表

本节以首页为例进行外部 CSS 样式表的制作和应用。

步骤 1：新建一个名为 style.css 的文件，保存于站点根目录下。

步骤 2：在 style.css 文件中定义网站统一风格，如图 3-160 所示。

新建标签选择器 body，在【类型】分类中，设置页面内容距上边距为 0px，文字大小为 12px，文字字体为【宋体】。

新建标签选择器 p，在【类型】分类中，设置行高为 30px，首行缩进值为 30px，右外边距为 5px，下外边距为 0px。

新建标签选择器 a，在【类型】分类中，设置文本装饰为 none，文字颜色为黑色。

新建伪类选择器 a:hover，在【类型】分类中，设置文字颜色为＃BA090D。

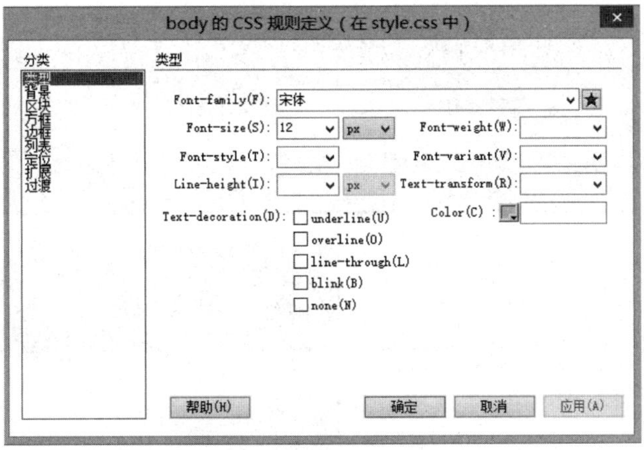

图 3-160 在 style.css 进行风格设置

代码如图 3-161 所示。

步骤 3：单击【附加样式表】按钮，链接 style.css 文件。在【CSS 样式】面板中将列出内嵌和外部风格规则，如图 3-162 所示。

说明：前面已通过内嵌 CSS 风格完成了网页的风格定义，设计者可利用所学的外部 CSS 风格对 CSS 代码进行整理，把网站整体风格的 CSS 代码移到外部 CSS 文件中，以减少编写代码的重复率。

```
1  @charset "utf-8";
2  body {
3      font-family: "宋体";
4      font-size: 12px;
5      margin: 0px;
6  }
7  p {
8      line-height: 30px;
9      text-indent: 30px;
10     margin-right: 5px;
11     margin-bottom: 0px;
12 }
13 a {
14     color: #000;
15     text-decoration: none;
16 }
17 a:hover {
18     color: #BA090D;
19 }
20
```

图 3-161 style.css 代码

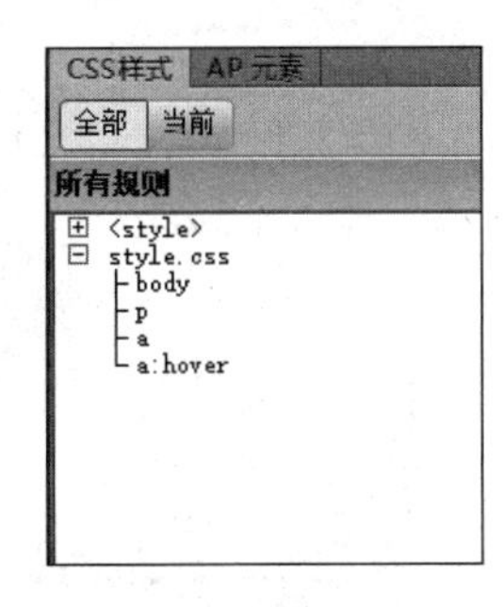

图 3-162 【CSS 样式】面板

思考与实践

1. 布局工具表格和 DIV+CSS 的优缺点是什么？

2. 除清除浮动，还有哪些方法可以实现 DIV 高度自适应？

3. 利用表格布局工具，完成“旅游文化”网页的制作，并使用 CSS 进行风格美化，效果图如图 3-163 所示。

4. 利用 DIV+CSS 布局工具，完成“乌木文化”网页的制作，效果如图 3-164 所示。

图 3-163 “旅游文化”网页效果图

图 3-164 “乌木文化”网页效果图

5. 通过超链接介绍，完善首页之外的其他网页的超链接设置，包括内部、外部和锚记，并利用超链接选择器和伪类选择器进行风格美化。

6. 整理网站 CSS 风格类型，将网站统一风格放置于外部 CSS 文件中。

网页设计高级应用

通过第 3 章的学习，设计者利用布局工具能够合理布局网页元素，并实现了网页的重要应用——超链接。为了增强网站的交互性，本章将介绍网页设计高级应用的知识和技术：表单、嵌入式框架、CSS3 和 JavaScript。

4.1 表单

4.1.1 表单概述

表单是浏览者与网站之间进行信息交流的一种重要应用。网站使用表单收集用户信息与反馈意见，如用户注册、用户问卷调查。通常一个表单中包含多个控件，供用户进行输入和选择，如用于输入的文本域、用于选择项目的单选按钮和复选框、用于提交的提交按钮。

表单的工作原理是，浏览者在表单中填写必要的信息，然后单击【提交】按钮；这些信息通过 Internet 传送到服务器上，对这些数据进行处理，如果有错误会有错误提示信息；当数据完整无误后，服务器反馈一个提交成功的信息。表单是动态网页的灵魂。

4.1.2 案例分析

本节将完成用户注册表单制作，文件名为 register. html，效果图如图 4-1 所示。

图 4-1 用户注册效果图

设计者将使用表格对表单控件进行排版，左列为提示信息，右列为表单控件。表单控件有文本输入框、密码框、单选按钮、复选框、提交和重置按钮，以及多行文本区。

整体风格延用前面完成的首页风格,页面插入了相同背景。

4.1.3 认识表单控件

表单包含表单标签和表单控件两部分。表单标签,用于定义收集数据范围。表单控件用于用户填写数据信息。

1. 表单标签

表单标签语法如下:

```
<form action="URL" method="GET|POST" target="…">
表单控件
</form>
```

属性说明如下。

(1) action:指定处理该表单数据的动态网页或脚本的路径,用来接收并处理提交信息。

(2) method:用于选择将表单数据传输到服务器的方法。表单“方法”有三种:默认、POST 和 GET。POST 方式表示信息将以数据包的形式提交;GET 方式将浏览者提供的信息附加到请求该页的 URL 中。

(3) target:提交结果文件显示的窗口位置。_blank,在未命名的新窗口中打开目标文档;_parent,在显示当前文档的窗口的父窗口中打开目标文档;_self,在提交表单所使用的窗口中打开目标文档;_top,在当前窗口的窗体中打开目标文档。

在网页中添加表单控件,必须创建表单标签。在 Dreamweaver 中,表单标签被称为表单。插入方式如下。

步骤 1:在【设计】视图窗口中,将插入点放在希望表单出现的位置。

步骤 2:选择【插入】|【表单】|【表单】命令,或者选择【插入】面板中的【表单】类别。

插入的表单以红色的虚轮廓线显示(如图 4-2 所示),实际上表单在浏览网页中属于不可见元素。

图 4-2 插入表单效果

2. 表单控件

常用表单控件有文本框、密码框、单选按钮、复选框、下拉菜单、列表项、按钮等。

1) 文本字段

文本字段可以接受任何类型的字母数字项。输入的文本可以显示为单行文本信息或星号(用于保护密码)。

单行文本框代码结构如下:

```
<input type="text" name="…" size="…" maxlength="…" value="…" />
```

密码框代码结构如下：

```
<input type="password" name="…" size="…" maxlength="…" value="…" />
```

2）隐藏域

存储用户输入的信息，如姓名、电子邮件地址或偏爱的查看方式，并在该用户下次访问此站点时使用这些数据。其代码结构如下：

```
<input type="hidden" name="…" size="…" value="…" />
```

3）文本区域

可以输入多行文本。在创建多行文本字段时，指定用户可以输入的文本行数。其代码结构如下：

```
<textarea name="…" cols="…" rows="…">内容</textarea>
```

4）复选框

复选框允许在一组选项中选择多项，有选中和未选中两种状态。其代码结构如下：

```
<input type="checkbox" name="…" value="…" />
```

5）单选按钮

单选按钮代表互相排斥的选择。选择一组中的某个按钮，就会取消选择该组中的所有其他按钮。例如，用户可以选择“男”或“女”。其代码结构如下：

```
<input type="radio" name="…" value="…" />
```

6）列表/菜单

供用户在有限的范围内选择一个或多个选项。其代码结构如下：

```
<select name="…" size="…" multiple>
<option value="…" selected>…</option>
…
</select>
```

如果 size 值为 1 就设置为菜单，如果 size 为大于 1 的整数值，就设置为列表框。

7）按钮

按钮控制着整个表单的运作。

提交按钮代码结构如下：

```
<input type="submit" name="…" value="…">
```

重置按钮代码结构如下：

```
<input type="reset" name="…" value="…">
```

在【设计】视图窗口，通过选择【插入】|【表单】中的命令，或者选择【插入】面板中的【表单】类别，完成表单控件的插入。

认识了表单及表单控件，设计者在创建和使用表单时可以根据需要进行选择。

4.1.4 案例制作

1. 页面创建和整体风格设置

步骤 1：新建网页文件 register. html，网页标题为“会员注册”。

步骤 2：首先链接外部 CSS 文件 style. css。

步骤 3：基于内嵌 CSS 新建 body 选择器，在【背景】分类中，设置背景颜色为＃f0efeb，背景图片为 bg. jpg，不重复且垂直方向位置居底。

2. 使用表格排版表单控件

步骤 1：首先插入表单，在表单内插入 9 行 2 列的表格，表格宽度 1000px，填充 5px，其余设置为 0px。第 1 行和第 9 行进行单元格合并。表格水平居中排列，如图 4-3 所示效果。

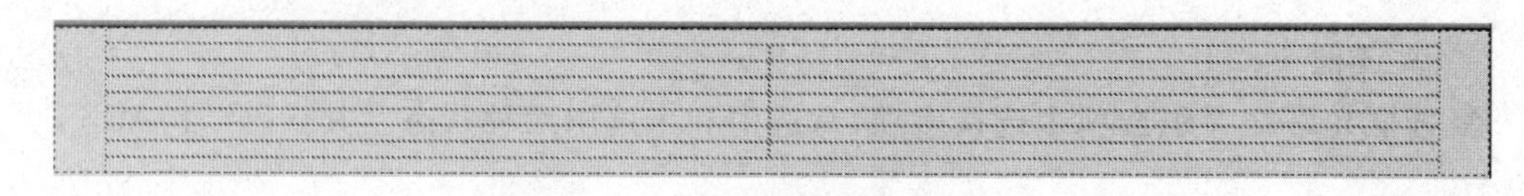

图 4-3　表单与表格结构关系图

步骤 2：选中第 1 行单元格，在对应的单元格【属性】面板中设置水平居中对齐。在单元格内插入图片 dh. gif，调整大小为 80×50，在图片后输入文字“会员注册”，格式为标题 h1。

步骤 3：设置第 2～7 行的第 1 列的单元格宽度为 400px，水平居右对齐，并分别输入文本信息：用户昵称、创建密码、确认密码、性别、电子邮箱、感兴趣的版块。

得到如图 4-4 所示效果。

图 4-4　提示信息效果图

步骤 4：在第 2 行第 2 列插入文本框。单击【插入】|【表单】|【文本字段】按钮 ，在弹出的对话框中单击【确定】按钮，即在单元格中插入了一个单行文本框，如图 4-5 所示。

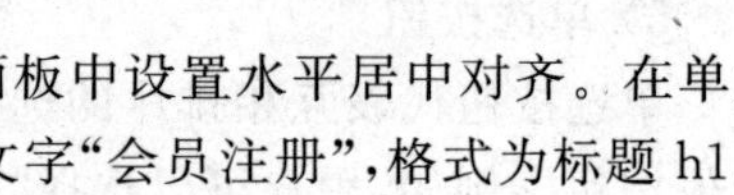

图 4-5　插入【用户昵称】文本框

选中文本框，在【属性】面板中修改文本框属性，将此文本框命名为“uname”，如图 4-6 所示。

【属性】面板说明如下。

(1) 文本域名称：文本域下方的文本框中可以输入文本框的名称。在命名时最好使用英文或数字，不能包含特殊字符和空格，可以使用下画线“_”。不能与网页中的其他对象重

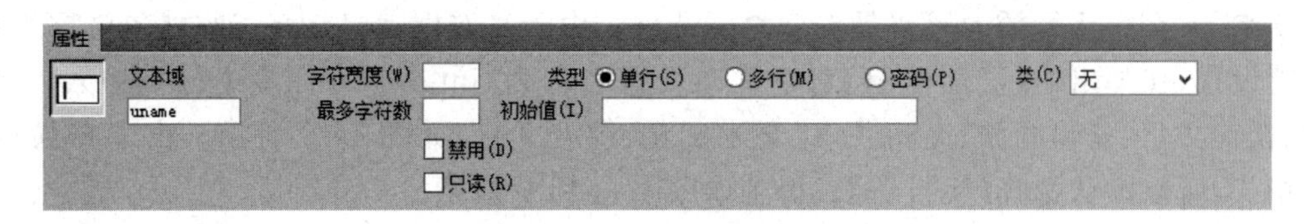

图 4-6　文本框【属性】面板

名。名称最好具有代表性，如账号文本框可以命名为“uname”。

(2) 字符宽度：设置文本字段的宽度，默认状态为 24 个字符长度。

(3) 最多字符数：设置单行文本所能填写的最多字符数。

(4) 初始值：用于设置默认状态下在文本框中显示的字符。

用同样的方法设置第 6 行第 2 列【电子邮箱】文本框。

步骤 5：在第 3 行和第 4 行的第 2 列插入密码框。与步骤 4 的方法类似，只是在对应的【属性】面板中，设置类型为【密码】，如图 4-7 所示。

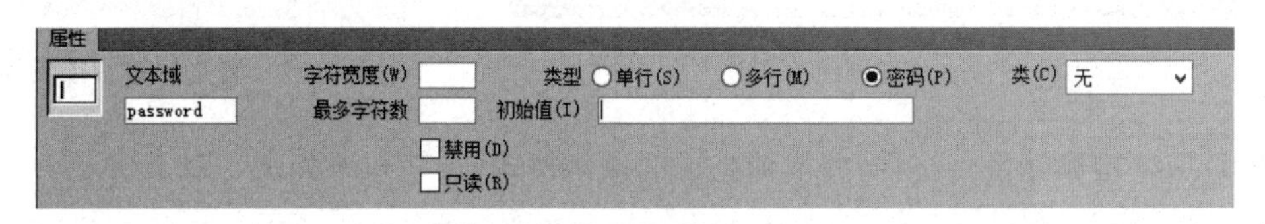

图 4-7　【密码】框属性设置

步骤 6：在第 5 行第 2 列插入性别选择单选按钮。单击【插入】|【表单】|【单选按钮】，按钮插入后，选中单选按钮，在【属性】面板中修改属性，如图 4-8 所示。

图 4-8　性别单选按钮设置

【属性】面板说明如下。

(1) 单选按钮名称：该文本框可以输入单选按钮的名称。注意，同一组单选按钮必须使用相同的名称，这样才能保证在同一组单选按钮中只能选择其中一个。

(2) 选定值：设置提交表单时单选按钮传送给服务器的值，同一组单选按钮应该设置不同的值。

(3) 初始状态：设置单选按钮的默认状态是已被选中还是未被选中。同一组单选按钮中只能有一个初始状态设为【已勾选】。

第一个单选按钮名称为 sex，选定值为“male”，在其右侧输入文字“男”。用同样的方法再插入一个单选按钮，名称也为 sex，但选定值为“female”，在其后输入文字“女”。最后效果如图 4-9 所示。

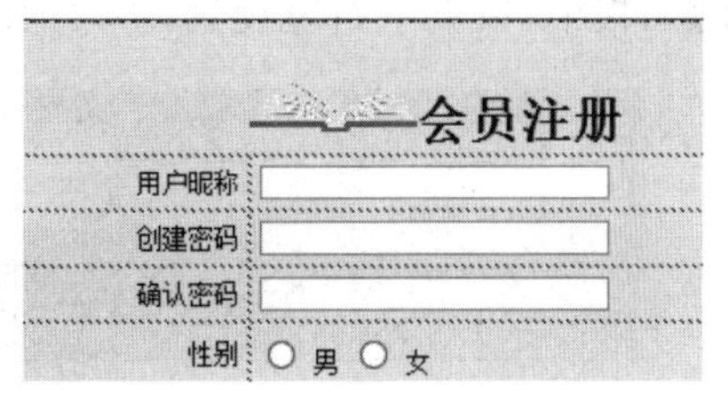

图 4-9　会员注册表单阶段性效果

步骤7：在第7行插入感兴趣的版块复选框。由于复选框信息较多，通过【复选框组】进行快捷设置，在弹出的【复选框组】对话框中设置名称为“interest”，标签中分别输入：旅游文化、饮食文化、嘉州画派、民间艺术、乌木文化、佛教文化，如图4-10所示。由于布局只有两种格式，所以默认选择【换行符】。得到如图4-11所示效果。

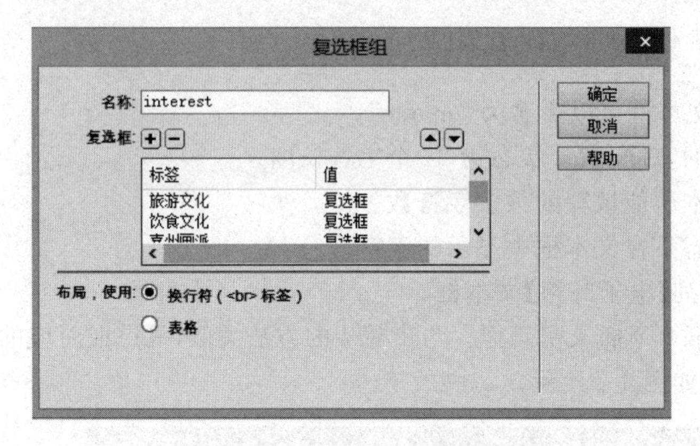

图4-10 复选框组设置

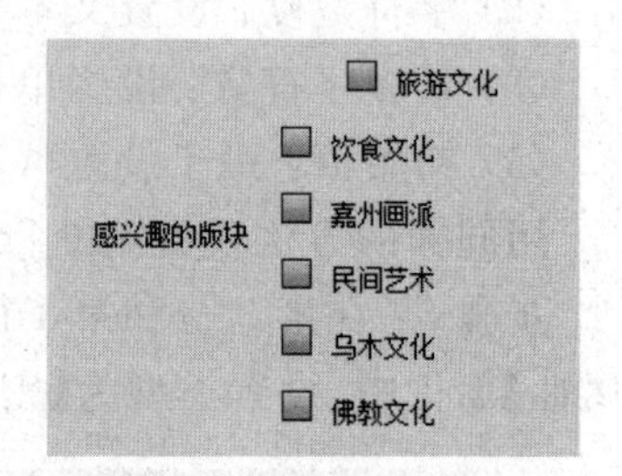

图4-11 复选框初始排版效果

按Delete键删除换行布局，并取消生成的段落格式，最终效果如图4-12所示。

图4-12 复选框设置效果

步骤8：在第8行第1列插入【提交】按钮，第2列插入【重写】按钮。在操作上，提交与重写的区别在于【属性】面板中【值】和【动作】的设置，如图4-13所示。

图4-13 按钮设置

【提交】按钮值为“同意以下条款，提交注册”，动作为【提交表单】。【重写】按钮值为“重写”，动作为【重设表单】。

步骤9：在最后一行插入多行文本区(文本区)，水平居中对齐，并编辑文字内容。在【属性】面板中，设置字符宽度为70，行数为7，如图4-14所示。

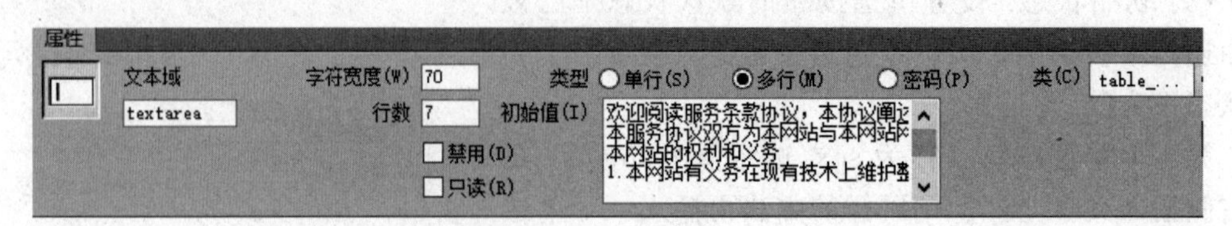

图4-14 文本区设置

表单布局结构和内容如图 4-15 所示。

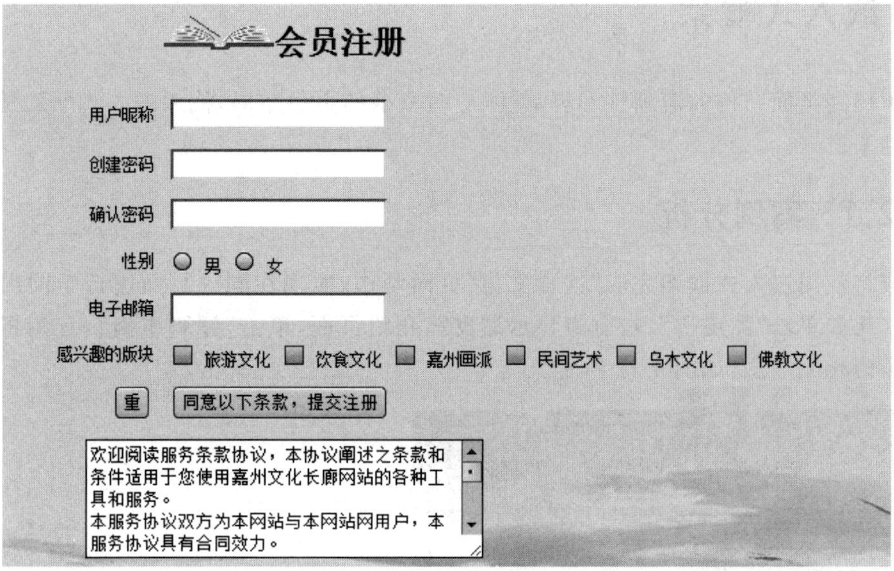

会员注册

用户昵称

创建密码

确认密码

性别 男 女

电子邮箱

感兴趣的版块 旅游文化 饮食文化 嘉州画派 民间艺术 乌木文化 佛教文化

重 同意以下条款，提交注册

欢迎阅读服务条款协议，本协议阐述之条款和条件适用于您使用嘉州文化长廊网站的各种工具和服务。
本服务协议双方为本网站与本网站网用户，本服务协议具有合同效力。

图 4-15 表单效果

3. 美化表格和表单

以下创建的都是内嵌 CSS 风格。

步骤 1：新建标签选择器 table，在【方框】分类中，设置上外边距为 150px，保证注册内容显示在页面居中位置。在【边框】分类中，设置边框风格为：1px solid ＃C9B590。

步骤 2：新建标签选择器 td，在【类型】分类中，设置文字大小 14px，行高 30px。在【边框】分类中，设置下边框风格为：1px dashed ＃BC9469。得到如图 4-16 所示效果。

图 4-16 美化阶段性效果

步骤 3：对表单控制文本框和密码框进行美化。新建类名选择器 input_style，在【方框】分类中，设置宽度为 200px，高度为 25px。在边框分类中，设置边框风格为：1px solid ＃999。应用后，“会员注册”页面制作完毕。

4.2 嵌入式框架

为了提高页面结构的清晰性和灵活性，应对复杂的页面布局，使用嵌入式框架是最有效的解决办法之一。

4.2.1 案例分析

本节将使用嵌入式框架完成“饮食文化”页面制作，实现在同一页面进行不同内容的切换显示。比如单击“甜皮鸭”，右侧将显示甜皮鸭介绍页面，单击“翘脚牛肉”，右侧将切换显示翘脚牛肉相关信息，如图 4-17 所示。

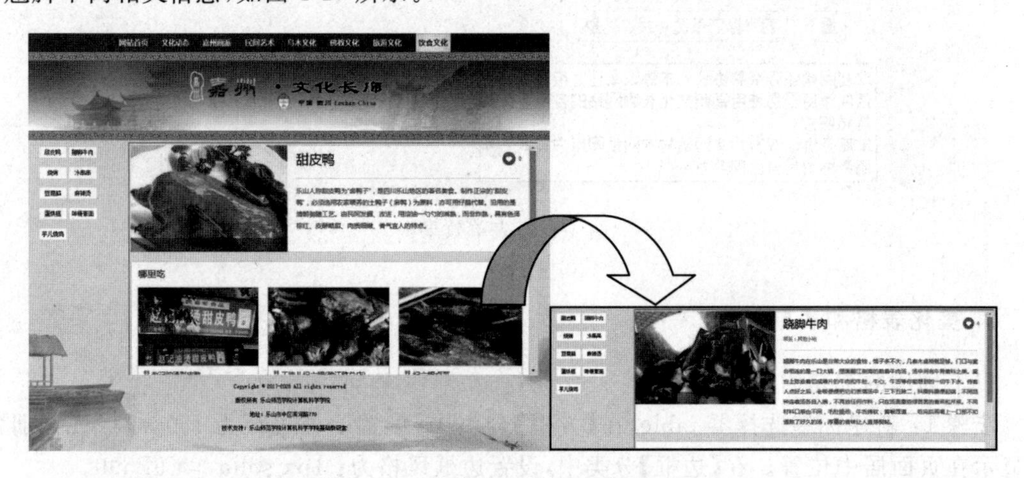

图 4-17 “饮食文化”页面切换效果图

此页面利用 DIV＋CSS 技术布局，其整体风格以及页眉和页脚的设置与首页一模一样。主体内容部分包含“美食导航”和“详细内容”两个版块。“美食导航”与首页的“吃遍嘉州”版块导航内容和风格相同。详细内容部分是通过嵌入式框架实现内容加载。

4.2.2 认识嵌入式框架

嵌入式框架就是在页面某个位置嵌入一个窗口，窗口大小可任意设置，在窗口中可加载其他文件，比如网页文件，或者图片文件。

1. 嵌入式框架标签

嵌入式框架标签为 iframe，其语法结构如下：

```
< iframe src = " " name = " " width = " " height = "" scrolling =  "" frameborder = " "></iframe >
```

主要属性说明如下。

(1) src：指定加载的文件路径，可以是网站内的文件，也可以是外部网站文件。

(2) name：嵌入式框架的名称，此属性必不可少，要想实现在同一框架中加载不同文件就必须指定框架名称。

（3）width 和 height：框架的宽度和高度。

（4）scrolling：是否有滚动条，有三个值 auto，no，yes。auto 表示根据加载文件的内容来决定是否显示。no 表示不显示滚动条。yes 表示显示滚动条。

（5）frameborder：是否有边框，0 和 1。0 表示没有边框，1 表示有边框。

2. 插入嵌入式框架

在 Dreamweaver CS6 中，设计者完成如下操作可实现嵌入式框架的插入。

步骤 1：将光标放在插入点，选择【插入】|【标签选择器】命令，如图 4-18 所示。

步骤 2：在弹出的【标签选择器】对话框中（如图 4-19 所示）单击【HTML 标签】，并在对应的列表中选中 iframe，再单击【插入】按钮。

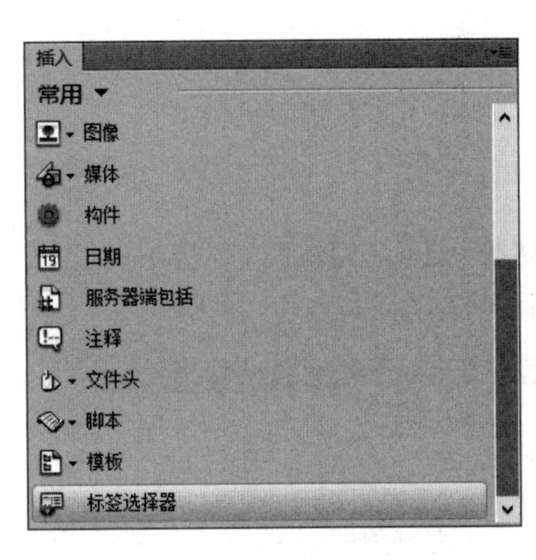

图 4-18　选择【标签选择器】命令

图 4-19　【标签选择器】对话框

步骤 3：在弹出的【标签编辑器-iframe】对话框中进行属性设置，如图 4-20 所示。

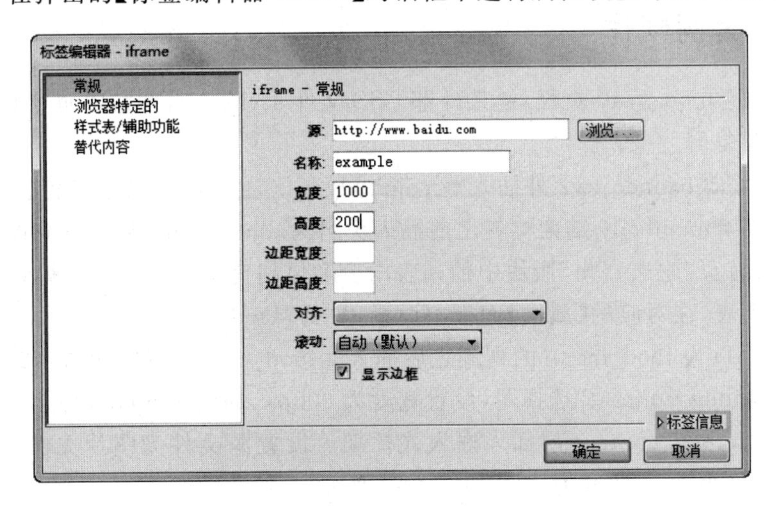

图 4-20　【标签编辑器-iframe】对话框

在【常规】选项卡中，属性设置如下。

(1) 源：加载默认文件。如加载百度 http://www.baidu.com。

(2) 名称：设置嵌入式框架名称，如 example。

(3) 宽度和高度：设置宽度为 300，高度为 200。

(4) 滚动：即滚动条设置，选择【自动】。

(5) 显示边框：设置嵌入式框架边框。

设置完毕后，关闭【标签选择器】对话框。在浏览器中查看，效果如图 4-21 所示。

图 4-21 嵌入式框架加载效果图

3. 编辑嵌入式框架

如果要对嵌入式框架进行修改，选中嵌入式框架后，切换到【代码】视图，对选中的代码右击，在弹出的菜单中选择【编辑标签< iframe >】命令，如图 4-22 所示。

```
<iframe src="http://www.baidu.com" name="example" width="1000" height="200" scrolling="auto"></iframe>
```

编辑标签(E) <iframe>... Shift+F5
插入标签(T)...
函数
所选区域
代码浏览器(C) Ctrl+Alt+N

图 4-22 编辑嵌入式框架设置

4.2.3 案例制作

步骤 1：新建 food.html 页面，链接外部 CSS 文件 style.css，并从首页中将页眉结构的内容和风格完整复制过来。

步骤 2：在层#banner_tw2 外插入#mainbody 层。主体内容部分宽度也是 1100px，水平居中对齐。在#mainbody 结束标签之前插入类名为.clearall 的层，实现高度自适应。

步骤 3：将首页"吃遍嘉州"版块中的列表内容和风格完整复制过来。得到如图 4-23 所示效果。选中列表，在对应的【属性】面板中设置 ID 为"food_menu"。

步骤 4：在 ID 为 food_menu 的列表之后插入#food_content 层，如图 4-24 所示。新建"#mainbody #food_content"选择器，设置宽度为 900px，高度为 500px，右浮动。

步骤 5：在#food_content 层插入嵌入式框架。设置源文件为图片文件 tpy.jpg，框架名称为 food，宽度为 900，高度为 500，如图 4-25 所示。

步骤 6：设置美食导航超链接。选中文字"甜皮鸭"，在对应的【属性】面板中，设置超链接目标文件为图片 typ.jpg，输入目标 target 值为 food，即框架名称，如图 4-26 所示。接着选中"翘脚牛肉",设置超链接目标文件为图片 qjnr.jpg,目标 target 值为 food。其余导航信息按类似方法设置。

图 4-23　插入右侧菜单后效果

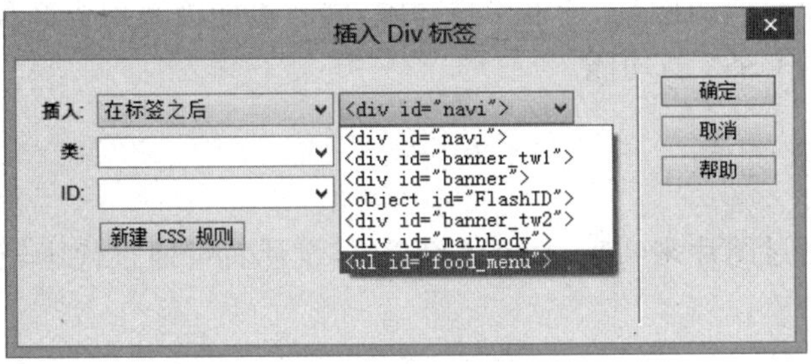

插入 Div 标签

插入: 在标签之后　<div id="navi">

类:

ID:

新建 CSS 规则

<div id="navi">
<div id="banner_tw1">
<div id="banner">
<object id="FlashID">
<div id="banner_tw2">
<div id="mainbody">
<ul id="food_menu">

确定　取消　帮助

图 4-24　插入右侧美食内容层方式

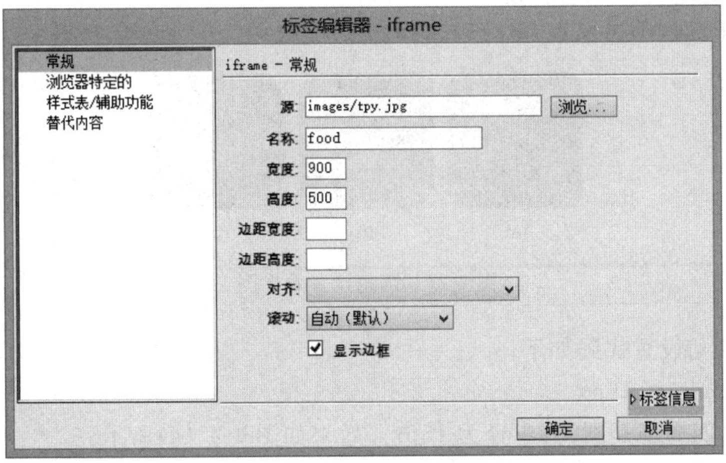

标签编辑器 - iframe

常规
浏览器特定的
样式表/辅助功能
替代内容

iframe - 常规

源: images/tpy.jpg　浏览...
名称: food
宽度: 900
高度: 500
边距宽度:
边距高度:
对齐:
滚动: 自动 (默认)
☑ 显示边框

▷标签信息

确定　取消

图 4-25　嵌入式框架设置

步骤 7:制作页脚。按步骤 1 方法,从首页中复制过来即可。"饮食文化"页面设置完毕。

图 4-26 设置链接对象和目标

4.3 CSS 特效

在前面的学习中，设计者使用 CSS 完成了页面风格美化，准确地说，是使用 CSS2 进行了页面风格处理，有效地控制页面的布局、文字、颜色、背景和其他效果。

随着 Web 技术的不断发展，CSS3 已问世，它是最新的 CSS 标准，这套新标准提供了更加丰富且实用的规范，如背景和边框、文字特效、动画、多栏布局等，目前有很多浏览器已经相继支持这套新标准，如 IE、Firefox、Chrome、Safari、Opera 等。在 Web 开发中采用 CSS3 技术将会显著地美化我们的网站，增强用户体验，同时也能极大地提高程序的性能。本节将重点介绍一些实用的 CSS3 新功能。

4.3.1 创建圆角

以前圆角只能通过图片来实现，而在 CSS3 中，设计者可通过代码轻松实现这些功能。

1. 圆角属性

圆角属性为 border-radius，值为半径，值越大，角越圆。

示例：使用 DIV 创建三个盒子，大小都是 100×100，左浮动，外边距为 5px。通过圆角属性对三个盒子进行圆角设置，最终效果如图 4-27 所示。

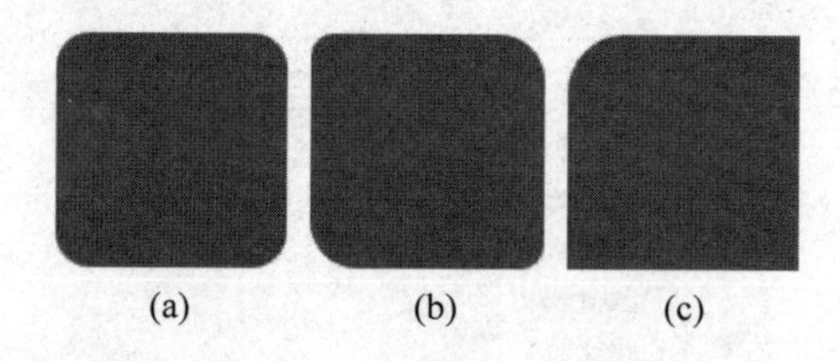

图 4-27 圆角设置效果图

三个盒子圆角设置代码如下。

1）border-radius：15px

代码解读：四周都是圆角，半径为 15px。效果如图 4-27(a)所示。

2）border-radius：10px 20px

代码解读：多个值之间以空格间隔，左上角和右下角半径为 10px，左下角和右上角半径为 20px。效果如图 4-27(b)所示。

3）border-top-left-radius：25px

代码解读：左上角半径为 25px。效果如图 4-27(c)所示。

其 CSS 具体代码如下。

```
div { height: 100px;
    width: 100px;
    background - color: #999;
    float: left;
    margin: 5px;}
#box1{   border - radius:15px }
#box2{   border - radius:10px 20px }
#box3{   border - top - left - radius:25px}
```

HTML 代码如下。

```
<div id = "box1"></div>
<div id = "box2"></div>
<div id = "box3"></div>
```

2. 案例制作

对“民间艺术”页面的左侧导航条设置圆角风格，得到如图 4-28 所示的风格变换效果。

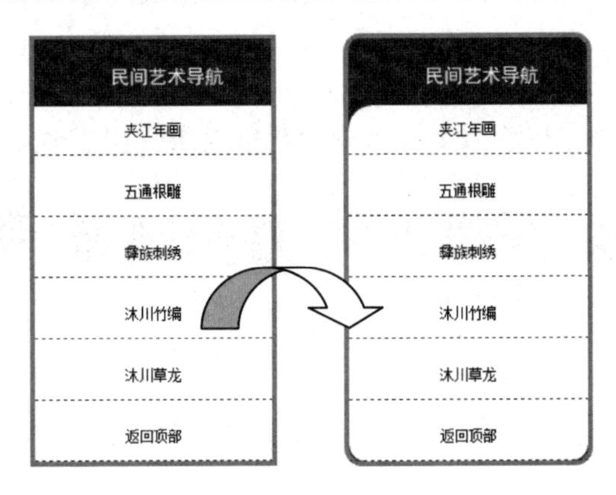

图 4-28　圆角效果

步骤 1：在【代码】视图中编辑选择器“#mainbody #left_menu”，设置圆角风格，半径为 15px，代码如图 4-29 所示，效果如图 4-30 所示。

```
33  #mainbody #left_menu {
34      border-radius: 15px;
35      width: 200px;
36      float: left;
37      background-color: #BA090D;
38      border: 4px solid #cdab7d;
39      margin-left: 20px;
40      position: fixed;
41  }
```

图 4-29　外边框圆角设置代码

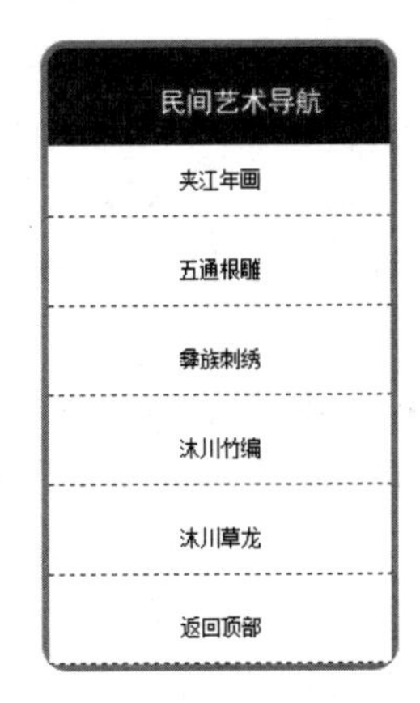

图 4-30　外边框圆角效果

步骤 2：设置列表圆角。从步骤 1 效果图看，左下和右下方圆角被包含的列表背景挡住了一部分，为了解决这一问题，需要对列表进行圆角设置，同时列表左上角也需设置圆角风格。编辑“#mainbody #left_menu ul”选择器，在其中添加如图 4-31 所示代码。效果制作完毕。

```
68  #mainbody #left_menu ul {
69      border-top-left-radius: 20px;
70      border-bottom-left-radius: 14px;
71      border-bottom-right-radius: 14px;
```

图 4-31 列表圆角设置代码

4.3.2 添加阴影

在 CSS3 中，设计者可以为网页元素添加阴影。

1. 为文本添加阴影

文本添加阴影属性为 text-shadow，有 4 个值，分别表示水平偏移量(x-offset)、垂直偏移量(y-offset)、模糊半径(blur-radius)和颜色(color)。4 个值之间以空隔间隔，模糊半径是可选择值。

示例：为文字“嘉州画派”添加 4 种不同的阴影效果。阴影效果如图 4-32 所示。

嘉州画派 嘉州画派 嘉州画派 嘉州画派

(a) (b) (c) (d)

图 4-32 文字阴影效果

从左到右阴影效果代码如下。

1) text-shadow：5px 5px 10px #FF0000

代码解读：阴影水平向右偏移 5px，垂直向下偏移 5px，模糊半径 10px，颜色为红色#FF0000。效果如图 4-32(a)所示。

2) text-shadow：-5px -5px 10px #FF0000

代码解读：阴影水平向左偏移 5px，垂直向上偏移 5px，模糊半径 10px，颜色为红色#FF0000。效果如图 4-32(b)所示。

3) text-shadow：2px 2px #CCCCCC

代码解读：阴影水平向右偏移 2px，垂直向下偏移 2px，颜色为灰色#CCCCCC。效果如图 4-32(c)所示。

4) text-shadow：3px 3px #CCCCCC，5px 5px 5px #FF0000

代码解读：文字可添加多个阴影效果，每组属性值以逗号间隔。首先添加无模糊半径的灰色阴影，向右向下偏移 3px；其次添加了带模糊半径的阴影，向右向下偏移 5px，颜色为红色#FF0000。效果如图 4-32(d)所示。

CSS 具体代码如下。

```
.text1 {text - shadow:5px 5px 10px #FF0000;}
.text2{text - shadow: - 5px - 5px 10px #FF0000;}
.text3{text - shadow:2px 2px #CCCCCC;}
.text4{text - shadow:3px 3px #CCCCCC,5px 5px 5px #FF0000;}
```

HTML代码如下。

```
<h1 class = "text1">嘉州画派 </h1>
<h1 class = "text2">嘉州画派 </h1>
<h1 class = "text3">嘉州画派 </h1>
<h1 class = "text4">嘉州画派 </h1>
```

2. 为其他元素添加阴影

除文字外,网页的其他元素也可设置阴影,属性为 box-shadow,有6个值,分别表示水平偏移量(x-offset)、垂直偏移量(y-offset)、模糊半径(blur-radius)、阴影尺寸(spread)、颜色(color)和内部阴影(inset)。其中,blur-radius,spread,color 和 inset 为可选值。

示例:创建5个大小相同的盒子,左浮动,外边距为10px。分别为5个盒子设置阴影,得到如图4-33所示效果。

图4-33　盒子阴影设置

从左到右的盒子阴影代码如下。

1) box-shadow: 5px 5px

代码解读:阴影水平向右偏移5px,垂直向下偏移5px,默认阴影为黑色。效果如图4-33(a)所示。

2) box-shadow: 5px 5px 15px

代码解读:阴影水平向右偏移5px,垂直向下偏移5px,模糊半径为15px,默认阴影为黑色。效果如图4-33(b)所示。

3) box-shadow: 5px 5px 15px 5px

代码解读:阴影水平向右偏移5px,垂直向下偏移5px,模糊半径为15px,阴影尺寸为5px,默认阴影为黑色。效果如图4-33(c)所示。

4) box-shadow: 5px 5px 15px 5px #CC3300

代码解读:水平向右偏移5px,垂直向下偏移5px,模糊半径为15px,阴影尺寸为5px,阴影颜色为红色#CC3300。效果如图4-33(d)所示。

5) box-shadow: 5px 5px 15px 5px #CC3300,-5px -5px 20px #000000

代码解读:可添加多个阴影效果,每组属性值以逗号间隔。水平向右偏移5px,垂直向下偏移 5px，模糊半径为 15px，阴影尺寸为 5px，阴影颜色为红色＃CC3300。接着添加向左向上偏移 5px 的阴影，20px 模糊半径，颜色为黑色＃000000。效果如图 4-33(e)所示。

CSS 代码如下。

```
div {float: left;
    height: 100px;
    width: 100px;
    margin: 10px;
    background-color: #999 }
#shadow1 {box-shadow:5px 5px }
#shadow2 {box-shadow:5px 5px 15px}
#shadow3 {box-shadow:5px 5px 15px 5px}
#shadow4 {box-shadow:5px 5px 15px 5px #CC3300}
#shadow5{box-shadow:5px 5px 15px 5px #CC3300, -5px -5px 20px #000000}
```

HTML 代码如下。

```
<div id="shadow1"></div>
<div id="shadow2"></div>
<div id="shadow3"></div>
<div id="shadow4"></div>
<div id="shadow5"></div>
```

3. 案例制作

对“民间艺术”页面右侧图片展示制作阴影效果，得到如图 4-34 所示效果。

图 4-34 阴影设置效果

具体操作如下。

打开“民间艺术”页面，对类名选择器.pic 进行编辑，添加阴影效果。代码如图 4-35 所示。

```
49  .pic {
50      box-shadow:5px 5px 5px #CCCCCC;
51      height: 230px;
52      width: 250px;
53      padding: 2px;
54      margin: 10px;
55      float: left;
56      border: 1px solid #CCC;
57  }
```

图 4-35　添加阴影代码设置

4.3.3　背景编辑

在 CSS2 中，背景设置有很多限制，如一个元素只能设置一个背景颜色或图片。在 CSS3 中，背景增加了新的功能。

1. 创建渐变背景

渐变背景是在不使用图片的情况下创建从一种颜色到另一种颜色的过渡效果。CSS3 定义了两种渐变：线性渐变和径向渐变。背景属性还是 background，只是对应的值以及参数发生了变化。

示例 1：为 5 个盒子创建从红色到蓝色的不同方向线性渐变背景。效果如图 4-36 所示。

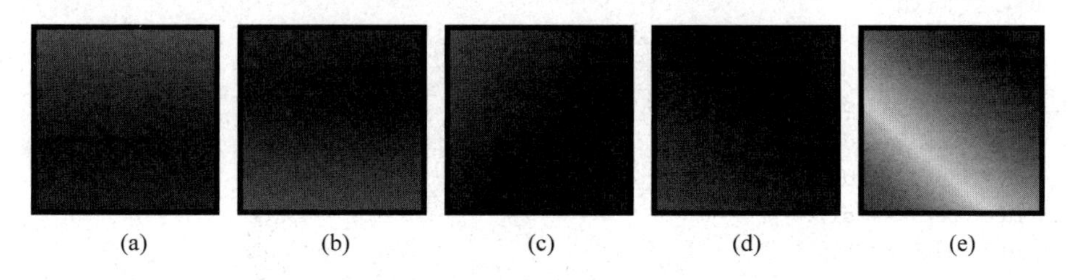

(a)　(b)　(c)　(d)　(e)

图 4-36　线性渐变效果图

从左到右线性渐变代码如下。

1）background：linear-gradient(red,blue)

代码解读：背景值为线性渐变函数 linear-gradient()，其包含两个参数值红色和蓝色，即红色到蓝色的渐变，默认渐变方向从上到下。效果如图 4-36(a)所示。

2）background：linear-gradient(to top, red, blue)

代码解读：linear-gradient 包含三个参数，第一个参数代表渐变方向，第二个和第三个代表渐变颜色。渐变方向有 9 种文字描述，如表 4-1 所示。此处设置的是从下到上红色到蓝色的渐变。效果如图 4-36(b)所示。

表 4-1　渐变方向值

to top	to bottom	to left	to right	to bottom left	to bottom right	to top left	to top right
向上	向下	向左	向右	向左下	向右下	向左上	向右上

3）background：linear-gradient(to bottom right，red，blue)

代码解读：从左上到右下的对角渐变。效果如图 4-36(c)所示。

4）background：linear-gradient(40deg，red，blue)

代码解读：除文字进行方向描述外，还可设置具体角度值进行更多方向设置。此处定义了从 40°角的方向进行红色到蓝色的渐变。效果如图 4-36(d)所示。

5）background：linear-gradient(40deg，red，yellow，green，blue)

代码解读：可以设置多种颜色间的渐变。此处从 40°角方向进行了 4 种颜色的线性渐变，起点为红色，终点为蓝色。效果如图 4-36(e)所示。

CSS 代码如下。

```
div {height: 100px;
    width: 100px;
    float: left;
    margin: 5px;
    border: 3px solid #000;}
#box1{background:linear-gradient(red, blue);}
#box2{background:linear-gradient(to top, red, blue);}
#box3{background:linear-gradient(to bottom right, red, blue);}
#box4{background:linear-gradient(40deg, red, blue);}
#box5{background:linear-gradient(40deg, red, yellow, green, blue);}
#box6{background:radial-gradient(red, blue);}
```

HTML 代码如下。

```
<div id="box1"></div>
<div id="box2"></div>
<div id="box3"></div>
<div id="box4"></div>
<div id="box5"></div>
<div id="box6"></div>
```

示例 2：为三个盒子创建从红色到蓝色的径向渐变背景。效果如图 4-37 所示。

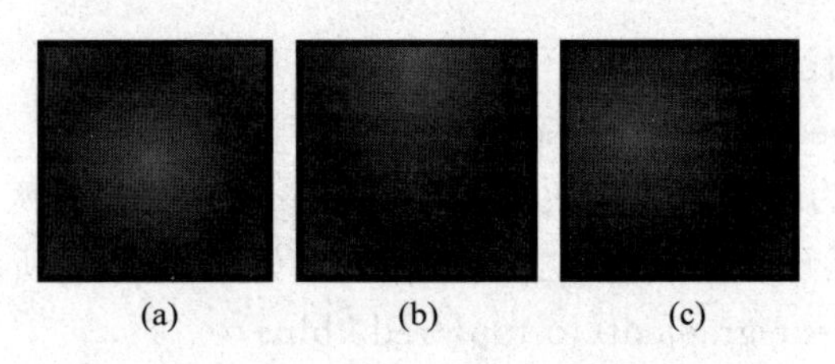

图 4-37　径向渐变效果

从左到右径向渐变背景代码如下。

1）background：radial-gradient(red，blue)

代码解读：背景值为径向渐变函数 radial-gradient()，此处包含两个参数红色和蓝色，表示红色到蓝色渐变，默认径向方向从中心位置开始。效果如图 4-37(a)所示。

2）background：radial-gradient(at top，red，blue)

代码解读：radial-gradient()函数包含三个参数值，第一个参数表示渐变开始的位置，后面两个表示渐变颜色。此处是从顶端开始的红色到蓝色的径向渐变。具体方向可参考表 4-1,只是需要将 to 换成 at。效果如图 4-37(b)所示。

3) background: radial-gradient(at 30px 40px, red, blue)

代码解读:除文字描述位置外,以盒子左上角为原点,利用坐标 X 轴和 Y 轴进行具体位置描述。此处是从坐标位置(30px,40px)开始红色到蓝色的径向渐变。位置单位可以是像素和百分比。效果如图 4-37(c)所示。

2. 设置多重背景

利用 CSS3,可以在一个元素中设置多个背景图片,并能控制背景位置和大小。插入背景图片属性还是 background-image,通过逗号间隔可以插入多张图片。新增了 background-size 属性,对插入的背景图片进行大小更改。

示例:创建一个盒子,大小为 500×600,在盒子里插入两张背景图片 css_bg.png 和 css_bg.jpg。通过以下三组代码的设置,得到如图 4-38 所示的代码对应效果。

(a)

(b)

(c)

图 4-38 多重背景设置效果图

1) background-image: url(images/css3_bg.png),url(images/css3_bg.jpg)

代码解读:代码中的插入顺序决定了图片的叠放关系,放在上面的应先插入。此处插入了两张背景图片,css3_bg.png 叠放在 css3_bg.jpg 上。得到如图 4-38(a)所示效果。

2) background-position:40% 20%, 20% 50%

代码解读:利用 background-position 可以对插入的背景图片进行位置设置。此处以盒子左上角为坐标原点,第一张图片放置在离原点水平方向 40%,垂直方向 20%处。第二张图片放置在离原点水平方向 20%,垂直方向 100%,即基于盒子底部插入。得到如图 4-38(b)所示效果。

3) background-size: auto, 100% 100%

代码解读:如果保持原始尺寸则设为 auto,尺寸单位为百分比表示相对盒子的尺寸。此处第一张尺寸不变,第二张相对于盒子宽度高度都为 100%,即图片被放大至盒子大小。得到如图 4-38(c)所示效果。

3. 案例制作

在前面的页面制作过程中,渐变效果都是以图片完成的,通过 CSS3 的学习,设计者通过代码编写的方式对“乌木文化”页面的页脚版块进行背景设置。

方式 1：对 ID 选择器#footer 进行编辑，在原有代码基础上添加 background 属性，设置 linear-gradient 线性渐变效果，代码如下。此方式实现的效果与之前插入背景图片效果相似。

```
#footer {height: 148px;
    margin-top: 0px;
    margin-right: auto;
    margin-bottom: 0px;
    margin-left: auto;
    background-image:url(images/footer_bg.jpg);
    background:linear-gradient(to top, #cda977, #fff);}
```

方式 2：对#footer 选择器进行编辑，设置径向渐变效果，代码如下。效果如图 4-39 所示。

```
#footer {height: 148px;
   margin-top: 0px;
   margin-right: auto;
   margin-bottom: 0px;
   margin-left: auto;
   background-image:url(images/footer_bg.jpg);
   background:radial-gradient(at bottom, #cda977, #fff);}
```

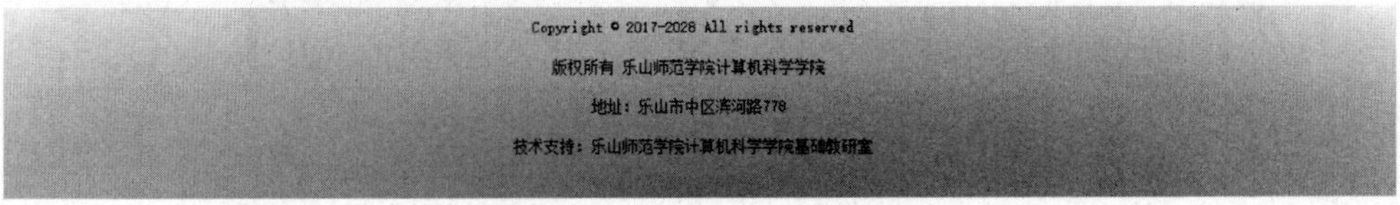

图 4-39 页脚背景径向渐变效果

4.3.4 透明度设置

在 CSS3 中，通常有两种方法设置透明度：RGBA 和 opacity。

1. RGBA 方式

在前面的设计过程中，设计者都是通过 RGB 方式进行颜色设置的，以#号开头，一位或两位十六进制分别表示 R，G，B。这里，设计者可以对 RGB 方式设置的颜色进行透明度设置，其代码格式如下：

```
background-color:rgba(R, G, B, opacity)
```

格式说明：RGBA 方式还是要用到 background-color 属性，其值为函数 rgba()。此函数包含 4 个值，前面三个值分别代表红、绿、蓝三色，取值范围是 0～255。第 4 个值为透明度设置，取值范围是 0～1，值越小表示越透明。

示例：如图 4-40(a)所示，对文字所在的背景设置透明度为 0.5，得到透明效果如图 4-40(b)所示。

透明度设置代码如下。

```
background-color: rgba(0,0,0,0.5)
```

(a) (b)

图 4-40 RGBA 透明度设置前后效果图

CSS 具体代码如下。

```
#box {height: 100px;
    width: 200px;
    background-color: #F00;
    color: #FFF;
    font-family: "黑体";
    font-size: 18px;
    text-align: center;
    vertical-align: middle;}
#box #box_bg {background-color:rgba(0,0,0,0.5)
    height: 40px;
    line-height: 30px;}
```

HTML 代码如下。

```
<div id="box">
  <div id="box_bg">RGBA 透明度设置</div>
</div>
```

2. opacity 方式

使用属性 opacity 可以修改整个元素的透明度(包括其子元素),其值是两位小数,不带单位。

示例:使用属性 opacity 设置层 #box_bg 的透明度,其值为 0.5。设置前后效果如图 4-41 所示。

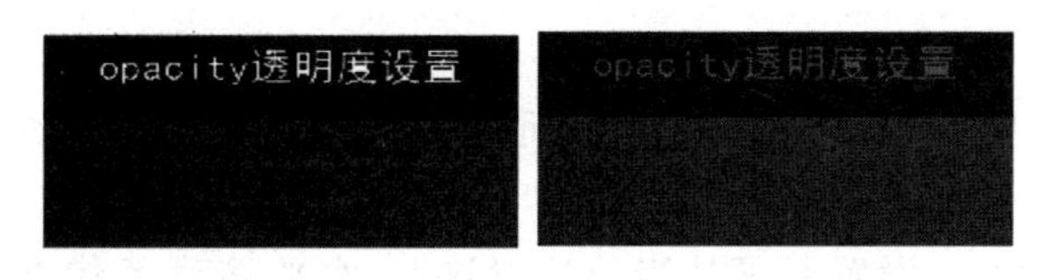

图 4-41 opacity 设置前后效果

透明度设置 CSS 代码如下。

```
#box {height: 100px;
    width: 200px;
    background-color: #F00;
```

```
    color: #FFF;
    font-family: "黑体";
    font-size: 18px;
    text-align: center;
    vertical-align: middle;}
#box #box_bg {background-color: #000;
    opacity:0.5;
    height: 40px;
    line-height: 30px;}
```

从效果上来看，两种方式都能实现背景透明，但使用 opacity 方式会把里面的文字也设置成透明 0.5。

3. 案例制作

对首页“文化荟萃”版块中的图片设置透明效果，当鼠标指向图片时，恢复为不透明。效果如图 4-42 所示。

步骤 1：新建选择器“#multiculture img”，使用属性 opacity 设置值为 0.6。

步骤 2：新建选择器“#multiculture img:hover”，设置 opacity 值为 1。

 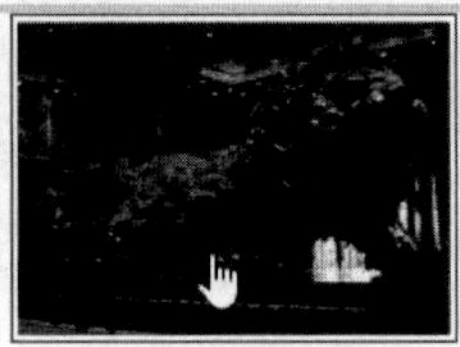  

图 4-42　图片透明度设置效果

说明：伪类选择器：hover 不仅能与标签 a 结合使用，也能与其他标签结合使用，实现更多互动效果。

CSS 代码如下。

```
#multiculture img:hover {opacity: 1;}
#multiculture img{ opacity: 0.6;}
```

4.3.5 转换效果

1. 认识转换

在 CSS3 中，使用属性 transform 可以对元素进行移动、缩放、转动、拉长或拉伸，转换方法有以下几种。

(1) translate(X,Y)：设置元素从当前位置移动，水平移动 X 像素，垂直移动 Y 像素。

(2) rotate(X)：元素按给定的角度 X°顺时针旋转。如为负值，元素将逆时针旋转。

(3) scale(X,Y)：设置元素的尺寸，宽度是原始尺寸的 X 倍，高度是原始尺寸的 Y 倍。

(4) skew(X, Y)：按指定角度翻转，水平翻转 X°，垂直翻转 Y°。

(5) matrix()：将所有转换方法组合。

示例 1：通过 translate()方法对盒子进行移动，水平向右移动 100px，垂直向下移动

100px。关键代码如下。

```
transform: translate(100px, 100px)
```

示例2：通过rotate()方法对盒子进行旋转90°。效果如图4-43(a)所示。关键代码如下。

```
transform: rotate(90deg)
```

示例3：通过scale()方法将盒子变大，宽度为原始图片的二倍，高度为原来一倍。效果如图4-43(b)所示。关键代码如下。

```
transform: scale(2,1)
```

示例4：使用skew()方法对盒子进行翻转，水平翻转20°，垂直翻转20°。效果如图4-43(c)所示。关键代码如下。

```
transform: skew(20deg,20deg)
```

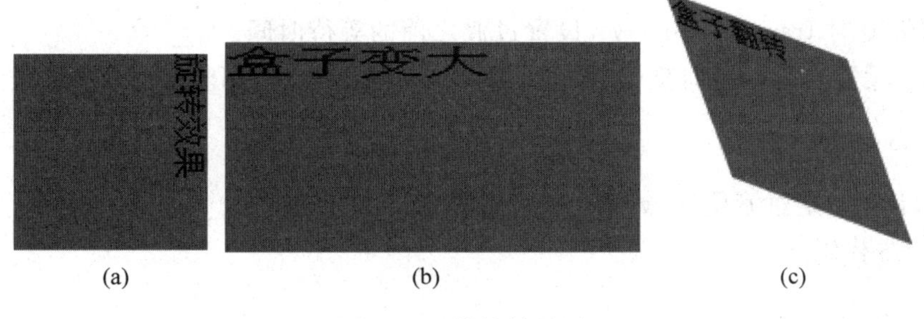

图4-43 转换效果图

2. 案例制作

对“民间艺术”页面右侧展品进行图片缩放设置，当鼠标指向图片时宽度和高度为原来的0.9倍。效果如图4-44所示。

图4-44 图片缩小效果图

步骤1：新建上下文选择器“.pic img:hover”。此选择器需要设计者在【新建CSS规则】对话框中输入，也可直接在【代码】视图编写。

步骤 2：对选择器进行风格设置，代码如下。

```
.pic img:hover {transform: scale(0.9,0.9);}
```

4.3.6 过渡动画设置

1. 认识过渡

过渡是指元素从一种样式逐渐转变成另一种的效果。在 CSS3 中，通过属性 transition 可实现过渡效果，有 4 个值，分别是 CSS 属性、过渡时间、过渡曲线变化和过渡延时。属性值说明如下。

(1) CSS 属性 transition-property：设置运用过渡效果的属性。

(2) 过渡时间 transition-duration：设置过渡耗时，以秒或毫秒为单位。

(3) 过渡曲线变化 transition-timing-function：设置过渡过程中速度，linear 表示匀速度，ease-in 表示加速，ease-out 表示减速，ease-in-out 表示先加速后减速，ease 与 ease-in-out 差不多，但速度要快些。

(4) 过渡延时 transition-delay：设置过渡之前的等待时间。

示例 1：设置当光标指向盒子时，盒子逐渐变宽到 200px，用时 2s。关键代码如下。

```
transition: width 2s
```

代码解读：指定过渡属性 width，过渡用时 2s。

具体 CSS 代码如下。

```
#box1 {height: 100px;
    width: 100px;
    background-color: #999;
    transition: width 2s;}
#box1:hover{width:200px;}
```

代码解读：盒子原始宽度为 100px，在 #box1 选择器中添加过渡代码 transition，指定过渡属性 width，过渡用时 2s。选择器“#box1:hover”，表示过渡触发条件，当光标放在 #box1 盒子上时，选择器包含的属性表示过渡最终效果，即宽度变为 200px。

示例 2：设置当鼠标指向盒子时，盒子的宽度和高度逐渐变到 200px，用时 2s。关键代码如下。

```
tansition: width 2s, height 2s
```

代码解读：多个过渡效果时，以逗号间隔进行属性添加。

具体 CSS 代码如下。

```
#box1 {   height: 100px;
    width: 100px;
    background-color: #999;
    transition: width 2s, height 2s;}
#box1:hover{   width:200px;
    height:200px;}
```

示例 3：设置当光标指向盒子时，1s 后盒子逐渐消失。关键代码如下。

```
transition: opacity 2s linear 1s
```

代码解读：设置过渡属性为透明度，过渡时间为 2s，采用匀速过渡，等待时间 1s。

具体 CSS 代码如下。

```
#box1 {height: 100px;
    width: 100px;
    background-color: #999;
    transition:opacity 2s linear 1s;}
#box1:hover{opacity:0}
```

示例具体效果请查看 transition. html 文件。

2. 案例制作

对“乌木艺术”页面右侧图片设置围绕 Y 轴旋转的过渡效果。过渡效果如图 4-45 所示。

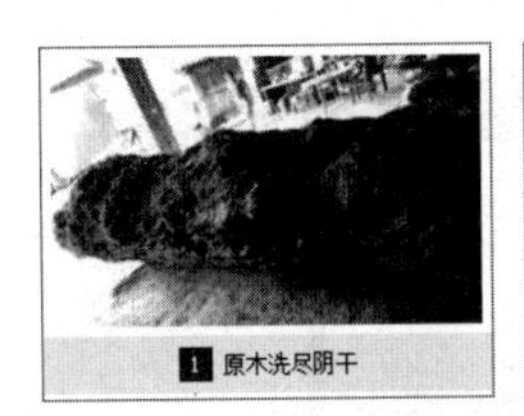

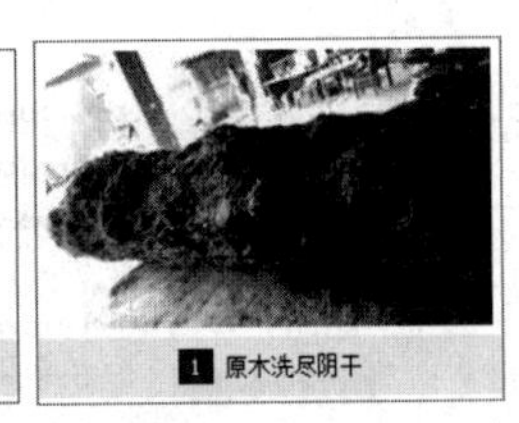

图 4-45 旋转过渡效果图

步骤 1：新建上下文选择器“# wumudisplay .pic img”，设置过渡属性为转换 transform。

步骤 2：新建“# wumudisplay .pic img：hover”选择器，设置转换方式为 3D 旋转 rotateY()。

具体 CSS 代码如下。

```
#wumudisplay .pic img{transition: transform 3s ease-in-out 1s;}
#wumudisplay .pic img:hover {transform: rotateY(180deg);}
```

说明：属性 transform 除了进行 2D 转换外，还可进行 3D 转换。

3. “过渡”分类面板设置

除手动输入过渡代码外，在 Dreamweaver CS6 中，专门针对过渡效果集成了 CSS 规则定义。以本节的示例 3 进行说明。

步骤 1：编辑选择器#box1 后，在【过渡】分类中，可看到已设置的透明度属性及其值，如图 4-46 所示。

步骤 2：选择【属性】后面的【添加】图标 ，可添加更多的过渡效果，如图 4-47 所示。

CSS3 的介绍到此为止，设计者如果对 CSS3 感兴趣，可深入学习。

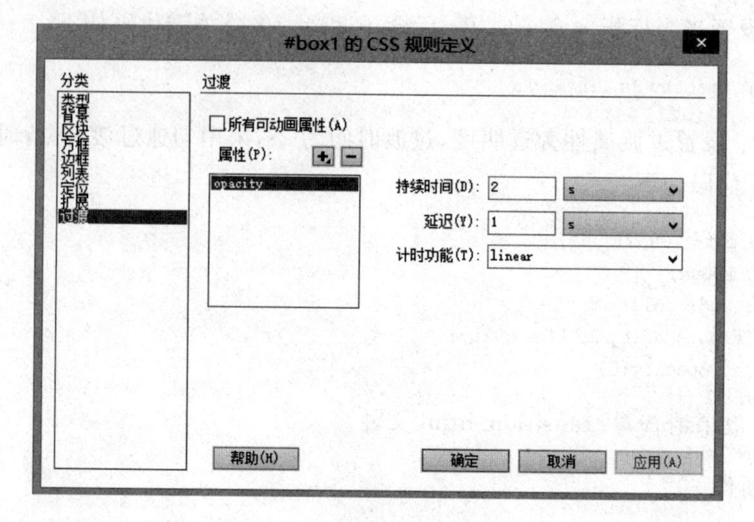

图 4-46 【过渡】分类面板

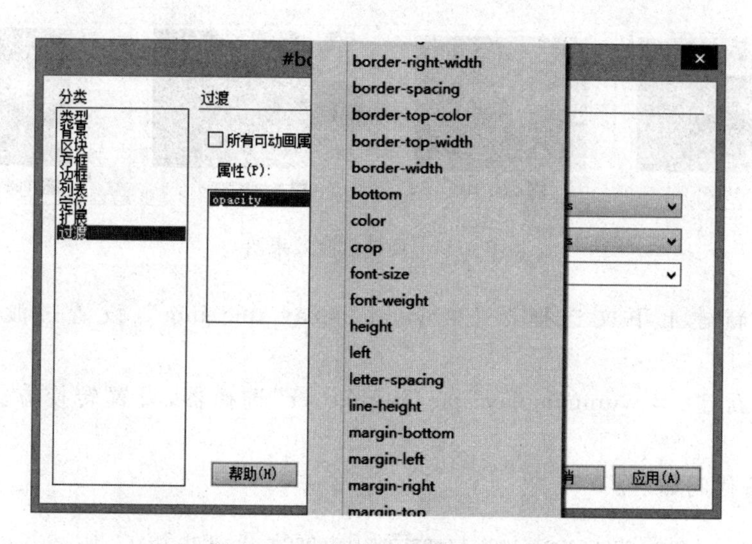

图 4-47 添加更多过渡效果设置

4.4 JavaScript 特效

Web 标准定义了网页的结构、风格和行为，在基于客户端的 Web 开发技术中，JavaScript 是实现行为的最流行的语言。本节将介绍 JavaScript 基础，并重点介绍一些实用网页特效。

4.4.1 JavaScript 简介

JavaScript 是一种基于事件(Event)驱动的面向对象(Object)的脚本语言，并具有安全性能。JavaScript 代码可内嵌于 HTML 源代码中，与 HTML、CSS 结合实现对页面元素的控制，从而创造出各种交互式效果和网页特效，比如表单验证、图片轮播。目前绝大多数流行的浏览器都支持JavaScript，所以很多网页设计者倾向于选择JavaScript作为客户端开发工具。

要实现网页特效，设计者需要深刻了解JavaScript的三个重要元素：对象、事件和动作。

1. 对象

网页中的所有元素都可以作为对象，通过HTML文档对象模型(Document Object Model，DOM)来定义，从顶层window对象开始，形成了一张树状结构图，如图4-48所示。

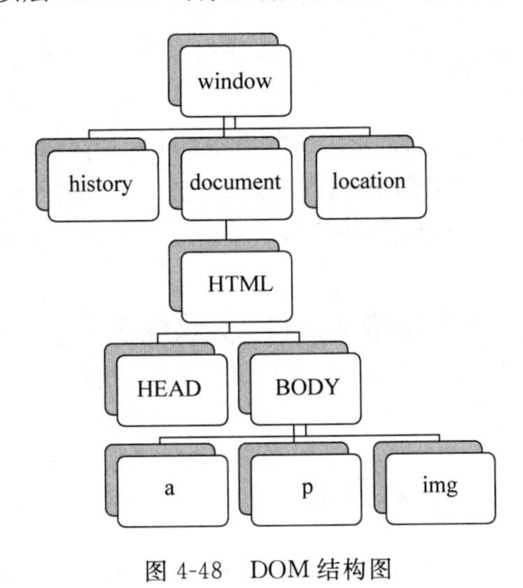

图4-48 DOM结构图

2. 事件

事件是触发动作的原因，它依附于对象而存在。其描述方式是以“on”开头，如当单击图片时为onClick，当光标移动到图片上时为onMouseOver。不同的浏览器支持的事件种类和多少是不一样的，通常高版本的浏览器支持更多的事件，如表4-2所示是常见事件。

表4-2 常见事件描述

事　件	描　述
onLoad	当网页加载时
onMouseOver	当光标在对象上时
onMouseOut	当光标从热字或图像上离开时
onMouseMove	当光标在热字或图像上移动时
onMouseDown	当在选定对象上按下鼠标左键时
onMouseUp	当鼠标松开时
onUnload	当离开网页时
onBlur	当失去焦点
onClick	当鼠标单击对象时
onDblClick	当鼠标双击对象时
onError	当载入图像等发生错误时

续表

事　件	描　述
onFocus	当对象得到焦点时
onKeyDown	当按下键盘上光标键的向下键时
onKeyPress	当焦点在对象上，按下键盘上的某个键时
onKeyUp	当按键盘上光标键的向下键时

3. 动作

也称为行为，通常是一段 JavaScript 代码，通过动作来实现动态效果，如图片滚动、文字弹出。

对于初学者来说，学习时可以使用客观世界中的句子做对比，其语法结构是相似的。我们来看这样一句描述：当汽车加满油，就可以到处跑了。仔细分析这句话，这句话包含表示条件的句式“当……”，有了这个条件或原因，“汽车”这个对象就可以完成相应的动作“到处跑”。

再来看看在网络世界的操作，浏览者通过鼠标或键盘进行一系列的操作执行的结果，比如“当光标放在文字上面时，文字变成红色”，这句话的对象是“文字”，事件为 onMouseOver，动作是“变红色”。

4.4.2 JavaScript 基本语法

在 HTML 文档中嵌入 JavaScript 语句很简单，需要使用< script >标签包含 JavaScript 代码，其代码结构如下。

```
<script language = "javascript">
JavaScript 语句<! -- 注释 -->
</script>
```

JavaScript 代码可以放置于< head >标签中，也可以放置于< body >标签中。

示例 1：在浏览器中运行网页 js1.html，将弹出“学习 JavaScript!”对话框。执行结果如图 4-49 所示。

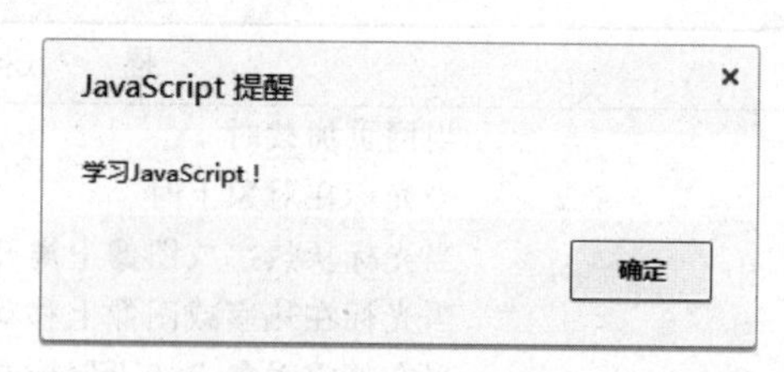

图 4-49　弹出对话框效果

具体代码如下。

```
<html xmlns = "http://www.w3.org/1999/xhtml">
<head>
<meta http-equiv = "Content-Type" content = "text/html; charset = utf-8" />
```

```
<title>无标题文档</title>
<script language = "javascript">
alert("学习 JavaScript!")
<! -- 使用 Window 对象 alert()方法 -- >
</script>
</head>
<body>
</body>
</html>
```

示例 2：将 JS 代码放于< body >标签中，文字“快乐学习 JavaScript”之后，执行结果如图 4-50 所示。

图 4-50　HTML 文字与 JS 代码执行顺序效果

具体代码如下。

```
<html xmlns = "http://www.w3.org/1999/xhtml">
<head>
<meta http - equiv = "Content - Type" content = "text/html; charset = utf - 8" />
<title>无标题文档</title>
</head>
<body>
<h1 >快乐学习 JavaScript </h1 >
<script language = "javascript">
alert("学习 JavaScript!")<! -- 使用 Window 对象 alert()方法 -- >
  </script>
</body>
</html>
```

运行示例 2 代码时，将先出现文字，再弹出对话框。当 JS 代码放置于< body >标签中时，如无事件触发控制，将按顺序执行 HTML 和 JS 代码。

4.4.3　认识【行为】面板

行为是 Dreamweaver 内置的 JavaScript 程序库，由事件和动作组成，对初学者来说，通过【行为】面板可以轻松实现对行为的添加和控制。Dreamweaver 中除了内置的行为外，设计者可以自己用 JavaScript 编写行为，还可以从 Adobe 公司网站下载。

在 Dreamweaver CS6 中，选择菜单【窗口】|【行为】命令，即可打开【行为】面板。【行为】面板默认的位置是在【标签检查器】组合面板中，如图 4-51 所示。

在【行为】面板上可以进行如下操作。

(1)【显示设置事件】图标 ：列表中只显示当前正在编辑的事件名称。

(2)【显示所有事件】图标 ：列表中显示当前文档中所有事件的名称。

(3)【添加行为】图标 ：单击该按钮会打开行为菜单，在菜单中选择相应动作添加到当前选定的页面元素中。

(4)【删除行为】图标 ：单击该按钮会删除选定的行为。

(5)【上移】图标 和【下移】图标 ：可将动作项向前移或向后移，改变动作执行的顺序。

图 4-51 【行为】面板

4.4.4 案例制作——滚动图片的停止与运行

1. 案例分析

在首页和“旅游文化”页面中，< marquee >标签实现了图片的滚动。为了提高用户的体验，增强交互性，滚动效果需做进一步完善：当光标放在图片上时，图片停止，当光标离开图片时，图片继续运行。

2. 案例制作

涉及的事件是 onMouseOver 和 onMouseOut，事件作用的对象是< marquee >标签包含的内容，动作是停止和运行。为了把三个重要元素结合起来，在 marquee 标签中将添加如下代码：

```
< marquee onMouseOver = "this.stop()" onMouseOut = "this.start()" …>
图片或文字内容
</marquee >
```

代码解读：

(1) 由于事件是依附于对象存在的，因此事件可以作为属性放置在对象里面，< marquee >开始标签中。

(2)“停止”与“运行”动作是通过 JavaScript 内置函数实现的，可以直接使用。

(3) 对象与动作之间的关系，也称为对象与调用函数关系，通过小数点进行连接。

(4) 事件、对象、动作三者之间的关系，用表达式进行表示，即触发事件在等式左边，调用的对象与动作(函数)在等式右边。

(5) 由于已处于对象之中，因此使用“this”关键字来代表对象，this 表示指向对象自己。

应用后效果如图 4-52 所示。

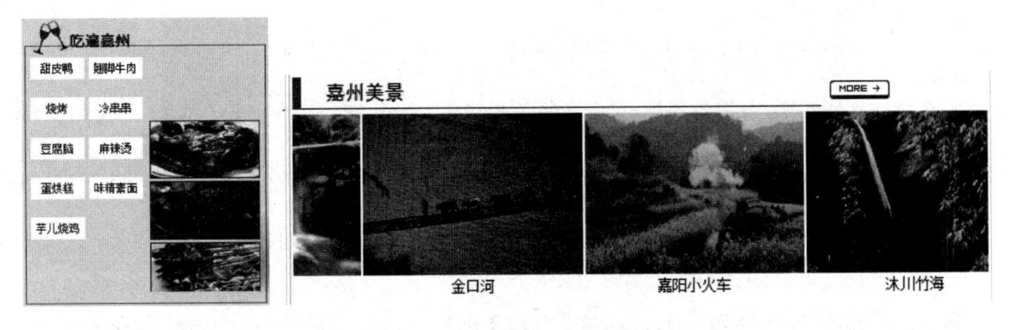

图 4-52 图片停止与运行效果

4.4.5 案例制作——元素的显示与隐藏

1. 案例分析

首页"民间艺术"版块默认显示年画信息，现利用 JavaScript 语言实现内容切换效果，如光标放在"竹编"上时，切换显示竹编相关信息，以此类推。

2. 完善页面信息

由于之前只制作了"年画"相关信息，为了实现切换，设计者还需完善"竹编""刺绣""草龙"相关信息。最有效的方式如下。

步骤 1：选中"年画"内容所在层 #art_nh，如图 4-53 所示，再切换至【代码】视图。

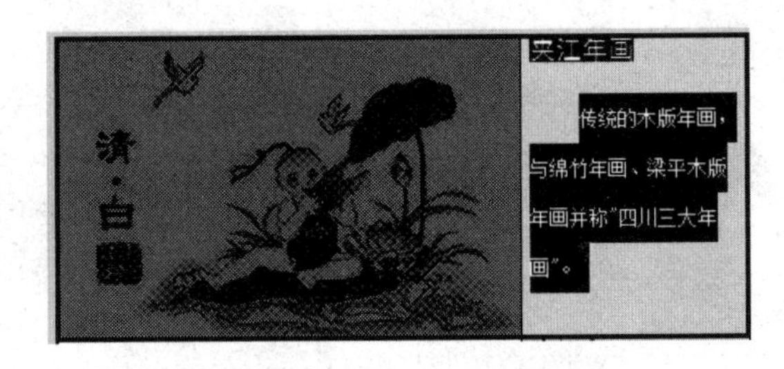

图 4-53 "年画"层选中状态图

步骤 2：对选中的代码进行复制，在层 #art_nh 代码之后，连续复制三次，分别代表"竹编""刺绣""草龙"信息。把复制后的代码中的 ID 值依次改为"art_zb""art_cx""art_cl"。由于 4 个层具有相似风格，声明类名为 arttype，以便进行统一风格设置。具体代码如下。

```
<div id = "art_nh" class = "arttype">
<img src = "images/nh.jpg" width = "280" height = "180" border = "1" /><span class = "nh_text">
夹江年画</span>
<p>传统的木版年画，与绵竹年画、梁平木版年画并称 &quot;四川三大年画 &quot;。</p>
  </div>
 <div id = "art_zb" class = "arttype">
<img src = "images/nh.jpg" width = "280" height = "180" border = "1" /><span class = "nh_text">夹江
年画</span>
<p>传统的木版年画，与绵竹年画、梁平木版年画并称 &quot;四川三大年画 &quot;。</p></div>
```

```
 <div id = "art_cx" class = "arttype">
<img src = "images/nh.jpg" width = "280" height = "180" border = "1" /><span class = "nh_text">
夹江年画</span>
 <p>传统的木版年画,与绵竹年画、梁平木版年画并称 &quot;四川三大年画 &quot;。</p></div>
   <div id = "art_cl" class = "arttype">
<img src = "images/nh.jpg" width = "280" height = "180" border = "1" /><span class = "nh_text">
夹江年画</span>
   <p>传统的木版年画,与绵竹年画、梁平木版年画并称 &quot;四川三大年画 &quot;。</p></
div>
```

步骤 3：新建类名选择器 arttype，在【方框】分类中，设置宽度为 420px，右浮动。

接着新建上下文选择器“.arttype img”，在【方框】分类中，设置左浮动，右外边距为 5px。以上两个选择器，设计者需在【新建 CSS 规则】面板中选择 CSS 选择器类型后自己输入。应用后，效果如图 4-54 所示。

设计者可以删除掉之前建立的应用于年画信息的选择器“＃mainbody ＃art ＃art_content ＃art_nh”和“＃mainbody ＃art ＃art_content ＃art_nh img”。

步骤 4：对层中图片和文字描述信息进行修改。为方便操作，可切换至【设计】视图中进行修改。首先更改图片，图片名称为 zb.jpg，cx.jpg，cl.jpg。其次更改文字信息，具体信息请参考“民间艺术切换动画文字素材.txt”文件。得到如图 4-55 所示效果。

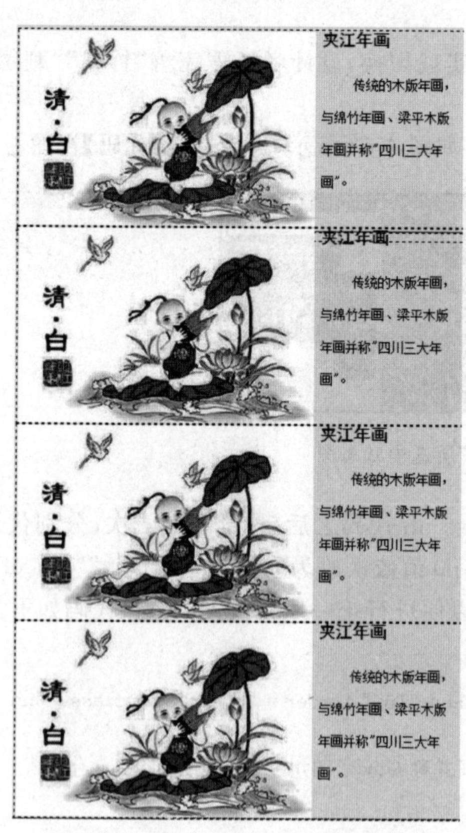

图 4-54　层与图片风格设置效果

图 4-55　内容修改效果

3. 利用 CSS 进行隐藏设置

隐藏“竹编”“刺绣”“草龙”层。新建 ID 选择器 #art_zb，在【区块】分类中，设置属性 display 的值为 none。“竹编”层被隐藏，效果如图 4-56 所示。

按照相同方法，新建 ID 选择器 #art_cx 和 #art_cl，设置 display 为 none。得到如图 4-57 所示效果。

图 4-56 “竹编”信息隐藏效果

图 4-57 隐藏设置后最终效果

说明：属性 display 能设置元素显示与隐藏效果，常用值为隐藏 none，以块级元素显示 block 和行级元素显示 inline。使用 display 设置隐藏，隐藏元素不占位置，后面的元素将补上。

4. 在【行为】面板中进行显示与隐藏设置

步骤 1：选中文字“年画”对象，单击【行为】面板中的【添加行为】图标 ，选择【显示-隐藏元素】命令，弹出【显示-隐藏元素】对话框，如图 4-58 所示。

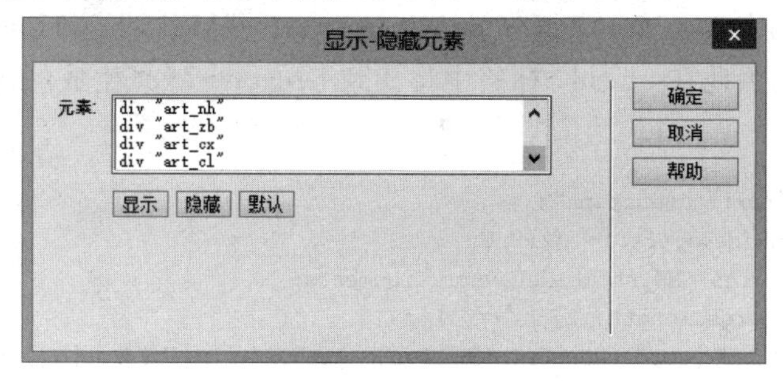

图 4-58 【显示-隐藏元素】对话框

说明：只有声明了 ID 的元素才能在【显示-隐藏元素】对话框中出现。

步骤 2：在【显示-隐藏元素】对话框中，选中层＃art_nh 对应的选项【div "art_nh"】，单击【显示】按钮。选中【div "art_zb"】，单击【隐藏】按钮，同样的方法设置选项【div "art_cx"】和【div "art_cl"】隐藏。设置效果如图 4-59 所示。

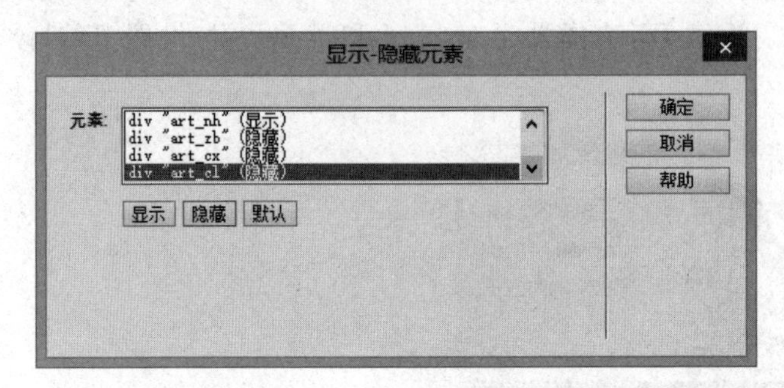

图 4-59　显示与隐藏设置后效果

步骤 3：单击【确定】按钮后，在【行为】面板中将出现第一条行为，默认事件为 onClick，如图 4-60 所示。修改事件为 onMouseOver，如图 4-61 所示。

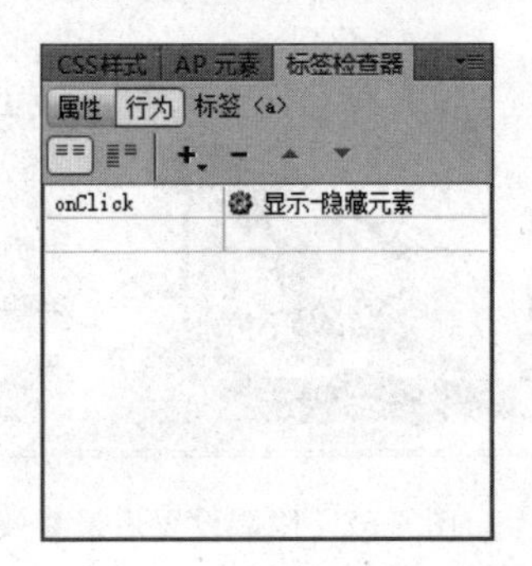

图 4-60　第一条行为显示效果

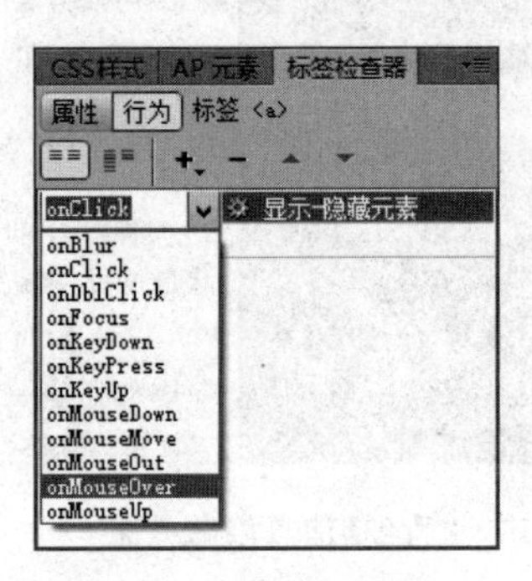

图 4-61　修改事件设置

按照步骤 1～3 的方法分别对文字“竹编”“刺绣”“草龙”进行显示与隐藏操作，设计者要注意的是，只有提示文字对应的层设置为显示，其余三个层均设置为隐藏。如“竹编”对应的层＃art_zb 显示，其余隐藏。

5. 在【代码】视图中进行代码修改设置

步骤 1：选中“民间艺术”版块中的列表信息，切换到【代码】视图对应的位置。通过前面的设置，列表项代码中增加了一条语句 onMouseOver＝ "MM_showHideLayers()"，由于此函数是自定义函数，因此在< head >标签中将找到 Dreamweaver 生成的代码。

具体代码如下。

```
< script type = "text/javascript">
function MM_showHideLayers() { //v9.0
  var i,p,v,obj,args = MM_showHideLayers.arguments;
  for (i = 0; i <(args.length - 2); i += 3)
  with (document) if (getElementById && ((obj = getElementById(args[i]))!= null)) { v = args[i
 + 2];
```

```
    if (obj.style) { obj = obj.style; v = (v == 'show')?'visible':(v == 'hide')?'hidden':v; }
    obj.visibility = v; }
}
</script>
```

步骤 2：对代码进行修改。

CSS 对元素的显示与隐藏设置，除了属性 display 之外，还可用 visibility，其值有 visible 显示，hidden 隐藏。Dreamweaver 生成的代码中使用的是 visibility 属性，导致页面属性使用存在不一致的问题，如果不统一，浏览者无法实现切换效果。

对此段代码只修改三处地方就能解决问题。将 visibility 修改为 display，将值 visible 修改为 block，将值 hidden 修改为 none。修改位置如图 4-62 所示。

```
function MM_showHideLayers() { //v9.0
  var i,p,v,obj,args=MM_showHideLayers.arguments;
  for (i=0; i<(args.length-2); i+=3)
  with (document) if (getElementById && ((obj=getElementById(args[i]))!=null)) { v=args[
    if (obj.style) { obj=obj.style; v=(v=='show')?'visible':(v=='hide')?'hidden':v; }
   obj.visibility=v; }
}
```

图 4-62　代码修改示意图

说明：区别于内置函数，自定义函数是设计者自己定义的函数，由于涉及很多 JavaScript 语法，这里就不做重点介绍，感兴趣的读者可深度学习。本节学习的目的是利用 Dreamweaver 内置的功能【行为】面板进行特效设置。

“民间艺术”版块的切换效果制作完毕，在浏览器中运行时，当光标放在“刺绣”上时切换到刺绣信息层，效果如图 4-63 所示。当光标放在“草龙”上时切换到草龙信息层，效果如图 4-64 所示。

图 4-63　切换效果展示图 1

图 4-64　切换效果展示图 2

说明：显示与隐藏是非常重要的功能，设计者可利用所介绍的方法进行各类效果的应用，如图片点播、广告图片的关闭、树状菜单，很多特效的核心技术就是显示与隐藏。

思考与实践

1. 嵌入式框架的优缺点是什么？在什么情况下使用它？

2. 独立制作关于嘉州文化网站问卷调查页面，内容包括用户昵称、喜欢的版块、改进意见等。

3. 使用 CSS3 对“嘉州画派”页面进行进一步风格美化，得到如图 4-65 所示效果。要求如下。

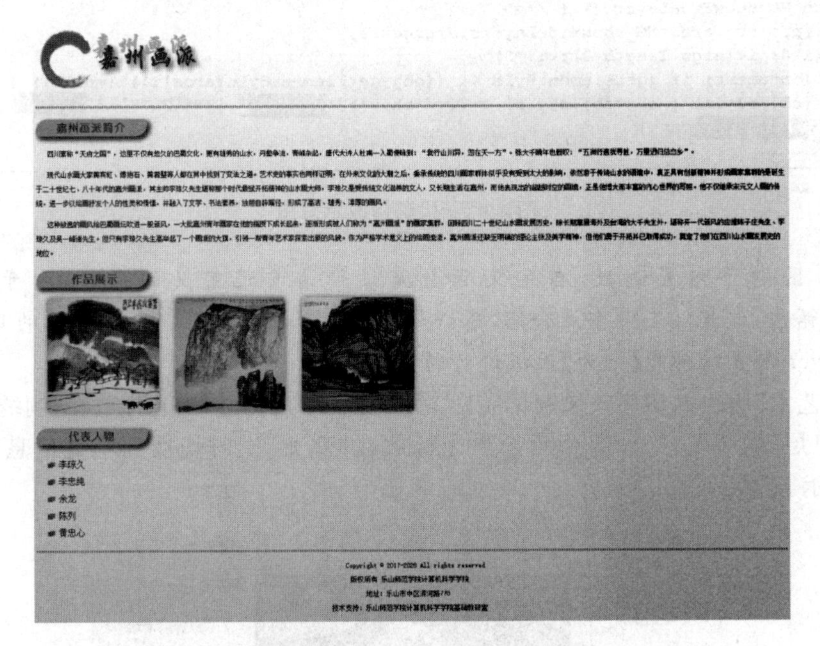

图 4-65 使用 CSS3 美化页面效果

(1) 设置线性渐变背景颜色 background：linear-gradient(to top，＃e7d7c1，＃FFF)。

(2) 对 H1 标题格式的“嘉州画派”设置两种阴影 text-shadow：-10px -20px ＃CCCCCC，5px 5px 10px ＃CC9900。

(3) 对 H3 标题格式的信息设置边框样式，左上角和右下角弧度为 20px，左下角和右下角弧度为 5px：border-radius：20px 5px。设置边框阴影 box-shadow：5px 5px 10px。

(4) 对三幅作品图片进行风格设置。图片四角弧度为 5px：border-radius：5px。微小的阴影出现在图片四角上 box-shadow：0px 0px 10px ＃999。当光标放在图片上时还有过渡效果，围绕 Y 轴旋转 180°，且图片透明度为 0.5。

4. “民间艺术”页面只显示了夹江年画和五通根雕展示图片，使用 JavaScript 语言实现图片显示功能，要求：当单击“彝族刺绣”时，将在右侧显示三张相关图片，如图 4-66 所示。如果继续单击“沐川竹编”，将增加三幅相关图片，如图 4-67 所示。以此类推，实现所有图片展示。

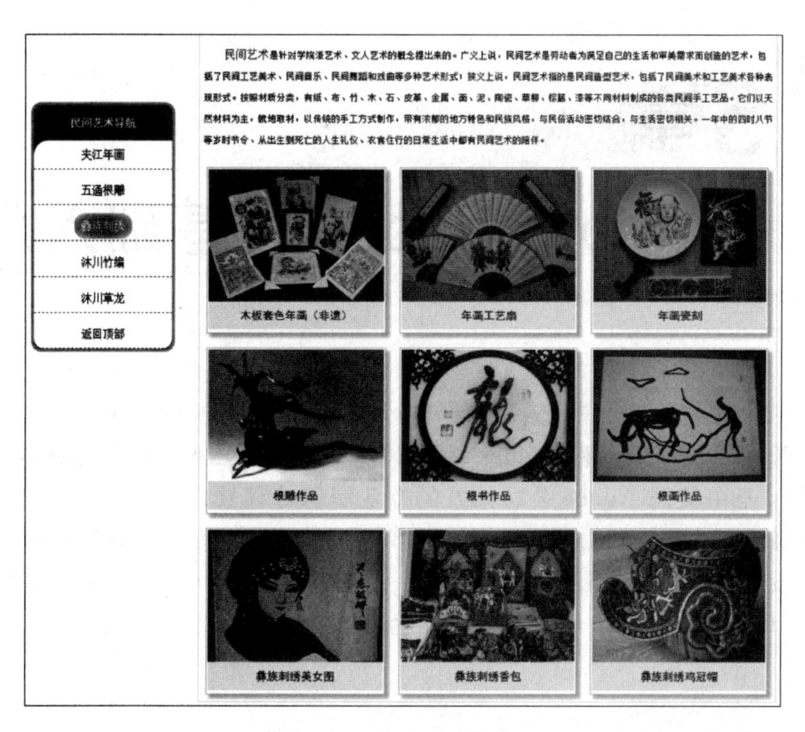

图 4-66　图片显示效果 1

图 4-67　图片显示效果 2

第5章 Photoshop CS6基础入门

从本章开始，将围绕网页图片素材制作进行 Photoshop CS6 理论和操作的介绍，最终实现"嘉州文化长廊"网站 Logo 和 Banner 制作、网页其他图片元素的编辑与制作。

Photoshop 是由美国 Adobe 公司开发的专业图像处理软件。Photoshop 功能强大，操作界面友好，深受广大平面设计人员和计算机美术爱好者的喜爱。该软件具有图像处理、彩色出版、平面设计、网页设计、多媒体设计、照片处理等功能。2012 年 4 月，Adobe 公司发布了 Photoshop CS6，Photoshop CS6 通过更人性化的单击界面、更灵活的编辑方式给用户以全新感受。

5.1 图像处理基本知识

5.1.1 像素、图像分辨率与位图

1. 像素

像素是图像的基本单位。图像是由许多个小方块组成的，每一个小方块就是一个像素，每一个像素只显示一种颜色。每个像素都有自己明确的位置和色彩数值，即这些小方块的颜色和位置就决定了该图像所呈现的样子。文件包含的像素越多，文件量就越大，图像品质就越好。

2. 分辨率

图像上每单位长度所能显示的像素数目称为图像的分辨率，其单位为像素/英寸或是像素/厘米。分辨率分为图像分辨率、屏幕分辨率和输出分辨率三种。

(1) 图像分辨率。图像分辨率是图像中每单位长度所含有的像素数的多少。这种分辨率可以是每英寸的像素数(Pixel Per Inch，PPI)；也可以是每厘米的像素数(Pixel Per Centimeter，PPC)。图像分辨率和图像尺寸的值一起决定文件的大小及输出的质量，该值越大图像文件所占的存储空间也越大。

(2) 屏幕分辨率。屏幕分辨率是显示器上每单位长度显示的像素或点的数目。屏幕分辨率取决于显示器大小及其像素设置。

(3) 输出分辨率。输出分辨率是激光打印机等输出设备产生的每英寸的油墨点数(dpi)。

3. 位图

位图也叫点阵图，它由像素或点的网格组成。其工作方式就像是用画笔在画布上作画一样。将位图放大到一定的程度，就会发现它是由一个个小方格组成的，这些小方格被称为像素点。一个像素点是图像中最小的图像元素。一幅位图图像包括的像素可以达到百万个，因此，位图的大小和质量取决于图像中像素点的多少。通常说来，每平方英寸的面积上所含像素点越多，颜色之间的混合也越平滑，同时文件也越大。Photoshop 是一种基于位图的软件。如图 5-1(a)所示，这是一幅在 Photoshop 中打开的位图图像，用放大镜工具放大后的位图图像如图 5-1(b)所示，我们可以清晰地看到位图放大后的像素小方块。

位图与分辨率有关，如果在屏幕上以较大倍数放大图像，或以低于创建时的分辨率打印图像，图像就会出现锯齿状的边缘，并且会丢失细节。

(a) 原图　　(b) 放大效果

图 5-1　位图

5.1.2　图像的颜色模式

颜色模式是将某种颜色表现为数字形式的模型，或者说是一种记录图像颜色的方式。分为：RGB 模式、CMYK 模式、灰度模式、HSB 模式、Lab 颜色模式、位图模式、索引颜色模式、双色调模式和多通道模式等。下面介绍三种主要的颜色模式。

1. RGB 颜色模式

RGB 颜色模式是一种加色模式，它通过红、绿、蓝三种色光相叠加而形成多种颜色，RGB 是色光的彩色模式，一幅 24b 的 RGB 图像有三种颜色通道：红(R)、绿(G)、蓝(B)，每个通道都有 8b 的色彩信息，即一个 0～255 的亮度值色域，构成了大约 16.7 万种颜色。RGB 颜色控制面板如图 5-2 所示。

在 Photoshop CS6 中编辑图像时，RGB 模式应该是最佳选择，因为它可以提供全屏幕的多达 24 位色彩范围，即常说的真彩色。

2. CMYK 模式

CMYK 颜色模式是一种印刷模式。其中 4 个字母分别指青(Cyan)、洋红(Magenta)、黄(Yellow)、黑(Black)，在印刷中代表 4 种颜色的油墨。由于 C、M、Y、K 在混合成色时，随着 C、M、Y、K 4 种成分的增多，反射到人眼的光会越来越少，光线的亮度会越来越低，所有 CMYK 模式产生颜色的方法又被称为色光减色法。CMYK 颜色控制面板如图 5-3 所示。

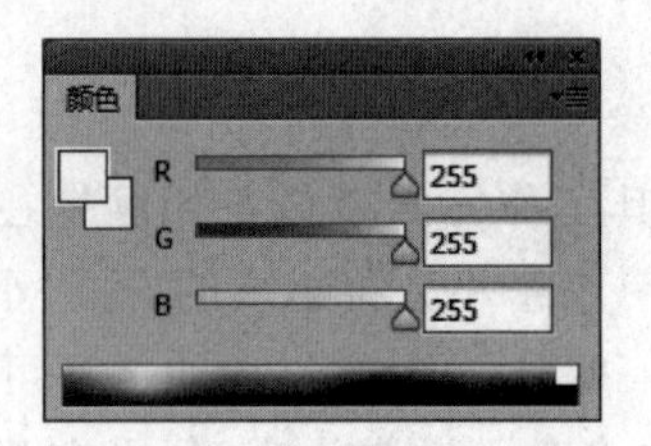

图 5-2　RGB 颜色控制面板

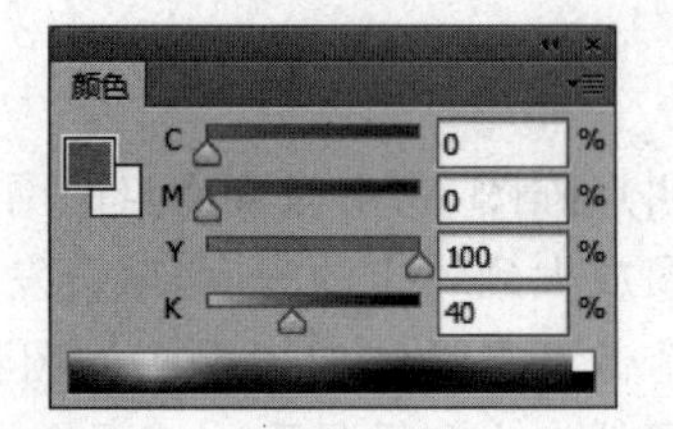

图 5-3　CMYK 颜色控制面板

3. 灰度模式

灰度模式可以使用多达 256 级灰度来表现图像，使图像的过渡更平滑细腻。灰度图像的每个像素有一个 0(黑色)～255(白色)之间的亮度值。灰度值也可以用黑色油墨覆盖的百分比来表示(0%等于白色，100%等于黑色)。

5.1.3　图像的文件格式

当用 Photoshop 制作或处理好一幅图像后，就要进行存储。选择一种合适的文件格式进行保存就显得十分重要。图像文件格式决定了应该在文件中存放何种类型的信息、文件如何与各种应用软件兼容、文件如何与其他文件交换数据。

Photoshop CS6 中有多种文件格式可供选择。在这些文件格式中，既有 Photoshop 的专用格式，也有用于应用程序交换的文件格式，还有一些比较特殊的格式。常见的文件格式有 PSD、JPEG、GIF、PNG、BMP、PDF、TIFF 等。

PSD 其实是 Photoshop 进行平面设计的一张"草稿图"，它里面包含各种图层、通道、遮罩等多种设计的样稿，以便于下次打开文件时可以修改上一次的设计。在 Photoshop 所支持的各种图像格式中，PSD 的存取速度比其他格式快很多，功能也很强大。

5.2　Photoshop CS6 工作环境及优化设置

5.2.1　Photoshop CS6 的新增功能

Photoshop CS6 是 Adobe Photoshop 的第 13 代，是一个较为重大的版本更新。此版本加强了 3D 图像编辑，采用新的暗色调用户界面，其他改进还有整合 Adobe 云服务、改进文件搜索等。Photoshop CS6 相比前几个版本，不再支持 32 位的 Mac OS 平台，Mac 用户需要升级到 64 位环境。

Photoshop CS6 的新增功能体现在以下几个方面。

(1) 内容识别修补。利用内容识别修补更好地控制图像修补，让用户选择样本区，供内容识别功能来创建修补填充效果。

(2) Mercury 图形引擎。借助液化和操控变形等主要工具进行编辑、创建 3D 图稿和处理绘景以及其他大文件时能够即时查看效果。

(3) 3D 性能提升。在整个 3D 工作流程中体验增强的性能。借助 Mercury 图形引擎，可在所有编辑模式中查看阴影和反射，在 Adobe RayTrace 模式中快速地进行最终渲染工作。

(4) 全新和改良的设计工具。更快地创作出出色的设计。应用类型样式以产生一致的格式、使用矢量图层应用笔画并将渐变添加至矢量目标，创建自定义笔画和虚线，快速搜索图层。

(5) 全新的 Blur Gallery。使用简单的界面。

(6) 全新的裁剪工具。使用全新的非破坏性裁剪工具快速精确地裁剪图像。在画布上控制图像，并借助 Mercury 图形引擎实时查看调整结果。

(7) 现代化用户界面。使用全新典雅的 Photoshop 界面，深色背景的选项更加凸显图像，数百项设计改进提供更顺畅、更一致的编辑体验。

(8) 全新的反射与可拖曳阴影效果。在地面上添加和加强阴影与反射效果，快速呈现3D 逼真效果。拖曳阴影以重新调整光源位置，并轻松编辑地面反射、阴影和其他效果。

5.2.2 认识 Photoshop CS6 工作界面组件

启动 Photoshop CS6 应用程序，打开一个图像文件，工作界面如图 5-4 所示。Photoshop CS6 的工作界面包括标题栏、菜单栏、工具箱、工具属性栏、文档窗口、状态栏及控制面板等组件，如图 5-4 所示。

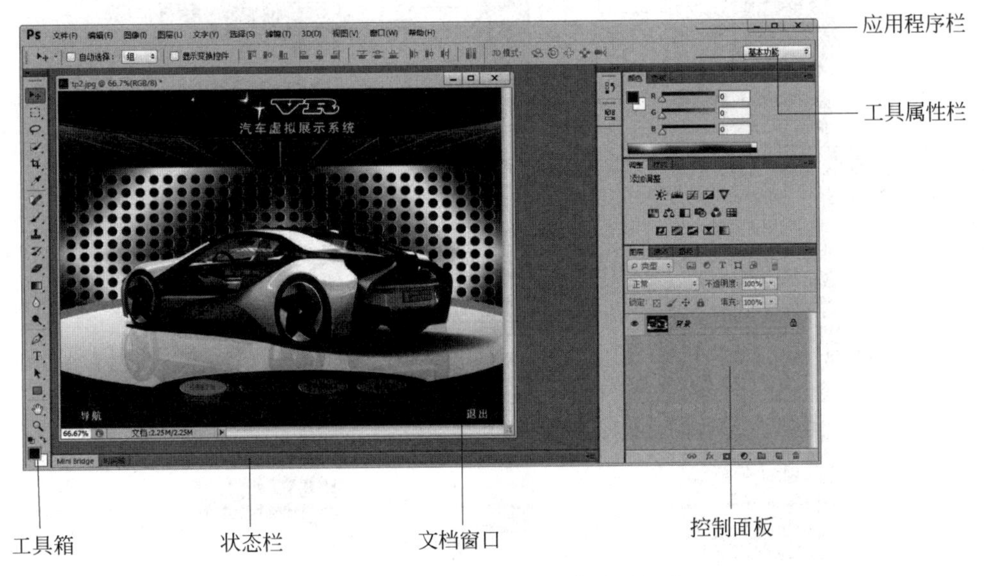

图 5-4 Photoshop CS6 工作界面组成

(1) 应用程序栏：可以调整 Photoshop 窗口的大小，可以对窗口进行最小化、最大化和关闭操作，可以直接访问 Bridge、切换工作区、显示参考线和网格等。此栏中还包括【文件】、【编辑】、【图像】和【图层】等 11 个菜单项。用户可通过各个菜单项下的菜单命令完成图像的各种操作和设置。

(2) 工具箱：包含用于执行各种操作的工具。

(3) 工具属性栏：工具属性栏用于对当前工具进行参数设置，当用户从工具箱中选择了某种工具后,工具属性栏就显示相应的工具属性参数。

(4) 文档窗口:显示和编辑图像的区域。

(5) 状态栏:显示当前图像的显示比例、图像文件的大小以及当前工具使用提示或工作状态等提示信息。

(6) 面板:也叫控制面板,是 Photoshop CS6 界面中一个非常重要的部分,其作用是帮助用户编辑和处理图像。选择【窗口】|【工作区】|【复位基本功能】命令将恢复包括调板在内的基本功能至默认状态。

特别地,对于工具箱,若工具图标右下角有黑色三角形,右击该图标,会显示一组具有相似功能的隐藏工具。Photoshop CS6 的工具箱如图 5-5 所示。

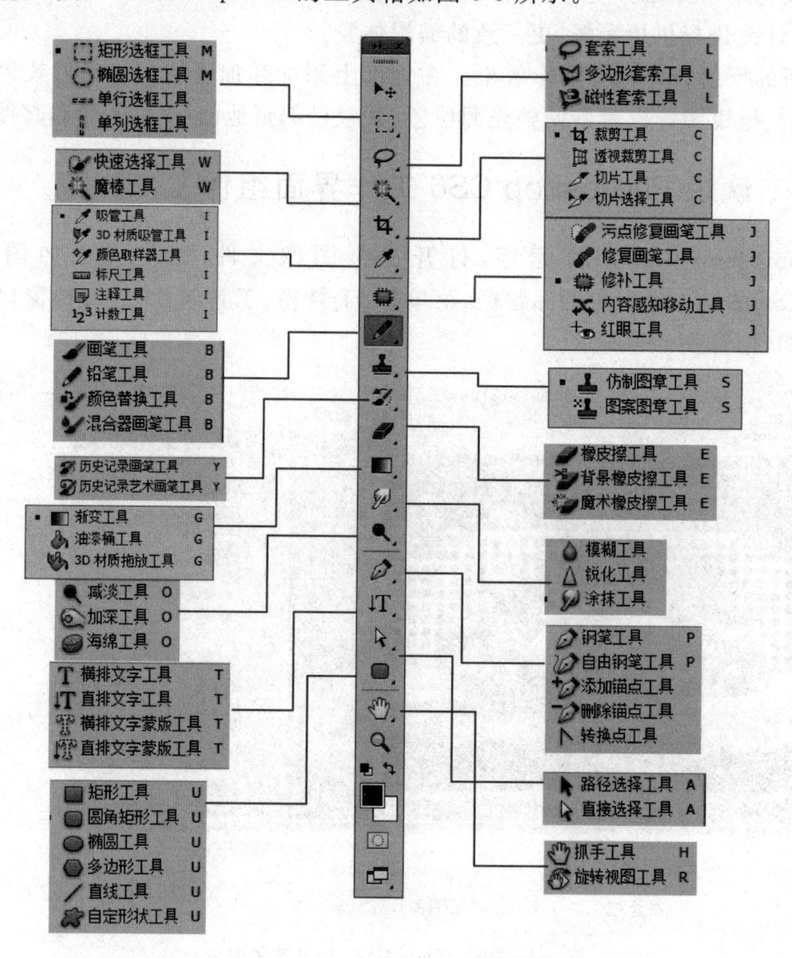

图 5-5 Photoshop CS6 工具箱

5.2.3 切换工作界面

用户可根据不同的需要切换不同的工作界面。单击标题栏右侧的 基本功能 按钮,可以从弹出的下拉菜单中选择不同的工作界面。Photoshop CS6 默认的工作区为【基本功能】,如图 5-6 所示为【绘画】选项时的工作界面。

如果调乱了工作界面的结构，选择下拉菜单中的【复位基本功能】选项，即可让工作界面恢复到原始状态。

图 5-6 【绘画】工作界面

5.2.4 自定义工作界面

1. 显示与隐藏工具箱和控制面板

在带有工具箱和控制面板的工作界面，按 Tab 键，即可以隐藏工具箱和控制面板。再次按 Tab 键，又可以重新显示。

2. 切换屏幕模式

选择菜单栏中的【视图】|【屏幕模式】命令，可以切换到三种不同的显示模式来查看图像，如图 5-7 所示。

5.2.5 工作界面相关参数设置

在 Photoshop CS6 中，用户可以对工作界面中的常规选项、文件处理、性能与光标、网格和标尺等相关参数进行优化设置，以使此软件更友好地为用户服务。Photoshop CS6 的优化设置主要是在【首选项】对话框中进行。

选择菜单栏中的【编辑】|【首选项】|【常规】命令，打开如图 5-8 所示对话框，单击左侧不同选项可对工作界面不同内容进行优化。以下为几个常用选项。

【性能】选项：可以设置【历史记录状态】等参数。保存的历史记录步数越多，耗用系统资源越多，一般设为 20 步即可。

【光标】选项：可以设置光标的显示方式和绘图光标的形状。

【单位与标尺】选项：可以设置单位和分辨率。

(a) 标准屏幕模式

(b) 带有菜单栏的全屏模式

(c) 全屏模式

图 5-7 三种屏幕模式

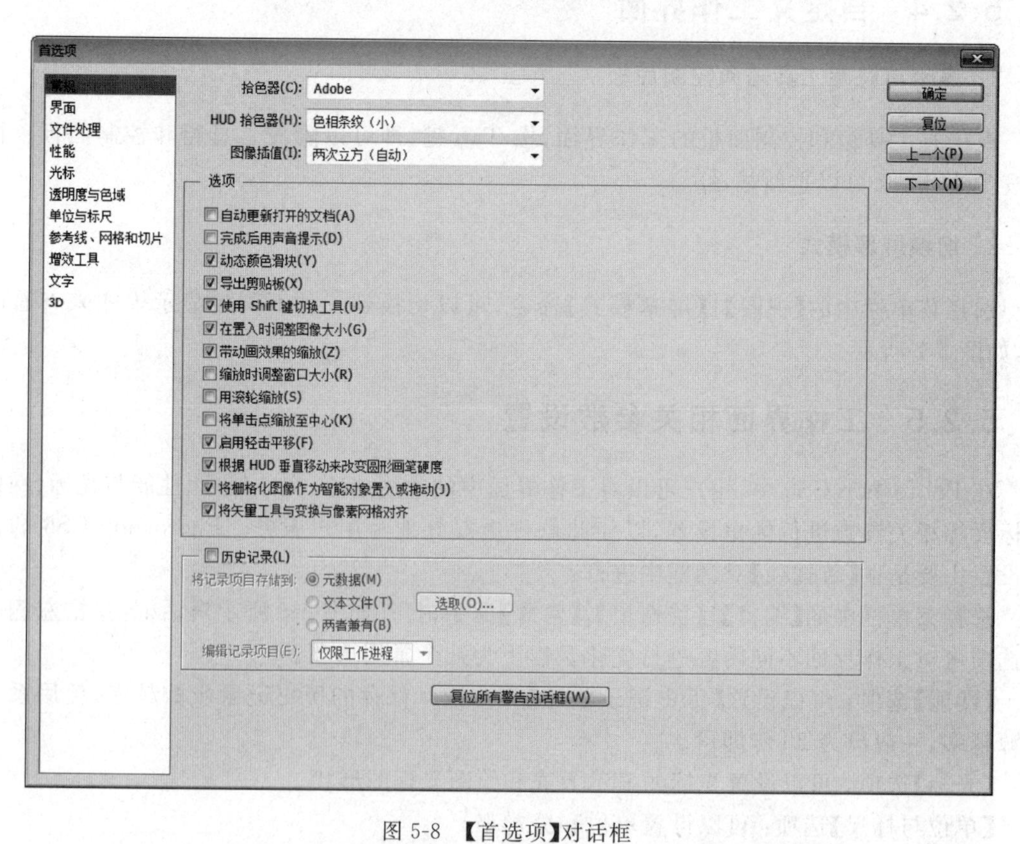

图 5-8 【首选项】对话框

【参考线、网格和切片】选项：可以设置参考线、网格和切片的颜色与样式。

例如，若要修改工作区背景色，可选择菜单栏中的【编辑】|【首选项】|【界面】命令，修改外观颜色。

5.3 Photoshop CS6的基本操作

5.3.1 基本文件操作

1. 新建图像

新建图像的方式有以下三种。

(1) 单击【文件】|【新建】命令

(2) 按快捷键Ctrl+N。

(3) 按住Ctrl键双击Photoshop的空白区。

新建文件后将会打开如图5-9所示的对话框，在其中可以设置新建文件的名称、宽度、高度、分辨率、颜色模式和背景颜色等属性。参数如下所示。

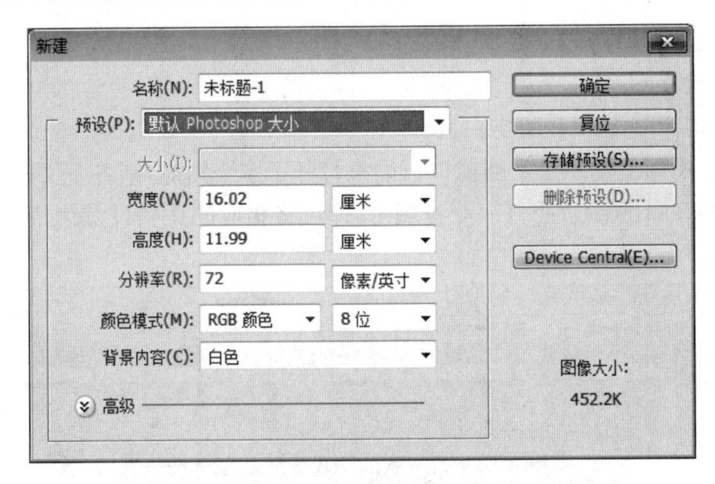

图5-9 【新建】对话框

(1) 名称就是图像存储时的文件名，可以在以后存储时再输入。

(2) 预设指的是已经预先定义好的一些图像大小。宽度和高度可以自行填入数字，但在填入前应先注意单位的选择是否正确。

(3) 分辨率一般应以【像素/英寸】为准。在【颜色模式】下拉列表框中有多种颜色模式供选择。如果是印刷或打印用途选择CMYK；其余用途选择RGB。而如果用灰度模式，图像中就不能包含色彩信息；位图模式下图像只能有黑白两种颜色。色彩模式后面的通道数一般选用8位。

(4) 背景内容是指图像建立以后的默认颜色。一般选择白色。

设置好后单击【确定】按钮即可完成新建图像(或者叫画布)的任务，如图5-10所示。

图 5-10　新建画布

2. 打开图像

打开图像是使用 Photoshop CS6 对原有图片进行修改的第一步。打开图像的方式有以下三种。

(1) 单击【文件】|【打开】命令

(2) 按快捷键 Ctrl+O。

(3) 直接双击 Photoshop 的空白区。

打开一个图像,即创建一个文档窗口。如果打开了多个图像,则各个文档窗口会以选项卡的形式显示,如图 5-11 所示。打开一个选项卡,即可将相应的文档设置为活动窗口,如图 5-12 所示。

图 5-11　打开图像文件

图 5-12 切换图像文件

3. 移动图像文件

选中图像窗口的标题栏，按住鼠标左键，拖动到合适的位置释放鼠标，即可移动图像文件，如图 5-13 所示。

图 5-13 移动图像文件

4. 排列图像文件

在 Photoshop CS6 中,图像文件都是以各自独立的窗口来显示的,打开多个图像文件会打开多个图像窗口,如图 5-14 所示。选择菜单栏中的【窗口】|【排列】命令,图像有层叠、平铺和将所有内容合并到选项卡中三种排列方式可供选择。如图 5-15 所示是图像分别以三种方式排列的效果。

图 5-14　打开多个图像文件

(a) 图像【层叠】方式排列

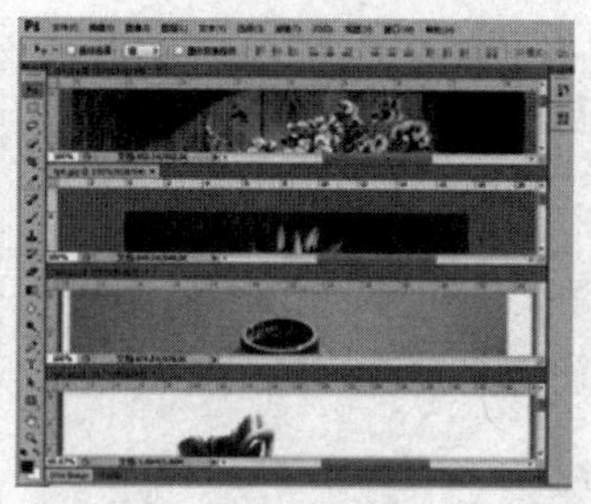

(b) 图像【全部水平拼贴】方式排列

(c)【内容合并到选项卡中】方式排列

图 5-15　图像的不同排列方式

5. 存储图像

编辑和制作完成图像后,就需要将图像进行存储。选择【存储】命令用于以原有格式存储文件;选择【存储为】命令可将图像存储在另一个位置或采用另一文件名存储。

5.3.2 调整图像与画布

1. 调整图像尺寸

调整图像尺寸可以改变图像的像素大小、高度、宽度和分辨率。图像尺寸越大，图像文件所占空间也越大。选择菜单栏中的【图像】|【图像大小】命令，打开如图5-16所示对话框，修改相应参数，即可调整图像大小。

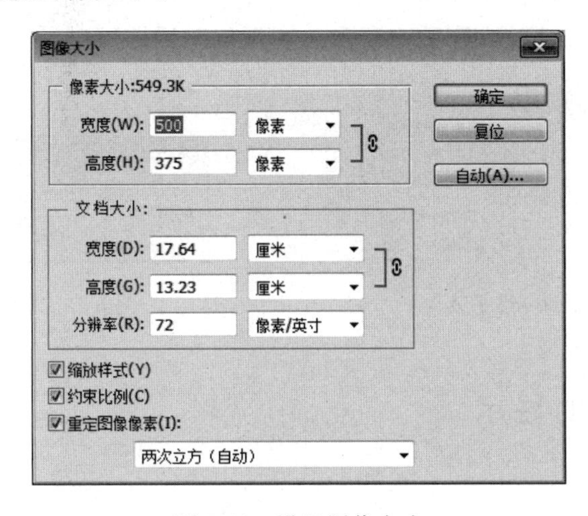

图 5-16　设置图像大小

2. 调整画布大小

打开【图像】|【画布大小】命令，弹出【画布大小】对话框，如图5-17所示，可以改变画布大小，同时对图像进行裁剪。如果增加画布的宽度和高度，那么增加的部分就是以背景色来填充的；如果减少画布的宽度和高度，那么就有一部分图像被裁剪掉了。

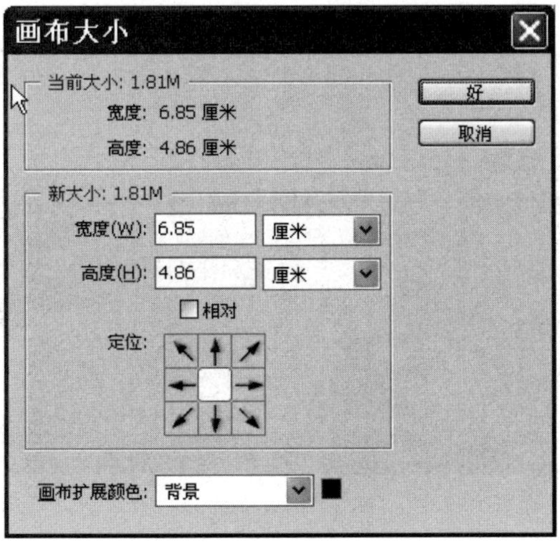

图 5-17　【画布大小】对话框

在【画布大小】对话框中，【宽度】和【高度】栏用于确定画布大小和单位；【定位】栏通过单击其中的按钮，可选择图像裁剪的部位；【画布扩展颜色】栏用来设置画布扩展部分的颜色。设置完后，单击【确定】按钮，即可完成画布大小的调整。

3. 旋转画布

打开【图像】|【图像旋转】|××命令，即可按选定的方式旋转整幅图像。其中，××是【旋转画布】菜单下的子菜单命令，如图5-18所示。单击【图像】|【图像旋转】|【任意角度】命令，弹出【旋转画布】对话框，如图5-19所示。利用该对话框可以设置旋转角度和旋转方向。

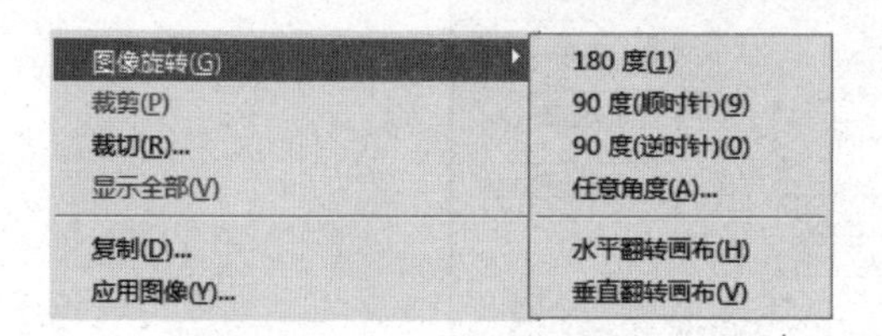

图5-18 【旋转画布】子菜单

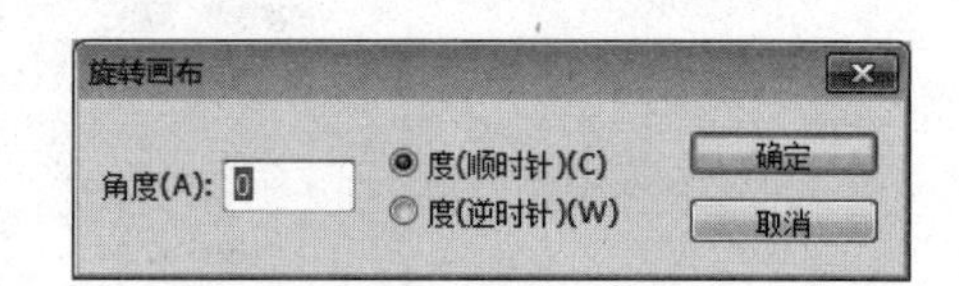

图5-19 【旋转画布】对话框

5.3.3 图像的显示

1. 图像的缩放

(1) 工具箱中选择缩放工具缩放图像。当光标在画面内时显示为一个中心带加号的放大镜，单击图像，即可将图像成倍放大；按住Alt键的同时选择缩放工具，光标在画面内时显示为一个中心带减号的放大镜，单击图像，即可将图像成倍减小。选择缩放工具后，在工具栏属性窗口中单击【放大】按钮或【缩小】按钮，可实现同样的效果。

(2) 选择【导航器】面板缩放图像。打开菜单中的【窗口】|【导航器】命令，打开导航器面板，拖动底部滑块或单击【放大】按钮及【缩小】按钮，可放大或缩小图像，如图5-20所示。

(a)

(b)

图5-20 利用【导航器】缩放图像

(3) 按 Ctrl 和＋组合键可放大图像，按 Ctrl 和－组合键可缩小图像。此方法以图像中心为基准点进行。

2. 抓手工具

当图像显示比例较大，图像窗口不能完全显示整幅画面时，可选择抓手工具来拖移画面，以查看图像不同的部位。

5.3.4 恢复错误操作或文件

在图像编辑过程中，经常需要反复进行修改，比如用户希望撤销自己的某些操作。图像的恢复主要由菜单命令和【历史记录】面板来实现。

1.【历史记录】面板

【历史记录】面板记录了对图像已执行的操作步骤，使用该面板，可使用户返回到图像的某一历史状态。

执行【窗口】|【历史记录】命令，弹出如图 5-21 所示的【历史记录】面板。用户若要退回某一状态，只需要在【历史记录】面板中单击该步骤即可。

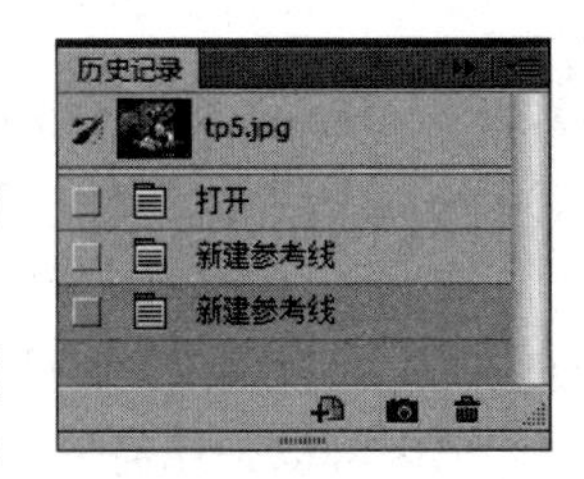

图 5-21 【历史记录】面板

2.【返回】与【向前】命令

执行【编辑】|【后退一步】命令与【还原】命令相似，但是可以撤销多步的操作；【编辑】|【前进一步】命令则可向前重做多步操作。

3.【恢复】文件

执行【文件】|【恢复】命令，可将文件恢复到上次存储的版本。

思考与实践

1. 简述 Photoshop CS6 的工作界面由哪几部分组成。
2. 简述 Photoshop CS6 支持的图像文件格式及特点。
3. 简述几种常用的色彩模式及特点。
4. PhotoshopCS6 中怎样扩大画布？Photoshop CS6 中怎样改变图像尺寸？
5. 简述用哪些方法可以缩放图片大小。

第6章 Photoshop CS6图像处理

6.1 选区的创建与编辑

在 Photoshop 中处理图像时，首先需要选取进行编辑的范围，即创建选区。在最短时间内有效、精确地确定选取范围，能够提高工作效率和图像质量。本节将介绍选区的创建与编辑。

选区可以是任何形状的封闭区域，选区一旦建立，大部分的操作就只针对选区范围内有效。如果要针对全图操作，必须先取消选区。Photoshop CS6 中的选区大部分是靠选取工具来实现的。选取工具共 9 个，集中在工具栏上部，其中，规则选取工具有矩形选框工具、椭圆选框工具、单行选框工具、单列选框工具，不规则选取工具有套索工具、多边形套索工具、磁性套索工具、快速选取工具、魔棒工具。

选取工具在 Photoshop 中的作用一是绘制选区后通过填充操作便成了相应的形状图形；二是用于选取所需的图像，以便对选取的图像进行移动等编辑操作。

6.1.1 选框工具

在工具箱中用鼠标按住 工具或者右击，弹出如图 6-1 所示的工具列表，设计者通过选择可创建矩形、圆形、单行和单列规则选区。工具左侧带有一个小黑点的表示该工具为当前工具箱中显示的工具。选择 和 工具的快捷键是 M，重复按 Shift+M 组合键可在 和 工具间进行切换。

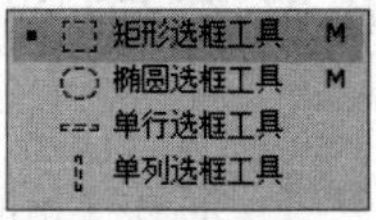

矩形选框工具 M
椭圆选框工具 M
单行选框工具
单列选框工具

图 6-1 选框工具列表

1. 认识选框工具

单击工具箱中任一工具，如矩形选框工具，都将出现如图 6-2 所示的工具属性栏，各选项含义如下。

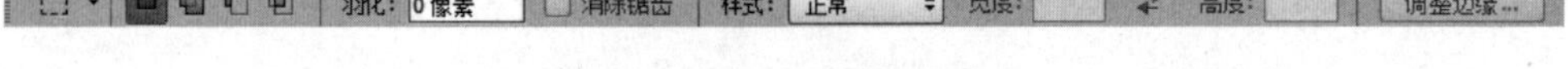

羽化: 0像素 消除锯齿 样式: 正常 宽度: 高度: 调整边缘...

图 6-2 矩形选框工具属性栏

(1) 图标为选择选区方式选项：表示创建新选区，原选区将被覆盖；表示创建的选区将与已存在的选区进行合并；表示将从原选区中减去重叠部分成为新的选区；表示将创建的选区与原选区的重叠部分作为新的选区。

（2）羽化：用于设置选区边缘的羽化效果。羽化是指通过创建选区边框内外像素的过渡来使选区边缘模糊，羽化宽度越大，则选区的边缘越模糊。如图 6-3 所示为不同羽化值对选区的影响效果。

(a) 原图

(b) 效果一

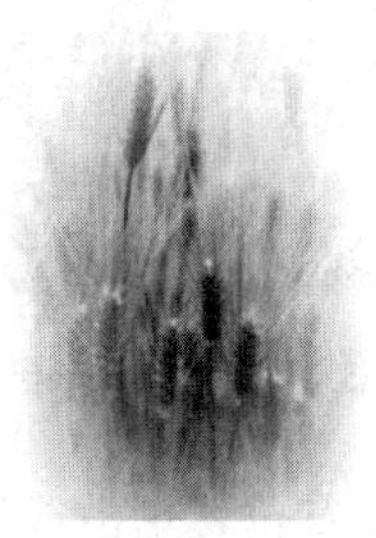

(c) 效果三

图 6-3 不同羽化值对选区的影响效果

（3）消除锯齿：该复选框用于消除选区的锯齿边缘，只有在椭圆选框工具中才可用。

（4）样式下拉列表用于选择类型：【正常】选项为系统默认形状，可以创建不同大小和形状的选区；【固定长宽比】选项用于设置选区宽度和高度之间的比例，选择该选项将激活属性栏右侧的【宽度】和【高度】文本框，可以输入数值加以设置；【固定大小】选项用于锁定选区的长宽比例及选区大小，可在文本框中输入数值锁定新的长宽比。

2. 示例演示

示例 1：打开一幅图像，单击工具箱中的矩形选框工具，将光标移到图像窗口中单击并按住鼠标左键拖动，即可在图像中拖绘出一个矩形区域，如图 6-4 所示。如果按住 Shift 键，拖动鼠标还可以创建正方形选区。

示例 2：单击选取工具箱中的椭圆选框工具。将光标移到图像中要选取区域的一个角点，按住鼠标左键，拖动鼠标直到要选取图像的另一角点，释放鼠标，即可创建一个椭圆选区，如图 6-5 所示。按住 Shift 键，拖动鼠标可以创建正圆形图像区域，如图 6-6 所示。

图 6-4 绘制矩形选区图

图 6-5 创建椭圆选区

图 6-6 创建正圆选区

示例 3：单击选取工具箱中的单行选框工具或单列选框工具，在图像中单击，便可得到单行或单列选区，效果分别如图 6-7 和图 6-8 所示。

图 6-7 单行选框效果

图 6-8 单列选框效果

在图像中的任意位置单击或按 Ctrl+D 组合键,可取消选区。

6.1.2 套索工具

使用索套工具可以选取图像中所需要的不规则图像区域,如水果、建筑、花朵等。在工具箱中用鼠标按住工具,将弹出如图 6-9 所示的工具列表。

套索工具 L
多边形套索工具 L
磁性套索工具 L

图 6-9 索套工具列表

1. 认识索套工具

套索分为套索工具、多边形套索工具和磁性套索工具。多边形套索工具可以选取比较精确的图形,它适用于边界多为直线或边界曲折的复杂图形的选取。磁性套索工具可以自动捕捉图像中对比度较大的两部分的边界,从而快速、准确地选取复杂图像的区域。

单击工具箱中的磁性套索工具,设计者需对其工具属性栏进行设置,如图 6-10 所示。各选项含义如下。

图 6-10 磁性套索工具属性栏

(1) 宽度:用于设置选取时能够检测到的边缘宽度,其范围在 0~40px 间。

(2) 边对比度:用于设置选取时边缘的对比度,其取值在 1%~100%之间。

(3) 频率:用于设置选取时的节点数,其取值在 0~100 之间。

(4) :用于设置笔刷的压力,只有安装有绘图板及其驱动程序后才可使用。

2. 示例演示

示例 1:使用套索工具选取水果篮中的水果。

单击套索工具,将光标移到要选取图像的起始点,按住鼠标左键并拖动鼠标沿图像的轮廓移动,当回到图像的起始点时释放鼠标,得到一个闭合区域,如图 6-11 所示。

示例 2:使用多边形套索选取一幢房子。

单击多边形套索工具,将光标移至图像窗口中要选取图像的边界位置上并单击,然后沿着需要选取的图像区域移动光标,并在多边形的转折点处单击,作为多边形的一个顶点。当回到起始点时，光标右下角将出现一个小圆圈，单击，封闭选取区域，完成选取操作，如图 6-12 所示。

图 6-11 索套工具的使用

图 6-12 多边形套索工具的使用

用多边形套索工具选取图像时，按住 Shift 键可按水平、垂直或 45°方向选取线段；按 Delete 键，可删除最近选取的一条线段。

示例 3：使用磁性套索工具选取一朵花。

单击磁性套索工具，将光标移到图像中花瓣的轮廓处单击，拖动鼠标可产生一条套索线并自动附着在图像周围，且每隔一段距离将有一个方形的定位点产生，如图 6-13 所示。继续沿花瓣的轮廓拖动鼠标，最后回到起始处的定位点上，待出现一个小圆圈后单击闭合套索，即可选取花朵部分。

图 6-13 磁性套索工具的使用

6.1.3 快速选择工具和魔棒工具

在工具箱中用鼠标按住工具或者右击，将弹出快速选择工具和魔棒工具。

1. 认识魔棒工具和快速选择工具

(1) 使用魔棒工具可以选取图像窗口中颜色相同或相近的图像区域。单击选取工具箱中的魔棒工具，其工具属性栏如图 6-14 所示，各选项含义如下。

图 6-14 魔棒工具属性栏

① 容差：用于设置选取的颜色范围，输入的数值越大，选取的颜色范围也越大；数值越小，选取的颜色就越接近，选取的范围就越小。

② ☑消除锯齿：选中该复选框，可以消除选区边缘的锯齿。

③ ☑连续：选中该复选框，可以只选取相邻的区域；未选中时，可将不相邻的区域也纳入选区。

④ □对所有图层取样：该复选框用于具有多个图层的图像文件中，选中该复选框，对图像中所有的图层起作用，不选中该复选框，魔棒工具只对当前层中的图像起作用。

使用魔棒工具选取图形时，只需要单击需要选取图像中的任意一点，附近与它颜色相同或相似的区域便会自动被选取。

(2) 快速选择工具也是一个方便的选区工具，它会自动识别那些颜色相同或者相近的区域方便我们抠图。

2. 示例演示

示例 1：使用魔棒工具选取水果的黄色背景。

单击魔棒工具后，其余值默认，然后单击图像背景，得到如图 6-15 所示选区效果。

图 6-15 魔棒工具选取背景图

在单击选区图像后，按住 Shift 键再单击其他相近区域，可以增加图像的选区。

示例 2：使用快速选择工具选取一堆石榴。

单击快速选择工具后，在其【属性】面板中选择【新选区】图标，大小为 29px，如图 6-16 所示。

图 6-16 快速选择工具属性栏

接着将光标移至起始位置并单击鼠标左键，再按住鼠标，在需要选取的石榴部分拖动，选区会向外扩展并自动查找和跟随图像中定义的边缘，对图像中的石榴进行快速选取。最后使用【添加到选区】和【从选区减去】进行微调，最终得到如图 6-17 所示选区效果。

图 6-17 选区效果

6.1.4 裁剪工具

1. 认识裁剪工具

裁剪是移去部分图像以突出或加强构图效果的操作，使用裁剪工具可以方便地裁切图像，以选取图像中需要的部分。单击选取工具箱中的 工具，其工具属性栏如图 6-18 所示。

图 6-18 裁剪工具属性栏

2. 示例演示

使用裁剪工具将如图 6-19(a)所示图片裁剪成如图 6-19(b)效果。具体步骤如下。

(1) 在工具箱中单击裁剪工具 。

(2) 在图像上单击并拖动鼠标以创建裁剪选框。

(3) 在键盘上按 Enter 键,即可完成裁剪命令裁剪图像的操作。

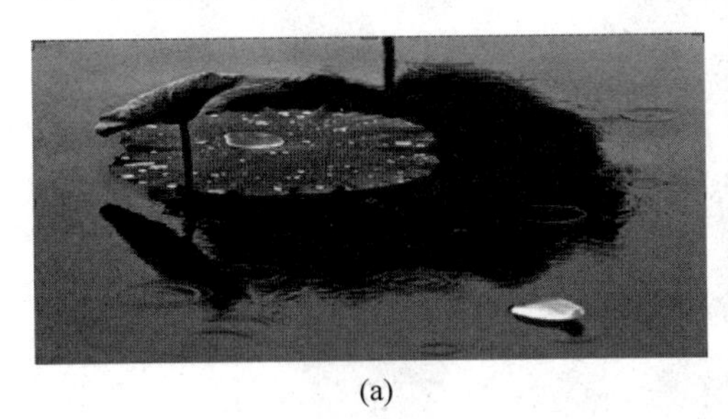

(a)

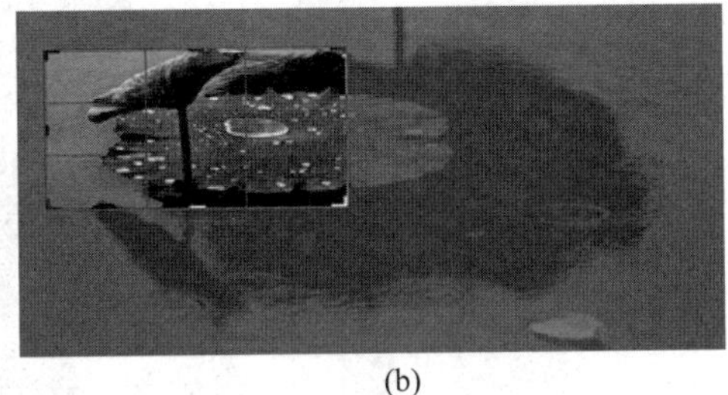

(b)

图 6-19　裁剪前、后图像

6.1.5　选区编辑

1. 全选和反选

选择【选择】|【全选】命令或按 Ctrl+A 组合键可以选取整幅图像。选择【选择】|【反选】命令或按 Shift+Ctrl+I 组合键,可以选取图像中除选区以外的图像区域,该命令常用于配合选框工具、套索工具、魔棒工具等选取工具的使用,对图像中复杂的区域进行间接选取。

打开图像,用魔棒工具选取白色背景部分,如图 6-20 所示,再选择【选择】|【反选】命令,得到结果如图 6-21 所示。

图 6-20　选取背景选区

图 6-21 反选

2. 增加、删减和相交选区

在工具箱中选择了选区工具后，工具属性栏会显示 4 个相邻的按钮，分别是【新选区】按钮 、【添加到选区】按钮 、【从选区减去】按钮 和【与选区交叉】按钮 。在每次建立一个新选区前，可以使用这些按钮设置新建立的选区与图像中的原有选区间的关系。

【新选区】按钮 处于按下状态时，新建立的选区将取代原有选区。创建新选区的效果如图 6-22 和图 6-23 所示。

图 6-22 原有选区

图 6-23 新选区

【添加到选区】按钮 处于按下状态时，新绘制的选区将与原有选区合并，得到结果选区。如图 6-24 所示，是在已有一个矩形选区的基础上按此方式绘制一个椭圆选区后得到的结果。

【从选区减去】按钮 处于按下状态时，系统将从原有选区中减去新绘制的选区，得到结果选区。如图 6-25 所示是在已有一个矩形选区的基础上按此方式绘制一个椭圆选区后得到的结果。

图 6-24 添加到选区

图 6-25 从选区减去

【与选区交叉】按钮 处于按下状态时，系统将新绘制的选区与原有选区所共有的部分作为结果选区，即取二者的交集。如图 6-26 所示是在已有一个矩形选区的基础上按此方式绘制一个椭圆选区后得到的结果。

3. 移动和取消选区

移动选区时，首先选择工具箱中选区工具(可以是选框工具、魔棒工具或者套索工具)，然后将光标移到选区内，按住鼠标拖动即可。此外，使用键盘上的光标键也可以移动选区。选择【选择】|【取消选择】命令或按 Ctrl+D 组合键可以取消选区，然后选择【选择】|【重新选择】命令可以重新进行选取。

4. 变换选区

选择【选择】|【变换选区】命令，将在选区的四周出现一个带有节点的变换框，如图 6-27 所示。通过调整变换框的形状，可以对选区进行以下变换。

图 6-26 与选区交叉

图 6-27 变换选区边框

(1) 移动选区：将鼠标指针移至选区内，当鼠标指针变成 ▶ 时，拖动鼠标即可移动选区。

(2) 调整选区大小：将鼠标指针移至选区上的任一节点上，当鼠标指针变成双向箭头时，可以调整选区的大小。

(3) 旋转选区：将光标移至选区之外，当鼠标指针变为弧形双向箭头时，按住鼠标左键，拖动鼠标可使选区按顺时针或逆时针方向绕选区中心旋转。

(4) 变换选区结束后按 Enter 键应用变换效果，按 Esc 键取消变换，选区保持原状。

说明：变换选区操作只是对选区进行变换而不是对选区中的图像进行变换，若要对选区内的图像进行变换，可以通过图像变换操作实现。

5. 修改选区

创建选区后，按住 Shift 键，使用选框工具、套索工具、魔棒工具中的任意一种工具逐个选取要增加的区域即可增加选取范围；按住 Alt 键，使用上述选取工具对存在的选区进行重叠选取，可以减小选区范围。

6. 羽化选区边缘

通过羽化选区，可以使选区边缘变得平滑，并可以使选区边缘过渡到背景色中。选择【选择】|【修改】|【羽化】命令或按 Ctrl＋Alt＋D 组合键，将弹出如图 6-28 所示的【羽化选区】对话框，在【羽化半径】文本框中输入羽化半径数值，然后单击【确定】按钮。

7. 填充选区

如果创建的选区用于绘图，则需要填充颜色，设置好前景色后按 Alt＋Delete 组合键，将以前景色填充颜色；按 Ctrl＋Delete 组合键，将以背景色填充选区。

8. 描边选区

选择【编辑】|【描边】命令，可以使用前景色描绘选区的边缘。选择【编辑】|【描边】命令，将弹出如图 6-29 所示的【描边】对话框，各选项含义如下。

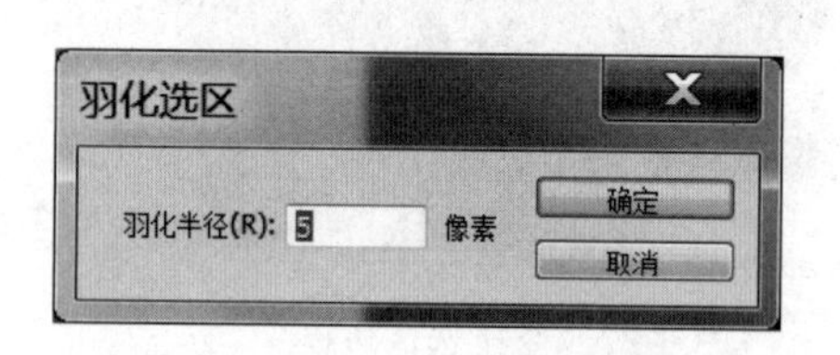

图 6-28 【羽化选区】对话框

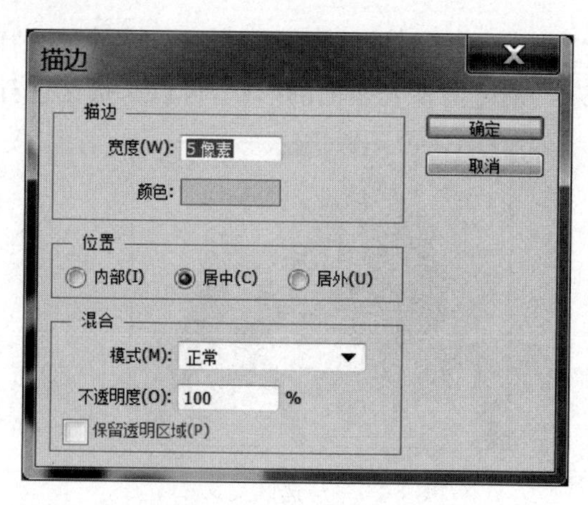

图 6-29 【描边】对话框

(1)【宽度】用于控制描边的宽度。

(2)【颜色】可设置描边的颜色。

(3)【位置】栏用于选择描边的位置，其中，○内部(I) 表示对选区边框以内进行描边，⊙居中(C) 表示以选区边框为中心进行描边，○居外(U) 表示对选区边框以外进行描边。

(4)【混合】栏用于设置不透明度和着色模式，其作用与【填充】对话框中相应的选项相同。

图 6-30 所示分别是原图和描边效果。

(a)

(b)

图 6-30 描边效果

6.2 图层的创建与应用

6.2.1 图层的基本概念

图层是 Photoshop 中非常重要的一个概念，它是处理图像的关键。在处理图像的过程中，一个图层就相当于一块透明的玻璃，各个图层相互独立。比如画一张图片，可以将文字、图案和背景分别画在三块透明玻璃上，再将三块透明玻璃重叠起来，则得到一幅完整的图片。用户可以独立地对每一个图层中的图像内容进行编辑、修改和效果处理等各种操作，而对其他层没有任何影响，这极大地提高了后期修改的效率。图层概念的示意图如图 6-31 和图 6-32 所示。

图 6-31 组成图片的三个图层

图 6-32 图层的堆叠

1. 常用图层类型

(1) 普通图层：普通图层是最基本的图层类型，它就相当于一张透明的纸。

(2) 背景图层：Photoshop 中的背景图层相当于绘图时最下层不透明的画纸。在 Photoshop 软件中，一幅图像只能有一个背景图层。背景图层无法与其他层交换堆叠次序，但背景图层可以与普通层相互转换。

(3) 文本图层：使用文本工具在图像中创建文字后，软件将自动新建一个图层。在图层控制面板中，如果图层的最左侧有一个T图标，则该层为文本图层。文本图层主要用于编辑文字的内容、属性和取向。对文本图层可以进行移动、调整堆叠、复制等操作，但大多数编辑工具和命令不能在文本图层中使用。要使用这些工具和命令，首先要将文本图层转换成普通图层。

(4) 调整图层：在图层控制面板上调整图层的左侧有一个调整图层图标。调整图层可以调节其下所有图层中图像的色调、亮度和饱和度等。

(5) 效果图层：当为图层应用图层样式效果后，在图层控制面板上该层右侧将出现一个效果层图标fx，表示该图层是一个效果图层。

2. 图层面板介绍

图层控制面板一般位于工作界面的右下角，单击【图层】标签即可切换到图层控制面板中，也可以选择【窗口】|【图层】命令打开，如图6-33所示。图层控制面板中列出了当前图像窗口中的所有图层，从最上面的图层开始，在所有图层之后的是背景图层。

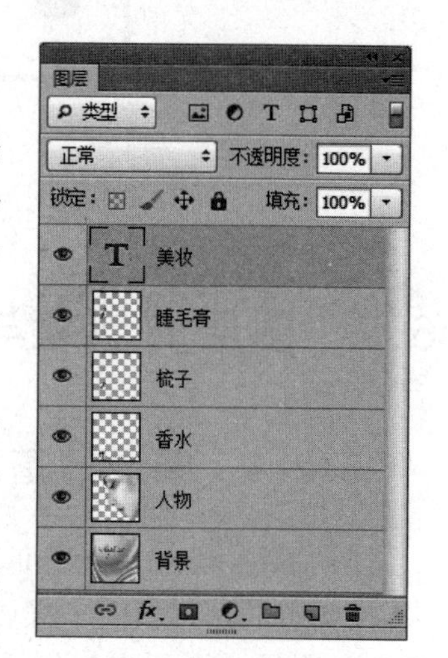

图6-33 【图层】面板

图层内容的缩略图显示在图层名称左边的预览框中，它会随用户的编辑而更新。

图层控制面板中，各部分的作用如下。

(1) 图层【混合模式】正常：用于设置当前图层与其他图层叠合在一起的效果。单击右侧的图标，弹出一个下拉列表框。

(2) 图层【不透明度】不透明度: 100%：用于设置当前图层的不透明度。

(3) 图层【填充】不透明度 填充: 100%：用于设置当前图层内容的填充不透明度。

(4) 图层【锁定工具栏】：其中，表示锁定透明区域，单击该按钮后(凹下为选中状态)，对图像所做的所有编辑操作只对当前图层起作用，不选中时表示在当前图层中所做的任何图像处理等操作将对全部图像区域起作用；表示锁定图层编辑和透明区域，单击该按钮后，对当前图层不能进行画图等图像编辑操作；表示锁定图层移动功能，单击该按钮后，不能对当前图层进行移动操作；表示锁定图层及图层副本的所有编辑操作，单击该按钮后，对当前图层进行的所有编辑均无效。

(5) 图层【显示/隐藏】图标：用于显示或隐藏图层。当在图层左侧显示有此图标时，表示图像窗口将显示该图层的图像；单击此图标，图标消失并隐藏该图层的图像。

(6) 当前图层：在图层控制面板中，以蓝色条显示的图层为当前图层，其左侧显示一个画笔图标。用鼠标单击相应的图层即可改变当前图层。

(7)【图标链接】图标：当在眼睛图标的右侧显示图标时，表示该图层与当前图层为链接图层，在编辑图层时可以一起进行编辑。

(8)【添加图层样式】按钮fx：用于为当前图层添加图层样式效果，单击该按钮，将弹出一个下拉菜单，从中可以选择相应的命令为图层增加特殊效果。

(9)【添加图层蒙版】按钮 ：单击该按钮，可以为当前图层添加图层蒙版。

(10)【创建新组】按钮 ：单击该按钮，可以创建新的图层组，它可以包含多个图层，并可将这些图层作为一个对象进行查看、选择、复制、移动、改变顺序等操作。

(11)【创建调整图层】按钮 ：用于创建填充或调整图层，单击该按钮，在弹出的下拉菜单中可以选择相关的调整命令。

(12)【创建新图层】按钮 ：单击该按钮，可以创建一个新的空白图层。

(13)【删除图层】按钮 ：单击该按钮，可以删除当前图层。

(14)【面板菜单】按钮 ：单击该按钮，将弹出一个下拉菜单，主要用于新建、删除、链接以及合并图层操作。

6.2.2 图层的基本操作

1. 新建图层

图层的新建一般是指创建一个空白图层，新创建的图层将位于图层控制面板中所选图层的最上面。创建一个新的空白图层的具体操作如下。

(1) 打开一幅图像，如图 6-34 所示，再打开图层控制面板。

(2) 单击图层控制面板底部的【创建新图层】按钮 即可再新增一个【图层 2】，如图 6-35 所示。

图 6-34 原图

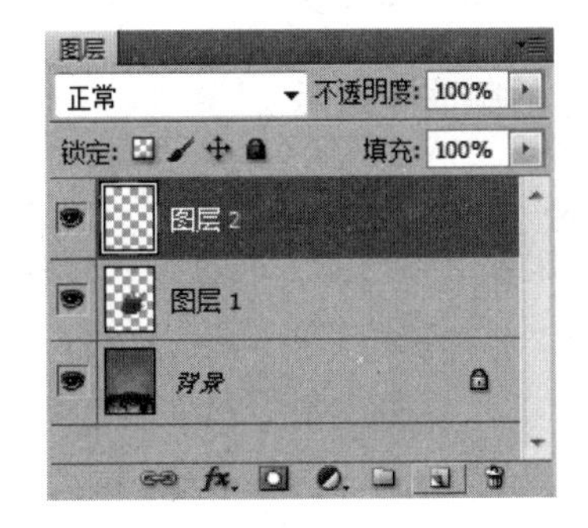

图 6-35 图层控制面板

2. 复制图层

在图层控制面板中选中需要复制的图层【图层 1】，然后用鼠标将其拖动到面板底部的【创建新图层】按钮 上，即可复制一个该图层的副本到原图层的上方；也可选中需要复制的图层，选择【图层】|【复制图层】命令，即可复制一个该图层的副本。复制前后的图层内容完全相同，并重叠在一起，用移动工具移动图像，即可看到复制图层后的效果。如图 6-36 所示为复制【图层 1】后的效果，如图 6-37 所示为图层控制面板。

图 6-36　复制图层效果

图 6-37　图层控制面板

3. 删除图层

删除图层后，该图层中图像的内容也将随之被删除。删除图层一般有以下几种方法：在图层控制面板中选中需要删除的图层，单击面板底部的【删除图层】按钮；在图层控制面板中将需要删除的图层拖动到【删除图层】按钮上；选中要删除的图层，选择【图层】|【删除】命令；在图层控制面板中右击需要删除的图层，在弹出的快捷菜单中选择【删除图层】命令。

6.2.3　编辑图层

1. 图层的隐藏和显示

单击图层左侧的眼睛图标，可以控制图层的显示或隐藏。例如，在图中单击【人物】图层左侧的眼睛图标，即隐藏【人物】图层的显示。原图、效果图和图层控制面板如图 6-38 所示。

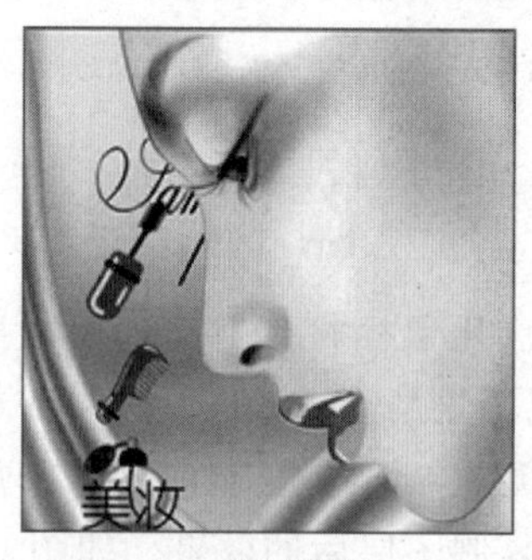

(a) 原图

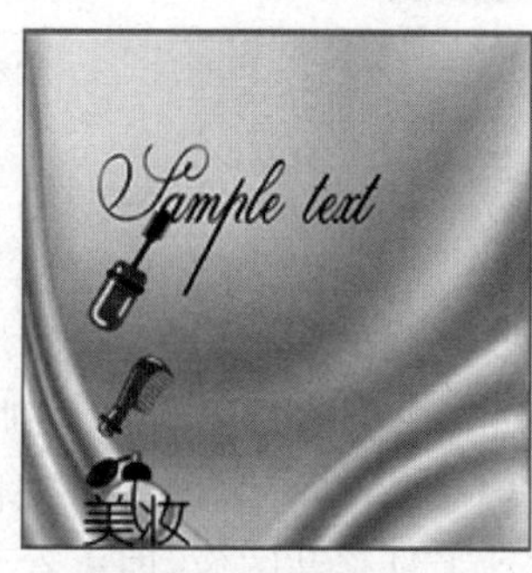

(b) 隐藏人物图层效果图

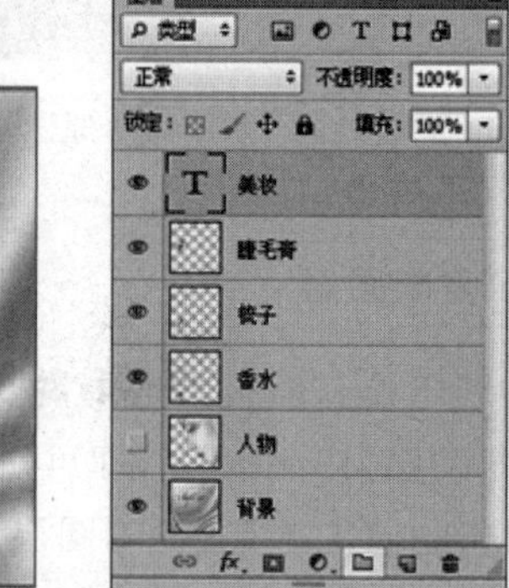

(c) 图层控制面板

图 6-38　图层的隐藏

将图层隐藏后，再次单击该图层左侧的空白框，可以取消该图层的隐藏，即在图像窗口中显示出该图层的内容。

2. 图层的链接

多个相关的图层可以通过链接按钮将其链接成一组，用户可以对链接的多个图层同时进行移动、翻转、自由变换等编辑操作。链接图层的方法是：在图层控制面板中选中需要链接成一组图层的多个图层，再单击图层控制面板下方的【链接图层】按钮 即可完成链接操作，如图 6-39 所示。

(a) 原图

(b) 图层控制面板

图 6-39 图层的链接

图层被链接后，再次单击链接图标 即可取消链接。对链接图层中的任意一个图层进行操作，其他链接图层也将同时做出更改。

3. 图层顺序的调整

在图层控制面板中，图层顺序决定了一个图层是显示在其他图层之上还是之下。调整图层顺序的操作方法是：在图层控制面板中选择需要调整的图层，将其拖动到需要调整到的下一图层上，当出现一条双线时释放鼠标，即可将图层移到需要的位置，在图层的顺序变化的同时图像效果也将发生相应的变化，如图 6-40 所示，是将文字图层“美妆”移到了“香水”图层的下面。

说明： *在默认情况下不能对背景图层的顺序进行调整，若要移动背景图层，首先要将背景图层转换为普通图层，其方法是在图层控制面板中双击背景图层，在打开的对话框中单击【确定】按钮。*

4. 图层的合并

当编辑一幅含有多个图层的图像时，可以将编辑好的几个图层合并成一个图层，这样便于编辑，同时可以减小文件大小。

单击【图层】控制面板右上角的 按钮，在弹出的菜单中有以下几个命令可用于合并

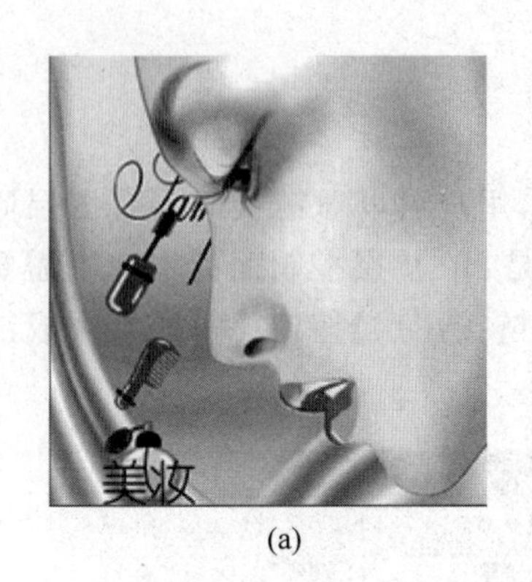

(a)

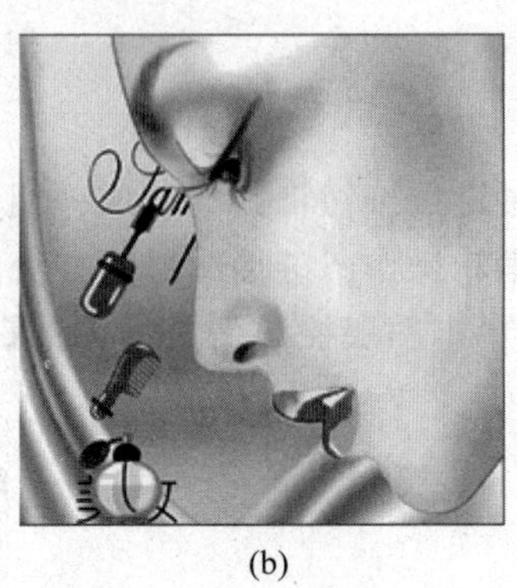

(b)

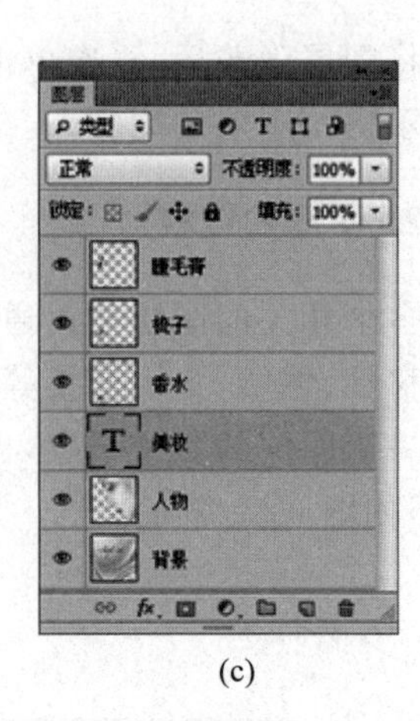

(c)

图 6-40　调整图层顺序

图层操作。

(1) 合并图层：可以将所有链接选中的图层合并成一个图层。

(2) 合并可见图层：可以将图层控制面板中所有显示出来的图层进行合并，而被隐藏的图层将不合并。

(3) 拼合图像：用于将图像窗口中所有的图层进行合并，并放弃图像中隐藏的图层。执行此命令后，若有隐藏图层，将弹出如图 6-41 所示的提示对话框，询问用户是否要放弃隐藏的图层。单击【确定】按钮，将扔掉隐藏图层，只合并显示的所有图层，单击【取消】按钮，放弃合并所有图层操作。

图 6-41　放弃隐藏提示对话框

合并图层后，对该图层的所有操作都是针对该图层中的所有内容，若需要取消合并图层操作可以通过历史记录控制面板进行取消。另外，如果要对图层进行重命名操作，可双击该图层的名称区域，然后重新输入新的图层名即可。

5. 盖印可见图层

盖印可见图层是一种特殊的合并图层的方法，它可以将多个可见图层的内容合并为一个目标图层，并保持其他图层的完好。当盖印多个选定的图层或链接的图层时，Photoshop 将创建一个包含合并内容的新图层。

盖印可见图层的操作方法是选中所有需要盖印的图层，在键盘上按 Shift＋Ctrl＋Alt＋E 组合键，即可盖印选中的可见图层。如图 6-42 所示是盖印可见图层的图层面板。

6. 创建图层剪贴蒙版示例

图层剪贴蒙版是使用下方图层的内容来遮盖其上方的图层的图像，下方图层的内容可以是形状，也可以是文字。以下是一个创建图层剪贴蒙版的实例。

(1) 打开一幅图片，双击背景图层，将它转化为普通图层【图层 0】。

(2) 选择横排文字工具 T ，在图像窗口中输入文字“春天”，在图层控制面板中将产生

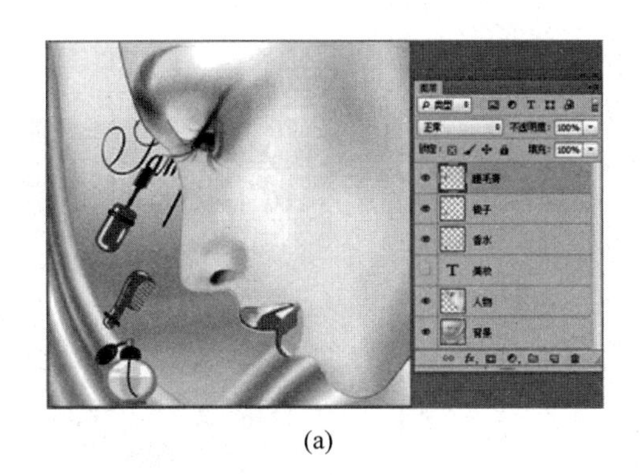

(a)

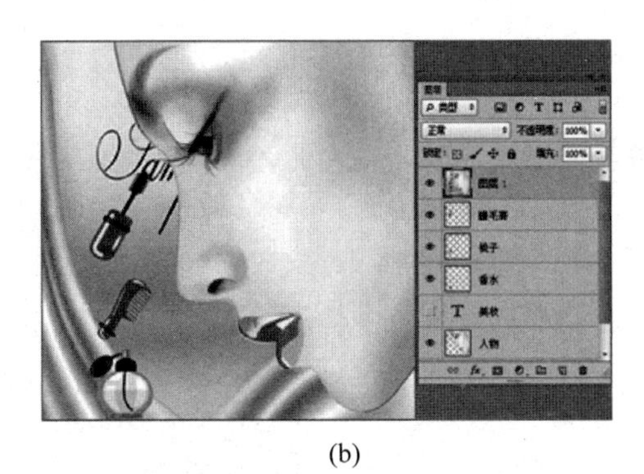

(b)

图 6-42 盖印可见图层

一个文字图层。将文字图层拖到【图层 0】的下方,图层调控面板如图 6-43(a)所示,效果如图 6-43(b)所示。

(3) 按住 Alt 键的同时,将鼠标指针放在【图层 0】和文字图层中间的交界线处,鼠标指针变成两个交叉圆形,单击鼠标左键,创建图层的剪贴蒙版,如图 6-43(c)所示,图像效果如图 6-43(d)所示。

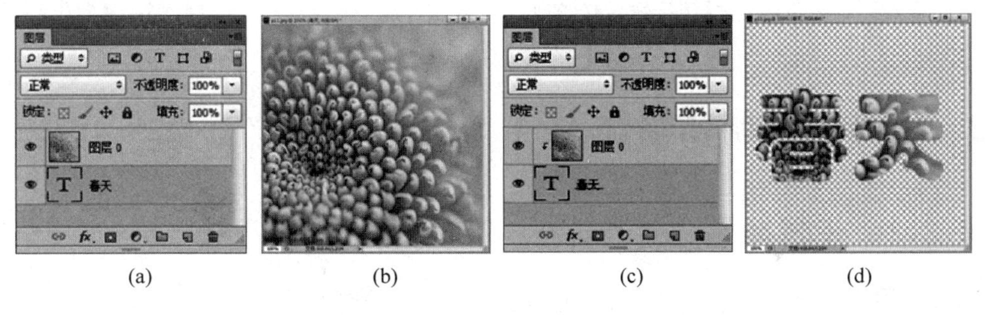

(a) (b) (c) (d)

图 6-43 图层剪贴蒙版的使用

创建剪贴蒙版后,蒙版中两个图层中的图像均可以随意移动。若移动上方图层中的图像,则会在同一位置显示该图层中的不同区域图像;若移动下方图层中的图像,那么会在不同位置显示上方图层不同区域层中的图像。

6.2.4 图层效果和样式

使用图层样式可以实现创建图层中图像的阴影、发光、斜面、浮雕和描边效果,效果的集合就构成了图层样式。

单击【图层】控制面板内的【添加图层样式】按钮 fx,调出图层样式菜单,如图 6-44 所示,再单击【混合选项】命令或其他命令,即可调出【图层样式】对话框,如图 6-45 所示,利用该对话框可以添加图层样式,产生各种不同的效果。在【图层】面板中,此图层名称的右边会显示 fx,单击可展开该图层下的效果名称,如图 6-46 所示。

混合选项...
投影...
内阴影...
外发光...
内发光...
斜面和浮雕...
光泽...
颜色叠加...
渐变叠加...
图案叠加...
描边...

图 6-44 图层样式菜单

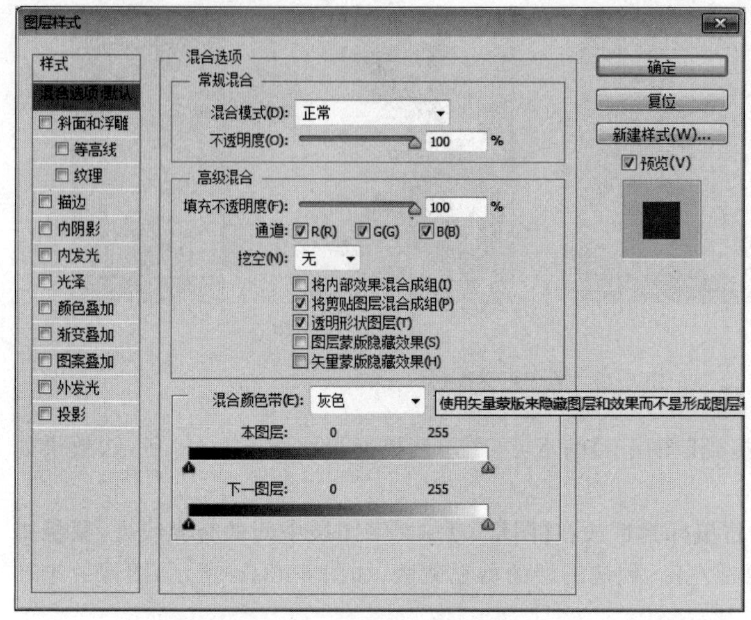

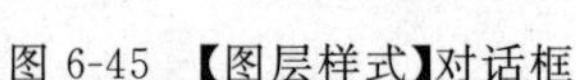

图 6-45 【图层样式】对话框

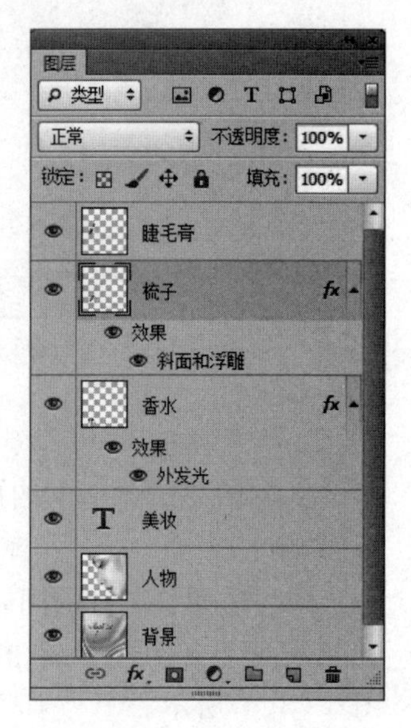

图 6-46 【图层】面板

6.3 图像的绘制和修饰

6.3.1 设置颜色

在 Photoshop 中可以使用 RGB 或 CMYK 等颜色模型以多种方式描述颜色，本节将介绍有关颜色的各种设置方法。

1. 前景色与背景色

Photoshop 常使用前景色来绘画、填充和描边选区，使用背景色来生成渐变填充及在图像已经抹除的区域中填充。前景色默认是黑色，背景色默认是白色。前景色与背景色相关按钮如图 6-47 所示。

2. 拾色器

使用 Adobe 拾色器可以设置前景色、背景色和文本颜色，也可为不同的工具、命令和选项设置目标颜色。

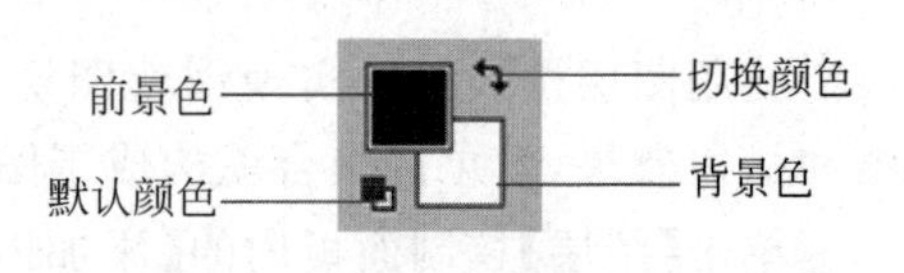

图 6-47 前景色与背景色设置

Adobe 拾色器中的色域将显示 HSB、RGB、Lab、CMYK 颜色模式中的颜色分量。可以在文本字段中直接输入颜色值，也可以使用颜色滑块和色域预览要选取的颜色。双击前景色按钮，打开如图 6-48 所示的【拾色器】对话框。

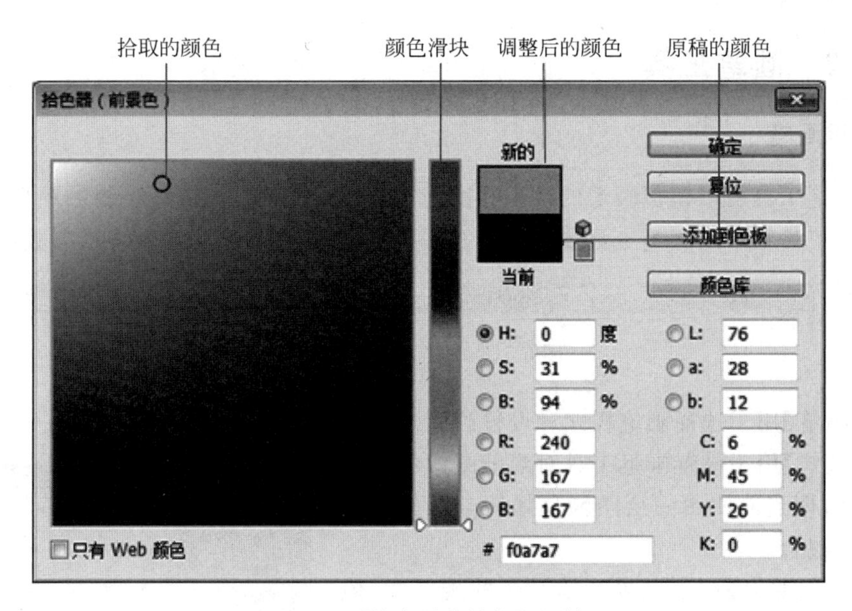

图 6-48 【拾色器前景色】对话框

3.【颜色】面板

选择【窗口】|【颜色】菜单，即可打开【颜色】面板，如图 6-49 所示，通过拖动滑块或直接输入数值，可以进行颜色设置。

4.【吸管】工具拾取颜色

吸管工具可以快速拾取当前图像中的任意颜色。在工具箱中选择吸管工具，在图像文件上单击准备吸取的颜色，此时【颜色】面板中前景色框中将显示吸管拾取的颜色。

5.【色板】面板设置颜色

【色板】面板如图 6-50 所示。通过【色板】面板也可以设置前景色和背景色，同时还可以追加颜色。选择【窗口】|【色板】菜单，打开【色板】面板，然后单击其中的一个颜色样本，即可成功设置颜色。

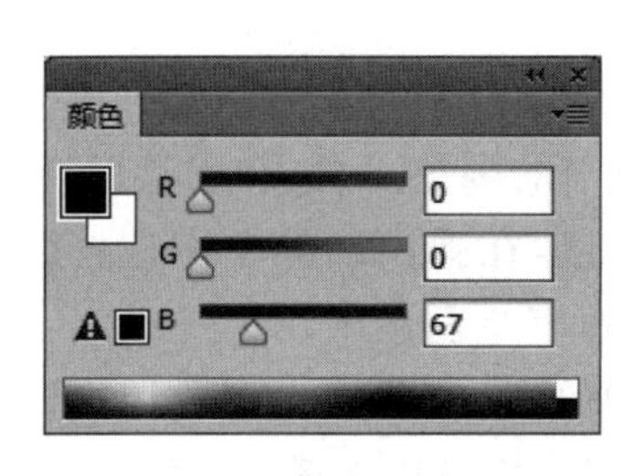

图 6-49 【颜色】面板

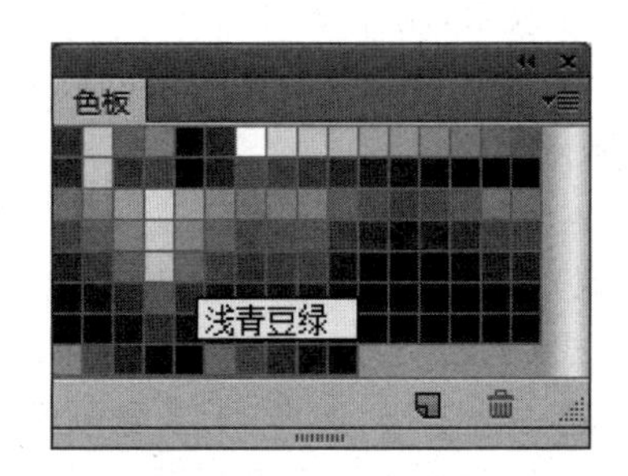

图 6-50 【色板】面板

6.3.2 画笔工具

1. 认识画笔

使用画笔工具可以模拟画笔的效果在图像或选区中进行绘制，其绘制的图形线条比较柔和。单击工具箱中的画笔工具，其工具属性栏如图 6-51 所示。其各项参数如下。

图 6-51 画笔工具属性栏

(1)【画笔】用于选择画笔样式和设置画笔大小。

(2)【模式】用于设置画笔工具对当前图像中像素的作用形式，即当前使用的绘图颜色如何与图像原有的底色进行混合。

(3)【不透明度】用于设置画笔颜色的透明度，值越大，画笔颜色的不透明度越高。

(4)【流量】用于设置图像颜色的压力程度，值越大，绘制效果越浓。

切换画笔按钮：单击该按钮，可以打开【画笔】面板如图 6-52 所示，在该面板中选择【画笔笔尖形状】选项卡，在其右侧的列表框中可以选择和预览画笔的样式，以及设置画笔大小、笔尖的形状等参数；在该面板中选择【画笔】选项卡，可以调置画笔预设、画笔笔尖形状、形状动态、散布、纹理、双重画笔、颜色动态参数。

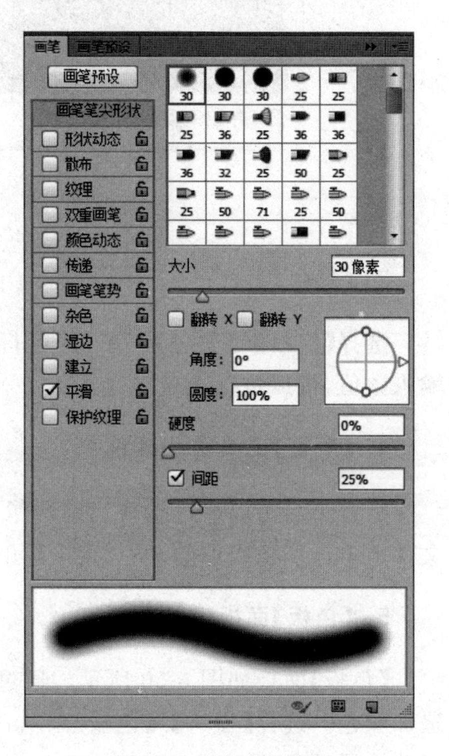

图 6-52 【画笔】面板

2. 实例制作

接下来，设计者将使用画笔工具制作笔刷状图片，其制作方法可制作出类似于首页“民间艺术”版块上的背景图片效果，制作步骤如下。

(1) 新建一个 133×59px 大小的画布，其余参数如图 6-53 所示。

(2) 载入笔刷文件 gj161021_1 . abr。选择工具箱中的画笔工具，在工具属性栏打开【画笔预设】选取器，如图 6-54 所示。单击右上角的按钮，在弹出的菜单中选择【载入画笔】命令，选择 gj161021_1. abr 文件，即可将名为 1150 的画笔笔刷载入。

(3) 新建一个图层，选择 1150 号画笔笔刷，单击画笔工具属性栏中的切换画笔面板按钮，打开【画笔】面板，设置形状动态和散布效果，适当调整参数，如图 6-55 和图 6-56 所示。

(4) 设前景色为＃ c54e4f，调整笔尖大小，在图层上绘制如下形状，如图 6-57 所示。

(5) 选择【文件】|【存储为】命令，将文件存储为 bg. png。

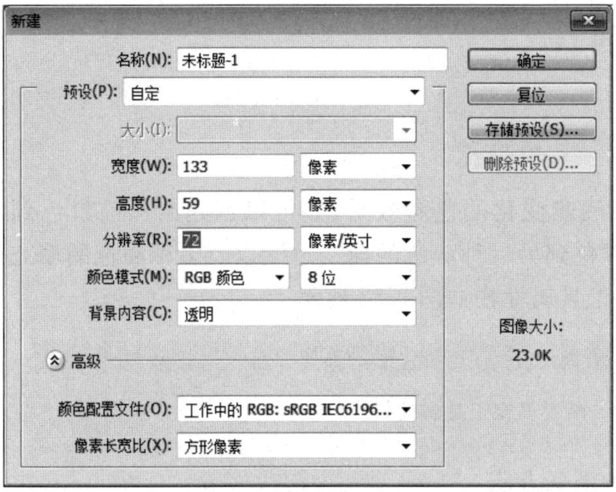

图 6-53　【新建】对话框

图 6-54　【画笔预设】选取器

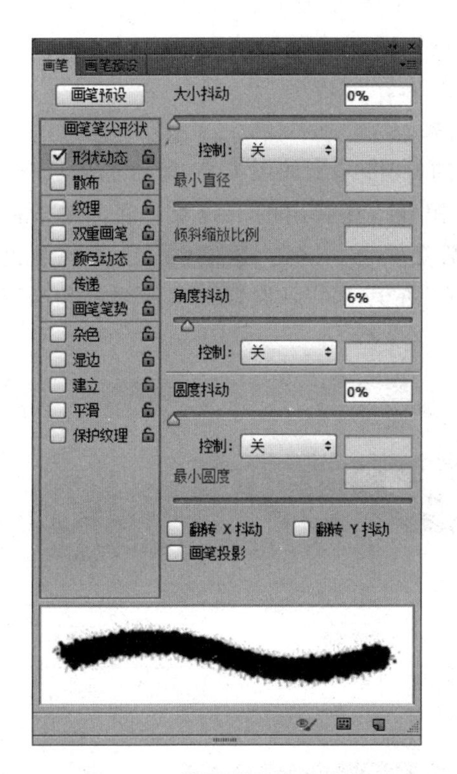

图 6-55　设置形状动态参数

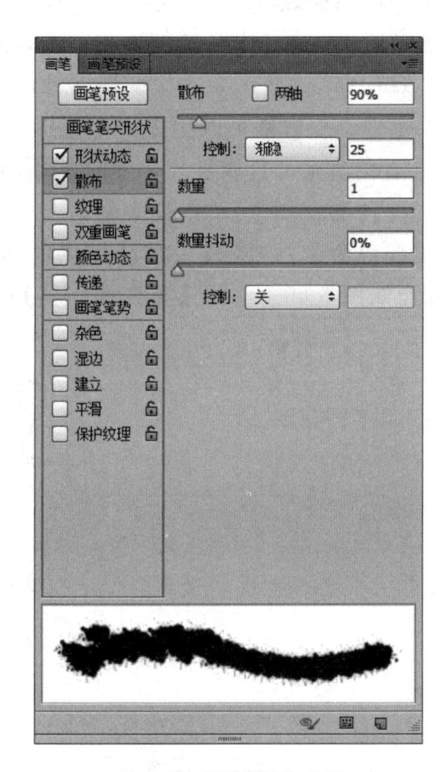

图 6-56　设置散布参数

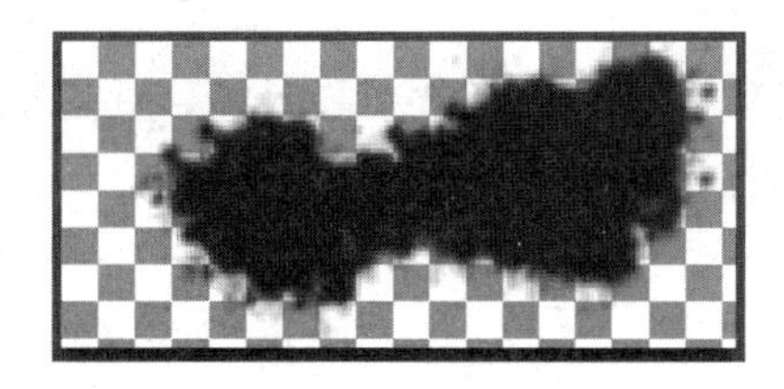

图 6-57　笔刷绘制图效果

6.3.3 渐变工具与油漆桶

1. 认识渐变工具与油漆桶

1）渐变工具

使用渐变工具可以创建出多种逐步变化的色彩效果，如可以创建出从前景色到背景色、从背景色到前景色、从任意一种颜色到另一种颜色的渐变过渡以及多种颜色的填充效果。单击工具箱中的渐变填充工具，其工具属性栏如图 6-58 所示。

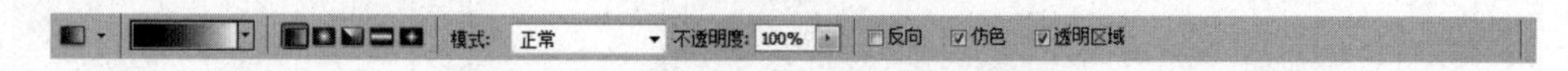

图 6-58 渐变填充工具属性栏

渐变工具属性栏中提供了以下 5 种渐变方式。

(1) 线性渐变能形成从起点到终点的直线渐变效果。

(2) 径向渐变能产生从中心向四周的辐射状的渐变效果。

(3) 角度渐变能形成围绕起点旋转的螺旋形渐变效果。

(4) 对称渐变用来产生两侧对称的渐变效果。

(5) 菱形渐变可以用来产生菱形渐变效果。

单击渐变填充工具属性栏中右侧的，将弹出如图 6-59 所示的列表框，从中可以选择一种渐变颜色，单击列表框右上角的按钮，在弹出的下拉菜单底部单击需要载入的渐变颜色命令，可以载入系统提供的多种渐变颜色。双击中间的颜色框部分，将打开如图 6-60 所示的【渐变编辑器】对话框，在其中可以设置渐变的颜色和渐变的类型等。

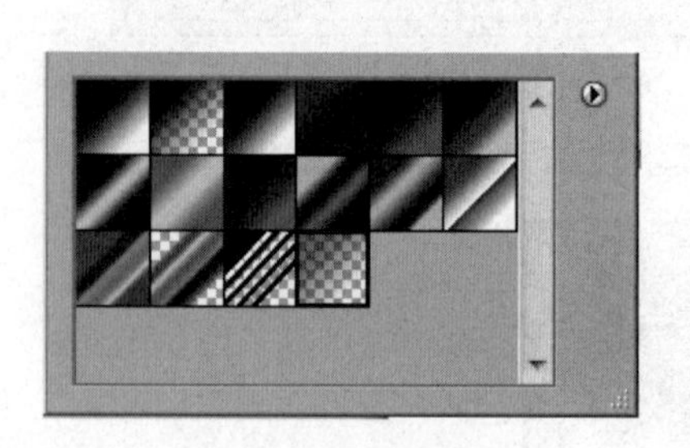

图 6-59 渐变拾色器

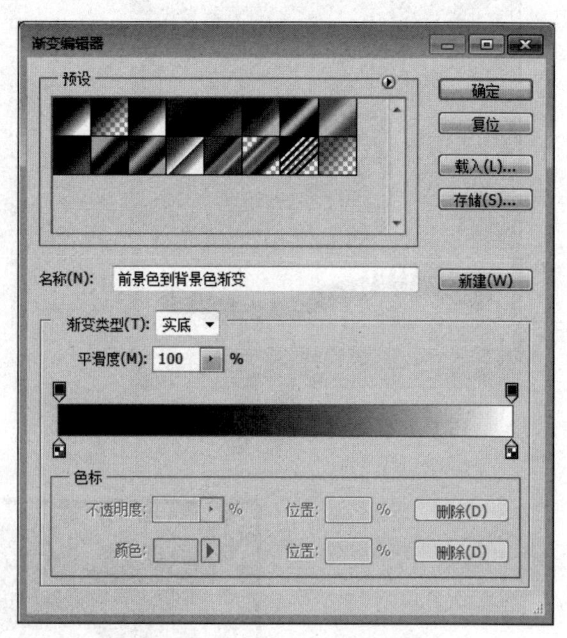

图 6-60 【渐变编辑器】对话框

另外，选中渐变填充工具属性栏中的 ☐反向 复选框，可以产生反向渐变效果；选中 ☑仿色 复选框，可以使渐变层的色彩过渡更加柔和平滑；选中 ☑透明区域 复选框可用渐变的蒙版绘制。

2）油漆桶工具

油漆桶工具的作用是为一块区域着色，着色方式为填充前景色或图案，并且附带了色彩容差的选项，其工具属性栏如图 6-61 所示。其实际作用就好比先用魔棒工具创建选区后再予以填充。因此可以用魔棒工具各个选项的概念来对应油漆桶的各个选项，只是多出了一个图案填充方式和【所有图层】选项。

图 6-61　油漆桶工具属性栏

2. 示例演示

打开一张图片如图 6-62(a)所示，用魔棒选择白色背景，选择【选择】|【反向】命令，选取汽球部分，复制到新图层。选择渐变工具，设渐变方式为线性渐变，打开渐变编辑器，选择一种预设的颜色，对背景图层进行渐变填充，效果如图 6-62(b)所示。

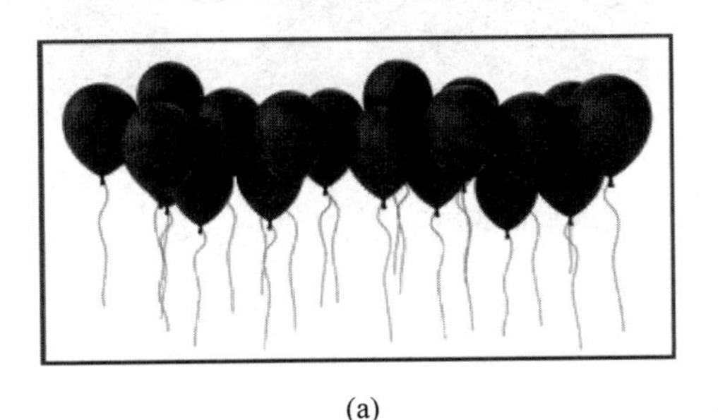

(a)

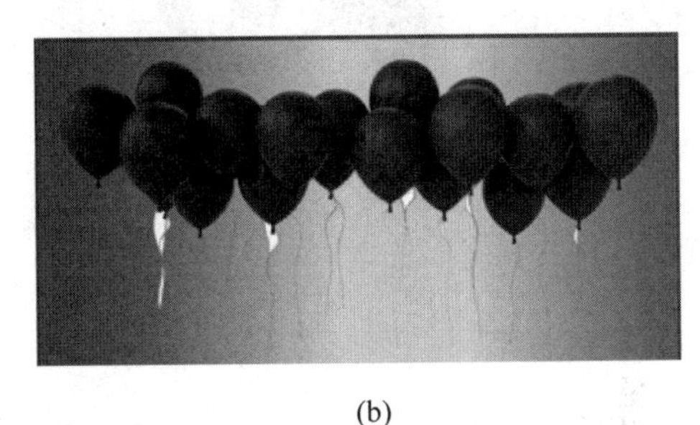

(b)

图 6-62　线性渐变效果

6.3.4　图章工具

1. 认识图章工具

1）仿制图章工具

仿制图章工具的作用是将取样图像应用到其他图像或同一图像的其他位置。单击工具箱中的仿制图章工具，其工具属性栏如图 6-63 所示，大部分选项参数与前面一致。选中 ☑对齐的 复选框时只能复制出一个固定位置的图像；不选中该复选框，可以连续复制多个相同区域的图像。

图 6-63　仿制图章工具属性栏

2）图案图章工具

图案图章工具的作用是从原图像中选取所需的图像区域，然后将其作为图案进行绘画。单击工具箱中的图案图章工具，其工具属性栏如图 6-64 所示。此工具属性栏与仿制图章工具属性栏相似，其中【图案】下拉列表框中提供了系统默认和用户手动定义好的图案。打开下拉列表框，单击右边的工具按钮，选择【自然图案】追加到当前列表中，选择一种图案，可以使用图案图章工具将图案复制到图像窗口中。

图 6-64　图案图章工具属性栏

使用图案图章工具绘画时，将鼠标指针移到图像窗口中按下鼠标左键，来回拖动鼠标即可将定义的图案复制到图像中。如图 6-65 所示是使用图案图章工具后的效果。

(a)

(b)

图 6-65　图案图章工具的使用示例演示

2. 示例演示

使用仿制图章工具复制樱桃，具体操作如下。

(1) 打开一幅图像文件，如图 6-66(a)所示，单击选取工具箱中的仿制图章工具。

(2) 在其工具属性栏中选中☑对齐的复选框，其余保持默认设置。

(3) 将光标移到图像窗口中，按下 Alt 键，鼠标指针变成⊕形状，在窗口中需要复制的图像周围来回拖动鼠标指针进行取样，这里在樱桃图像上进行取样。

(4) 释放 Alt 键，将光标移到要复制的区域，按下鼠标左键来回拖动光标，效果如图 6-66(b)所示。如图 6-66(c)所示为不选中☑对齐的复选框时进行复制的效果。

6.3.5　橡皮擦与魔术橡皮擦工具

1. 认识橡皮擦工具

使用橡皮擦工具在图像窗口中拖动光标，可以拖绘出背景色，实现擦除图像的目的。单击工具箱中的橡皮擦工具，或反复按 Shift＋E 组合键，可以启用橡皮擦工具，其工具属性栏如图 6-67 所示。其各项参数如下。

(1)【画笔】用于设置橡皮擦工具使用的画笔样式和大小。

(2)【模式】用于设置不同的擦除模式，其中，选择【画笔】和【铅笔】选项时，其使用方法

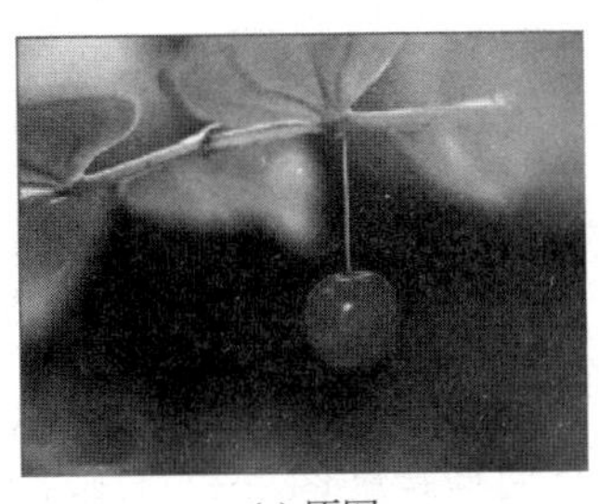

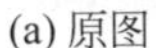

(a) 原图

(b) 效果一

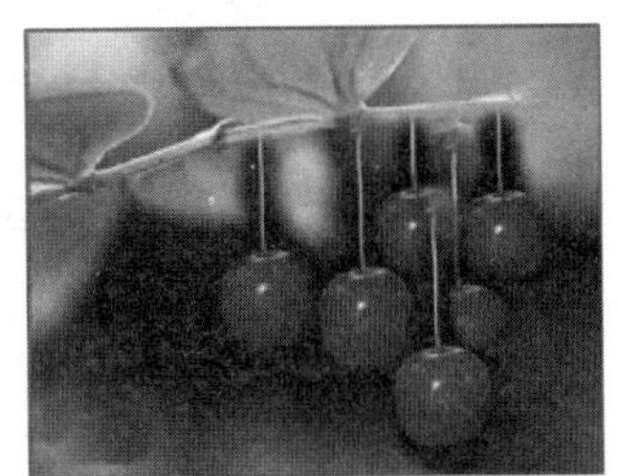

(c) 效果二

图 6-66　仿制图章工具的使用

图 6-67　橡皮擦工具属性栏

与画笔和铅笔工具相似，选择【块】选项时，在图像窗口中进行擦除的大小固定不变。

（3）【不透明度】用于设置擦除时的不透明度。

（4）□抹到历史记录，选中该复选框，可以将指定的图像区域恢复至快照或某一操作步骤下的状态。

使用橡皮擦工具擦除图像时，先设置好背景色和擦除模式，再将光标移到图像窗口需要擦除的区域中按下鼠标左键并拖动，即可将图像颜色擦除掉并以背景色填充。

2. 认识魔术橡皮擦工具

使用魔术橡皮擦工具在图层中单击鼠标时，该工具会将所有相似的像素更改为透明。单击工具箱中的橡皮擦工具，可以启用魔术橡皮擦工具，其工具属性栏如图 6-68 所示。

图 6-68　魔术橡皮擦工具属性栏

利用橡皮擦工具，将背景色设为白色进行擦除，得到如图 6-69 所示的效果。如果不是在背景层上擦除图像的颜色，那么被擦除的区域将变成透明色；若该图层下面的图层是可见的，则下面的图层将透过透明区域显示出来。利用魔术橡皮擦工具，在工具栏中修改容差值，将调整擦除的范围。擦除效果如图 6-70 所示。

图 6-69　使用橡皮擦工具

图 6-70　使用魔术橡皮擦工具

6.3.6 修复、修补和红眼工具的使用

1. 认识修复、修补和红眼工具

1）修复画笔工具

可以消除图像中的人工痕迹，包括划痕、褶皱等，并同时保留阴影、光照和纹理等效果，从而使修复后的图像不留痕迹地融入图像的其余部分。其工具属性栏如图 6-71 所示，各选项含义如下。

图 6-71 修复画笔工具属性栏

(1)【画笔】用于设置修复笔刷的直径、角度等参数。

(2)【源】用于设置修复时所使用的图像来源，其中，选中 取样 单选按钮，则修复时为定义图像中的某部分图像用于修复；选中 图案 单选按钮，则右侧的【图案】选项为可选择状态，在其中选择图案用于修复。

(3) 对齐的：选中该复选框，只能修复一个固定位置的图像；不选中该复选框，可以连续修复多个相同区域的图像。

2）修补工具

修补工具可以自由选取需要修补的图像范围进行修补，操作方法与修复工具不同，但效果相似。其工具属性栏如图 6-72 所示，各选项含义如下。

图 6-72 修补工具属性栏

(1) 修补：该栏用于选择修补的方式，其中，若选中 源 单选按钮，将使用拖动到的目标位置图像修补用修补工具选取的图像范围；若选中 目标 单选按钮，将使用修补工具选取的图像范围修补拖动到的目标位置。

(2) 透明 复选框：选中该复选框，将对用于修补图像的源图像与目标图像进行比较，并将用于修补图像中的差异较大的形状图像或颜色修补到目标图像中。

(3) 使用图案：该按钮只在用修补工具选取了图像范围时才有效，单击该按钮后再选择一种图案，可以对选取图像进行图案修补。

3）红眼工具

红眼工具可以去除照片上的红眼，还能在保留照片原有材质感觉与明暗关系的同时，方便地更换任一部位的色彩。单击工具箱中的红眼画笔工具，其工具属性栏如图 6-73 所示。

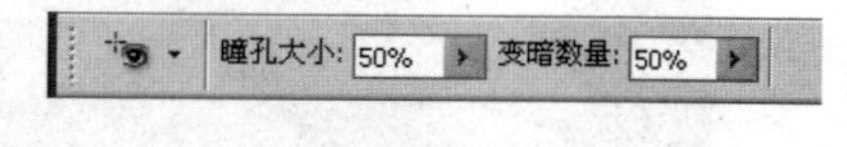

图 6-73 红眼工具属性栏

2. 示例演示

示例 1：使用修复工具去除面部黑痣。具体步骤如下。

(1) 打开一幅图像如图 6-74(a)所示。单击工具箱中的修复画笔工具，在其工具属性栏中设置画笔大小以及被修复图像的来源，这里选中⊙取样单选按钮。

(2) 将光标移到图像窗口中需要用于修复的图像部分，这里在脸部黑痣的附近按下 Alt 键，光标变为⊕形状，来回拖动光标定义样本。

(3) 将光标移动到脸部黑痣上，按下鼠标左键并拖动，即可去掉黑痣，完成后的效果如图 6-74(b)所示。被修复的图像部分将变成用于修复的图像的形状，并保留了修复图像的阴影、光照和纹理等效果。

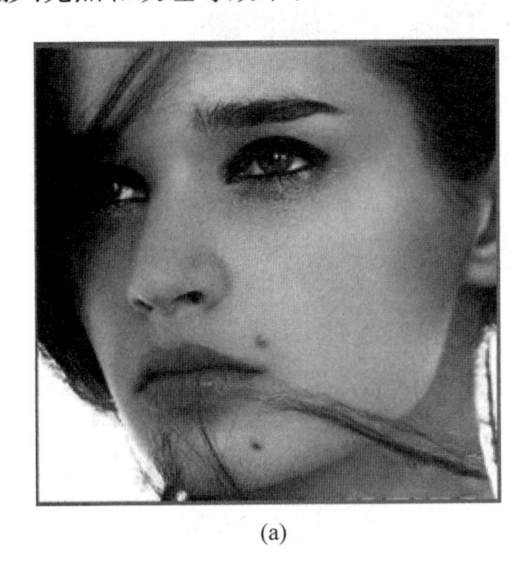

(a)

(b)

图 6-74 修复画笔工具的使用

示例 2：使用修补工具去除痘印。具体步骤如下。

(1) 打开需要进行修补的图像，选择工具箱中的修补工具，在其工具属性栏中选中⊙源单选项，并取消选中□透明复选框。

(2) 将光标移到图像中，在有痘印的部分单击并拖曳，创建一个如图 6-75(a)所示的选区。

(3) 用鼠标拖曳选区至干净的位置，如图 6-75(b)所示，释放鼠标后，即可完成修补工作，按 Ctrl+D 组合键取消选区，图像效果如图 6-75(c)所示。

(a)

(b)

(c)

图 6-75 修补工具的使用

示例 3：使用红眼工具去除红眼。

选中红眼工具，然后在需要换色的图像区域单击鼠标左键即可。去除红眼的效果对比如图 6-76 所示。

(a)

(b)

图 6-76 红眼工具的使用

6.3.7 模糊、锐化和涂抹工具的使用

模糊、锐化及涂抹工具主要用于对图像进行清晰或模糊处理。

(1) 模糊工具 ：通过柔化突出的色彩和僵硬的边界使图像的色彩过渡平滑，从而达到模糊图像的效果。

(2) 锐化工具 ：其工作原理与模糊工具相反，即通过增大图像相邻像素间的色彩反差而使图像的边界更加清晰。

(3) 涂抹工具 ：用于模拟用手指在未干的画布上涂抹而产生的涂抹效果，可拾取描边开始位置的颜色，并沿拖移的方向展开这种颜色。

以上三种工具的工具属性栏选项基本类似，以涂抹工具为例，其工具属性栏如图 6-77 所示，【强度】选项用于设置涂抹效果的强弱。

图 6-77 涂抹工具属性栏

模糊、锐化及涂抹工具的使用方法都相同，即设置好工具属性栏中的参数后在图像中需要处理的图像区域拖动鼠标即可。若定义了选区，则只对选定的区域有效。

打开图片，如图 6-78(a)所示，对它进行模糊、锐化和涂抹，效果如图 6-78(b)～图 6-78(d)所示。

6.3.8 减淡、加深和海绵工具的使用

减淡、加深和海绵工具在处理一些照片特效时比较常用。

(1) 减淡工具 ：通过用于提高图像的曝光度来提高图像的亮度。如果一幅图片扫描后色调比较暗，则用减淡工具在其中拖动可以提高其亮度，使用时在图像需要亮化的区域反复拖动即可亮化图像。

(2) 加深工具 ：通过降低图像的曝光度来降低图像的亮度，该工具的设置及使用跟减淡工具相同。

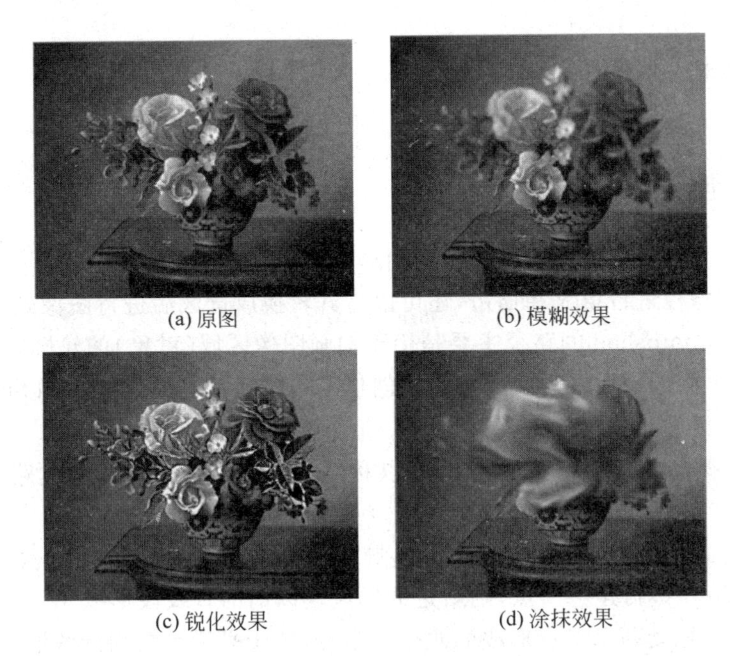

(a) 原图　(b) 模糊效果

(c) 锐化效果　(d) 涂抹效果

图 6-78 模糊、锐化和涂抹效果

(3) 海绵工具：用于加深或降低图像的色彩饱和度。

减淡和加深工具属性栏的选项相同，如图 6-79 所示为减淡工具属性栏。在【范围】下拉列表框中，【暗调】选项表示仅对图像的暗色调区域进行亮化，【中间调】选项表示仅对图像的中间色调区域进行亮化，【高光】选项表示仅对图像的亮色调区域进行亮化；【曝光度】选项用于设定曝光强度。

图 6-79 减淡工具属性栏

海绵工具的属性栏如图 6-80 所示，在【模式】下拉列表框中若选择【去色】选项，则使图像色彩的饱和度降低；若选择【加色】选项，则使图像色彩的饱和度提高。

图 6-80 海绵工具属性栏

打开图片如图 6-81(a)所示，对它进行减淡、加深和海绵效果处理，效果如图 6-81(b)～图 6-81(d)所示。

(a) 原图　(b) 减淡效果　(c) 加深效果　(d) 海绵效果

图 6-81 减淡、加深和海绵效果

6.4 路径与文字工具

6.4.1 创建路径

路径是由多个节点的矢量线条构成的图形，它在图像中显示为一些不可打印的矢量形状。用户可以对路径进行填充和描边，还可以将其转换成选区后进行图像处理，路径和选区可以相互转换。Photoshop 的路径主要是用于勾画图像区域(对象)的轮廓，在抠图、图案制作、标记设计等方面的应用最为广泛。路径创建工具包括钢笔工具和自由钢笔工具。

路径的基本组成元素包括锚点、直线段、曲线段、方向线和方向点等。

(1) 锚点：所有与路径相关的点都可以称之为锚点，它标记着组成路径的各线段的端点。

(2) 直线段：使用钢笔工具在图像中单击两个不同的位置，将在两点之间创建一条直线段。如按住 Shift 键再建一个点，则新建的线段与以前的直线段形成 45°。

(3) 曲线段：拖动两个锚点形成的两个平滑点，位于平滑点之间的线段就是曲线段。

(4) 方向点：用于标记方向线的结束端。

(5) 方向线：在曲线线段上，每个锚点都带有一两个方向线。

1. 钢笔工具的使用

使用钢笔工具可以创建直线路径和曲线路径。单击选择该工具后，其工具属性栏如图 6-82 所示。

图 6-82 钢笔工具属性栏

其中，路径 按钮将分别创建路径、形状和像素；建立：选区... 蒙版 形状 按钮用于选择创建选区或是形状，以便用不同的工具来创建所需路径；按钮用于设置新建路径与原路径的逻辑关系；按钮用于设置多个路径的对齐方式；按钮用于设置多个路径的排列方式；☑自动添加/删除 复选框可以实现自动添加或删除锚点的功能。

1) 绘制直线路径

(1) 单击工具箱中的钢笔工具，在图像的适当位置处单击鼠标，得到路径的第一个锚点。

(2) 移动鼠标指针至另一位置处单击，将与起点之间创建一条直线路径，若按住 Shift 键，可以创建水平、垂直或 45°方向的直线路径，如图 6-83(a)所示。

(3) 将光标再次移到第三个位置处单击，即可在该单击处与上一线段的终点间建立一条直线路径，如图 6-83(b)所示。

(4) 以此类推，便可用钢笔工具创建出用直线段组成的路径形状，最后将光标移到路径的起点处，当光标右下方出现一个小圆圈时，单击即可创建一条封闭的路径，如图 6-83(c)所示。

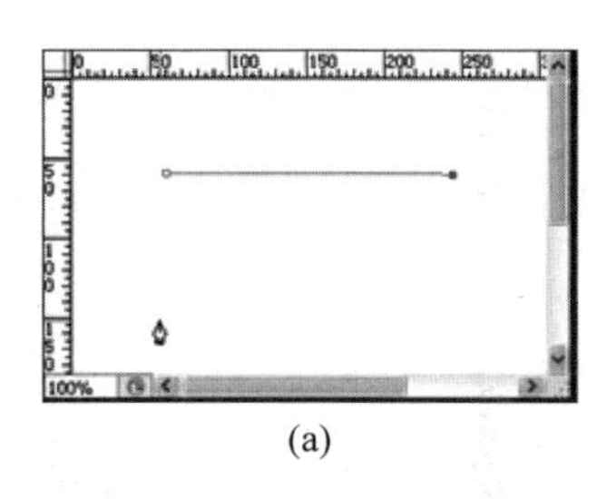
(a)

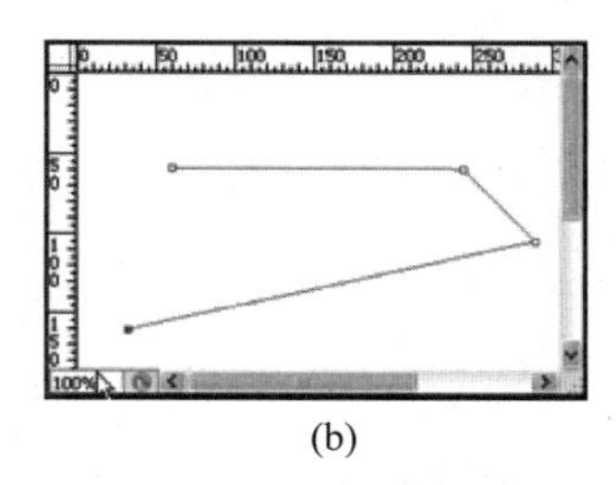
(b)

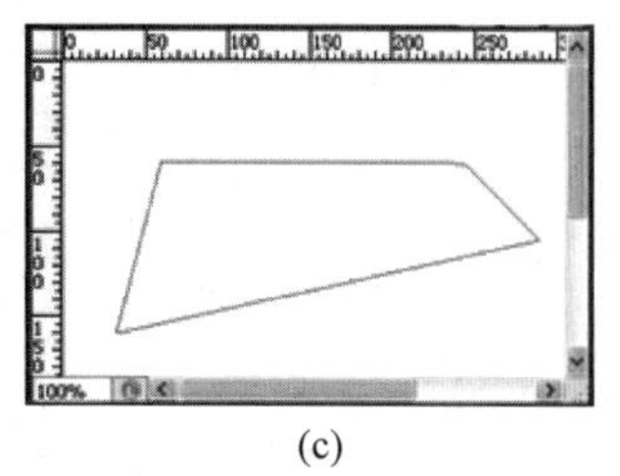
(c)

图 6-83 绘制直线路径

2）绘制曲线路径

（1）单击工具箱中的钢笔工具，在图像中单击，创建路径的第一个锚点。按住鼠标左键并拖动该锚点，将从起点处建立一条方向线，如图 6-84(a)所示。

（2）释放鼠标后将光标移到另一位置后单击并拖动，创建路径的终点，即第二个锚点，释放鼠标，在起点与终点间即可创建一条曲线路径，如图 6-84(b)所示。

（3）用同样的方法，创建路径的第三个锚点，即可在第二个锚点与第三个锚点之间建立一条曲线路径。

（4）重复操作，最后将光标移到路径的起点处，待光标右下方出现一个小圆圈时单击，即可创建一条封闭的曲线路径，如图 6-84(c)所示。

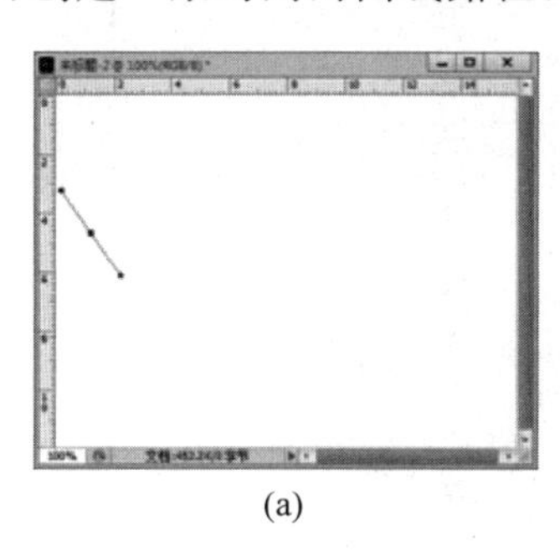
(a)

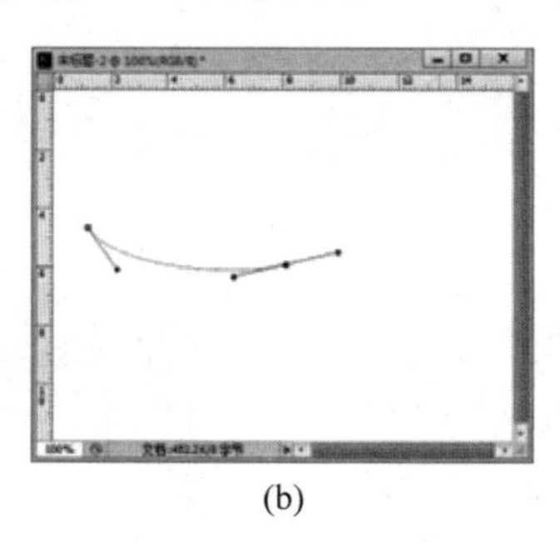
(b)

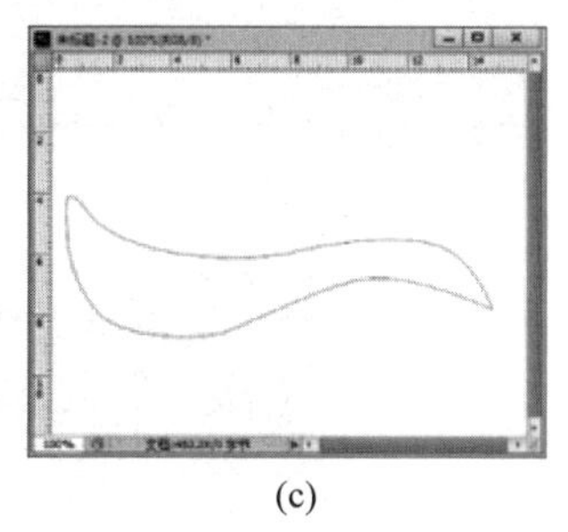
(c)

图 6-84 绘制曲线路径

2. 自由钢笔工具的使用

单击工具箱中的自由钢笔工具，其工具属性栏与钢笔工具属性栏类似。使用自由钢笔工具绘制路径时，就如同使用画笔工具进行绘制一样，只需在图像窗口的适当位置处按下鼠标左键并拖动，即可创建所需要的形状路径，如图 6-85(a)所示。

3. 使用形状工具创建路径

路径也可以通过工具箱中矢量图形工具绘制不同形状的路径。矢量图形工具包括【矩形工具】、【圆角矩形工具】、【椭圆工具】、【多边形工具】、【自定义形状工具】等。

示例：通过绘制圆角矩形路径，为图片制作边框。

（1）打开一张图片文件如图 6-86(a)所示，选择【圆角矩形工具】，在属性工具栏单击【路径】按钮 路径 绘制一圆角矩形，如图 6-86(b)所示。

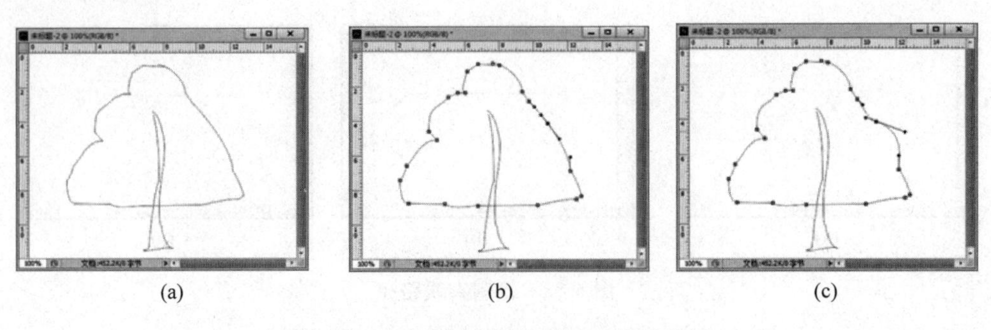

图 6-85 自由钢笔与添加锚点工具的使用

(2) 在路径属性面板的 建立： 选区... 蒙版 形状 按钮区域单击 选区... 按钮，将路径转换为选区，转换效果如图 6-86(c)所示。

(3) 选择【选择/反向】菜单，如图 6-86(d)所示；将前景色设为蓝色，按 Alt+Delete 组合键用前景色填充选区，效果如图 6-86(e)所示。

图 6-86 绘制圆角矩形路径制作图片边框

6.4.2 编辑路径

1. 添加锚点工具的使用

添加锚点工具用于对创建好的路径添加锚点。当已经创建的路径在某个位置需要细化修改时，使用该工具添加一个锚点后可以使曲线的弧度更加容易控制。

单击工具箱中的添加锚点工具，将光标置于要添加锚点的路径上，然后单击鼠标左键即可添加一个锚点，添加的锚点以实心显示，如图 6-85(b)所示，表示为当前工作锚点，添加锚点后光标会自动变为直接选择工具的光标编辑状态，此时拖动该锚点可以变换此锚点处路径的形状，如图 6-85(c)所示。

2. 删除锚点工具的使用

删除锚点工具与添加锚点工具是相对应的，它用于删除不需要的锚点。删除锚点工具的使用方法与添加锚点工具类似，先将光标置于要删除的锚点上，然后单击鼠标左键，即可删除该锚点，同时路径的形状也会发生相应的变化。如图 6-87(a)所示为原图，如图 6-87(b)和图 6-87(c)所示为删除锚点前后的效果。

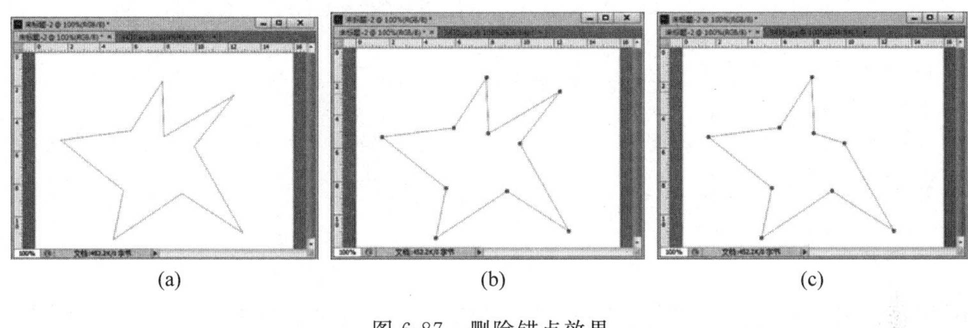

(a) (b) (c)

图 6-87 删除锚点效果

3. 转换点工具的使用

利用转换点工具可以在平滑点(表示曲线的节点)和角点(表示直线的节点)间相互转换。

先用钢笔工具绘制一闭合路径，如图 6-88(a)所示；选择转换点工具，单击下部中点的锚点并将其向下方拖曳，形成曲线锚点，其路径的效果如图 6-88(b)所示。【路径】控制面板中的效果如图 6-88(c)所示。

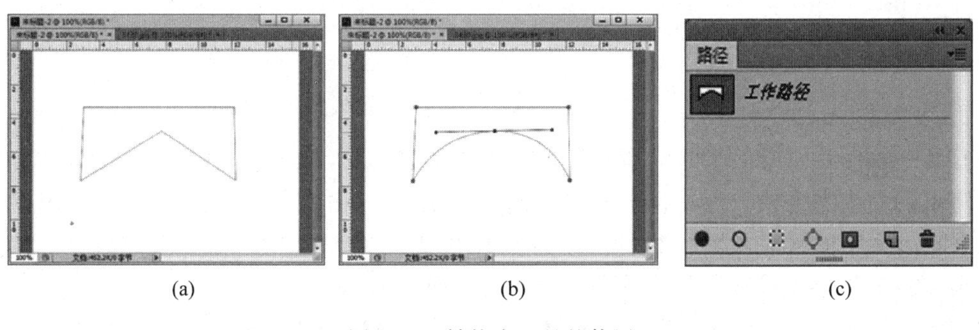

(a) (b) (c)

图 6-88 转换点工具的使用

4. 路径选择工具和直接选择工具

使用路径选择工具可以选择和移动整个路径。单击工具箱中的路径选择工具，将光标移动到路径中的某一位置单击即可选中该路径，再拖动鼠标便可以移动路径的位置。

使用路径直接选择工具可以移动路径中某个锚点的位置，还可以调整手柄和控制点，并可以对锚点进行变形操作。用钢笔工具画图，如图 6-89(a)所示，启用直接选择工具，拖曳路径中的锚点来改变路径的弧度，效果图 6-89(b)所示。

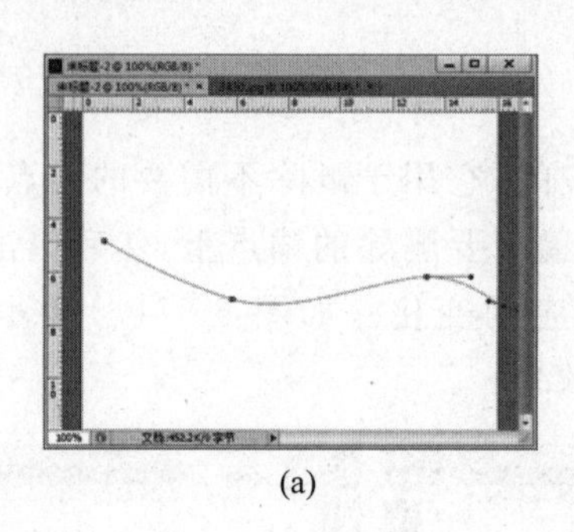
(a)

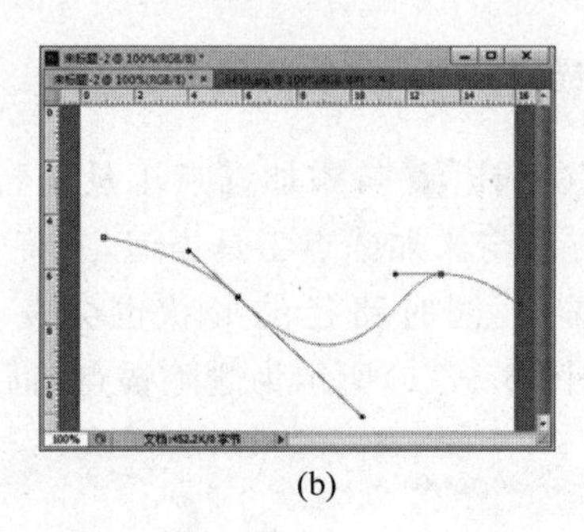
(b)

图 6-89 直接选择工具的使用

6.4.3 文字工具

1. 认识文字工具

在 Photoshop 中输入文字可选用文字工具组。在工具箱中单击横排文字工具 T，其工具属性栏如图 6-90 所示。

图 6-90 横排文字工具属性栏

在文字工具处属性栏中设置好字体样式和字体大小以及文字颜色后，在图像窗口中需要录入文字的位置单击鼠标左键，将出现一个插入光标，然后输入所需文字即可。文字工具组中的直排文字工具 IT 用于输入竖排文字，横排和直排文字蒙版工具分别用于输入横向和竖向文字选区，其输入方法及工具属性栏的参数设置与横排文字工具完全相同。

2. 示例演示

示例 1：输入直排文字。

打开一幅图片，如图 6-91(a)所示。选择直排文字工具，将光标放置在图像窗口中，单击鼠标将出现一个文字插入点。设置好字体、字号、颜色后，输入文字，文字将显示在图像窗口中。在输入文字的同时，【图层】控制面板将自动生成一个新的图层，输入完成后单击其他工具退出文字工具输入状态。最终效果和图层控制面板如图 6-91(b)和图 6-91(c)所示。

安装字体文件的方法是：将教材素材中提供的字体文件"钟齐流江毛笔草体. ttf"复制到 C：\WINDOWS\FONTS 文件夹下即可。

在 Photoshop 中还可以创建段落文本、变形文本、设置文本和段落的格式以及沿路径输入文本等。

示例 2：将文字转换为路径。

(1) 打开图像素材，在图像上输入文字，如图 6-92(a)所示。

(2) 选择【图层】|【文字】|【创建工作路径】命令，将在文字的边缘创建路径，如图 6-92(b)所示，【路径】面板如图 6-92(c)所示。

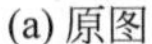

(a) 原图

(b) 最终效果

(c) 图层控制面板

图 6-91 直排文字工具的使用

(3) 单击【路径】面板上的按钮，将创建的路径转化为选区，如图 6-92(d)所示。

(4) 在【图层】面板中选中文字图层，右击，在弹出的菜单中选择【栅格化文字】，将文字图层转化为普通图层，设置前景色和背景色，用渐变工具对选区进行填充，效果如图 6-92(e)所示，【图层】面板如图 6-92(f)所示。

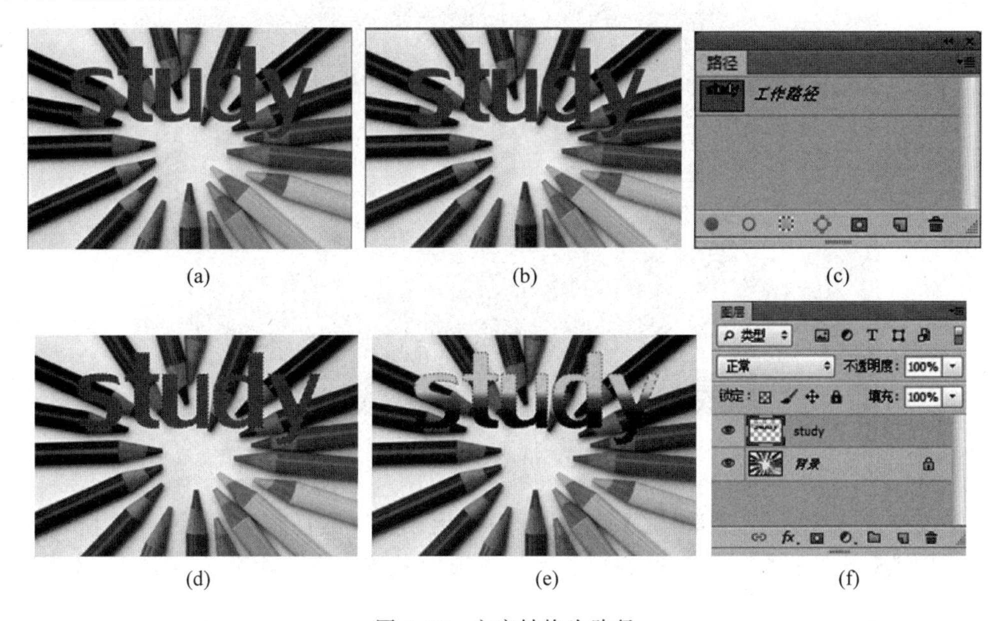

图 6-92 文字转换为路径

示例 3：沿路径排列文字。

在 Photoshop 中，设计者可以将文字沿着路径排列。

(1) 打开一幅图像，选择钢笔工具，并单击【创建路径】按钮，在图像中绘制一条路径，如图 6-93 所示。

(2) 选择横排文字工具 T，在文字工具属性栏中设置相应的字体和字号，如图 6-94 所示。当光标停放在路径上时会变成图标。在路径上单击，出现闪烁光标，此处成为文字输入的起始点，如图 6-95 所示。输入文字，文字按路径形状进行排列，如图 6-96 所示。

图 6-93　用钢笔工具绘制路径

图 6-94　文字工具属性栏

图 6-95　文字输入的起始点

图 6-96　沿路径输入文字

(3) 文字输入完成后，在【路径】面板中会自动生成文字路径图层，如图 6-97 所示。

(4) 取消【视图】|【显示额外内容】命令的选中状态，可以隐藏文字路径，如图 6-98 所示。

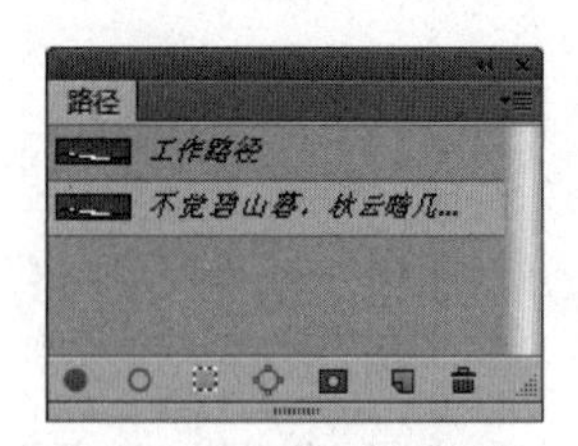

图 6-97 【路径】面板

图 6-98　隐藏文字路径

6.5 色彩与色调的调整

Photoshop CS6 提供了非常齐全的色彩控制与修正工具，选择【图像】|【调整】命令，将弹出如图 6-99 所示的子菜单，通过其中的命令可以方便地手动调整图像的亮度、对比度、色相、饱和度等，从而可以使图像的色彩更加艳丽。

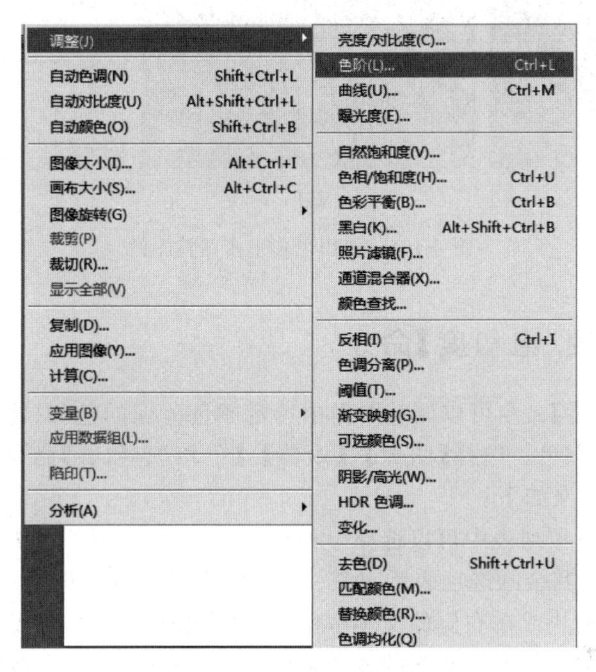

图 6-99 【调整】子菜单

6.5.1 色彩平衡调整

使用【色彩平衡】命令可以调整彩色图像的总体颜色混合。若图像有明显的偏色，用户可以用该命令来纠正。选择【图像】|【调整】|【色彩平衡】命令，将打开如图 6-100 所示的【色彩平衡】对话框，各选项含义如下。

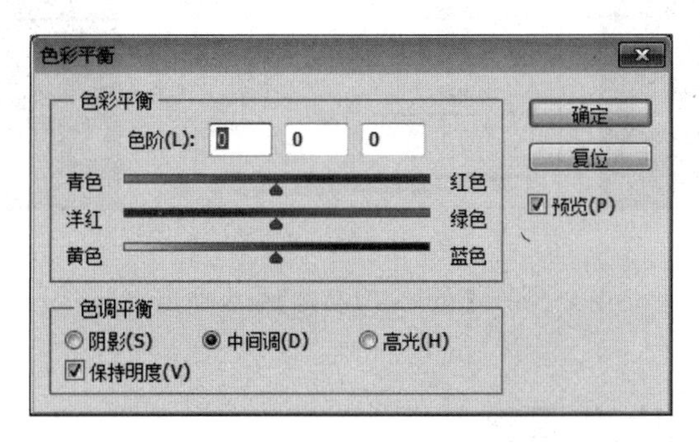

图 6-100 【色彩平衡】对话框

（1）【色彩平衡】栏：用于在【阴影】、【中间调】或【高光】中添加过渡色来平衡色彩效果。

（2）【色调平衡】栏：用于选择需要进行调整的色彩范围，包括【阴影】、【中间调】、【高光】三个单选项，选中某个单选项，即可对相应色调的像素进行调整。选中【保持明度】复选框时，调整色彩时将保持图像亮度不变。

图 6-101 所示是原图、应用色彩平衡后得到的图像效果及相关参数设置对话框。

(a) (b) (c)

图 6-101 使用色彩平衡调整图像

6.5.2 【色相/饱和度】命令

使用【色相/饱和度】命令可以调整图像中特定颜色范围的色相、饱和度和亮度，或者同时调整图像中的所有颜色。选择【图像】|【调整】|【色相/饱和度】命令，将打开【色相/饱和度】对话框。各选项含义如下。

（1）编辑：在其下拉列表中可以选择一种作用范围，其中，【全图】表示对图像中所有图像颜色的像素起作用，其余的选项表示对某一颜色成分的像素起作用。

（2）色相：拖动滑块或在右侧的文本框中输入图像的色相值，可以调整图像的色相。

（3）饱和度：拖动滑块或在右侧的文本框中输入饱和度值，可以调整图像的饱和度。

（4）明度：拖动滑块或在右侧的文本框中输入亮度值，可以调整图像的亮度。

（5）选中【着色】复选框，可使用同一种颜色来置换原图像中的颜色。

打开一张图片，如图 6-102(a)所示，选择【图像】|【调整】|【色相/饱和度】命令，在弹出的对话框中进行相关参数设置，如图 6-102(b)所示，效果如图 6-102(c)所示。

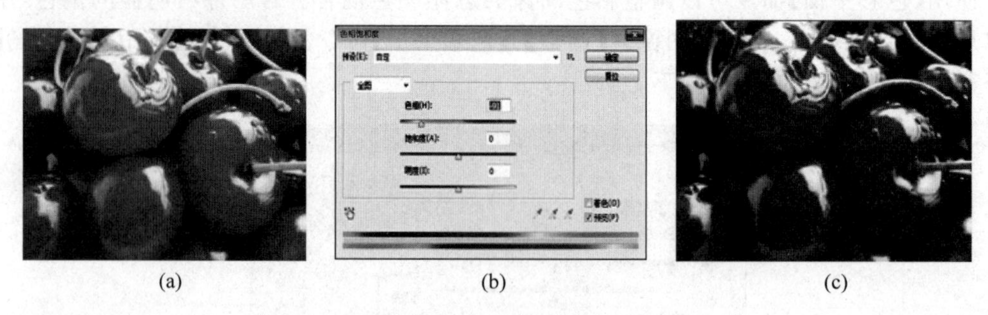

(a) (b) (c)

图 6-102 【色相/饱和度】命令使用示例

6.5.3 亮度对比度调整

使用【亮度/对比度】命令，可以对图像的色调范围进行简单的调整。选择【图像】|【调

整】|【亮度/对比度】命令，将打开如图 6-103 所示的【亮度/对比度】对话框。将【亮度】滑块向右移动时会增加色调值并扩展图像高光，向左移动则相反。【对比度】滑块可扩展或收缩图像中色调值的总体范围。

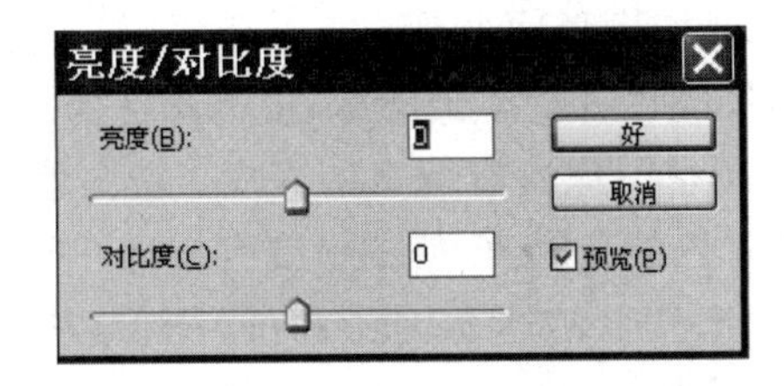

图 6-103 【亮度/对比度】对话框

图 6-104 所示是原图、亮度对比度调整相关参数设置对话框及最终图像效果。

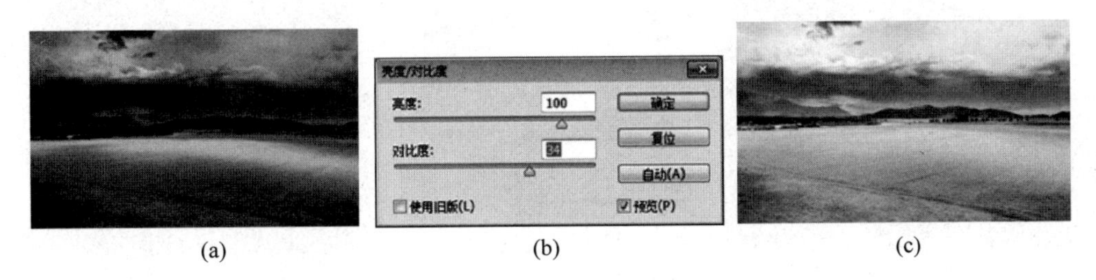

图 6-104 使用亮度对比度调整图像

6.5.4 【色阶】命令

色阶通过为单个颜色通道设置像素分布来调整色彩平衡。选择【图像】|【调整】|【色阶】，将弹出如图 6-105 所示的【色阶】对话框。其中各选项的含义如下。

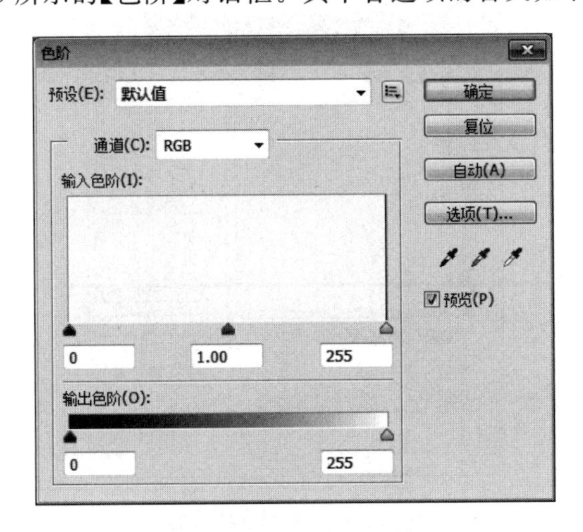

图 6-105 【色阶】对话框

(1) 通道：在其下拉列表中可以选择要调整的颜色通道。

(2) 输入色阶：用于控制图像最暗和最亮的色彩，共有三个编辑框，与对话框中间直方图下方的三个三角形滑块相对应。分别用于设置图像的暗部色调、中间色调、亮部色调。

(3) 输出色阶：用于调整图像的亮度和对比度，与它下方的两个三角形滑块相对应。色带最左侧的黑色滑块表示图像的最暗值，右侧的无色滑块表示图像中的最亮值，将滑块向左拖动时图像将变暗，向右拖动时图像将变亮。

(4) 吸管工具，用黑色吸管单击图像，可使图像变暗；用灰色吸管单击图像，将用吸管单击处的像素亮度来调整图像所有像素的亮度；用白色吸管单击图像，图像上所有像素的亮度值都会加上该选取色的亮度值，使图像变亮。

打开一张图片素材，如图 6-106(a)所示，复制背景图层，得到【图层 1】。选择【图像】|【调整】|【色阶】命令，弹出【色阶】对话框，在其中进行如图 6-106(b)所示的参数设置后单击【确定】按钮，其图像效果如图 6-106(c)所示。

(a) 原图

(b) 【色阶】对话框参数设置

(c) 最终效果

图 6-106　用色阶命令调整图像

使用【曲线】命令可以调整图像整个色调范围内的点，也可对图像中的个别颜色通道进行精确调整，以实现对图像的色彩、亮度和对比度的综合调整，常用于改变物体的质感。选择【图像】|【调整】|【曲线】命令，将打开如图 6-107 所示的【曲线】对话框，各选项含义如下。

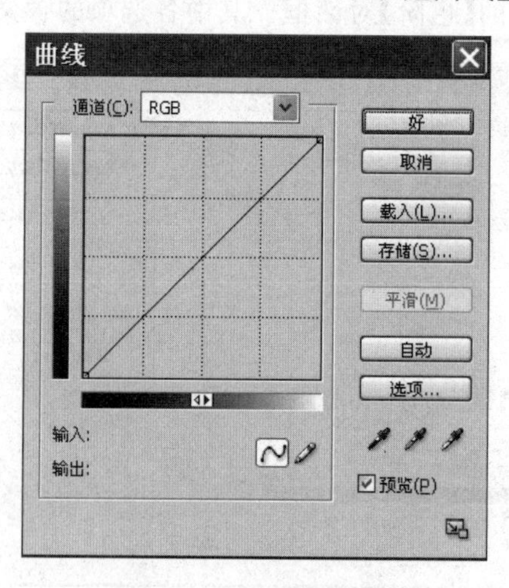

图 6-107　【曲线】对话框

(1) 曲线的水平轴表示原来图像的亮度值，即图像的输入值；垂直轴表示处理后新图像的亮度值，即图像的输出值。在曲线上单击可创建一个调节点，可创建多个节点并进行调整；拖动调节点可以调节节点的位置和曲线弯曲的弧度，达到调整图像明暗程度的目的。

(2) 工具：该工具按钮默认为打开状态，可通过拖动曲线上的调节点来调整图像。

(3) 工具：单击该工具按钮，将光标移至曲线编辑框中，光标变成画笔形状时可随意绘制需要的色调曲线。

打开一张图片，执行【图像】|【调整】|【曲线】命令，调整【曲线】对话框中的参数。图 6-108 所示为原图、应用曲线调整后得到的图像效果及相关参数设置。

(a) 原图

(b) 最终效果

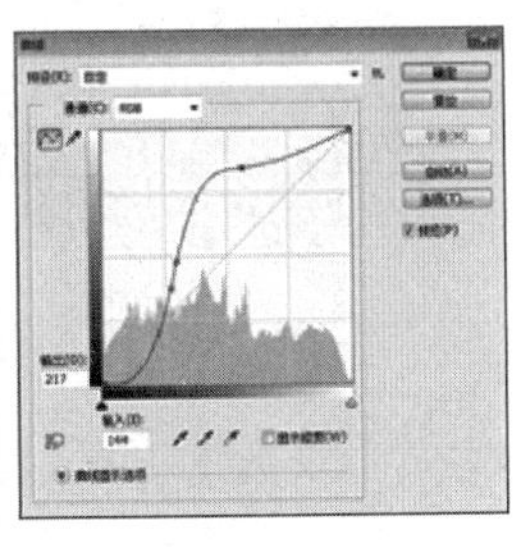

(c) 曲线参数设置

图 6-108 使用曲线命令调整图像

6.6 蒙版

蒙版是 Photoshop 中一种独特的图像处理方式，可对部分图像进行透明和半透明效果处理。蒙版实质上就是一个独立的灰度图，可以用来隔离和保护图像的某个区域，当对图像的其余区域进行颜色变化、滤镜效果和其他效果处理时，被蒙版蒙住的区域将不会发生改变。在 Photoshop CS6 中有图层蒙版、快速蒙版、剪贴蒙版、矢量蒙版。本节将介绍图层蒙版与快速蒙版。

6.6.1 图层蒙版

1. 认识图层蒙版

图层蒙版可为图层增加遮蔽效果，常用于图层合成。可以通过改变图层蒙版不同区域的显示或隐藏状态来达到合成图像的效果，其优点在于不会对图像造成任何破坏。通过添加、编辑蒙版可实现图像融合。

在【图层】面板中选择要添加蒙版的图层【图层 1】，如图 6-109(a)所示，单击【图层】面板下部的【添加图层蒙版】按钮，即可为当前图层添加白色蒙版，如图 6-109(b)所示。如果按住 Alt 键的同时单击按钮，则为当前图层添加黑色蒙版，如图 6-109(c)所示。

在蒙版图层被选中的情况下，可以使用任何绘图、编辑工具和滤镜对蒙版进行编辑。在编辑图像蒙版时，前景色和背景色处于灰度显示状态，白色表示不透明设置，黑色表示透明设置。

我们可以这样通俗地理解：图层蒙版作用于上下两个图层，若用黑笔在上层涂抹，相当于在上层图像中打洞，透过洞可以看到下面图层的内容；若用白笔在上层涂抹，相当于将上层所打的洞补上，重新看到上层图像的内容。

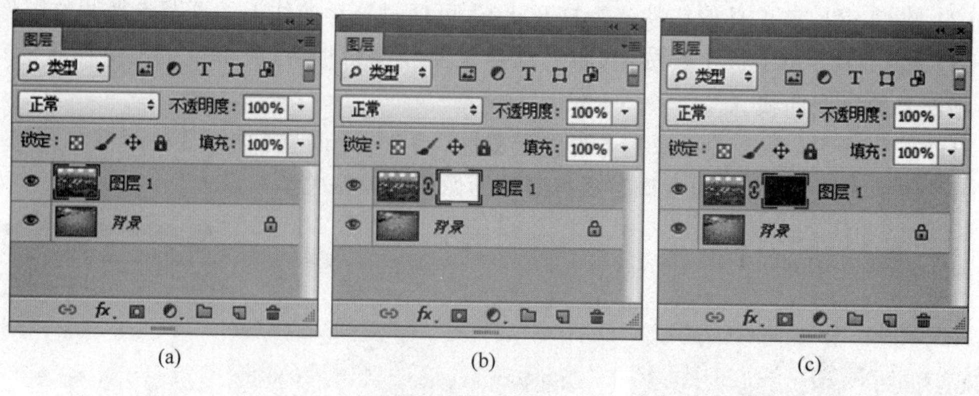

(a) (b) (c)

图 6-109 【图层】面板状态

2. 示例制作

使用图层蒙版将两张图片中的沙漠和绿洲自然融合到一起,操作步骤如下。

(1) 打开如图 6-110 所示的沙漠与草地两张图片素材。

(a) 沙漠 (b) 草地

图 6-110 素材

(2) 使用移动工具 将图像草地移至图像沙漠中,得到图层 1,改图层名为【草地】。选中【草地】图层,并调整其位置,如图 6-111 所示。

(3) 单击【图层】面板下方的【添加图层蒙版】按钮 ,为图层【草地】添加白色图层蒙版,【图层】面板状态如图 6-112 所示。

图 6-111 调整草地位置后的效果

图 6-112 添加【图层】蒙版

(4) 在工具箱中设置前景为黑色,背景为白色。选中渐变工具,渐变方式为线性渐变,在状态栏中设置其参数如图 6-113 所示。

图 6-113　渐变工具栏

(5) 保持图层蒙版处于选中状态,在图像窗口中从左上方向右下方拖曳,得到如图 6-114 所示的效果,此时【图层】面板状态如图 6-115 所示。

图 6-114　添加蒙版后的图像效果

图 6-115　【图层】面板状态

(6) 选择画笔工具,保持前景为白色,在水面部分涂抹,使湿地中的水更清澈,最终效果如图 6-116 所示,【图层】面板设置如图 6-117 所示。

图 6-116　最终图像效果

图 6-117　【图层】面板状态

3. 删除图层蒙版

选中蒙版缩览图,如图 6-118(a)所示,再单击【图层】面板下方的【删除图层】按钮,弹出如图 6-118(b)所示的对话框。若单击【应用】按钮,则蒙版中对应的白色区域会被保留下来,黑色区域所对应的图像区域会被删除,灰色区域所对应的图像区域会被删除,如图 6-118(c)所示;如果单击【删除】按钮,则图像不会发生任何变化,如图 6-118(d)所示。

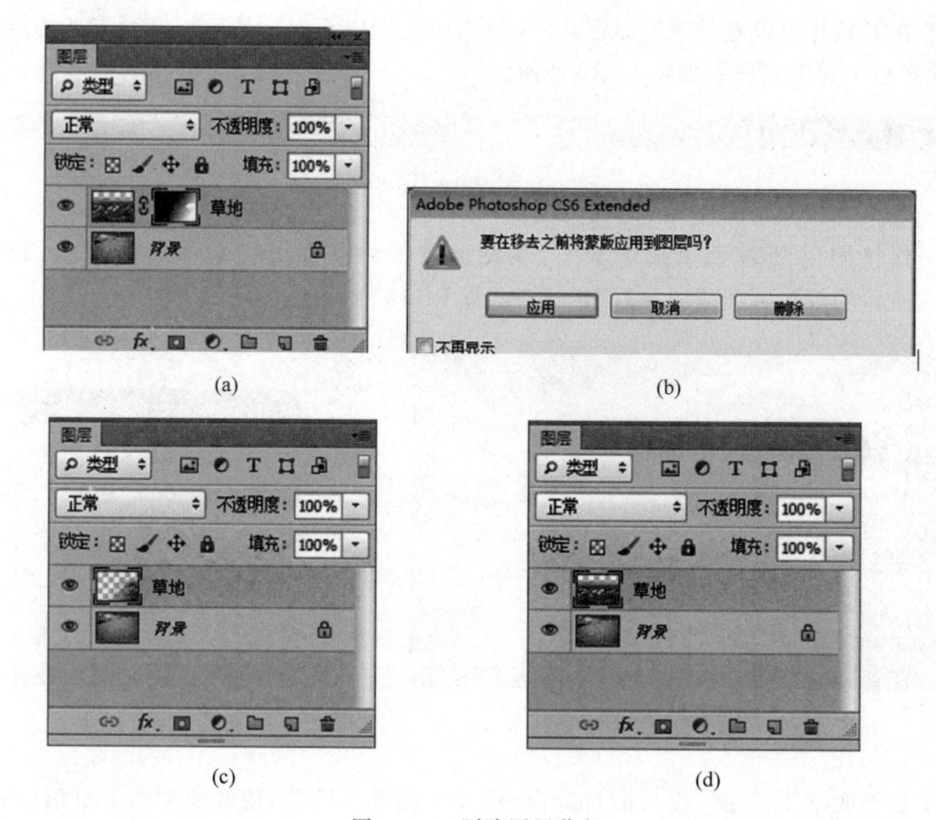

(a) (b)

(c) (d)

图 6-118　删除图层蒙版

6.6.2　快速蒙版

1. 认识快速蒙版

快速蒙版用于创建、编辑和修改选区。方法是单击工具箱中的【以快速蒙版模式编辑】按钮，进入快速蒙版；然后选择画笔工具，使用黑色在想要选中的区域外单击并拖动；最后单击工具箱中的【以标准模式编辑】按钮，返回正常模式，此时画笔没有绘制到的区域形成选区。除了用画笔工具选择选区外，也可以用渐变工具做黑白渐变选择选区。

2. 示例制作

图 6-119 所示是一个用快速蒙版进行图像合成的实例，其中，图 6-119(a)和图 6-119(b)是原图，图 6-119(c)是合成图像。制作方法如下。

(1) 打开两张图片，如图 6-119(a)和图 6-119(b)所示。选择图 6-119(a)，单击工具箱中的【以快速蒙版模式编辑】按钮，进入快速蒙版。

(2) 设前景为黑色，背景为白色，选择渐变工具，从左至右进行线性渐变，结果如图 6-120 (a)所示。

(3) 单击工具箱中的【以标准模式编辑】按钮，返回正常模式。图像建立了一个矩形选区，结果如图 6-120(b)所示。

(a)

(b)

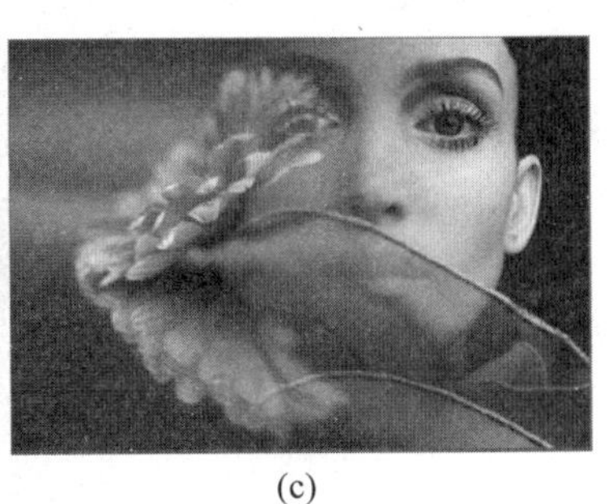
(c)

图 6-119　使用快速蒙版合成图像

(a)

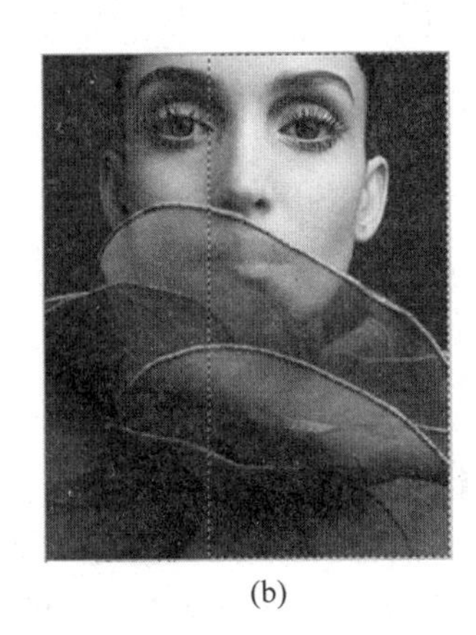
(b)

图 6-120　使用快速蒙版

(4) 复制所得的矩形选区，粘贴到图 6-119(b)中，得到效果图如图 6-119(c)所示。人物的右边脸清晰，左边脸模糊，逐渐融入左边的花朵图像中，实现了两张原始图像的自然融合。

6.6.3　图像合成案例制作

此案例实现了“乌木文化”页面“简介”版块的背景图片制作。需要的素材如图 6-121 所示，最终效果如图 6-122 所示。该案例的设计思想是通过蒙版的使用让各图片自然融合，同时降低图层的不透明度使整体效果更加自然。

(a) 素材1

(b) 素材2

(c) 素材3

(d) 素材4

图 6-121　素材

具体步骤如下。

(1) 新建一个 260×450px 大小的画布,分辨率为 72 像素/英寸,背景白色。

(2) 打开图片素材 1.jgp,用矩形选框工具选择适当大小的图像,拖动到白色画布中,得到【图层 1】。效果如图 6-123 所示。

图 6-122　图像合成效果

图 6-123　添加素材 1

(3) 选中【图层 1】,在【图层】面板上单击【添加图层蒙版】按钮 ,为【图层 1】添加白色蒙版。设前景为黑色,背景为白色,在工具箱选择渐变工具,由下到上线性渐变。在【图层】面板上,降低图层的不透明度为 37%,得到如图 6-124 所示的效果。

(4) 打开图片素材 2.jgp,选择套索工具,设羽化值为 30,选取图像的一部分,拖动到白色画布中,得到【图层 2】。

(5) 选中【图层 2】,按 Ctrl+T 组合键,改变图像的大小。在【图层】面板上,降低图层的不透明度为 30%,得到如图 6-125 所示的效果。

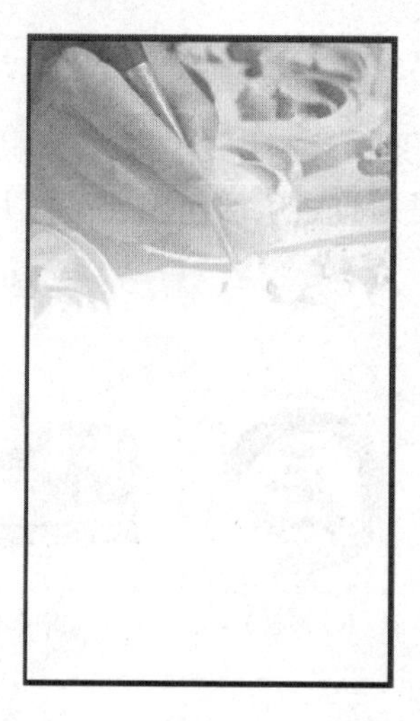

图 6-124　为素材 1 创建蒙版效果

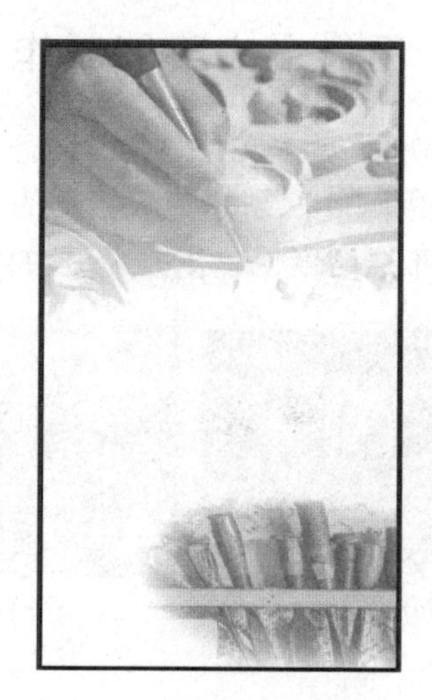

图 6-125　添加素材 2 效果

(6) 打开图片素材 3.jgp，选择魔棒工具，单击白色区域，选择【选择】|【反向】命令，选中黑色的图形，用移动工具 将所选区域拖到白色画布中，得到【图层 3】。选中【图层 3】，按 Ctrl+T 组合键，改变图像的大小。在【图层】面板上，降低图层的不透明度为 30%，得到如图 6-126 所示的效果。

(7) 打开图片素材 4.jpg，用矩形选框工具选择适当大小的图像，拖动到白色画布中，如图 6-127 所示，得到【图层 4】。【图层】面板如图 6-128 所示。

图 6-126 添加素材 3 效果

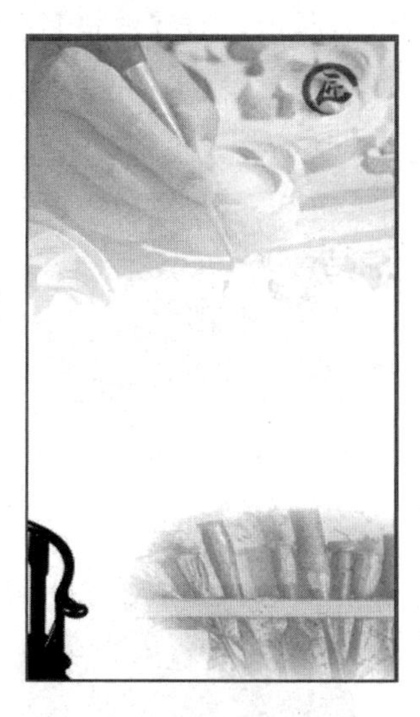

图 6-127 添加素材 4 效果

图 6-128 【图层】面板

(8) 选择【文件】|【存储为】命令，将文件存为 wumubj.jpg。

6.7 滤镜

6.7.1 滤镜基础知识

滤镜是 Photoshop 的特色功能，被称为 Photoshop 图像处理的灵魂。滤镜就是一种快速给图片添加各种艺术效果的工具集合。Photoshop 中的滤镜分为两大类：一类是 Photoshop 的自带滤镜；另一类是第三方厂商为 Photoshop 开发的外挂滤镜，它们数量众多，而且功能强大。外挂滤镜的安装方法与一般程序的安装方法基本相同，只是要将其安装在 Photoshop CS6 的 Plug-ins 目录下的 Filters 文件夹中，否则无法运行。

1. 滤镜的一般使用方法

滤镜的使用方法是在【滤镜】菜单中选择相应滤镜类型子菜单中的某个滤镜命令，在打开的参数设置对话框(个别滤镜无须进行设置)中设置好参数后单击【确定】按钮即可。

2. 重复使用上一个滤镜效果

当使用完一个滤镜命令后，最后一次使用过的滤镜将被放在【滤镜】菜单的顶部，用户还可以单击它或按 Ctrl+F 组合键将以上次设置的参数快速重复执行相同的滤镜命令。

3. 滤镜库的使用

选择【滤镜】|【滤镜库】命令，将打开一个对话框，在该对话框中间的列表框中提供了扭曲、画笔描边、素描、纹理、艺术效果、风格化6组滤镜，单击左侧的按钮即可展开该组滤镜，单击需要浏览的滤镜缩略图，即可浏览该滤镜的效果，同时将在对话框右侧显示出相应的参数设置选项。打开图片，如图 6-129(a)所示，选择【滤镜】|【滤镜库】|【素描】命令，选择【便条纸】、【撕边】、【炭笔】、【炭精笔】、【绘图笔】后，效果如图 6-129(b)～图 6-129(f)所示。

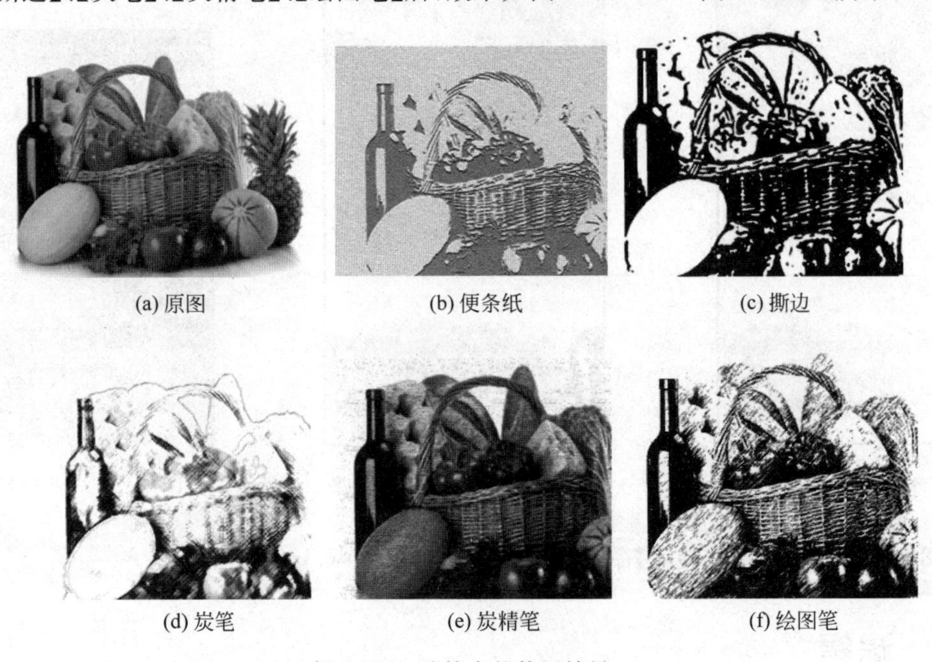

(a) 原图　(b) 便条纸　(c) 撕边

(d) 炭笔　(e) 炭精笔　(f) 绘图笔

图 6-129　滤镜库的使用效果

4. 使用滤镜的注意事项

(1) 滤镜不能应用于位图模式、索引模式和16位通道模式的图像。

(2) 滤镜对图像的处理是以像素为单位进行的，所以有时也会因为图像的分辨率不同而造成处理后图像的效果不同。

(3) 一些滤镜在应用时会占用很大的内存空间，特别是图像的分辨率较高时，从而使运行速度较慢。

6.7.2 风格化滤镜

1. 等高线效果

打开一张图片，执行【滤镜】|【风格化】|【等高线】命令，可沿着图像当前色阶的明暗值将色阶值相同的变成一条线。图 6-130 所示为原图、应用滤镜后得到的图像效果及相关参数设置。

(a)

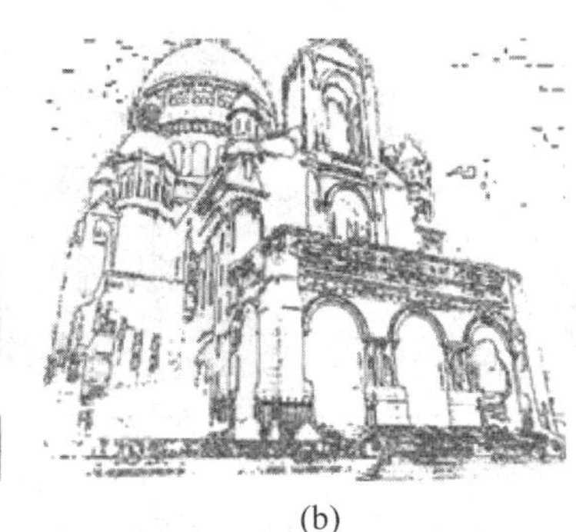

(b)

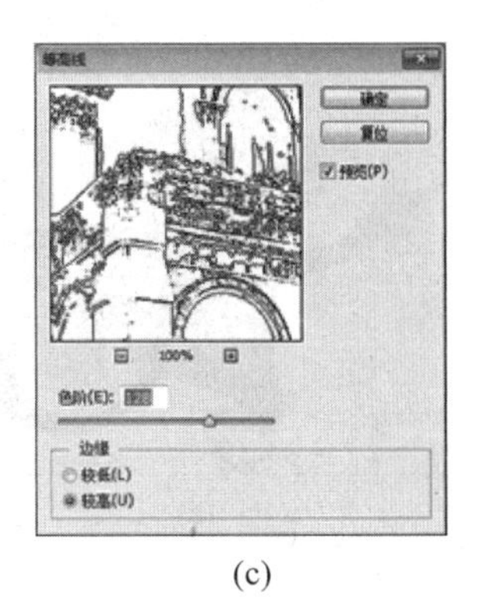

(c)

图 6-130 【等高线】滤镜效果

2. 查找边缘

打开一张图片，执行【滤镜】|【风格化】|【查找边缘】命令，用相对于白色背景的深色线条来勾画图像的边缘，得到图像的大致轮廓。如图 6-131 所示为原图、应用滤镜后得到的图像效果。

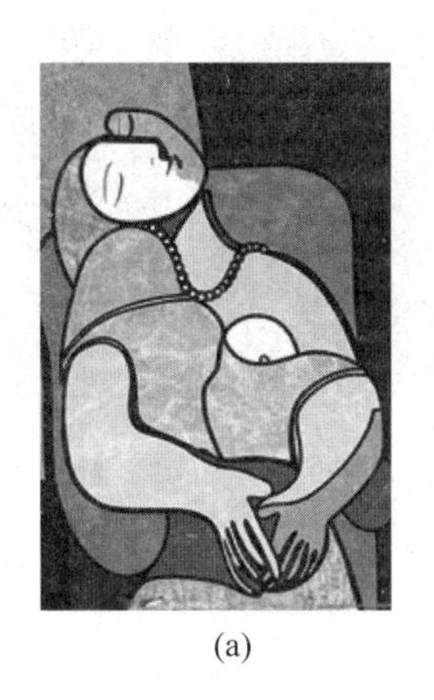

(a)

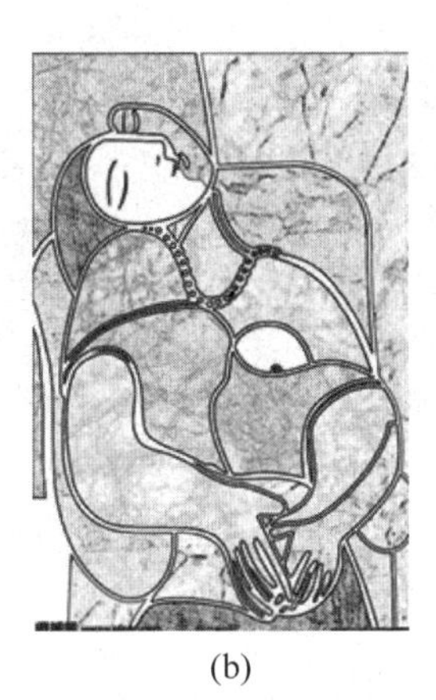

(b)

图 6-131 【查找边缘】滤镜效果

6.7.3 扭曲滤镜

扭曲滤镜组包含 13 种滤镜，可对图像进行几何扭曲，创建 3D 或其他整形效果。缺点是应用滤镜效果的图像会占用大量内存。本节重点介绍玻璃和极坐标滤镜。

1. 玻璃

打开一张图片，执行【滤镜】|【滤镜库】命令，打开滤镜库，选择【扭曲】|【玻璃】命令，可以制作细小的纹理，使图像看起来像是透过不同类型的玻璃观察到的。如图 6-132 所示为原图、应用滤镜后得到的图像效果及相关参数设置。

(a)

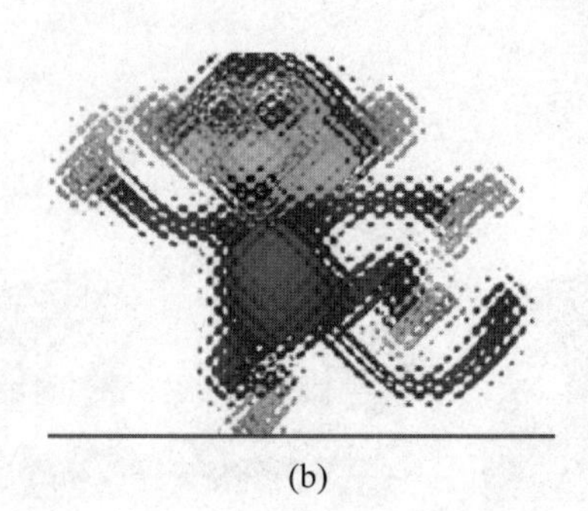

(b)

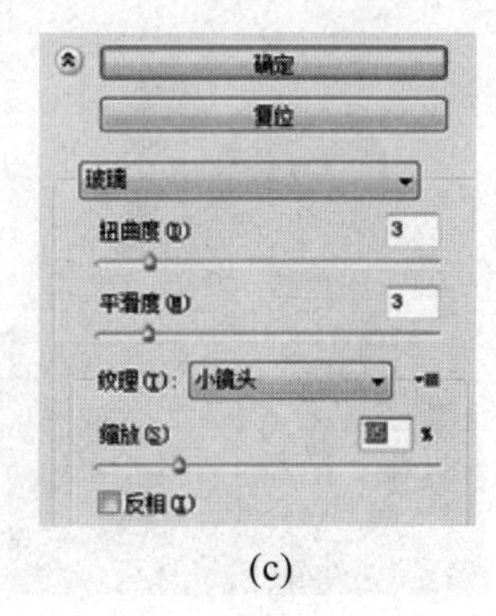

(c)

图 6-132 【玻璃】滤镜效果

2. 极坐标

打开一张图片，执行【滤镜】|【扭曲】|【极坐标】命令，可以使图像从平面坐标转换为极坐标，产生抽象派曲面扭曲效果。如图 6-133 所示为原图、应用滤镜后得到的图像扭曲效果及相关参数设置。

(a)

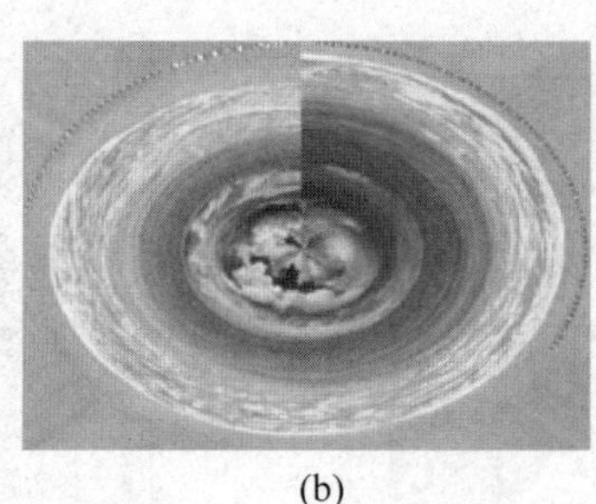

(b)

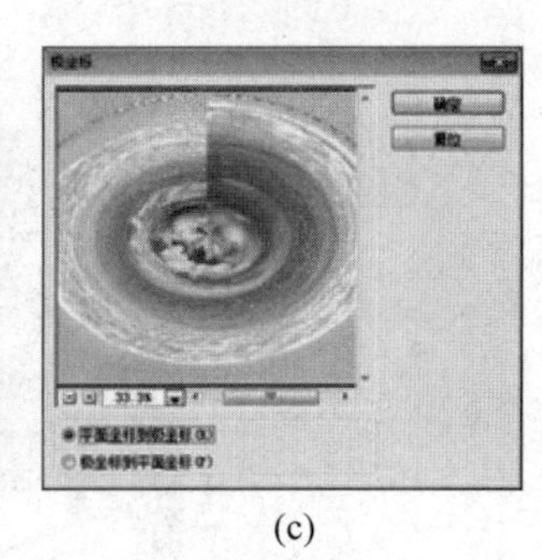

(c)

图 6-133 【极坐标】效果

6.7.4 像素化

像素化滤镜主要通过将相似颜色值的像素转化成单元格而使图像分块或平面化，包括彩块化、彩色半调、晶格化、铜版雕刻等 7 种滤镜效果。

1. 点状化

打开一张图片，执行【滤镜】|【像素化】|【点状化】命令。如图 6-134 所示为原图、应用滤镜后得到的图像效果及相关参数设置。

2. 铜版雕刻

打开一张图片，执行【滤镜】|【像素化】|【铜版雕刻】命令。如图 6-135 所示为原图、应用滤镜后得到的图像效果及相关参数设置。

(a)　(b)　(c)

图 6-134　【点状化】效果

(a)　(b)　(c)

图 6-135　【铜版雕刻】效果

6.7.5　渲染

1. 镜头光晕

该滤镜模拟亮光照射到相机镜头所产生的折射，通过单击图像缩览图的任一位置或拖移其十字线，可以指定光晕中心的位置。打开一张图片，执行【滤镜】|【渲染】|【镜头光晕】命令。如图 6-136 所示为原图、应用滤镜后得到的图像效果及相关参数设置。

(a)　(b)　(c)

图 6-136　【镜头光晕】效果

2. 光照效果

打开一张图片，执行【滤镜】|【渲染】|【光照效果】命令。如图 6-137 所示为原图、应用滤镜后得到的图像效果及相关参数设置。

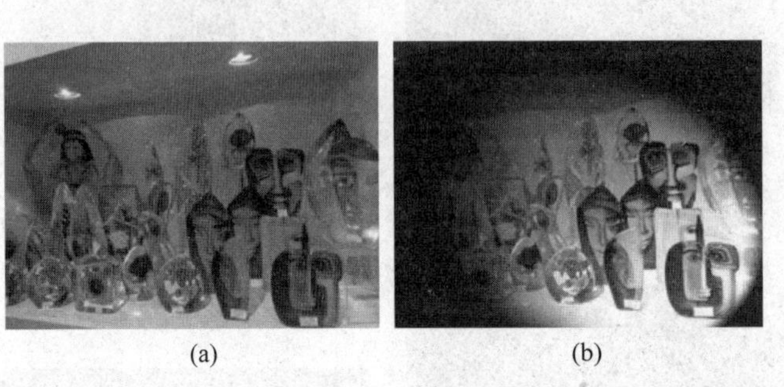

(a) (b) (c)

图 6-137 【光照效果】效果

6.7.6 画笔描边滤镜

画笔描边滤镜组使用不同的画笔和油墨描边效果创造出绘画效果，可向图像添加杂色、颗粒、纹理等。Photoshop CS6 通过滤镜库可以实现各种【画笔描边】滤镜效果。

1. 喷溅

打开一张图片，执行【滤镜】|【滤镜库】命令，打开滤镜库，选择【画笔描边】|【喷溅】命令，可以创建类似喷枪作图的效果。如图 6-138 所示为原图、应用滤镜后得到的图像效果及相关参数设置。

(a) (b) (c)

图 6-138 【喷溅】滤镜效果

2. 墨水轮廓

打开一张图片，执行【滤镜】|【滤镜库】命令，打开滤镜库，选择【画笔描边】|【墨水轮廓】命令，可以创建墨水轮廓的效果。如图 6-139 所示为原图、应用滤镜后得到的图像效果及相关参数设置。

(a)　(b)　(c)

图 6-139　【墨水轮廓】滤镜效果

6.7.7　素描滤镜

针对 RGB 或灰度模式的图像，素描滤镜可以制造出多种绘图效果。

1. 绘图笔

打开一张图片，执行【滤镜】|【滤镜库】命令，打开滤镜库，选择【素描】|【绘图笔】命令，可以使图像产生绘图笔描画的效果。如图 6-140 所示为原图、应用滤镜后得到的图像效果及相关参数设置。

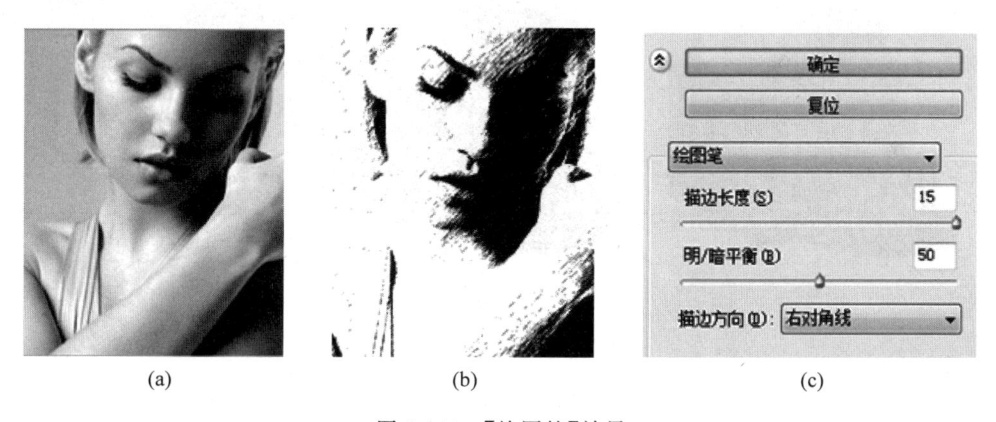

(a)　(b)　(c)

图 6-140　【绘图笔】效果

2. 便条纸

打开一张图片，执行【滤镜】|【滤镜库】命令，打开滤镜库，选择【素描】|【便条纸】命令，可以使图像产生便条纸描画的效果。如图 6-141 所示为原图、应用滤镜后得到的图像效果及相关参数设置。

6.7.8　纹理滤镜

纹理滤镜组可以用来在图像中加入各种纹理，使图像具有深度感或物质感的外观效果。Photoshop CS6 的纹理滤镜组包括拼缀图、染色玻璃、纹理化、颗粒、马赛克拼图、龟裂缝 6

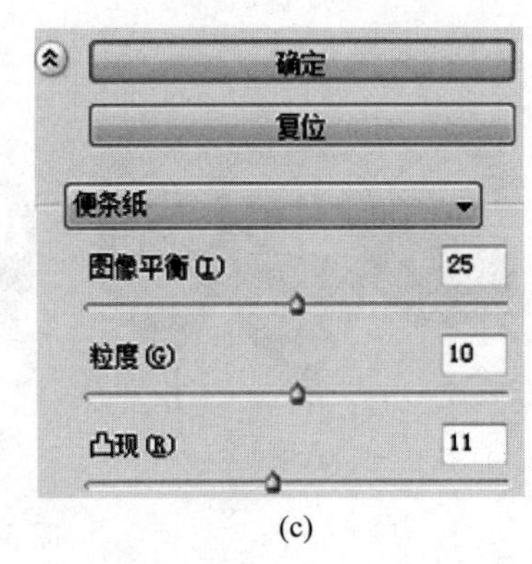

(a) (b) (c)

图 6-141 【便条纸】效果

种效果。

1. 龟裂缝

打开一张图片，执行【滤镜】|【滤镜库】命令，打开滤镜库，选择【纹理】|【龟裂缝】命令，可以使图像产生龟裂效果。如图 6-142 所示为原图、应用滤镜后得到的图像效果及相关参数设置。

(a) (b) (c)

图 6-142 【龟裂缝】效果

2. 纹理化

打开一张图片，执行【滤镜】|【滤镜库】命令，打开滤镜库，选择【纹理】|【纹理化】命令，可以使图像产生纹理效果。如图 6-143 所示为原图、应用滤镜后得到的图像效果及相关参数设置。

6.7.9 蒙版与滤镜示例制作

设计者在创建图层蒙版后，可以结合滤镜命令创建出特殊的图层合成效果。具体制作步骤如下。

(1) 打开一幅图像，将背景图层转化为普通图层【图层 0】。在其下方新建一个图层【图层 1】，用灰色填充，如图 6-144 所示。

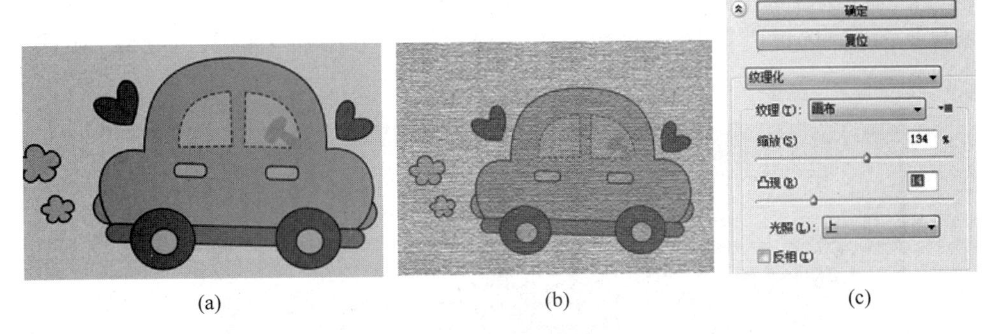

(a)　(b)　(c)

图 6-143　【纹理化】效果

图 6-144　打开图像并创建背景图层

(2) 选中【图层 0】,用矩形选框工具创建一个矩形选区,如图 6-145 所示。

图 6-145　创建矩形选区

（3）单击【图层】面板上的【添加图层蒙版】按钮，创建选区大小的图层蒙版，选区中的区域显示图像，选区外的区域隐藏图像并显示其下方图层中的灰色背景，如图 6-146 所示。

图 6-146　创建图层蒙版

（4）单击图层蒙版缩览图，使其处于编辑状态，执行【滤镜】|【滤镜库】命令，打开滤镜库，选择【扭曲】|【玻璃】，设置参数如图 6-147 所示。效果如图 6-148 所示。

图 6-147　使用玻璃滤镜的参数

（5）执行【滤镜】|【扭曲】|【旋转扭曲】命令，设置参数如图 6-149 所示，效果如图 6-150 所示。

图 6-148　使用玻璃滤镜效果

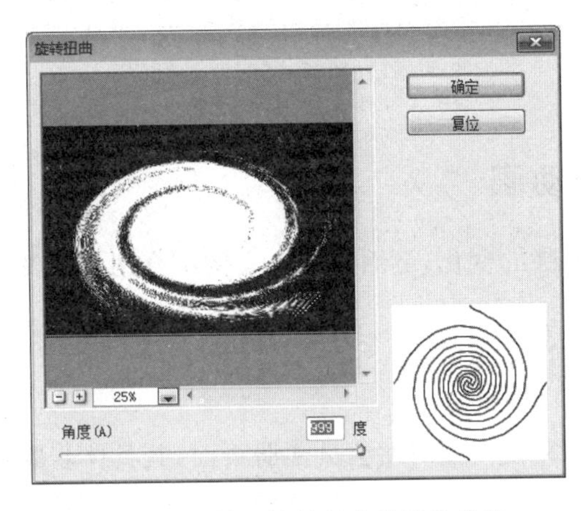

图 6-149　使用旋转扭曲滤镜的参数

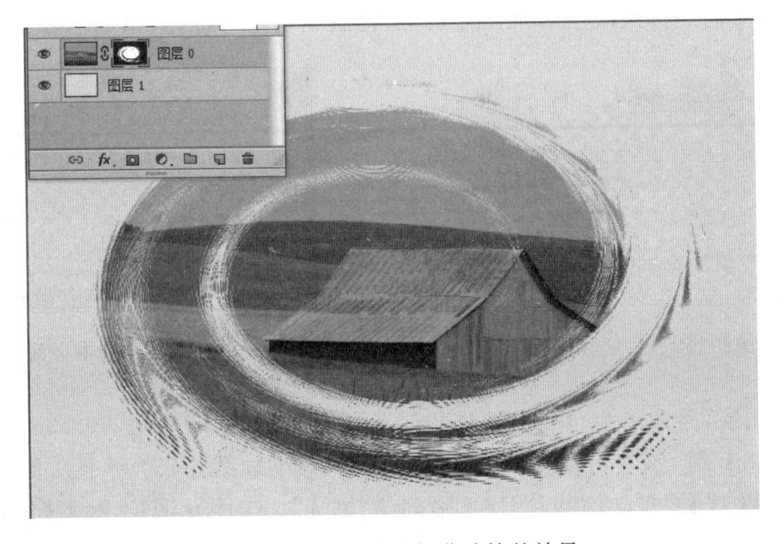

图 6-150　使用旋转扭曲滤镜的效果

6.8 动画的制作

动画是在一段时间内显示的一系列图像或帧，每一幅图像较前一幅都有局部的变化。连续、快速地显示这些图像就产生了运动或变化效果。

6.8.1 认识帧模式【时间轴】面板

执行【窗口】|【时间轴】命令，打开【时间轴】面板，在面板的 创建帧动画 下拉列表中，选择【创建帧动画】，进入帧动画【时间轴】面板，如图 6-151 所示。此面板可显示动画中每帧的缩览图，使用面板底部的工具可浏览各帧，还可设置循环选项、添加和删除帧，以及预览动画。

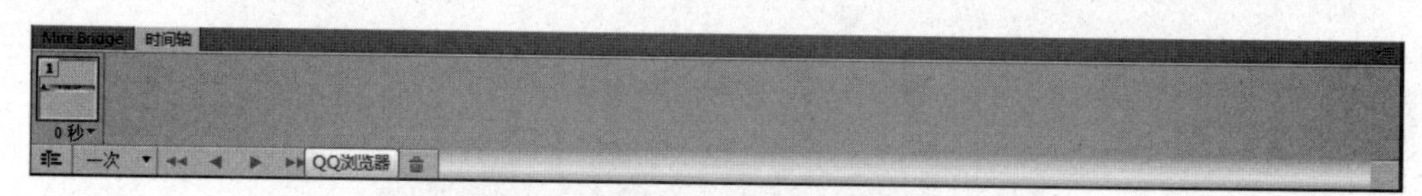

图 6-151 帧模式【时间轴】面板

6.8.2 创建帧动画

帧动画主要是针对图层的变化，下面以两个实例结合图层的知识来创建动画，文件格式必须为 gif。

1. 制作翻书动画

此案例已应用于嘉州文化长廊网站会员注册页面，其具体步骤如下。

(1) 打开素材文件 dhbj. png，如图 6-152 所示。

(2) 执行【视图】|【标尺】命令，在文档窗口中显示标尺。选择工具箱中的【移动工具】，拖动垂直方向的标尺线至背景图片正中，得到一条参考线，效果如图 6-153 所示。

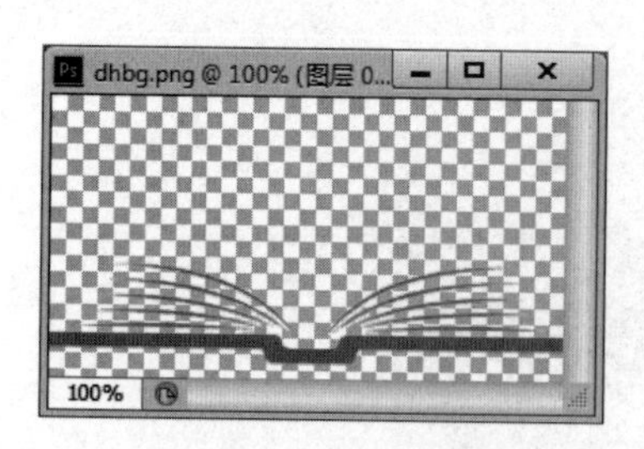

图 6-152 背景素材

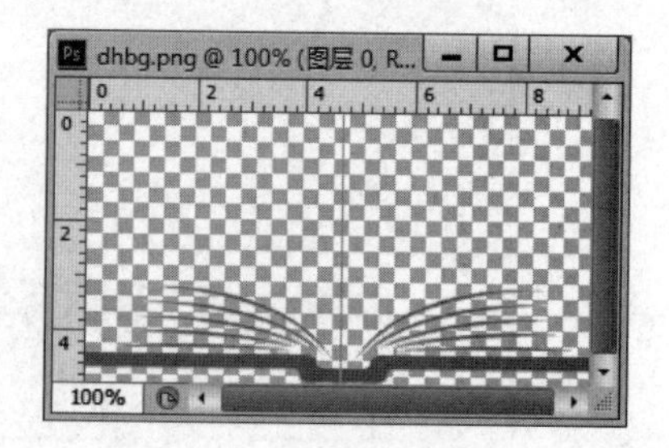

图 6-153 创建参考线

(3) 新建图层，重命名为“中线”。选择铅笔工具，设前景色为 # 403e3e，笔尖大小为 1 个像素，按下 Shift 键，沿参考线画一条垂直的线段，效果如图 6-154 所示。

(4) 复制【中线】图层，并将新图层重命名为“右 1”。选中此图层，执行【编辑】|【自由变

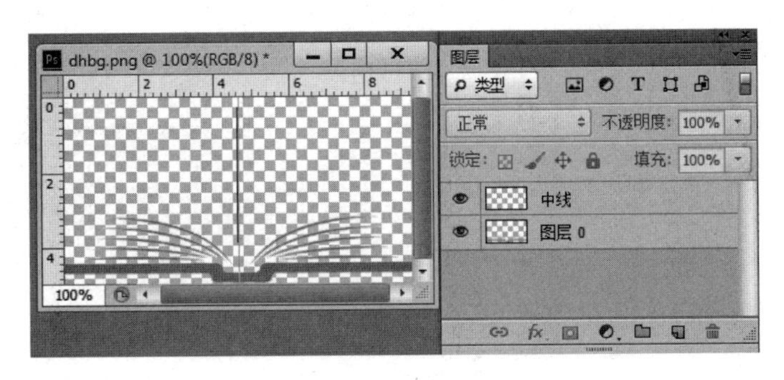

图 6-154 创建图层“中线”

换】命令,或按快捷键 Ctrl+T,进入自由变换状态。在工具属性栏将旋转角度 △ 设为 15°,如图 6-155 所示。单击 ✓ 按钮,实现图形的变换,如图 6-156 所示。

图 6-155 设置自由变换工具属性栏

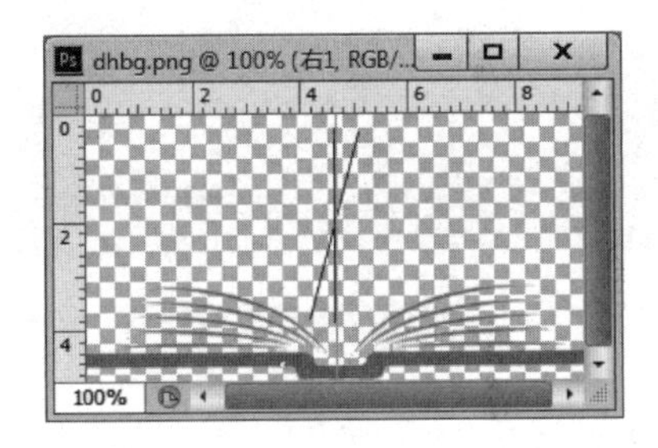

图 6-156 旋转中线

(5) 选中【右 1】图层,用移动工具,将线段移动位置,将下端点与【中线】图层的下端点重合,如图 6-157 所示。

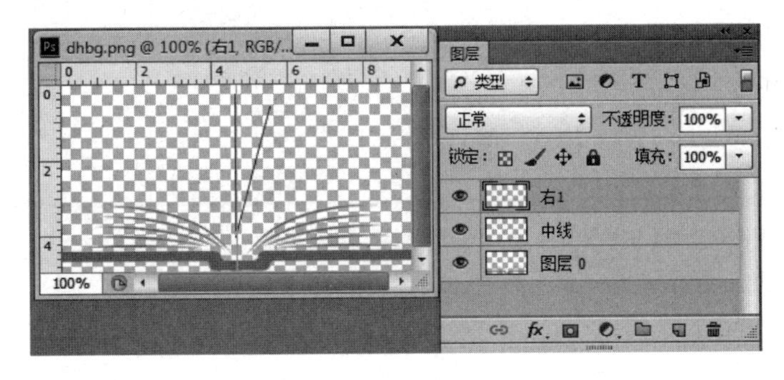

图 6-157 重合两线段下端点

(6) 选中【右 1】图层,用同样的方法,创建【右 2】图层。最终效果如图 6-158 所示。

(7) 用同样的方法得到图层【右 3】和【右 4】,效果如图 6-159 所示。

(8) 复制【右 4】图层,重命名为“左 1”。选中【左 1】图层,按下快捷键 Ctrl+T,进入自由变换状态,单击右键,选择【水平翻转】选项。用移动工具调整线段的位置,使下端点与图层

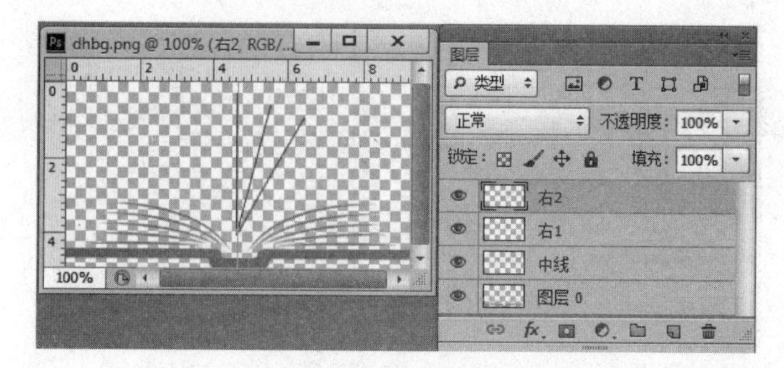

图 6-158 创建【右 2】图层

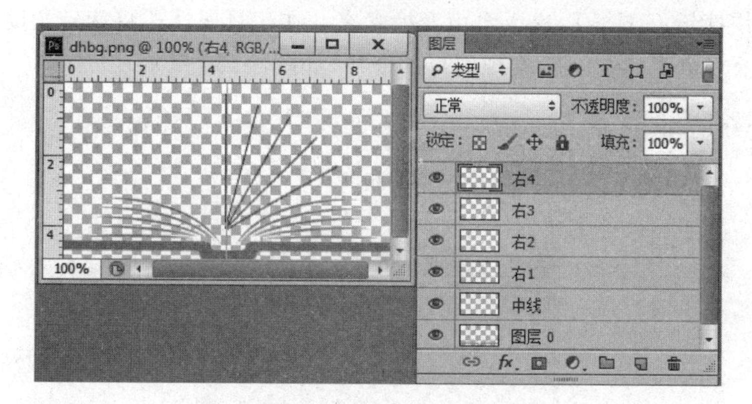

图 6-159 创建右半边线段

【中线】的下端点重合，如图 6-160 所示。

图 6-160 创建【左 1】线段

(9) 用同样的方法得到图层【左 2】、【左 3】、【左 4】，效果如图 6-161 所示。

(10) 执行【窗口】|【时间轴】命令，打开【时间轴】面板，选择【创建帧动画】，进入帧动画面板。选择第 1 帧，在【图层】面板上，除【左 1】图层和背景图层设为显示外，其余图层隐藏，并将第一帧的时间延时设为 0.2s，如图 6-162 所示。

(11) 单击【时间轴】面板上的【复制帧】命令按钮 ，得到第 2 帧，除【左 2】图层和背景

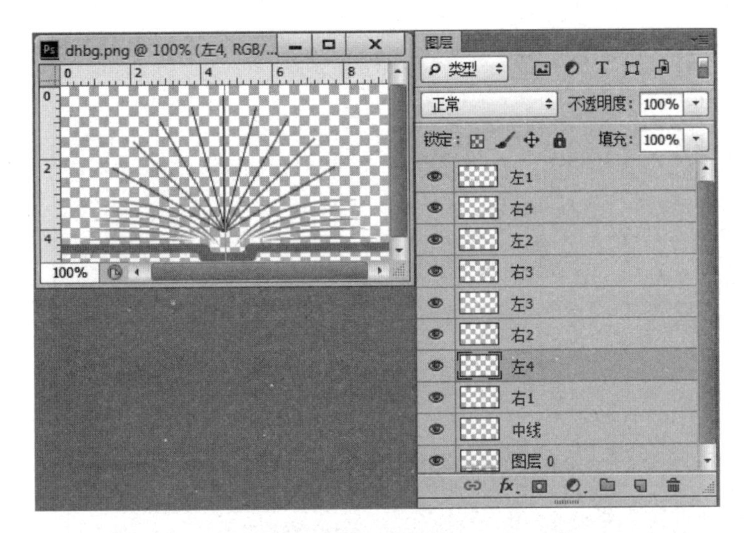

图 6-161 创建左半边线段

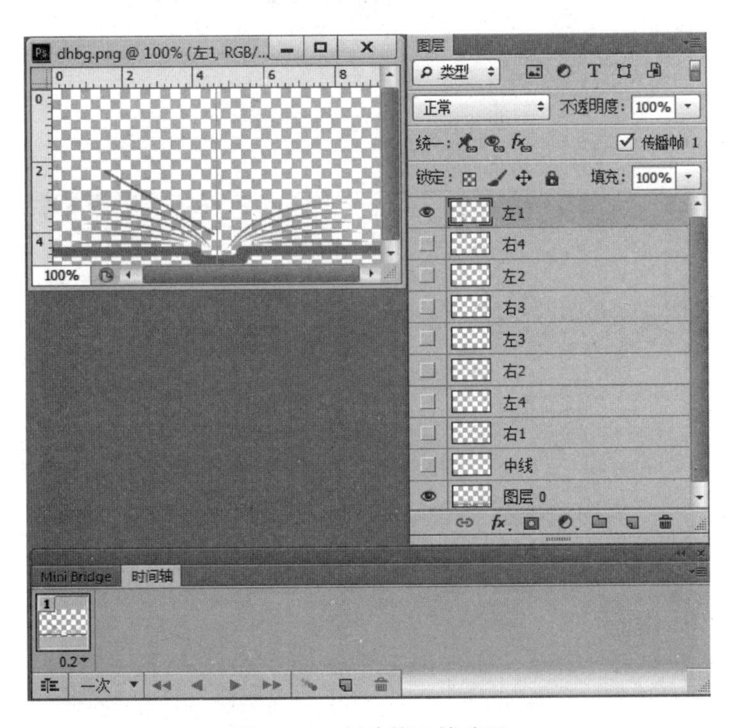

图 6-162 创建第 1 帧动画

图层设为显示外,其余图层隐藏,如图 6-163 所示。

(12) 用同样的方法,创建第 3、4、5、6、7、8、9 帧,依次显示图层【左 3】、【左 4】、【中线】、【右 1】、【右 2】、【右 3】、【右 4】的内容,每帧时间延时均为 0.2s。设循环次数为【永远】,如图 6-164 所示。

(13) 执行【文件】|【存储为 Web 和设备所用格式】命令,将文件存储为 dh1.gif 文件。

图 6-163　创建第 2 帧动画

图 6-164　创建第 3～9 帧动画

2. 制作新闻广告动画

此动画案例已应用于“文化动态”网页的图说新闻版块，其具体步骤如下。

(1) 新建一个 400×270px 的白色画布。

(2) 打开三张图片 dh2a.jpg、dh2b.jpg 和 dh2c.jpg，用裁剪工具选取三张图片中需要的区域，复制到上一步的画布中，调整大小，使其将画布满，如图 6-165 所示。

图 6-165 创建三个图层

(3) 执行【窗口】|【时间轴】命令，打开【时间轴】面板，选择【创建帧动画】，进入帧动画面板。选择第 1 帧，在【图层】面板上，除【图层 1】设为显示外，其余图层隐藏，并将第一帧的时间延时设为 1.5s，设循环次数为【永远】，如图 6-166 所示。

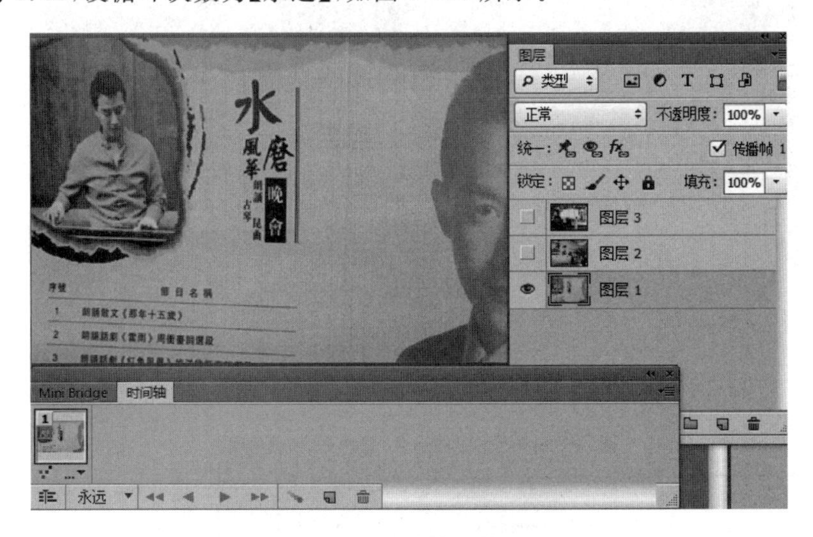

图 6-166 创建第 1 帧动画

(4) 单击【时间轴】面板上的【复制帧】命令按钮，得到第 2 帧，除【图层 2】设为显示外，其余图层隐藏，如图 6-167 所示。

(5) 单击【时间轴】面板上的【复制帧】命令按钮，得到第 3 帧，除【图层 3】设为显示外，其余图层隐藏，如图 6-168 所示。

(6) 选中第 1 帧，单击【时间轴】面板上的【过渡帧动画】按钮，设置过渡参数如图 6-169 所示。用同样的方法设置另外两帧，使三张图片的动画有过渡效果。

(7) 执行【文件】|【存储为 Web 和设备所用格式】命令，将文件存储为 dh2.gif 文件。

图 6-167　创建第 2 帧动画

图 6-168　创建第 3 帧动画

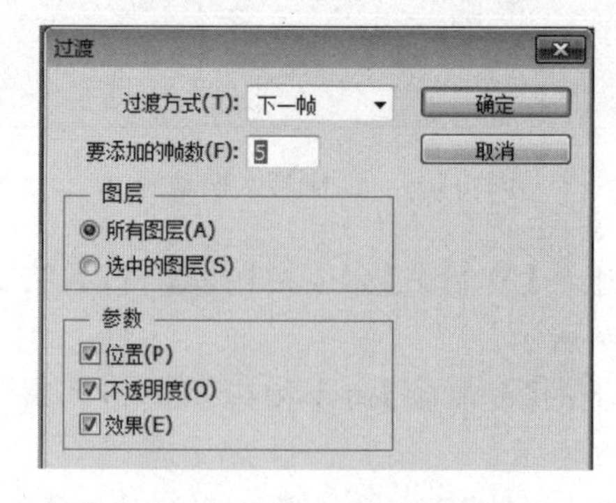

图 6-169　设置过渡效果

6.9 常见网页元素设计及图像制作综合案例

6.9.1 网页背景图案制作

在网页设计中经常会看到各种网页背景图案，可以是斜线、立体图案或文字图案。简单的背景图案可将网页背景与网页主题明显地区分开来，使背景生动而不单调。使用网页背景图案的另一优点是文件体积小，下载速度非常快。

斜线图案在网页设计中被广泛使用。下面介绍一个细斜线背景图案制作的实例，所用工具主要为铅笔。制作步骤如下。

(1) 新建一个 4×4px 大小的画布，分辨率为 72 像素/英寸，背景透明。

(2) 为方便作图，打开【导航器】面板，将图像放大至 3200%。

(3) 设前景色为# bbb5b5，选择铅笔工具，在工具属性栏中设置其大小为 1px，在画布中绘出如图 6-170 所示形状。

(4) 执行【编辑】|【定义图案】命令，在弹出的对话框中命名新图案为“4 * 4line”，如图 6-171 所示。单击【确定】按钮，即可将定义好的图案添加到 Photoshop 图案库中。

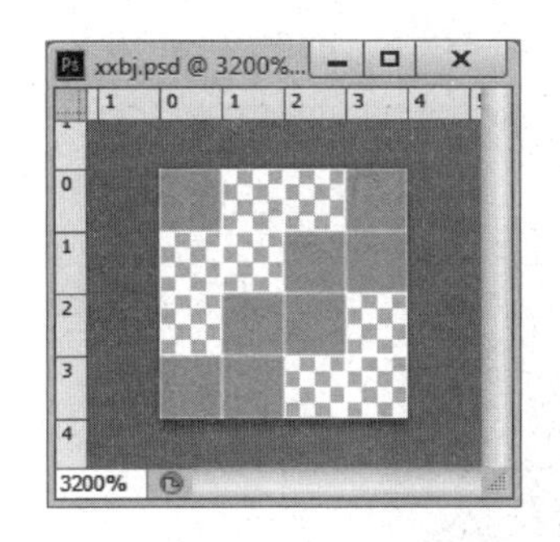

图 6-170 绘制图形

图 6-171 命名新图案

(5) 执行【文件】|【存储为】命令，将文件保存为 xxbj. jpg，在网页制作时直接将此图片作为背景图片即可，效果如图 6-172 所示。

图 6-172 细线图案应用到网页背景中效果图

(6) 在 Photoshop 中执行【编辑】|【填充】命令，弹出如图 6-173 所示对话框，在【使用】选项的下拉菜单中选择【图案】选项，在【自定义图案】中选择刚才定义的图案，单击【确定】按钮，可将图案平铺到指定区域。如图 6-174 所示，是平铺到 200×100px 大小画布时的效果。

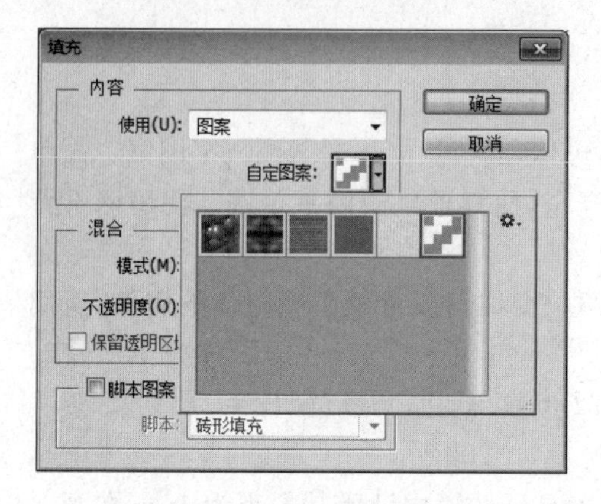

图 6-173 设置【填充】对话框

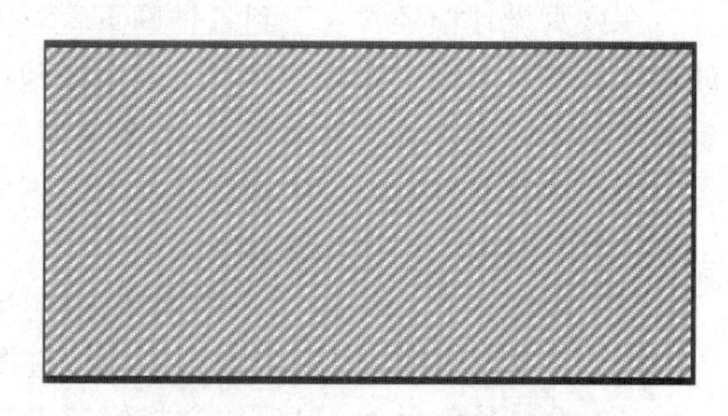

图 6-174 平铺效果制作立体图案

以下是一个立体图案制作案例，主要使用矩形选框工具制作，网页背景效果如图 6-175 所示，制作图案如图 6-176 所示。要想表现立体效果，关键在于图案中高光、中间调和阴影三者之间颜色的设置。制作步骤如下。

图 6-175 立体图案应用到网页背景中效果图

(1) 新建一个 16×16px 大小的画布，分辨率为 72 像素/英寸，背景透明。

(2) 为方便作图，打开【导航器】面板，将图像放大至 1600%。

(3) 设前景色为＃e0e0e0，按 Alt＋Delete 组合键用前景色填充画布。

(4) 执行【视图】|【标尺】命令，调出标尺，在标尺上右击，将单位改为像素，拖出如图 6-177 所示两根辅助线。

(5) 新建图层【图层 1】，选择矩形工具，在画布上拖出一个宽为 8 个 px，高为 1 个 px 的选区，如图 6-178 所示。

图 6-176 凹进的效果图案

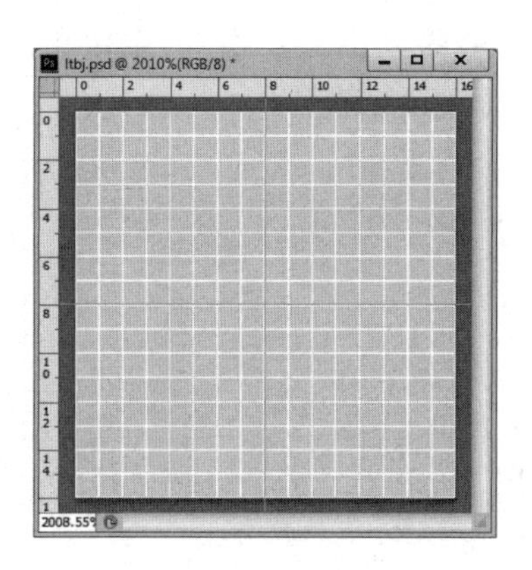

图 6-177 绘制辅助线

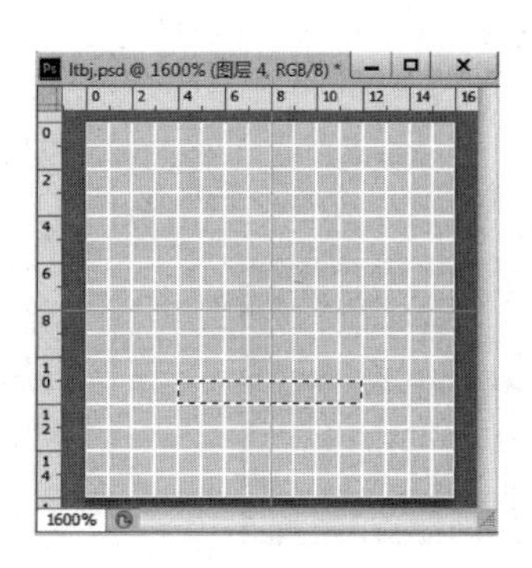

图 6-178 绘制矩形

(6) 绘制高光部分。设前景色为#e0e0e0,按 Alt+Delete 组合键用前景色填充选区;按 Ctrl+D 组合键取消选区。效果如图 6-179 所示。

(7) 用第(6)步的方法,绘制高光的另一部分,效果如图 6-180 所示。

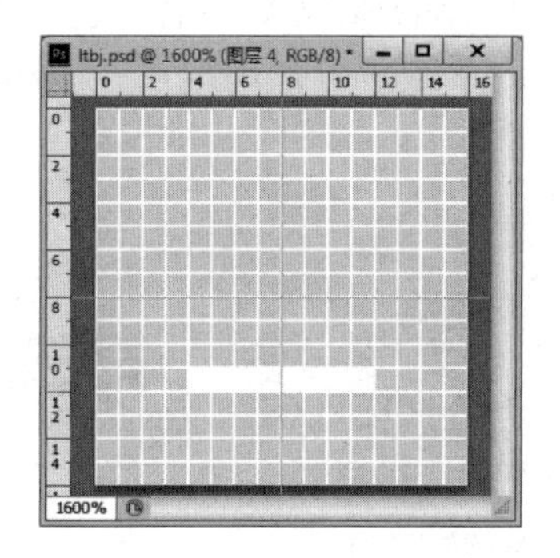

图 6-179 填充矩形

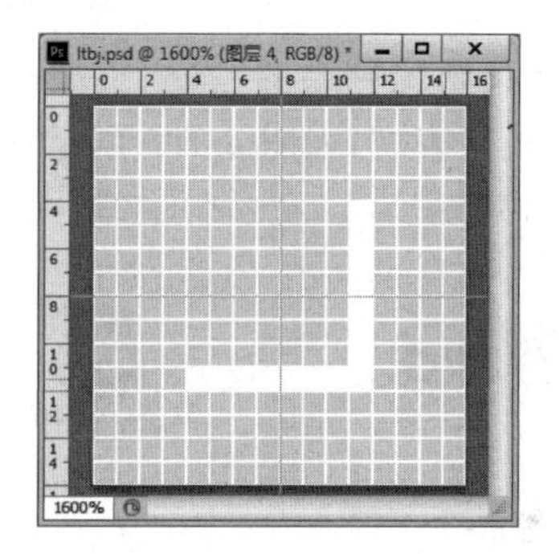

图 6-180 填充高光部分效果

(8) 设前景色为#afafaf,用第(6)步的方法,绘制图案的阴影部分,效果如图 6-181 所示。

(9) 执行【文件】|【存储为】命令,将文件存储为 ltbj.jpg,可在网页制作中作为背景图片直接插入到页面中。效果如图 6-182 所示,图中的小方块图案呈现凹进的效果。

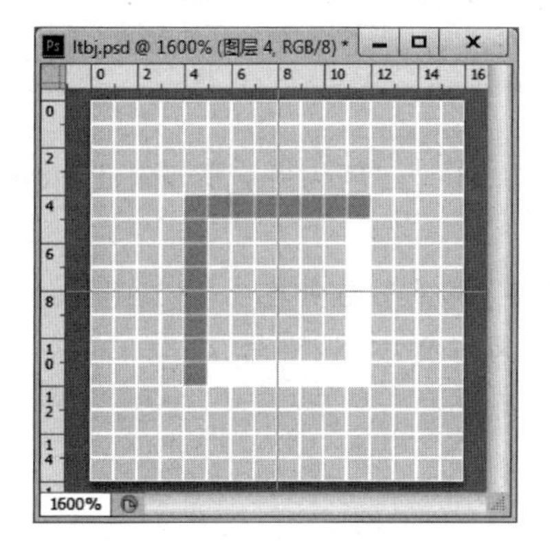

图 6-181 绘制矩形

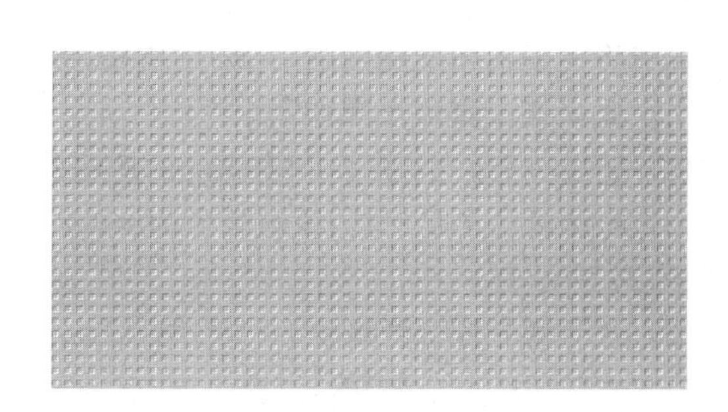

图 6-182 凹进的效果的网页背景显示

(10) 若将步骤(6)～(8)中设置的高光和阴影部分位置互换,图案效果和填充效果如图 6-183 和图 6-184 所示,图中的小方块图案呈现凸起的效果。

图 6-183　凸起的效果图案　　　　图 6-184　凸起的效果的网页背景显示

6.9.2　网站 Logo 制作

Logo 是标志、徽标的意思,对一个网站来说,网站 Logo 是网站的名片。一个好的网站 Logo 往往能反映出网站的主题、类型和风格。在 Logo 设计中常用图形、文字或图形和文字组合的方式来表现,如图 6-185 所示。

图 6-185　Logo 设计实例

本节将完成嘉州文化网站 Logo 的制作,整体网站以棕色、红色为主色调,因此 Logo 设计沿用了此风格。具体步骤如下。

(1) 新建一个大小为 500×100px 的透明背景的画布,其余参数如图 6-186 所示。

(2) 选择横排文字工具,设前景色为＃9e2a48,字体为华文隶书,字号 72 号,输入文字,如图 6-187 所示。

(3) 用钢笔工具绘制路径,效果如图 6-188 所示。

(4) 选择转换点工具,对路径下部中点的锚点进行转换,拖动锚点,将直线路径变成曲线路径,效果如图 6-189 所示。

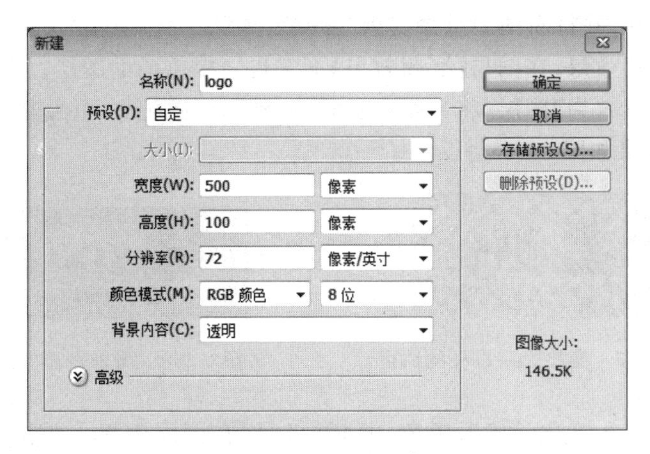

图 6-186 创建透明背景画布

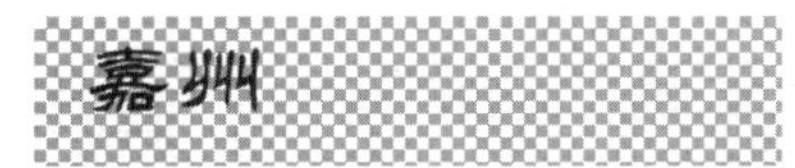

图 6-187 输入文字【嘉州】

(5) 打开【路径】面板，单击【将路径转化为选区】按钮 ，将以上路径转化为选区，如图 6-190 所示。

图 6-188 绘制路径

图 6-189 转换角点

图 6-190 将路径转为选区

(6) 设前景为白色，按快捷键 Alt+Delete 将选区填充为白色。在【图层】面板上，将图层不透明度降低为 70%，如图 6-191 所示。【图层】面板如图 6-192 所示。

图 6-191 填充选区

图 6-192 降低图层不透明度

(7) 选中文字图层【嘉州】，按 Ctrl 键并单击图层缩览图，选中此图层中的所有文字；选中【图层 1】，执行【选择】|【反向】命令，删除除文字以外的白色区域，效果如图 6-193 所示。

(8) 选择文字图层，单击右键，选择【栅格化文字】，将文字图层转化为普通图层。将此图层与【图层 1】合并，并将新图层重命名为“嘉州效果”。

(9) 为方便观察效果，在图层【嘉州效果】下方建一棕色辅助图层。

(10) 复制【嘉州效果】图层，将其垂直翻转，调整图层的位置，并将图层不透明度降低为20%。最终倒影效果如图 6-194 所示。

图 6-193　删除文字以外的白色

图 6-194　增加倒影效果

(11) 输入文字“·文化长廊”，黑色，隶书，48 号，在图层面板上单击图层样式按钮 fx，设置外发光效果。输入文字“中国四川 Leshan China”，黑色，华文隶书，18 号，效果如图 6-195 所示。

图 6-195　其他文字效果

(12) 打开图片 fo.jpg，用魔棒工具选中白色背景，再反向选择，得到佛的头部选区，用移动工具将此选区移到 logo 文件中，调整此佛像大小，放于适当位置，效果如图 6-196 所示。

图 6-196　添加佛头图片效果

(13) 删除辅助背景图层，最终效果如图 6-197 所示，【图层】面板如图 6-198 所示。

图 6-197　Logo 最终效果

图 6-198　Logo 相应的【图层】面板

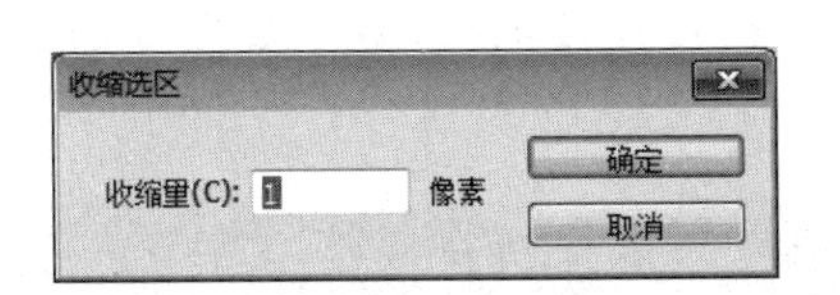

图 6-207 【收缩选区】对话框

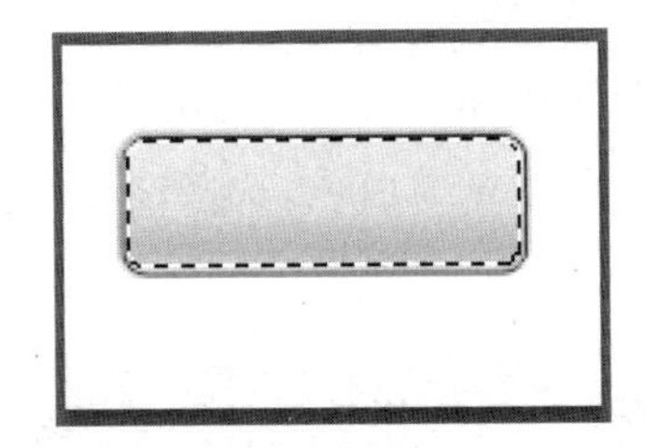

图 6-208 收缩选区

(7) 新建图层,得到【图层 2】,将选区填充为白色,调整其不透明度为 25%,效果如图 6-209 所示。

(8) 选择矩形选框工具,在画布中拖出一个如图 6-210 所示的区域,按 Delete 键清除选区内的内容,得到立体效果的按钮如图 6-211 所示。

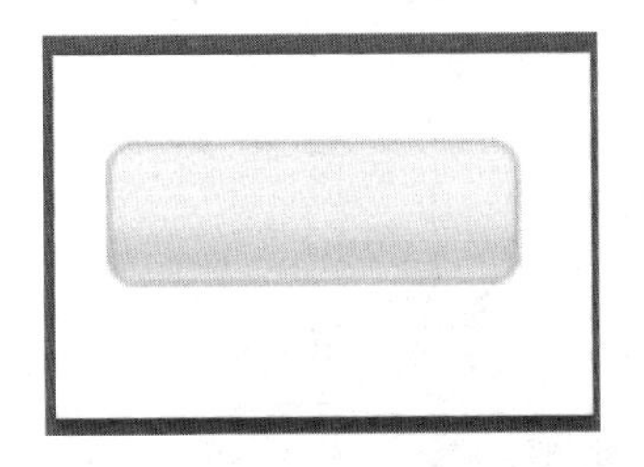

图 6-209 添加白色高光图层

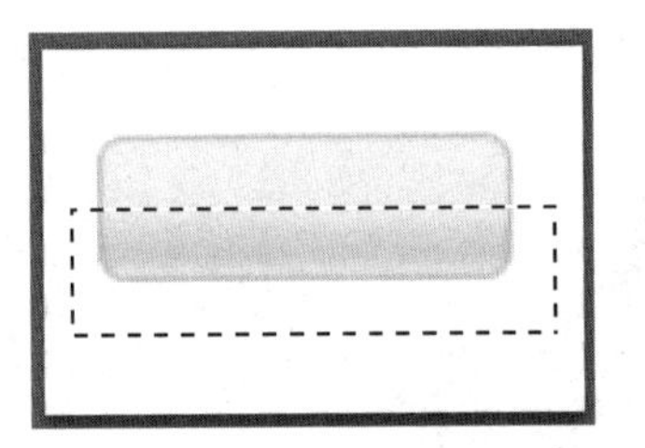

图 6-210 拖出选区

(9) 选中图层 1、图层 2,合并图层,使用文字工具为按钮添加文字,效果如图 6-212 所示。

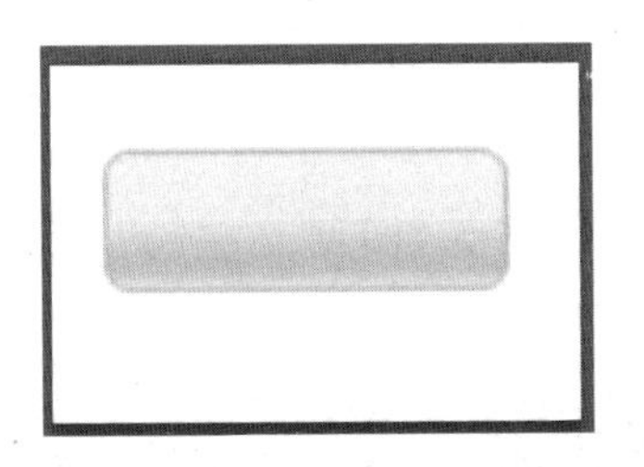

图 6-211 按钮立体效果

图 6-212 按钮最终效果

6.9.4 网站 Banner 制作

网站 Banner 就是网站广告,以不同形式和大小向浏览者传递网站各类信息,如网站主题、商品促销。Banner 可以是静态的,也可以是动态的,它可以位于网页顶部、中部、底部任意一处。

本节将制作嘉州文化网站 Banner,位于网站页眉部分,其目的是让浏览者感受嘉州浓厚的文化气息,因此案例的制作思路是使用主色调棕色制作一个渐变效果的背景图片,将具有代表性的建筑素材用快速蒙版进行处理,自然地融合到背景图片中;用定义画笔预设的方法制作印章,将印章盖到背景画布上;再将前面做好的透明背景的 Logo 素材添加到画布上。具体步骤如下。

(1) 新建一个1100×150px大小的白色画布,保存为banner1.psd文件。设前景色为#a66407,背景色为白色,选择渐变工具,从上到下进行线性渐变,效果如图6-213所示。将此图层重命名为“背景”。

图6-213 制作Banner渐变背景

(2) 打开图片ls1.jpg。单击工具箱中的【快速蒙版】按钮,选择渐变工具,设前景为黑色,背景为白色,从右至左进行线性渐变,效果如图6-214所示。

(3) 取消快速蒙版,得到一个矩形选区,如图6-215所示。

图6-214 使用快速蒙版

图6-215 用快速蒙版得到选区

(4) 将所得图片复制到banner1.psd中,命名该图层为“图层1左”。对该图层用快捷键Ctrl+T调整图片大小,调整到合适的位置,效果如图6-216所示。

图6-216 将图片ls1合成到背景中

(5) 打开图片ls2.jpg。用同样的方法对图片进行处理。注意渐变时,渐变方向从左至右。调整图片大小和位置,命名该图层为“图层1右”,效果如图6-217所示。

图6-217 将图片ls2合成到背景中

(6) 制作印章。新建一个 100×100px 的透明画布。

(7) 安装字体文件。将素材里的字体文件“新唐人简篆体.ttf”复制到 c:\windows\fonts 文件夹中,即成功安装了字体文件。

(8) 在工具栏选择直排文字工具,选择字体【新唐人简篆体】,录入文字“嘉州”,选择适合的字号和颜色,效果如图 6-218 所示。将文字图层栅格化为普通图层。

(9) 新建一个图层,用套索工具在文字外围绘制一个不规则选区,执行【编辑】|【描边】命令,描边效果如图 6-219 所示。

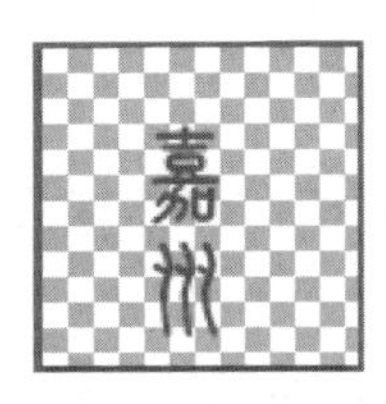

图 6-218 输入文字

图 6-219 绘制不规则选区并描边

(10) 选中以上两个图层,合并图层。

(11) 用矩形选框工具,选中图片部分,如图 6-220 所示。执行【编辑】|【定义画笔预设】命令,将所选部分定义为画笔,名称为“印章”,如图 6-221 所示。

图 6-220 将选区定义为画笔

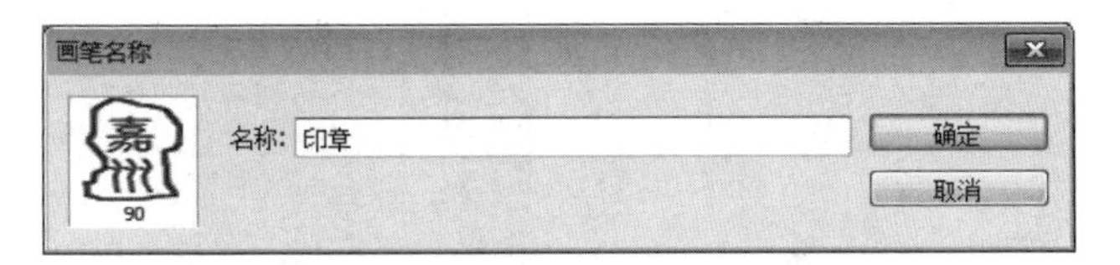

图 6-221 画笔命名

(12) 打开文件 banner1,新建图层“印章”。设前景为白色,在工具栏选择画笔工具,选择名为“印章”的画笔笔刷,适当调整笔尖大小,在 banner1 上单击,得到印章效果如图 6-222 所示。

图 6-222 添加印章效果

(13) 打开 logo.png 图片,拖动到 banner 文件中,命名该图层为“logo”,效果如图 6-223 所示。

图 6-223 banner1 最终效果图

(14) 执行【文件】|【存储为】命令，将文件存储为 banner1.jpg 格式。

(15) 用同样的方法，制作第二张相似的背景图片，命名相应的两个图层为“图层 2 左”、“图层 2 右”，效果如图 6-224 所示。

图 6-224　banner2 效果图

(16) 同理，制作第三张相似的背景图片，命名相应的两个图层为“图层 3 左”“图层 3 右”，效果如图 6-225 所示。

图 6-225　banner3 效果图

(17)【图层】面板如图 6-226 所示。

图 6-226　【图层】面板

说明：以上 banner 图片可直接用于网页中，但是当此图片用于宽屏时，可能存在图片与背景颜色过渡不好的情况，如图 6-227 所示。此时可对图片添加蒙版，对两边的边界部分使用线性渐变，设置边缘透明，保证与宽屏背景融合。效果如图 6-228 所示。

图 6-227　宽屏融合效果一

图 6-228 宽屏融合效果二

思考与实践

1. Photoshop 基本操作。

(1) 制作一个如图 6-229 所示的图标，文件保存为 tubiao. png。

提示：新建一个 200×200px 透明背景的画布；新建一个图层，用矩形工具绘制一个正方形，填充颜色，并设置这个图形的图形样式为斜面和浮雕；用文字工具在这个图形上输入字母“s”；将这个图形复制到一个新图层上，改变图形的颜色，并输入字母“l”。

(2) 制作一个 QQ 头像，如图 6-230 所示，文件保存为 qq. psd。

图 6-229 图标

图 6-230 QQ 头像

提示：新建一个 200×200px 的画布，填充背景色；新建图层，用椭圆工具分别绘制头、眼睛、眼珠；用画笔工具绘制头发；新建图层，用钢笔绘制嘴，并选择适当的前景色对路径描边；用自定义形状绘制花朵路径，将路径转化为选区，填充红色，用画笔工具绘制花的柄。

2. 自绘图形制作 logo 标志如图 6-231 所示。

提示：钢笔工具，绘制一个四边形路径，选择转换点工具▶，将其变形为一片叶子。将路径转化为选区，填充绿色。采用对图层进行复制、缩放、变形、旋转等操作，并对叶片填充不同的颜色，得到最终叶片图形，添加文字。文件保存为“logo_leaf. jpg”。

图 6-231 自绘 logo

3. 制作网页 banner 如图 6-232 所示。

提示：新建一个 1100×200px 大小的白色画布；将教材提供的素材 zhao1. jpg，zhao2. jpg 打开，设置适当的羽化值，用套索选取需要的图像，复制到白色画布上，调整图像大小；

图 6-232 网页 banner

新建一个图层,用白色填充整个图层,降低图层的不透明度;创建蒙版,用黑色画笔对图像中的房屋部分进行涂抹;输入需要的文字。

4. 制作页脚背景图片,如图 6-233 所示。

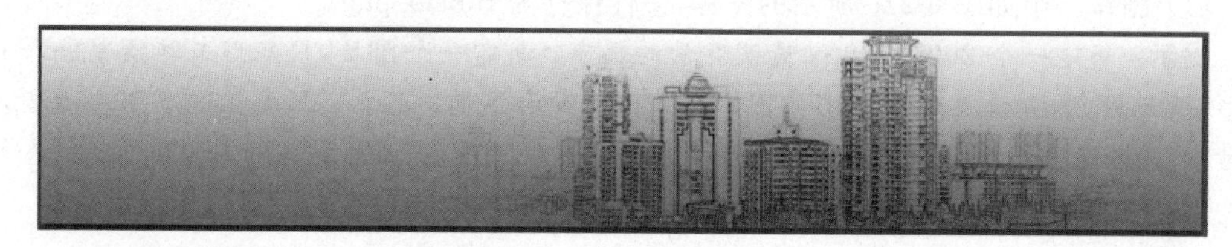

图 6-233 网页 banner

提示:从网上下载一张建筑图片。复制一个新图层;对其进行去色;再将图层的混合模式改为线性减淡;将图像反相;使用【滤镜】|【其他】|【最小值】,调整半径的值,图像呈现出线条效果,合并可见图层。新建一个 1100×180px 大小的白色画布,填充渐变背景色,用套索选取建筑的适当区域拖动到画布上,设建筑所在图层的混合模式为正片叠底。可根据需要在图片上添加文字。

Flash CS6动画设计基础

Flash 是一款集多种功能于一体的矢量图形编辑和动画制作专业软件，利用 Flash 制作的动画作品被广泛用于网页广告、网站片头、交互游戏、互动教学以及 MTV 动画等诸多领域中。Flash 由于具有支持交互、数据量小、效果好并且不需要播放类软件支持的特性，因此得到了广泛的应用。

在网页设计中，经常需要使用 Flash 动画来为网页添加一些动态效果，让网页更生动漂亮。利用第 8 章的综合案例“滚动图片广告”和“动画 Banner 制作”详细介绍了网页设计中需要的动画效果。

Flash 中的动画制作方式分为两种：一种是帧动画的制作，另一种是补间动画。使用帧动画可以制作一些真实的、专业的动画效果。使用补间动画的制作方式则可以轻松创建平滑过渡的动画效果。但 Flash 动画由于是高压缩的，所以文件很小，现在被广泛使用。它还可以通过编程来控制动画的播放，使得动画的文件变小，更容易控制动画。

第 7、8 章的主要任务有三个：一是理解动画，特别是 Flash 动画的工作原理；二是理解和掌握 Flash 动画制作中最基础、最重要的一些概念，基本工具的使用；三是学会 Flash CS6 的动画制作基本方法。

7.1 Flash 基础入门

7.1.1 Flash CS6 概述

1. Flash 可以做什么

1）动画

Flash 是美国的 Macromedia 公司于 1999 年 6 月推出的优秀网页动画设计软件。它是一种交互式动画设计工具，用它可以将音乐、声效、动画以及富有新意的界面融合在一起，以制作出高品质的网页动态效果，包括横幅广告、联机贺卡和卡通画等。

2）游戏

许多游戏都是使用 Flash 构建的。游戏通常结合了 Flash 的动画功能和 ActionScript 的逻辑功能。Flash 游戏代表如仙剑类《飘渺仙缘》、角色扮演类《十年一剑》、策略类《三十六计》等。

3）用户界面

许多 Web 站点设计人员习惯于使用 Flash 设计用户界面。它可以是简单的导航栏，也可以是复杂得多的界面，还可以是用户网站，Flash 网站又称纯 Flash 网站或者 Flash 全站，是指利用 Flash 工具设计网站框架通过 XML 读取数据的高端网站。与其他通过 HTML、PHP 或者 Java 等技术制作的网站不同，Flash 网站在视觉效果、互动效果等多方面具有很强的优势，被广泛应用在房地产行业、汽车行业和奢侈品行业等高端行业等。

4）灵活消息区

设计人员使用 Web 页中的这些区域显示可能会不断变化的信息，例如，餐厅 Web 站点上的灵活消息区域（FMA）可以显示每天的特价菜单。

5）丰富 Internet 应用程序

可以是一个日历应用程序、价格查询应用程序、购物目录、教育和测试应用程序，或者是任何其他使用丰富图形界面提供远程数据的应用程序等。

2. Flash 发展简介

Flash 的前身叫作 FutureSplash Animator，由美国人乔纳斯·盖伊在 1996 年夏季正式发行，并很快获得了微软和迪士尼两大巨头公司的青睐，之后成为这两家公司的最大客户。

由于 FutureSplash Animator 的巨大潜力吸引了当时实力较强的 Macromedia 公司的关注，于是在 1996 年 11 月，Macromedia 公司仅用 50 万美元就成功收购乔纳斯·盖伊的公司，并将 FutureSplash Animator 改名为 Macromedia Flash 1.0。

经过 9 年的升级换代，2005 年 Macromedia 公司推出 Flash 8.0 版本，同时 Flash 也发展成为全球最流行的二维动画制作软件，同年 Adobe 公司以 3.4 亿美元的价格收购了整个 Macromedia 公司，并于 2012 年发行 Flash CS6，现在最新的版本是 Adobe Animate CC 2017。

7.1.2 Flash CS6 的操作界面

1. Flash CS6 界面介绍

1）欢迎界面

启动 Flash CS6，进入如图 7-1 所示的初始用户界面，其中包括如下 5 个主要板块。

【从模板创建】：从软件提供的模板创建新文档。

【打开最近的项目】：快速打开最近一段时间使用过的文件。

【新建】：新创建 Flash 文档。

【扩展】：用于快速登录 Adobe 公司的扩展资源下载网页。

【学习】：Adobe 公司为用户提供的学习资料。

其中，【新建】栏中的 ActionScript 3.0 和 ActionScript 2.0 两个选项分别指新建文档使用的脚本语言种类。需要注意的是，Flash CS6 中的新功能只能在脚本语言为 ActionScript 3.0 的 Flash 文档中使用。

2）操作界面

单击图 7-1 中的 ActionScript 3.0 选项，新建一个 Flash 文档，进入如图 7-2 所示的默认操作

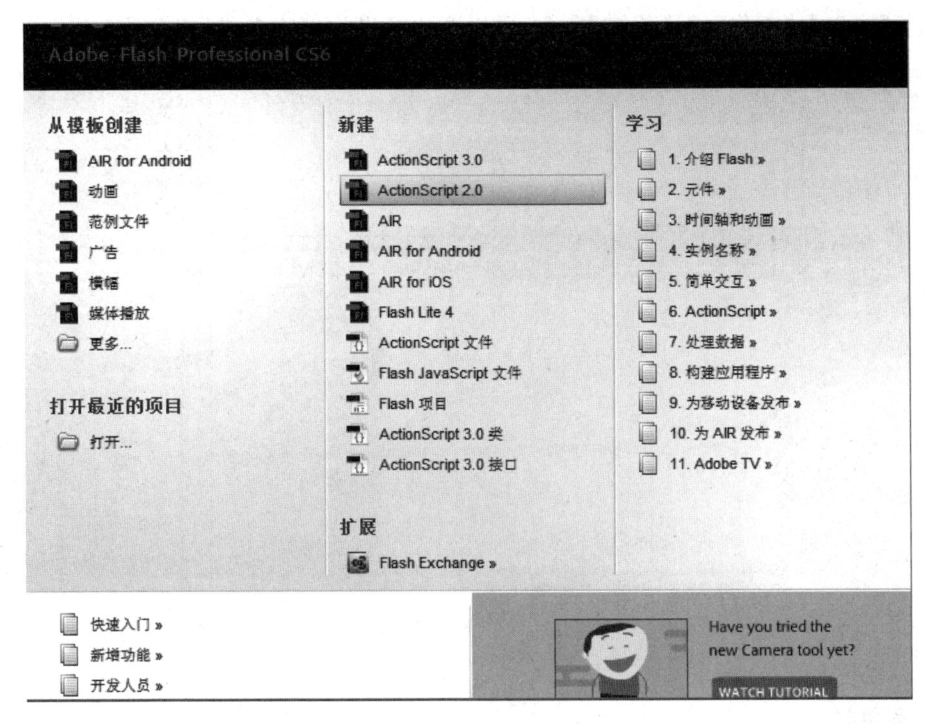

图 7-1　初始用户界面

界面，Flash CS6 的操作界面由以下几部分组成：菜单栏、【工具】面板、时间轴、舞台、【属性】面板（也称为【属性】检查器）等。

Flash CS6 的界面较人性化，并提供了几个可供用户选择的界面方案，单击如图 7-2 所示中的【界面设置】选项即可选择界面方案，如图 7-3 所示。

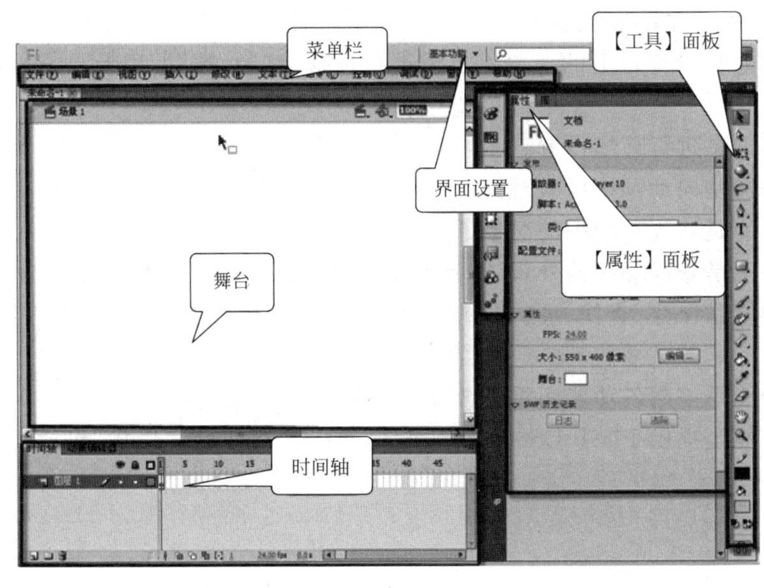

图 7-2　操作界面

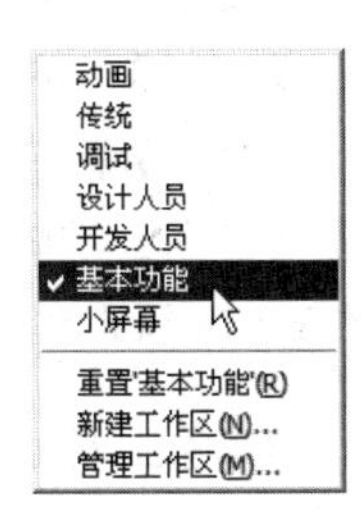

图 7-3　界面方案

执行【窗口】|【工作区】|【传统】命令，可以变化窗口为传统方式，如图 7-4 所示。

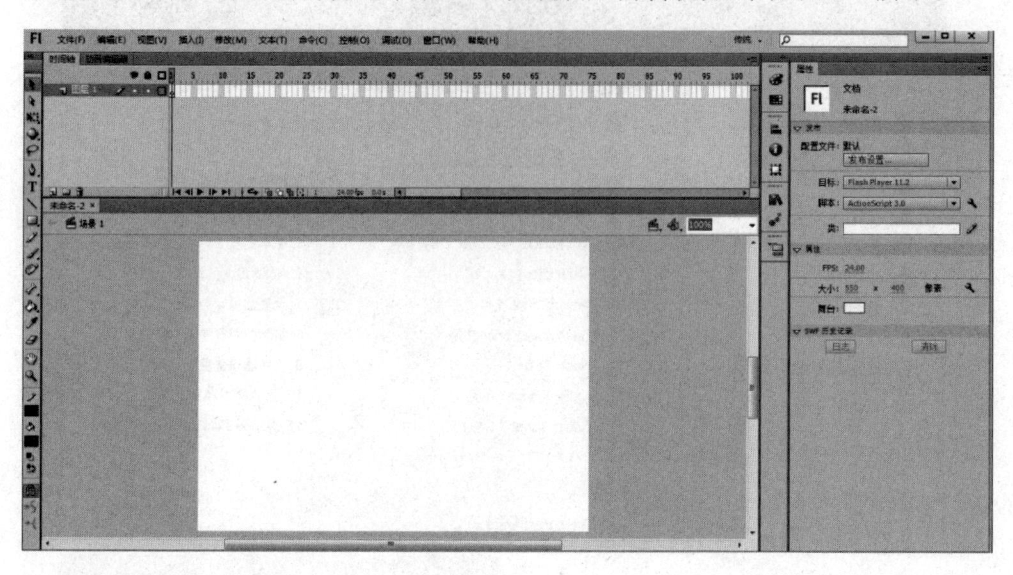

图 7-4　传统界面

2. 菜单栏

Flash CS6 的菜单栏如图 7-5 所示。

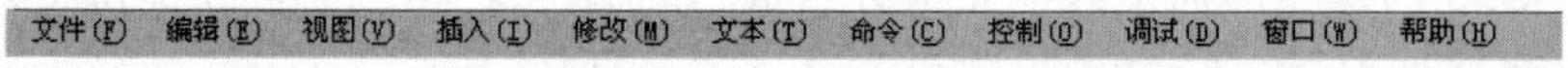

文件(F)　编辑(E)　视图(V)　插入(I)　修改(M)　文本(T)　命令(C)　控制(O)　调试(D)　窗口(W)　帮助(H)

图 7-5　菜单栏

【文件】菜单：主要功能是创建、打开、保存、打印、输出动画，以及导入外部图形、图像、声音、动画文件，以便在当前动画中进行使用。

【编辑】菜单：主要功能是对舞台上的对象以及帧进行选择、复制、粘贴，以及自定义面板、设置参数等。

【视图】菜单：主要功能是进行环境设置。

【插入】菜单：主要功能是向动画中插入对象。

【修改】菜单：主要功能是修改动画中的对象。

【文本】菜单：主要功能是修改文字的外观、对齐以及对文字进行拼写检查等。

【命令】菜单：主要功能是保存、查找、运行命令。

【控制】菜单：主要功能是测试播放动画。

【窗口】菜单：主要功能是控制各功能面板是否显示及面板的布局设置。

【帮助】菜单：主要功能是提供 Flash CS6 在线帮助信息和支持站点的信息，包括教程和 ActionScript 帮助。

3. 主工具栏

为了方便使用，Flash CS6 将一些常用命令以按钮的形式组织在一起，置于操作界面的上方。选择【窗口】|【工具栏】|【主工具栏】命令，可以调出主工具栏，如图 7-6 所示，还可以

通过鼠标拖动改变工具栏的位置。

图 7-6　主工具栏

【新建】按钮：新建一个 Flash 文件。

【打开】按钮：打开一个已存在的 Flash 文件。

Bridge 按钮：GWT Flash Bridge 在 Adobe Flex Bridge 的基础上，借助 GWT 提供的 JavaScript Overlay Type 和 JSNI 对其进行了封装，实现了在 GWT 环境下，使用 Java 语言访问和使用 Flash 平台上的功能。

【保存】按钮：保存当前正在编辑的文件，不退出编辑状态。

【打印】按钮：将当前编辑的内容送至打印机输出。

【剪切】按钮：将选中的内容剪切到系统剪贴板中。

【复制】按钮：将选中的内容复制到系统剪贴板中。

【粘贴】按钮：将剪贴板中的内容粘贴到选定的位置。

【撤销】按钮：取消前面的操作。

【重做】按钮：还原被取消的操作。

【贴紧至对象】按钮：单击此按钮进入贴紧状态，用于绘图时调整对象准确定位；设置动画路径时能自动粘连。

【平滑】按钮：使曲线或图形的外观更光滑。

【伸直】按钮：使曲线或图形的外观更平直。

【旋转与倾斜】按钮：改变舞台对象的旋转角度和倾斜变形。

【缩放】按钮：改变舞台中对象的大小。

【对齐】按钮：调整舞台中多个选中对象的对齐方式。

图 7-7　工具箱

4. 工具箱

工具箱提供了图形绘制和编辑的各种工具，分为【工具】、【查看】、【颜色】、【选项】4 个功能区，如图 7-8 所示。选择【窗口】|【工具】命令，可以显示和隐藏【工具箱】。在默认工具箱中单击某个工具，可以将其选中。工具箱中还包含几个与可见工具相关的隐藏工具。工具图标右侧的箭头表明此工具下有隐藏工具。单击并按住工具箱内的当前工具，然后选择需要的工具，即可选定隐藏工具。

当指针位于工具上时，将出现工具名称和它的键盘快捷键(此文本称为工具提示)。从【界面】首选项的【工具提示】菜单中选择【无】，可以关闭工具提示。

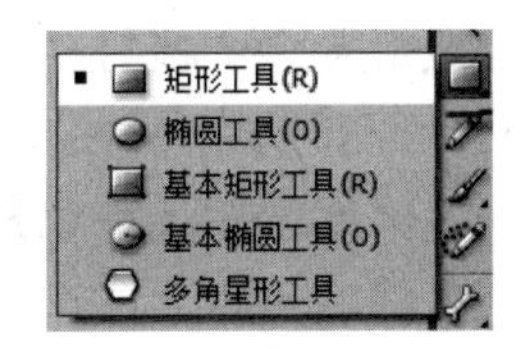

图 7-8　显示出隐藏工具

显示和选择隐藏工具，如图 7-8 所示。

在工具箱中，将指针置于包含隐藏工具的工具上方，然后按下鼠标按键。当隐藏工具出现时，选择一个工具。

5. 时间轴

时间轴用于组织和控制文件内容在一定时间内播放。按照功能的不同,时间轴窗口分为左右两部分,分别为层控制区、时间线控制区,如图 7-9 所示。时间轴的主要组件是层、帧和播放头。

1) 层控制区

层控制区位于时间轴的左侧。层就像堆叠在一起的多张幻灯胶片一样,每个层都包含一个显示在舞台中的不同图像。在层控制区中,可以显示舞台上正在编辑作品的所有层的名称、类型、状态,并可以通过工具按钮对层进行操作。

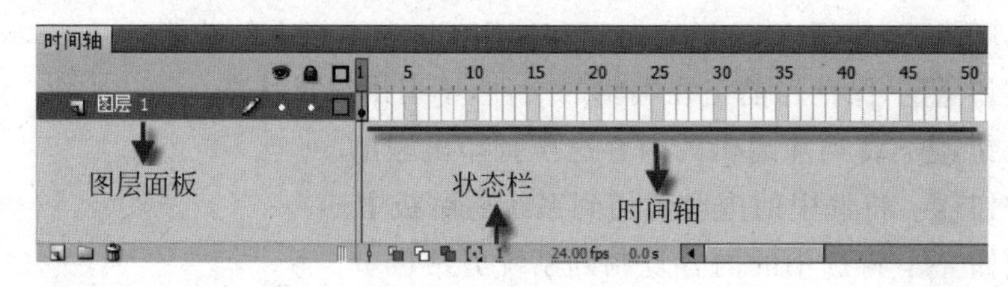

图 7-9　时间轴

【插入图层文件夹】按钮：增加新的图层文件夹。

【删除图层】按钮：删除选定层。

【显示/隐藏所有图层】按钮：控制选定层的显示/隐藏状态。

【锁定/解除锁定所有图层】按钮：控制选定层的锁定/解除状态。

【显示所有图层的轮廓】按钮：控制选定层的显示图形外框/显示图形状态。

2) 时间线控制区

时间线控制区位于时间轴的右侧,由帧、播放头和多个按钮及信息栏组成。与胶片一样,Flash 文档也将时间长度分为帧。每个层中包含的帧显示在该层名右侧的一行中。时间轴顶部的时间轴标题指示帧编号。播放头指示舞台中当前显示的帧。信息栏显示当前帧编号、动画播放速率以及到当前帧为止的运行时间等信息。时间线控制区按钮的基本功能如下。

【帧居中】按钮：将当前帧显示到控制区窗口中间。

【绘图纸外观】按钮：在时间线上设置一个连续的显示帧区域,区域内的帧所包含的内容同时显示在舞台上。

【绘图纸外轮廓】按钮：在时间线上设置一个连续的显示帧区域,除当前帧外,区域内的帧所包含的内容仅显示图形外框。

【编辑多个帧】按钮：在时间线上设置一个连续的显示帧区域,区域内的帧所包含的内容可同时显示和编辑。

【修改绘图纸标记】按钮：单击该按钮会显示一个多帧显示选项菜单,定义 2 帧、5 帧、全部帧内容。

6. 工作区

工作区是 Flash 进行创作的主要区域,无论是绘制图形还是编辑动画,都需要在工作区中进行，工作区中央的白色区域称为“舞台”。在发布的最终动画中，将只显示位于舞台区域中的图形对象，位于工作区域中的图形对象将不会显示。

7. 舞台

舞台是显示 Flash 动画内容的地方，也就是创作动画的地方。在舞台的右上方有一个百分数 100% ，可以在文本框中输入数值，或单击其右侧的下拉按钮选择不同的数值，以改变舞台的显示比例。舞台的形状是一个矩形，大小用宽和高的像素表示，默认宽为 550px，高为 400px。舞台默认的颜色是白色，舞台外是灰色。Flash 舞台的坐标系统和初中数学中的坐标系统是不同的。Flash 舞台坐标的原点在左上角，坐标值向下和向右增加，因此坐标值只有正数没有负数，数学中坐标系统在 x 轴上和 Flash 坐标系统是一致的，但在 y 轴上则相反，数值是从上往下增加的。

8.【属性】面板

在 Flash CS6 中，【属性】面板位于工作界面的右侧，用于显示或更改当前动画文档、文本、元件、形状、位图、视频、帧或工具的相关信息和设置，根据所选对象的不同，该面板中显示的内容也不相同，如图 7-10 所示为选择文本后【属性】面板中所显示的信息。

9. 其他面板

在 Flash CS6 中，浮动面板将有关对象和工具的所有参数加以归类，放置在不同的面板中。在动画创作过程中，用户可以根据需要将相应的面板打开、关闭或移动。下面介绍几种常用的面板。

(1)【颜色】面板。单击【窗口】|【颜色】命令，弹出【颜色】面板，如图 7-11 所示，该面板可用来给对象设置笔触颜色和填充颜色。设置填充颜色时，可以选择【无】、【纯色】、【线性渐变】、【径向渐变】和【位图填充】等填充类型；在设置笔触颜色时，可以设置笔触的颜色及透明度。调颜色的区域与以前的版本相比有所改进，以 HSB 或 RGB 任选一种模式进行调色。

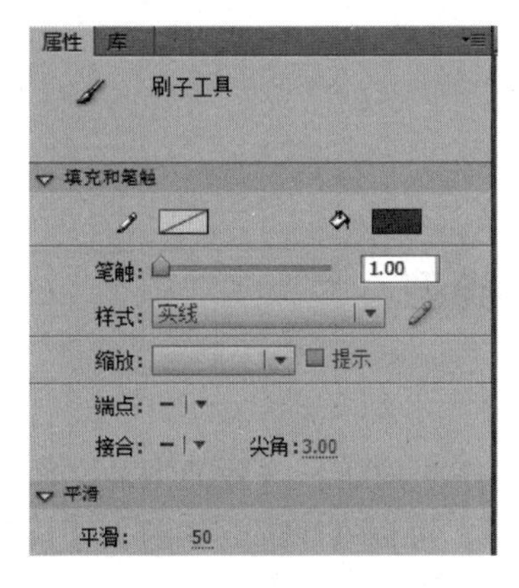

图 7-10 【属性】面板

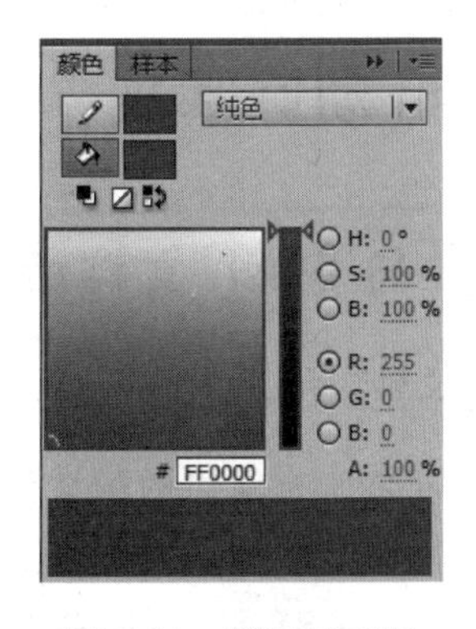

图 7-11 【颜色】面板

(2)【对齐】面板。使用【对齐】面板可对舞台上对象的大小和位置进行对齐。要与舞台中心对齐，需要勾选【与舞台对齐】，然后选择【水平中齐】和【垂直中齐】。单击【窗口】|【对

齐】命令，将弹出【对齐】面板，如图 7-12 所示。

(3)【变形】面板。在 Flash CS6 中，使用【变形】面板可对选中的对象进行旋转、倾斜、缩放和重制选区并应用变形等操作。单击【窗口】|【变形】命令，弹出【变形】面板，如图 7-13 所示。Flash 会保存对象的初始大小及旋转值，该过程可使用户撤销已经应用的变形并还原为初始值。

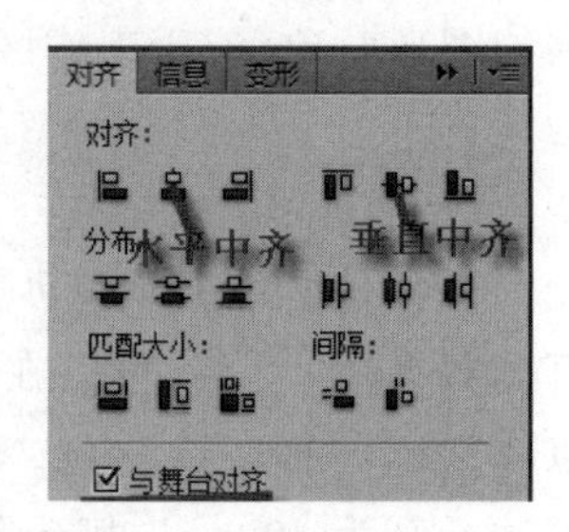

图 7-12 【对齐】面板

(4)【库】面板。【库】面板用于管理用户创建的元件、声音、影片和组件等内容，为用户提供了高效管理资源的途径。单击【窗口】|【库】命令或按 Ctrl＋L 组合键，将弹出【库】面板，如图 7-14 所示。【库】面板显示库中所有项目名称的列表，允许用户在操作中查看和组织这些元素。【库】面板中项目名称旁边的图标指示该项目的文件类型。

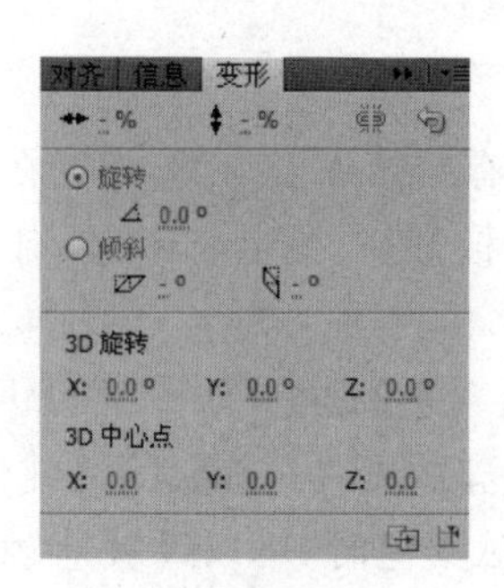

图 7-13 【变形】面板

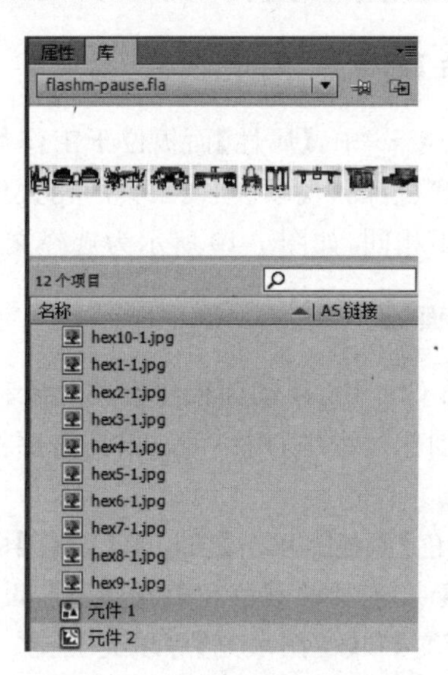

图 7-14 【库】面板

7.2 Flash 动画基础

7.2.1 与 Flash 文档相关的文件类型

1. Flash 文件(.fla)

此类型文件是所有项目的源文件，在 Flash 程序中创建。这种类型的文件只能在 Flash 中打开(而不是在 Dreamweaver 或浏览器中打开)。可以在 Flash 中打开 Flash 文件，然后将它导出为 SWF 或 SWT 文件以在浏览器中使用。

2. Flash SWF 文件(.swf)

此类型文件是 Flash(.fla)文件的压缩版本，已进行了优化以便于在 Web 上查看。可以在浏览器中播放,也可以在 Dreamweaver 中进行预览,但不能在 Flash 中编辑此文件。

3. Flash 模板文件(.swt)

此类型文件能够修改和替换 Flash SWF 文件中的信息。这些文件用于 Flash 按钮对象中,使用户能够用自己的文本或链接修改模板,以便创建要插入在自己的文档中的自定义 SWF。在 Dreamweaver 中,可以在 Dreamweaver、Configuration、Flash Objects、Flash Buttons 和 Flash Text 文件夹中找到这些模板文件。

4. Flash 元素文件(.swc)

此类型文件是一个 Flash SWF 文件,通过将此类文件合并到 Web 页,可以创建丰富的 Internet 应用程序。Flash 元素有可自定义的参数,通过修改这些参数,可以执行不同的应用程序功能。

5. Flash 视频文件格式(.flv)

此类型文件是一种视频文件,它包含经过编码的音频和视频数据,用于通过 Flash Player 传送。例如,如果有 QuickTime 或 Windows Media 视频文件,可以使用编码器(如 Flash 8 Video Encoder 或 Sorensen Squeeze)将视频文件转换为 FLV 文件。

7.2.2 时间轴

Flash 是一个动画制作软件,因此要学习 Flash 就必须从【时间轴】面板入手,【时间轴】面板在菜单栏的下方,如图 7-15 所示,是用来管理图层和处理帧的。

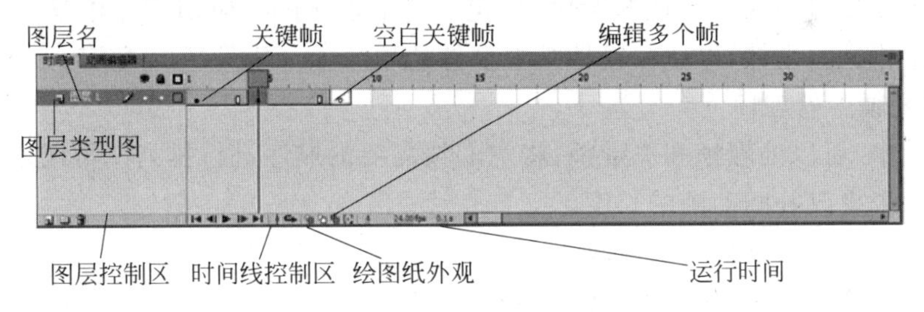

图 7-15 【时间轴】面板

1.【图层】面板

时间轴左边的【图层】面板显示了当前场景的图层数,默认是一个“图层 1”,随着动画的制作,可以接着添加和修改图层的名称和位置,要注意的是,上面图层里的图像会挡住下一层的。

2. 时间轴

时间轴由许多的小格组成,每一单元格代表一个帧,每个帧可以存放一幅图片,许多帧图片连续播放就是一个动画影片。制作动画时可以根据需要把单元格转化为帧、关键帧和空白关键帧。

3. 帧

帧就是时间轴上的一个单元格，分为帧、关键帧、空白关键帧。

1）帧

插入帧可将前面的图形延长到这一帧来，但是不能在插入的这一帧中进行修改，如果修改就会修改到前面关键帧的图形。可通过以下方法插入帧。

(1) 按 F5 键延长关键帧或空白关键帧。

(2) 右击，在弹出的快捷菜单中选择【插入帧】命令。

(3) 选择【插入】|【时间轴】|【帧】命令。

2）关键帧

插入关键帧也是将前面的图形延长到这一帧来，并可以在插入的这一帧中进行修改而不会修改到前面关键帧的图形。可通过以下方法插入关键帧。

(1) 按 F6 键插入关键帧。

(2) 右击，在弹出的快捷菜单中选择【插入关键帧】命令。

(3) 选择【插入】|【时间轴】|【关键帧】命令。

3）空白关键帧

插入空白关键帧不能将前面的图形延长到这一帧来，相当于一张空白的纸，可以重新在上面作图。可通过以下方法插入空白关键帧。

(1) 按 F7 键插入空白关键帧。

(2) 右击，在弹出的快捷菜单中选择【插入空白关键帧】命令。

(3) 选择【插入】|【时间轴】|【空白关键帧】命令。

帧和关键帧在时间轴中出现的顺序，决定了它们在 Flash 应用程序中显示的顺序。可以在时间轴中排列关键帧，以便编辑动画中事件的顺序。

4）在时间轴中处理帧

在时间轴中，可以处理帧和关键帧，将它们按需要的顺序进行排列。可以通过在时间轴中拖动关键帧来更改补间动画的长度。

可以对帧或关键帧进行如下修改。

(1) 插入、选择、删除和移动帧或关键帧。

(2) 将帧和关键帧拖到同一图层中的不同位置，或是拖到不同的图层中。

(3) 复制和粘贴帧和关键帧。

(4) 将关键帧转换为帧。

从【库】面板中将一个项目拖动到舞台上，从而将该项目添加到当前的关键帧中。

5）选择帧

若要选择时间轴中的一个或多个帧，可以进行以下操作。

(1) 要选择一个帧，单击该帧。

(2) 要选择多个连续的帧，按住 Shift 键并单击其他帧。

(3) 要选择多个不连续的帧，按住 Ctrl 键单击其他帧。

(4) 要选择时间轴中的所有帧，可以选择【编辑】|【时间轴】|【选择所有帧】命令，也可以通过在时间轴上按住鼠标左键拖动的方式选择多个连续的帧。

6）删除或修改帧

要删除或修改帧或关键帧，可以进行以下操作之一。

要删除帧、关键帧或帧序列，选择该帧、关键帧或帧序列，然后选择【编辑】|【时间轴】|【删除帧】命令，或者右键单击该帧、关键帧或帧序列，然后从上下文菜单中选择【删除帧】命令。周围的帧将保持不变。

要移动关键帧或帧序列及其内容，将该关键帧或帧序列拖到希望成为序列的最后一个帧的那个帧位置。

要延长关键帧动画的持续时间，按住 Alt 键拖动关键帧，将其拖动到希望成为序列的最后一个帧的那个帧位置。

要通过拖动来复制关键帧或帧序列，按住 Alt 键单击并将关键帧拖到新位置。

要复制和粘贴帧或帧序列，选择该帧或序列，然后选择【编辑】|【时间轴】|【复制帧】命令。选择想要替换的帧或帧序列，然后选择【编辑】|【时间轴】|【粘贴帧】命令。

要将关键帧转换为帧，选择该关键帧，然后选择【编辑】|【时间轴】|【清除关键帧】命令，或者右键单击该关键帧，然后从上下文菜单中选择【清除关键帧】命令。所清除的关键帧以及到下一个关键帧之前的所有帧的舞台内容，将被所清除的关键帧之前的帧的舞台内容替换。

要更改补间序列的长度，将开始关键帧或结束关键帧向左或向右拖动，以更改补间动画序列的长度。

要将项目从库中添加到当前关键帧中，应将该项目从【库】面板拖到舞台中。

7）延伸帧

在为动画制作背景的时候，通常需要制作一幅跨越许多帧的静止图像，此时就要在这个图层中插入延伸帧，新添加的帧中会包含前面关键帧中的图像。

将一帧静止图像延伸到其他帧中的具体步骤如下。

在图层的第一个关键帧中制作一幅图像。

选中该图层的另外一帧，按 F5 快捷键插入帧，或者右击，在弹出的快捷菜单中选择【插入帧】命令，就可以将图像延伸到新帧的位置。

4. 状态栏

时间轴下边的状态栏有几个数字，表示当前是第几帧，速度一般是 12.0，时间长度几秒(s)，在 12.0 fps 那里双击可以弹出【文档属性】面板。

7.2.3 元件与示例

1. 元件

元件是在 Flash 中创建的图形、按钮或影片剪辑。一旦元件创建完成后，就可以在该文档或其他文档中重复使用。创建的任何元件都会自动成为当前文档的库的一部分。元件包括图形元件、按钮元件、影片剪辑元件。

1）图形元件。

(1) 在没有选定任何对象时，选择【插入】|【新建元件】命令。

(2) 当【创建新元件】对话框打开后，在元件【名称】文本框中输入元件名称，在【类型】区域中选定【图形】，如图 7-16 所示。

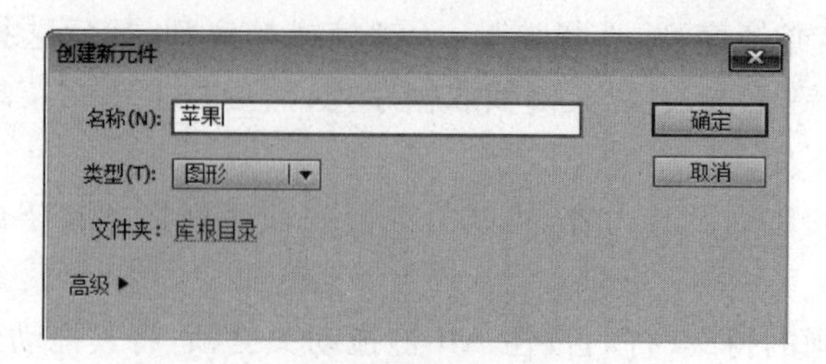

图 7-16　创建【图形】元件

(3) 此时，Flash 将把图形元件加入库中，并切换到符号编辑状态。设置的图形元件名称将出现在当前场景的右侧，时间轴变成元件的时间轴，如图 7-17 所示。此时的所有操作都是针对图形元件进行的，直到单击场景名称回到场景编辑状态为止。

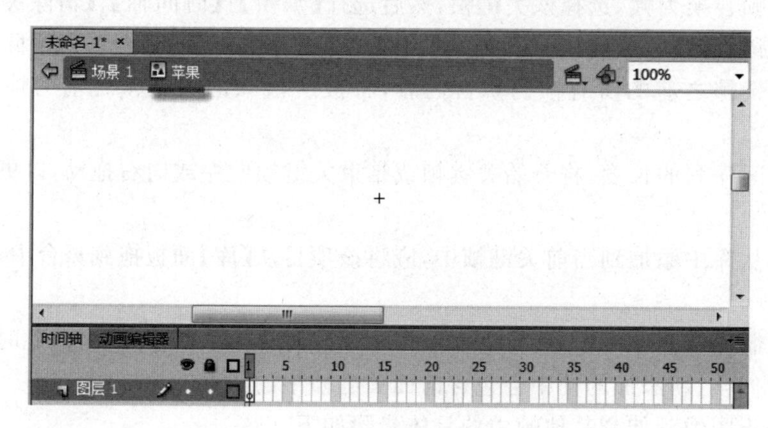

图 7-17　元件时间轴

2) 按钮元件

(1) 在没有选定任何对象时，选择【插入】|【新建元件】命令。

(2) 当【创建新元件】对话框打开后，在元件【名称】文本框中输入元件名称，在【类型】区域中选定【按钮】。

(3) 此时，Flash 将把按钮元件加入库中，并切换到符号编辑状态。设置的按钮元件名称将出现在当前场景的右侧，时间轴变成元件的时间轴，时间轴上有 4 个关键帧，如图 7-18 所示。此时的所有操作都是针对按钮元件进行的，直到单击场景名称回到场景编辑状态为止。

按钮元件的时间轴上的每一帧都有一个特定的功能：第一帧是弹起状态，代表指针没有经过按钮时该按钮的状态；第二帧是指针经过状态，代表指针滑过按钮时该按钮的外观；第三帧是按下状态，代表单击按钮时该按钮的外观；第四帧是单击状态，定义响应鼠标单击的区域，此区域在 SWF 文件中是不可见的。

3) 影片剪辑元件

(1) 在没有选定任何对象时，选择【插入】|【新建元件】命令。

(2) 当【创建新元件】对话框打开后，在元件【名称】文本框中输入元件名称，在【类型】区

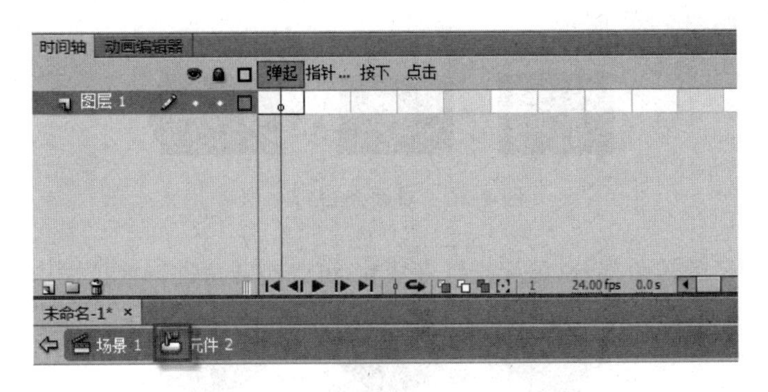

图 7-18　按钮元件的时间轴

域中选定【影片剪辑】。

(3) 和插入图形元件极为相似，不过，一般需要单独的时间的元件需要选用影片剪辑，静态画面需要采用图形元件实现。

2. 实例

实例是指位于舞台上或嵌套在另一个元件内的元件副本。实例可以与它的元件在颜色、大小和功能上差别很大。编辑元件会更新它的所有实例，但对元件的一个实例进行编辑则只更新该实例，如图 7-19 所示。

图 7-19　不同实例

7.2.4　选取对象

顾名思义，选择工具就是可以对工作区中的各个形状、文字、位图和元件进行选择的工具。但实际上它并不仅仅是个选择工具而已，还可以对线条和形状进行各种各样的调整。

1. 选择工具

【选择工具】：可以用它来抓取、选择、移动和改变形状，它是使用频率最高的工具。

移动鼠标到线条直线的中间部分附近，鼠标指针变成 ，这时按住鼠标拖动，可以对线条进行曲线操作，如图 7-20 所示。

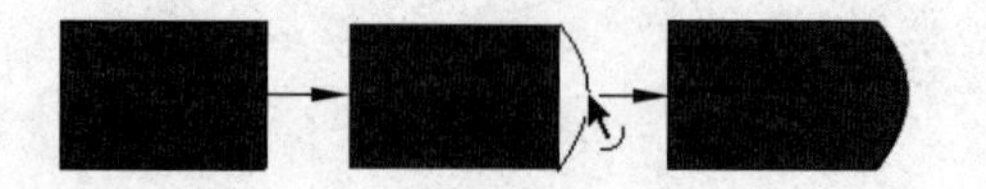

图 7-20 对线条进行变形

移动鼠标到图形的转角部分，鼠标指针变成，可以对转角进行拖拉操作，如图 7-21 所示。

图 7-21 对转角进行拖拉

提示：在直线的中间按住 Alt 键，也可以在直线上直接拖出一个角，如图 7-22 所示。

在对对象进行移动、旋转和大小调整之前，必须先选中它。被选对象很容易识别：笔触和填充有亮点，而组合或图符对象则被一个方框包围。可以选择任意多个对象，以便一次改动多个对象。可以单击工具栏中的选择工具或者按 V 键来激活选择工具。

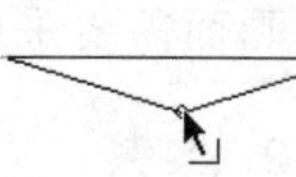

图 7-22 小提示

常规选择如下。

(1) 选择笔触、填充或者组合类对象，只需单击一次。

(2) 同时选择对象的笔触和填充，只需双击填充。

(3) 选择颜色相同的交叉笔触，只需双击其中的一条。

(4) 选择任意对象，分别单击需要选择的对象即可一一选中。

用选取框选择一个区域的方法：用工具，到对象的左上角(或右下角)，按住鼠标左键，拉出一个选框，框住需要被选中的对象即可。

说明：组合类对象只有被选取框完全包围之后才能全部选中。形状对象则不同，可以选择形状对象在选取框里面的部分，而不选择其他的部分。

2. 部分选取工具

曲线的本质是由节点与线段构成的路径。使用部分选取工具不仅可以抓取、选择、移动形状路径，而且可以改变形状路径。当使用绘图工具绘制好曲线的草图后，就可以使用【部分选取工具】进行一些必要的修改，以使其符合要求。

【部分选取工具】可以用来抓取、选择、移动和改变形状路径。

使用部分选取工具选中路径后，可以对其中的节点进行拉伸或者修改曲线，如图 7-23 所示。

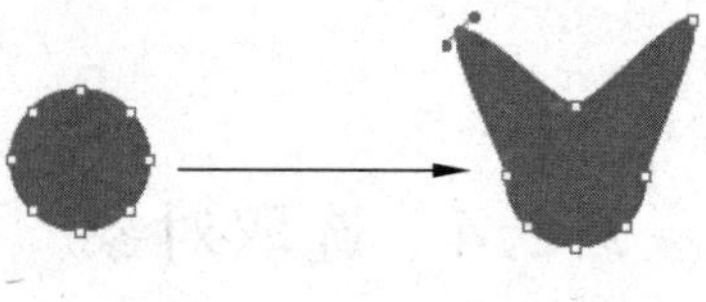

图 7-23 改变曲线

3. 套索工具

【套索工具】：需选中不规则区域时用套索工具，如图 7-24 所示。

4. 选中帧来选择对象

若对象都在同一帧里面，并且要选中该帧中所有内容，则可以单击该关键帧来选中该帧中的所有内容。如图 7-25 所示，该帧中包含两个对象，单击该帧，则选中这两个对象。

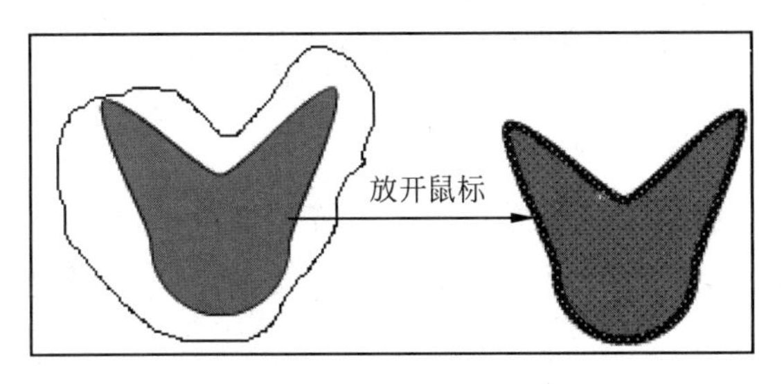

图 7-24 用套索选中不规则形状

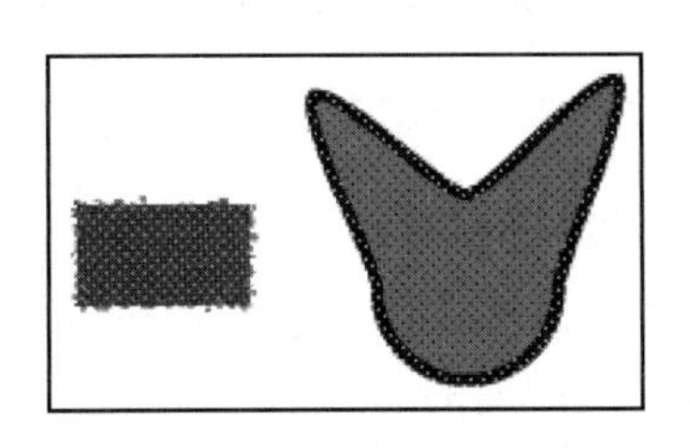

图 7-25 选中帧则选中该帧中所有对象

7.2.5 Flash CS6 影片制作的基本流程

Flash CS6 影片制作的基本流程是：素材准备→新建 Flash CS6 影片文档→设置文档属性→制作动画→测试和保存动画→导出和发布影片。

1. 素材准备

根据动画内容准备相应的动画素材，一般包括图形图像素材、音频素材(声效、歌曲、乐曲等)和视频素材等。为满足动画制作要求，事先需要对这些素材进行采集、编辑和整理。

2. 创建 Flash CS6 影片文档

创建 Flash CS6 影片文档有两种方法：一种是新建空白的影片文档，另一种是从模板创建影片文档。在 Flash CS6 中，新建空白影片文档又有两种类型：一种是 Flash 文件(ActionScript 3.0)，另一种是 Flash 文件(ActionScript 2.0)。这两种类型的影片文档主要的不同之处在于，前一种的动作脚本语言版本是 ActionScript 3.0，后一种的动作脚本语言版本是 ActionScript 2.0。

3. 设置文档属性

在正式制作动画之前，必须设置好文档属性。执行主菜单【修改】|【文档】命令，打开【文档设置】对话框，根据动画需要设置尺寸(舞台尺寸)、背景颜色(舞台背景颜色)、帧频(每秒播放的帧数)等文档属性，如图 7-26 所示。

4. 文件的导入

在 Flash 中使用图片或视频，只能使用导入方式导入图片或视频。单击【文件】|【导入】，可以导入到舞台，也可以导入到库等待使用。

5. 制作动画

制作动画是 Flash 动画制作流程的主要步骤。一般需要先创建动画对象(可以用绘画工具绘制或者导入外部素材)，然后在时间轴上组织和编辑动画效果。

6. 测试和保存动画

动画制作完成后，可以执行主菜单【控制】|【测试影片】命令(或按 Ctrl+Enter 组合键)对影片效果进行测试，如果满意，可以执行【文件】|【保存】命令(或按 Ctrl+S 组合键)保存影片。

7. 导出和发布影片

动画制作完毕，可以导出或发布影片。【文件】|【发布设置】，打开如图 7-27 所示的对话框，默认发布类型是.SWF 和.HTML 类型，若只需要发布成.SWF 类型，需去掉【HTML 包装器】前面的勾选。

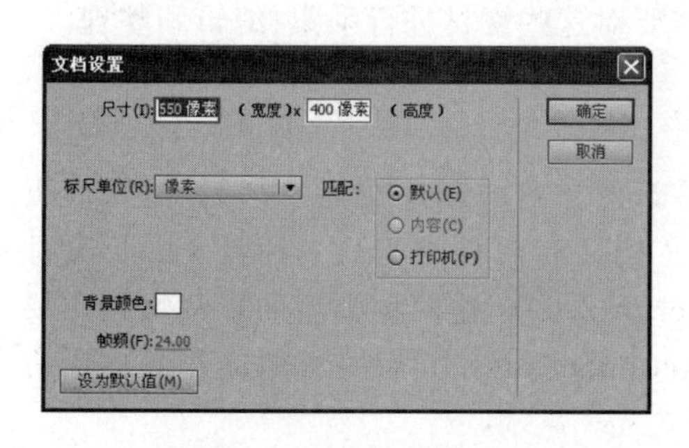

图 7-26 【文档设置】对话框

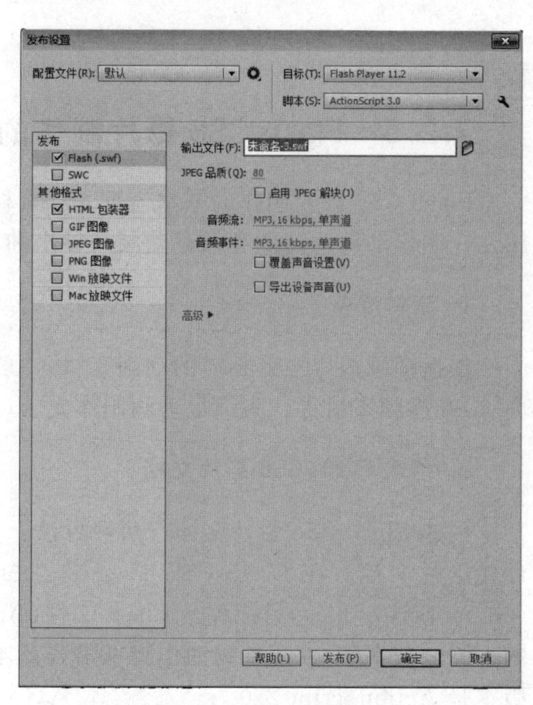

图 7-27 【发布设置】对话框

7.3 Flash CS6 基本工具的使用

Flash 提供了各种工具，用来绘制自由形状或准确的线条、形状和路径，并可用来给对象进行上色。

7.3.1 线条、刷子、颜料桶、变形工具

1. 线条工具

【线条工具】是 Flash 中最简单的工具。单击【线条工具】，移动光标到舞台上，按住

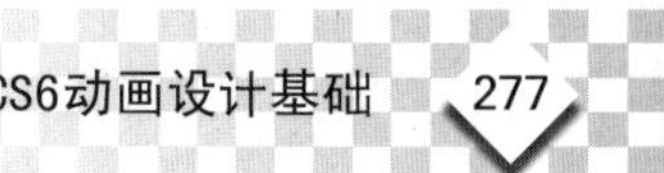

鼠标并拖动,松开鼠标,一条直线就画好了。

用【线条工具】能画出许多风格各异的线条。打开【属性】面板,可以定义直线的颜色、粗细和样式,如图 7-28 所示。

在【属性】面板中单击【笔触颜色】按钮,会弹出一个调色板,此时光标变成滴管状,如图 7-29 所示。用滴管直接拾取颜色或者在文本框里直接输入颜色的十六进制数值,十六进制数值以#开头,如#99FF33。

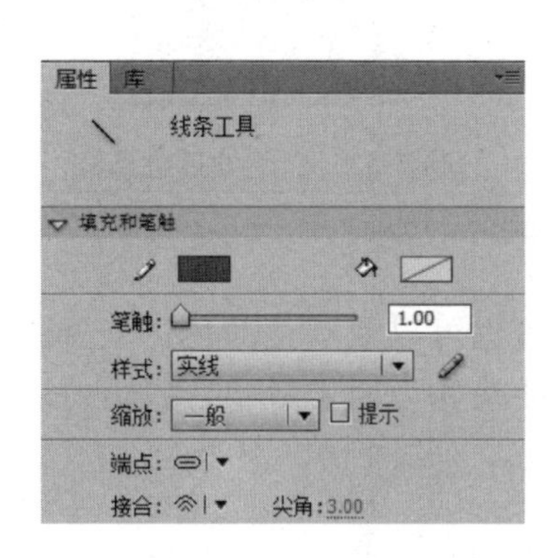

图 7-28 直线工具属性

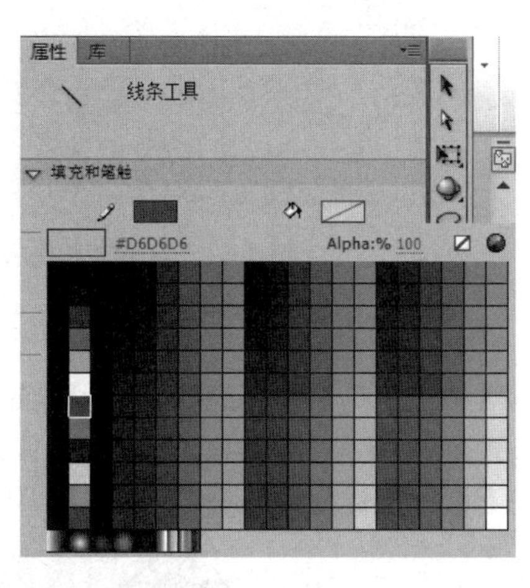

图 7-29 笔触颜色

单击【属性】面板中的【样式】下拉菜单会出现默认的几种线条样式,单击旁边的【编辑笔触样式】按钮,会弹出一个【笔触样式】对话框,如图 7-30 所示。通过改变笔触样式可以画出各种不同的直线。

为了方便观察,我们把【粗细】设置为 1pts 或 3pts,在【类型】中选择不同的线型和颜色,设置完后单击【确定】按钮,得到设置不同笔触样式后画出的线条,如图 7-31 所示。

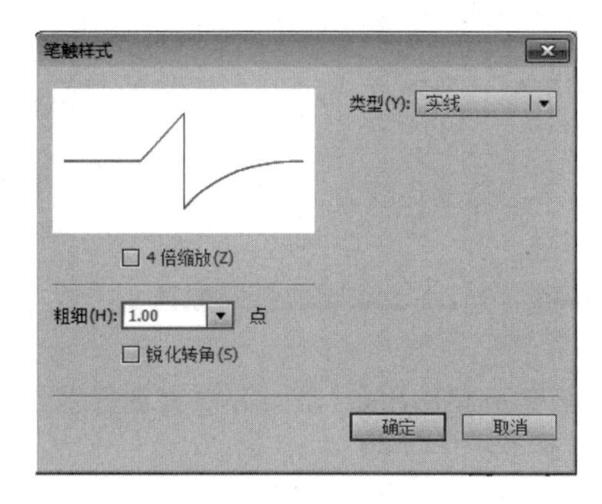

图 7-30 【笔触样式】对话框

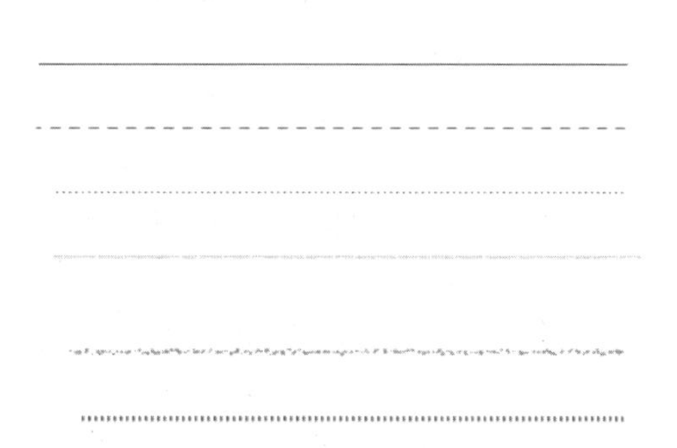

图 7-31 设置不同笔触样式后画出的线条

2. 刷子工具

【刷子工具】可以随意地画色块,只有填充颜色,无笔触颜色。当用户单击工具箱中的【刷子工具】后,工具箱下边就会显示它的【选项】,我们先看看它的【选项】,如图 7-32

所示。

在这里,可以选定画笔的大小和样式以及它的填色模式。读者可以自己选取不同的大小和样式练习。

下面利用矩形工具绘制一个矩形来详细讲解它的填色模式。在如图 7-33 所示的【选项】下单击【填充模式】按钮,则弹出【填充模式】下拉列表。

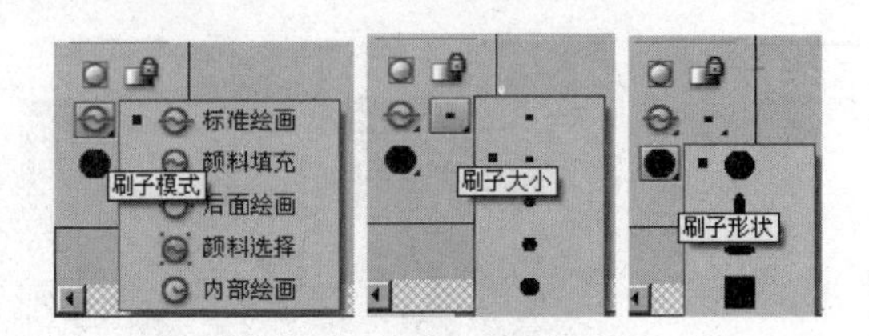

图 7-32 刷子工具选项

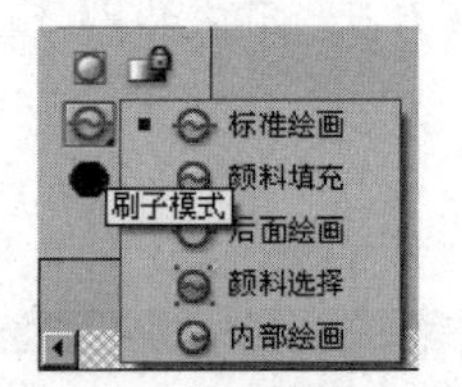

图 7-33 刷子的填色模式

1) 标准绘画

选择【刷子工具】,并将【填充颜色】设置为蓝色,当然也可以是其他颜色。先选择【标准绘画】模式,移动笔刷(当选择了【刷子工具】后,鼠标指针就变为刷子形状)到舞台的矩形图形上,按下鼠标左键拖动,观察一下效果,如图 7-34 所示。

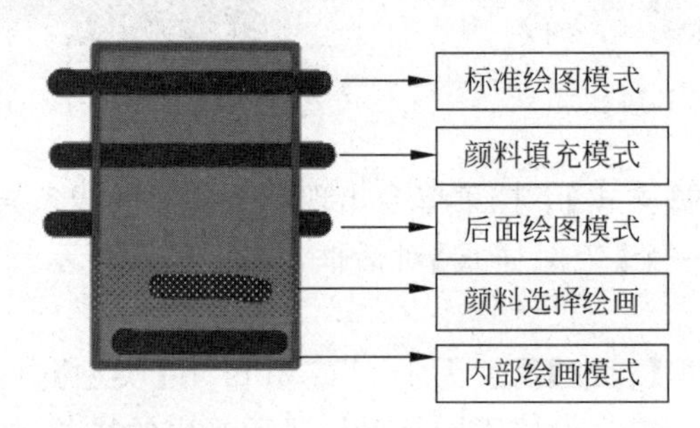

图 7-34 不同的绘画模式效果

可以发现,不管是线条还是填色范围,只要是画笔经过的地方,都变成了画笔的颜色。

2) 颜料填充

选择【颜料填充】模式,它只影响了填色的内容,不会遮盖住线条。

3) 后面绘画

选择【后面绘画】模式,无论怎么画,它都在图像的后方,不会影响前景图像。

4) 颜料选择

选择【颜料选择】模式,先用画笔抹几下,好像丝毫不起作用,这是因为没有选择范围。用【箭头工具】选中叶片的一块,再使用画笔,颜色就画上去了。

5) 内部绘画

选择【内部绘画】模式,在绘画时,画笔的起点必须是在轮廓线以内,而且画笔的范围也只作用在轮廓线以内,若在轮廓线外,则会把线外部分认为是内部。

3. 颜料桶工具

【颜料桶工具】是对某一区域进行单色、渐变色或位图进行填充,注意不能作用于线条。

选择【颜料桶工具】后，在【工具箱】下边的【选项】中单击【空隙大小】按钮，会弹出 4 个选项。其中，【不封闭空隙】表示要填充的区域必须在完全封闭的状态下才能进行填充；【封闭小空隙】表示要填充的区域在小缺口的状态下可以进行填充；【封闭中等空隙】表示要填充的区域在中等大小缺口状态下进行填充；【封闭大空隙】表示要填充的区域在较大缺口状态下也能填充。但在 Flash 中，即使是中大缺口，值也是很小的，所以要对大的不封闭区域填充颜色，一般用笔刷。

4. 变形工具

【变形工具】可以对物体的大小、长、宽和颜色进行变形。

1）形状的变化

在【工具箱】的下端选项区中，当选择了【任意变形工具】时，会有 4 个功能提供选择，分别是旋转与倾斜、缩放、扭曲和封套功能。

（1）旋转与倾斜

旋转与倾斜对象可以分别在垂直或水平方向上缩放，还可以在垂直和水平方向上同时缩放。选择【工具】面板中的【任意变形工具】，然后单击【旋转与倾斜】按钮，选中对象，当光标显示为形状时，可以旋转对象；当光标显示为形状时，可以在水平方向上倾斜对象；当光标显示为形状时，可以在垂直方向上倾斜对象。

（2）缩放

缩放对象可以在垂直或水平方向上缩放，还可以在垂直和水平方向上同时缩放。选择【工具】面板中的【任意变形工具】，然后单击【缩放】按钮，选中要缩放的对象，对象四周会显示框选标志，拖动对象某条边上的中点可将对象进行垂直或水平的缩放，拖动某个顶点，则可以使对象在垂直和水平方向上同时进行缩放。

（3）扭曲

扭曲对象可以对对象进行锥化处理，具体操作方法如下。选择【工具】面板中的【任意变形工具】，然后单击【扭曲】按钮，选中对象进行扭曲变形，可以在光标变为形状时，拖动边框上的角控制点或边控制点来移动该角或边；在拖动角手柄时，按住 Shift 键，当光标变为形状时，可对对象进行锥化处理。

（4）封套

封套对象可以对对象进行任意形状的修改。选择【工具】面板中的【任意变形工具】，然后单击【封套】按钮，选中对象，在对象的四周会显示若干控制点和切线手柄，拖动这些控制点及切线手柄，即可对对象进行任意形状的修改。

变形效果如图 7-35 所示。

2）颜色的变化

【渐变变形工具】用于为图形中的渐变效果进行填充变形。将图形的填充色设置为渐变填充色后，单击【工具箱】面板中的【填色变形工具】按钮，可以对图形中的渐变效果进行旋转、缩放等编辑，使色彩的变化效果更加丰富，如图 7-36 所示。

5. 综合示例——绘制竹子

打开 Flash 软件，新建文档，保存文件名为“竹子.fla”。

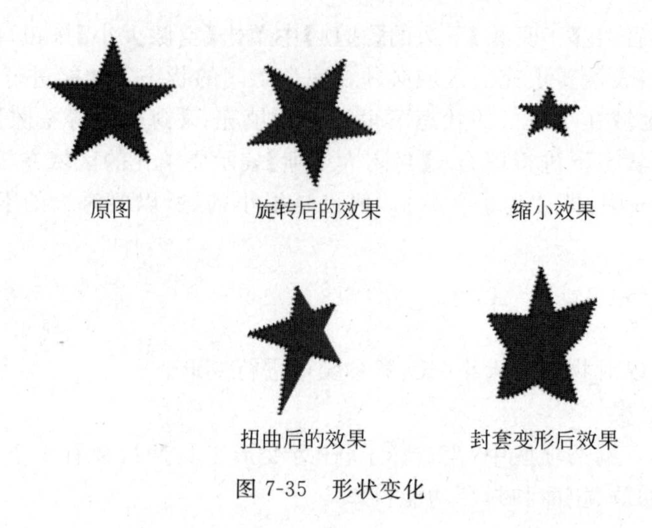

图 7-35　形状变化

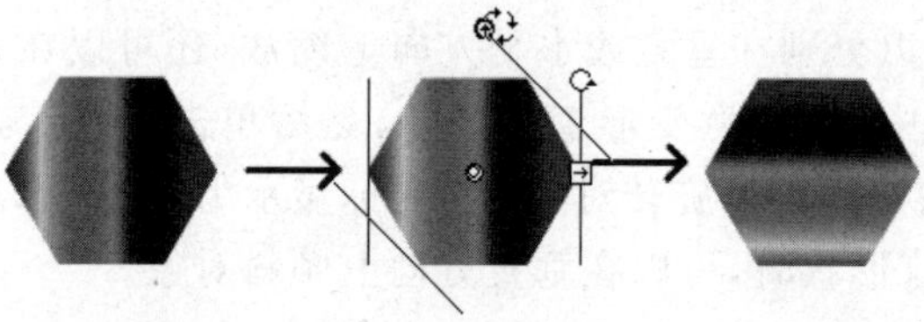

图 7-36　颜色变化

(1) 新建图形元件，单击【插入】|【新建元件】命令，或者按快捷键 Ctrl＋F8，弹出【创建新元件】对话框，在【名称】文本框中输入元件名称“竹叶 1”，【类型】选择【图形】，单击【确定】按钮，如图 7-37 所示。

这时工作区变为“竹叶 1”元件的编辑状态，如图 7-38 所示。

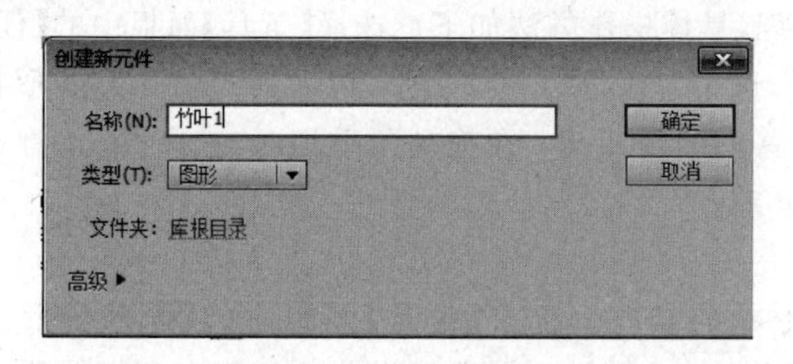

图 7-37　创建图形元件

图 7-38　【竹叶 1】图形元件编辑场景

(2) 在【竹叶 1】图形元件编辑场景中，首先用【线条工具】画一条直线，【笔触颜色】设置为深绿色 006600，由于竹叶的外形倾向于三角形，先用线条工具绘制一个三角形。

(3) 然后用【选择工具】将三条直线拉成曲线。用【油漆桶工具】，设置颜色值为 006600 进行填充，如图 7-39 所示。

(4) 用【选择工具】拖出选框，选中已经绘制好的竹叶，按 Ctrl＋C 组合键复制，按 Ctrl＋V 组合键粘贴，如图 7-40 所示，用【任意变形工具】旋转和移动该复制的竹叶，如图 7-41 所示。

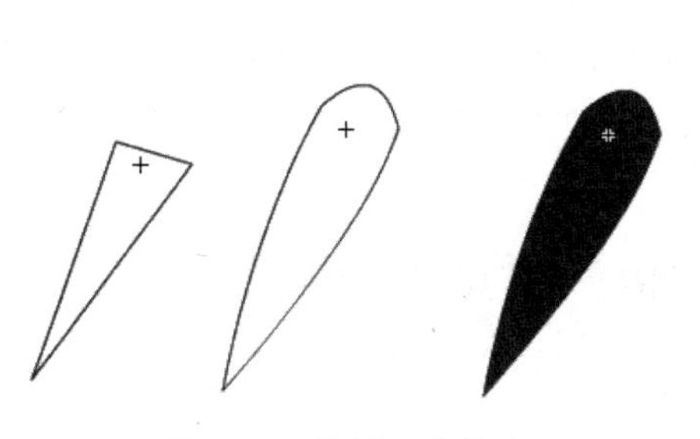

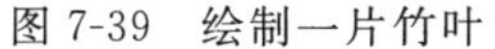

图 7-39 绘制一片竹叶

图 7-40 复制竹叶

图 7-41 旋转竹叶

(5) 用【选择工具】框选竹叶 1，按 Ctrl+C 组合键复制，新建图形元件“竹叶 2”，按 Ctrl+V 组合键粘贴“竹叶 1”的内容到“竹叶 2”中，用【部分选取】工具选中树叶，树叶周围出现带锚点的线条，调整锚点的位置，可以调整竹叶的形状。再复制一片竹叶，变形，调整位置并用【部分选取】工具调整形状，如图 7-42 所示。

(6) 采用同样的方法，得到图形元件“竹叶 3”，如图 7-43 所示。

(7) 回到场景 1，选择【刷子工具】，设置刷子模式和刷子大小以及刷子形状，设置填充颜色值为 003300，如图 7-44 所示，在场景 1 的舞台上绘制竹竿，如图 7-45 所示。

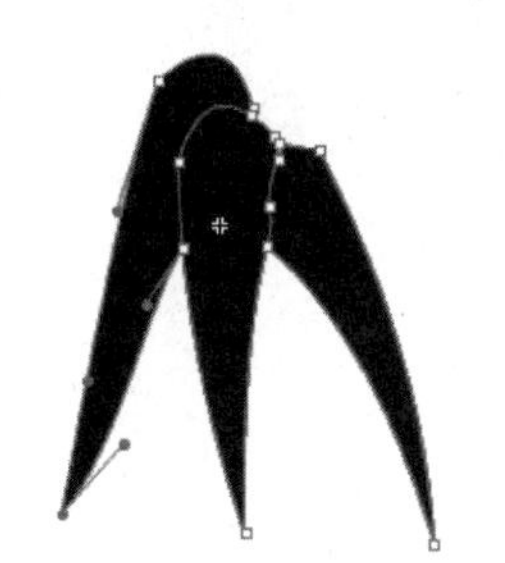

图 7-42 【竹叶 2】元件

图 7-43 【竹叶 3】元件

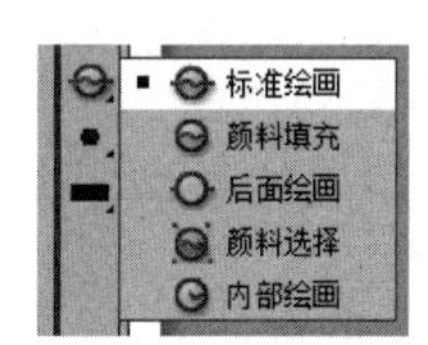

图 7-44 刷子设置

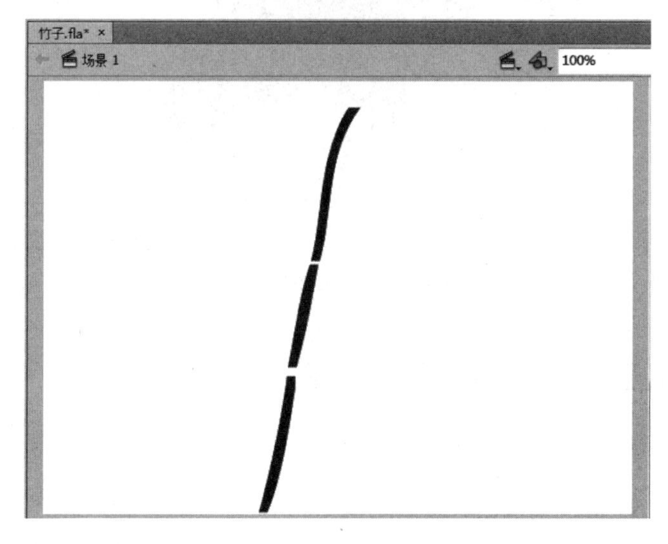

图 7-45 绘制竹竿

(8) 打开【库】面板，拖出【竹叶 1】、【竹叶 2】、【竹叶 3】元件到舞台上，用【任意变形工具】变形舞台上的实例，移动到合适的地方。可以多次拖元件到舞台上成为不同的实例，分别进行变形和移动。实现自己想要的效果，如图 7-46 所示。当然，需要做更自然的效果，需要继续加竹竿、竹枝和竹叶，如图 7-47 所示。

图 7-46 绘制一根竹子

图 7-47 绘制多根竹子

7.3.2 椭圆、矩形、多角星形工具

1. 矩形工具

使用【矩形工具】可以绘制矩形，绘制的矩形由外围的线条和其中的填充组成，线条和填充的颜色可以分别设置，并且可以设置线条的粗细、样式等，这些设置都可以在【属性】面板中完成。也可以绘制带有圆角的矩形，当选择【矩形工具】时，【属性】面板底部便会出现【矩

形选项】选项组,如图 7-48 所示。

每个角对应一个文本框,默认情况下,所有的角被约束,它们的设置必须相同,所以那些代表角的设置项仅有左上角一个可用。这时,滑动底部的水平三角形按钮或者直接输入一个数值就可以为 4 个角同时设置值。

单击底部的【将边角半径控件锁定为一个控件】按钮取消约束,这时可以为每个角设置单独的值,如图 7-49 所示。

单击【重置】按钮可以将设置重新设置为默认值。

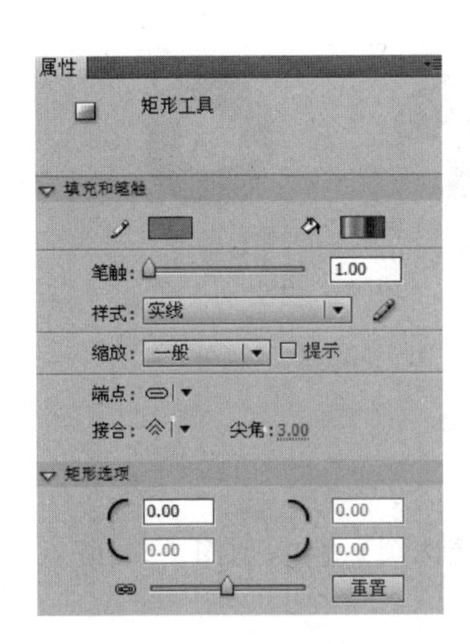

图 7-48 【矩形选项】选项组

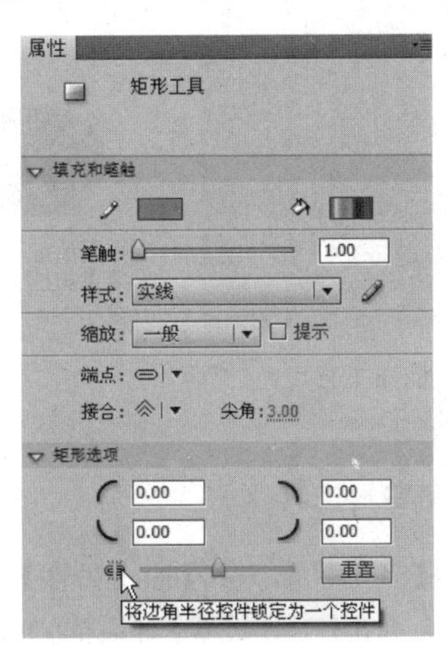

图 7-49 取消约束

这些角代表弧度,正值是向外凸出的圆角,负值将绘制向内凹进的圆角,如图 7-50 所示是这两种不同圆角矩形的效果。

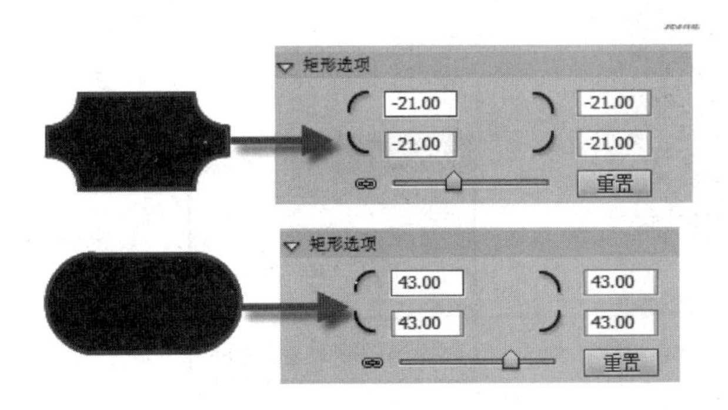

图 7-50 圆角矩形效果

2. 椭圆工具

【椭圆工具】也比较强大,不但可以绘制椭圆(按住 Shift 键可以绘制正圆,这也是大多数图形处理软件都遵守的规则),还可以绘制不闭合圆、圆环(通过设置【内径】选项)、缺角圆环(通过设置【开始角度】选项和【约束角度】选项)、扇形(仅设置【约束角度】选项)。这些都可以通过【属性】面板中的相应设置来完成,如图 7-51 所示。它能够绘制的圆形效果可以包含如图 7-52 所示的几种。

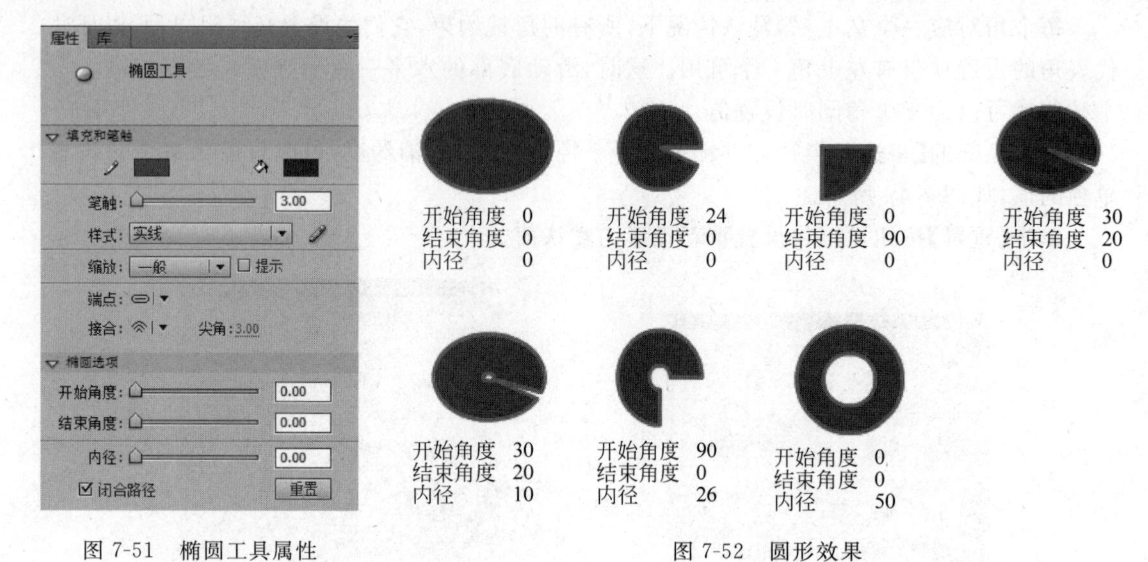

图 7-51　椭圆工具属性　　图 7-52　圆形效果

3. 多角星形工具

当选择【多角星形工具】时,【属性】面板中出现【选项】按钮,如图 7-53 所示。单击【选项】按钮就会弹出【工具设置】对话框,如图 7-54 所示。

在该对话框的【样式】下拉列表框中可以选择样式,如多边形、星形,然后设置边数和顶点大小,就能够绘制如图 7-55 所示的效果。

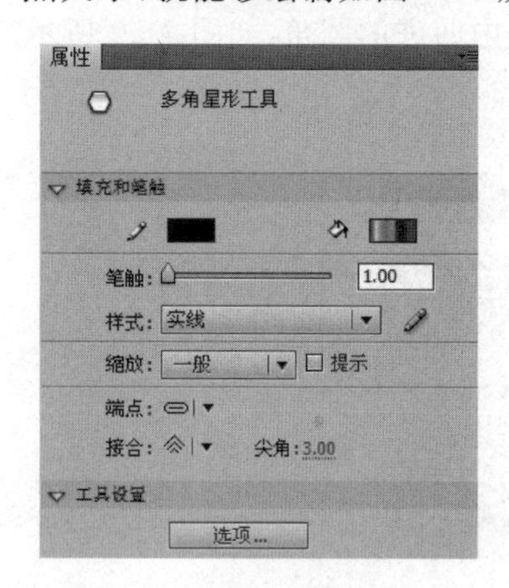

图 7-53　多角星形工具属性

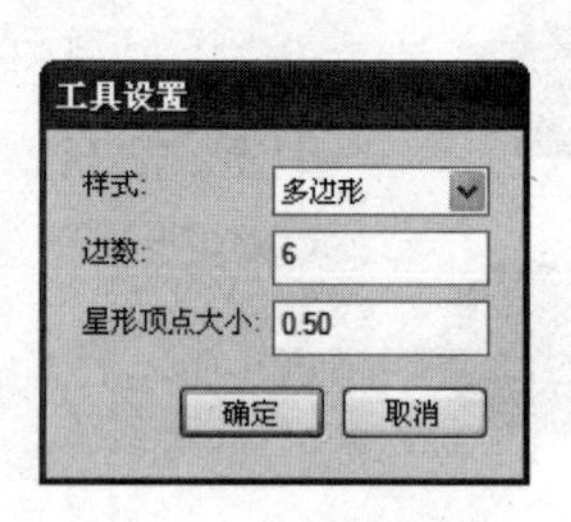

图 7-54　选项设置

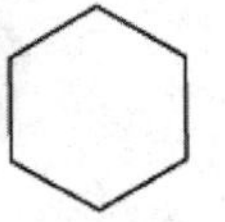
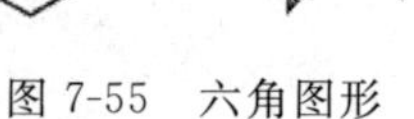

图 7-55　六角图形

4. 综合示例——绘制太极图

(1) 新建一个文档,修改舞台大小为 500×500px,颜色为 FFFF66,命名为"太极图. fla"。

(2) 设置参考线。打开菜单【视图】|【标尺】,拖出参考线,如图 7-56 所示。

(3) 绘制正圆。用【椭圆工具】,设置笔触颜色为【无】,填充颜色为 00FF00,按住 Shift+Alt 组合键,以(250,250)点为圆心,拖出一个正圆,如图 7-57 所示。

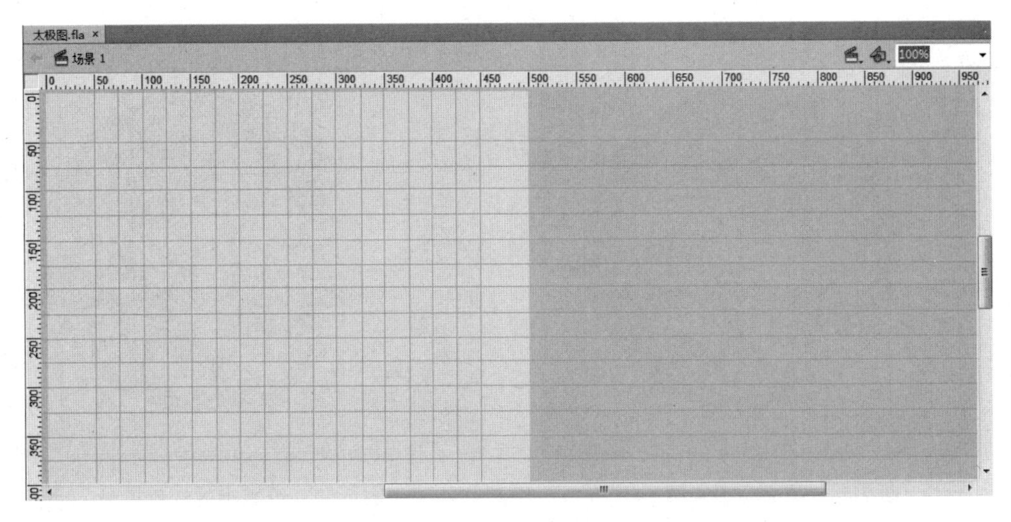

图 7-56　拖出参考线

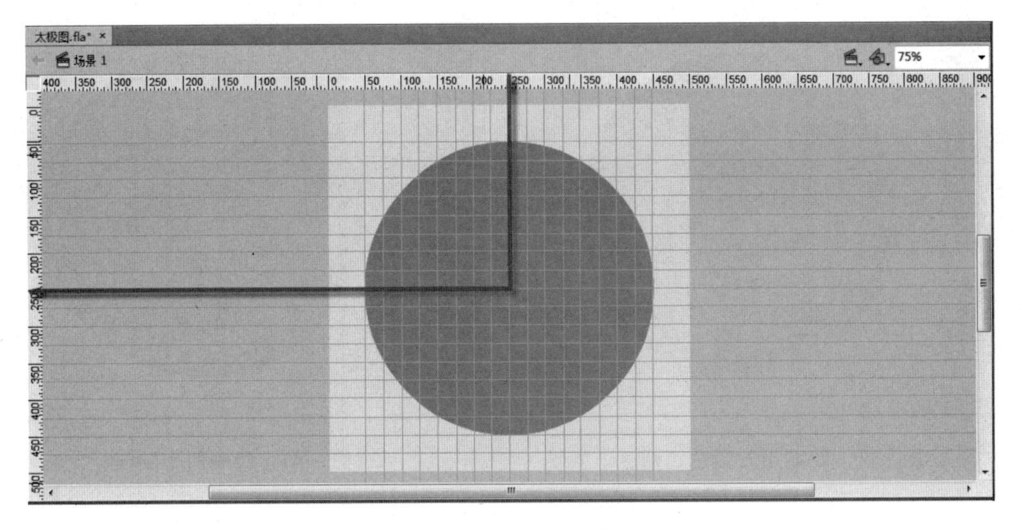

图 7-57　绘制正圆

(4) 填充颜色。用【选择工具】把圆的右半部分选定，修改填充色为红色，如图 7-58 所示。

(5) 绘制小的红色正圆。选择【椭圆工具】，颜色用红色，笔触颜色为【无】，以(150,250)为圆心，按住 Shift＋Alt 组合键拖出一个正圆，如图 7-59 所示。

(6) 绘制小的绿色正圆。同样的方法，以(350,250)为圆心，绘制一个绿色的圆，如图 7-60 所示。

(7) 分别用两种颜色，以(150,250)和(350,250)点为圆心，绘制两个较小的正圆，如图 7-61 所示。选择【视图】|【辅助线】，去掉【显示辅助线】前面的勾选，得到最后的效果，如图 7-62 所示。

(8) 测试并保存文档。

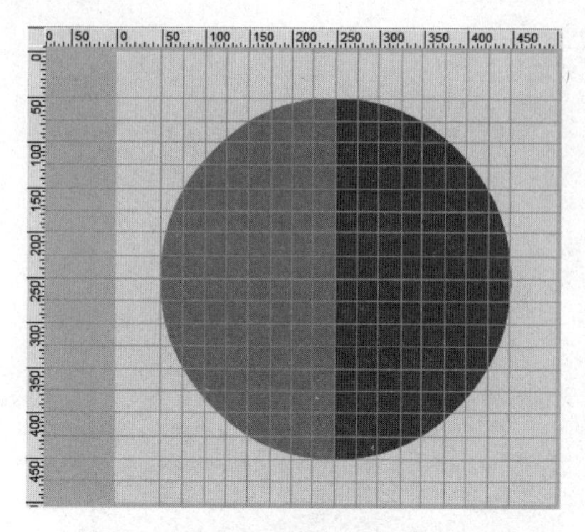

图 7-58 填充右边半圆

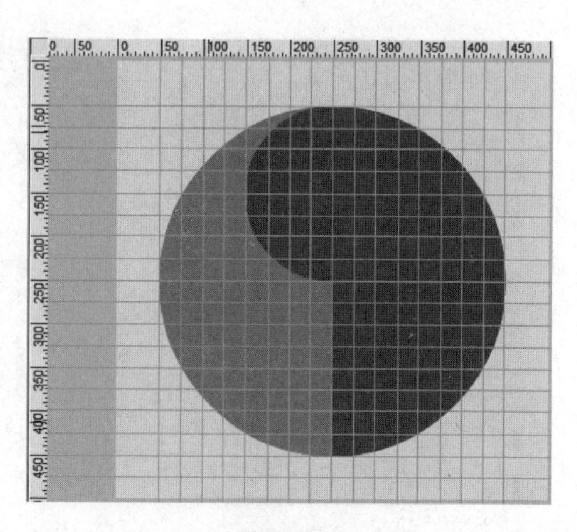

图 7-59 绘制小的红色正圆

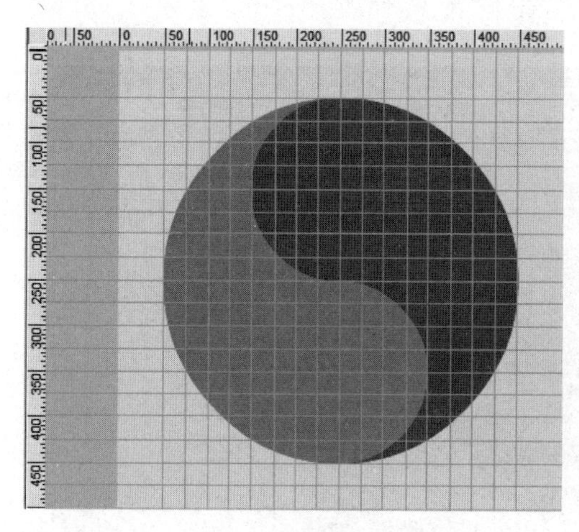

图 7-60 绘制小的绿色正圆

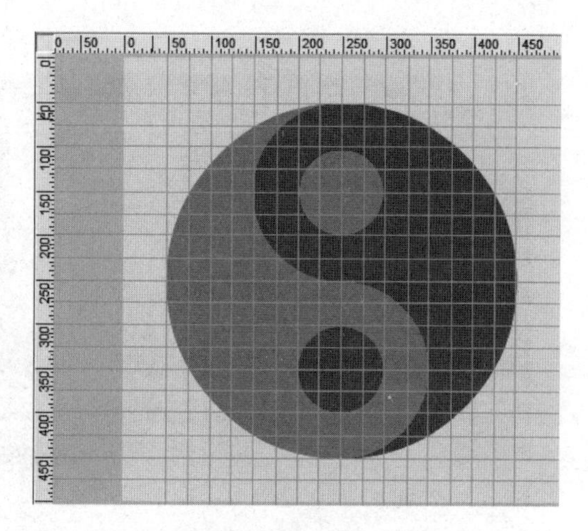

图 7-61 绘制两个圆

图 7-62 最后效果

7.3.3　橡皮擦、铅笔、钢笔工具

1. 橡皮擦工具

顾名思义,【橡皮擦工具】就和橡皮一样,可以擦去不需要的地方。双击【橡皮擦工具】,可以删除舞台上的所有内容。选择【橡皮擦工具】,单击 按钮,在弹出的菜单中有几个选项,如图 7-63 所示。

标准擦除:擦除同一层上的笔触和填充。

擦除填色:只擦除填充,不影响笔触。

擦除线条:只擦除笔触,不影响填充。

擦除所选填充:只擦除当前选定的填充,并不影响笔触(不管笔触是否被选中)。以这种模式使用【橡皮擦工具】之前,先选择要擦除的填充。

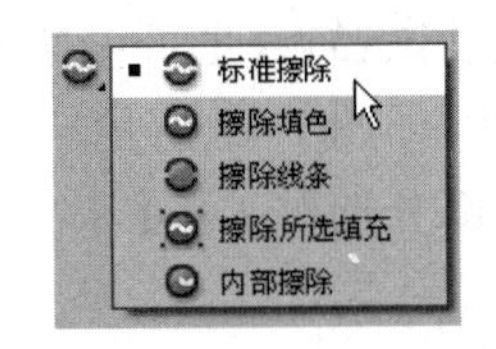

图 7-63　【橡皮擦工具】选项

内部擦除:只擦除橡皮擦笔触开始处的填充。如果从空白点开始擦除,则不会擦除任何内容。以这种模式使用橡皮擦并不影响笔触。

在【选项】中选择 ,单击需要擦除的填充区域或笔触段,可以快速将其擦除。如果只想擦除一部分笔触或填充区域,就需要通过拖动进行擦除。

2. 铅笔工具

【铅笔工具】的颜色、粗细、样式定义和【线条工具】一样,在它的附属选项里有三种模式,如图 7-64 所示。

伸直模式:在伸直模式下画的线条,它把线条转成接近形状的直线。

平滑模式:把线条转换成接近形状的平滑曲线。

墨水模式:不加修饰,完全保持鼠标轨迹的形状。

用三种模式所画的线条如图 7-65 所示。

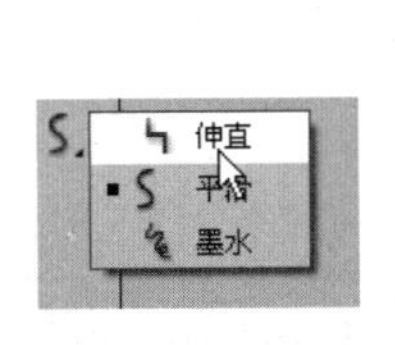

图 7-64　【铅笔工具】的三种模式

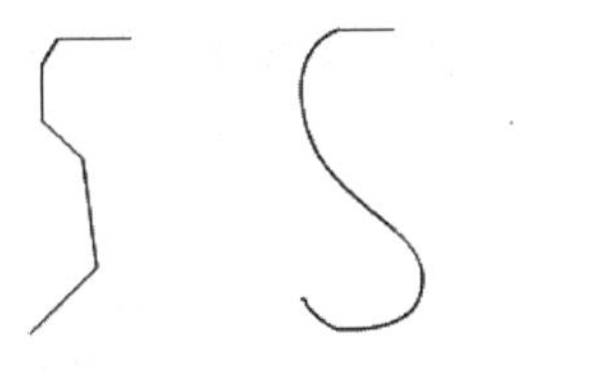

图 7-65　利用三种模式所画的线条

【铅笔工具】的使用很简单,虽有这三种模式,但是要用它直接绘画,需要看用户对鼠标的使用熟练度了。

3. 钢笔工具

使用钢笔工具与铅笔工具有很大的差别。使用铅笔工具绘制一条线要按下、拖曳,然后松开;而使用钢笔工具则是单击确定一个点,再按下就确定另外一个点,直到双击才停止画线。钢笔工具可以用来添加路径点帮助编辑路径,也可以删除路径点使路径变得平顺。不

过使用钢笔工具绘制的线是不能用铅笔工具来编辑的。

【钢笔工具】用于手动绘制路径，可以创建直线或曲线段，然后可以调整直线段的角度和长度以及曲线段的斜率，是一种比较灵活的形状创建工具。

选中【钢笔工具】，然后在舞台上单击鼠标，确定贝塞尔曲线上的节点位置，可以创建路径。路径由贝塞尔曲线构成，贝塞尔曲线是具有节点的曲线，通过节点上的控制手柄可以调整相邻两条曲线段的形状。

用【钢笔工具】绘制如图 7-66 所示：在右边一条线上，用【添加锚点工具】，添加一个锚点，并拖动该锚点(也可以使用【角点转换工具】，拖曳该锚点)，拉出节点上的控制手柄，调整曲线形状，如图 7-67 所示。

用【部分选取工具】，拖动控制柄，变形曲线，如图 7-68 所示。

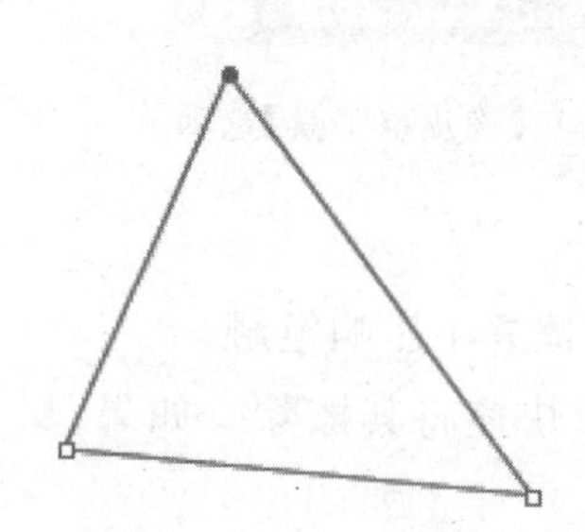

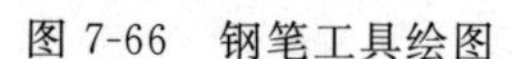

图 7-66　钢笔工具绘图

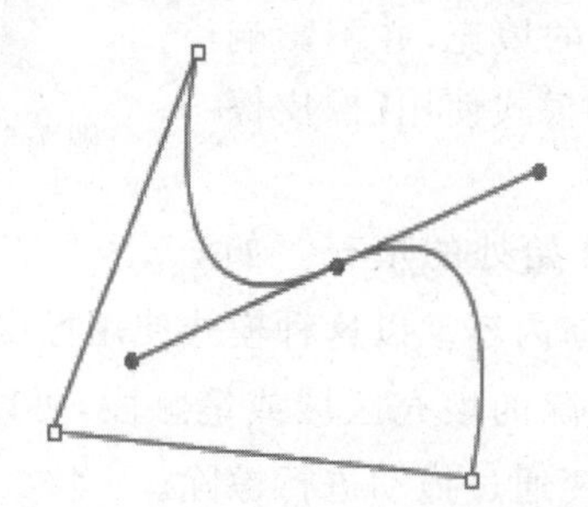

图 7-67　添加锚点拉出控制柄

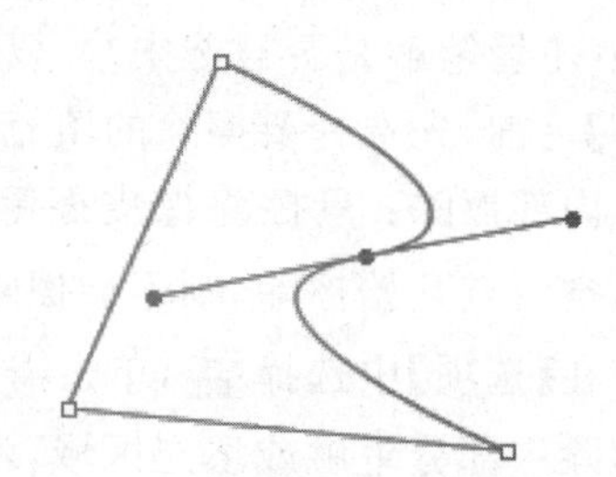

图 7-68　部分选取工具拖动控制柄

4. 综合示例——绘制药水瓶

(1) 新建一个文档，设置舞台大小为 400×200，保存文件名为“药水瓶.fla”。

(2) 插入一个图形元件，名称为“药水瓶”。

(3) 选择【椭圆工具】，设置笔触为【无】，填充颜色为灰色，按住 Shift 键绘制一个正圆作瓶身。

(4) 选择【矩形工具】绘制三个矩形作瓶口，如图 7-69 所示。

(5) 用【放大工具】放大图形，用【选择工具】改变形状，如图 7-70 和图 7-71 所示。调整好的形状如图 7-72 所示。

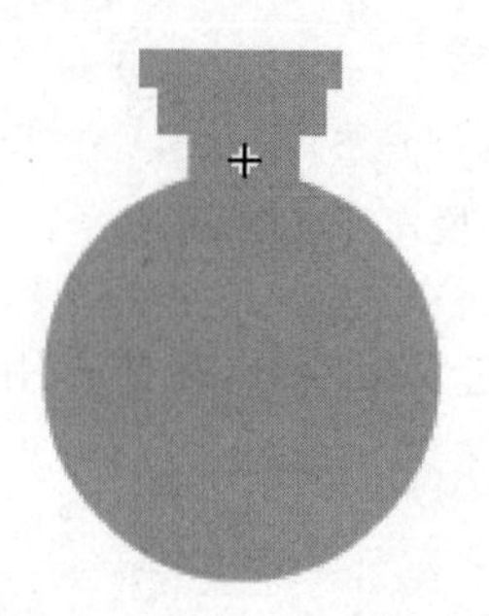

图 7-69　绘制的“药水瓶”外形

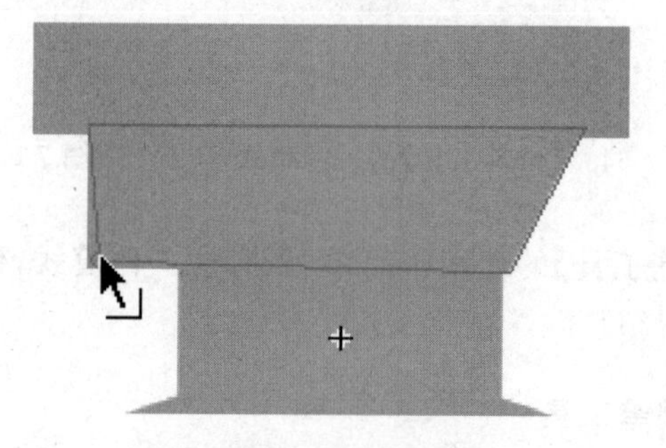

图 7-70　调整中间矩形

图 7-71 调整上面的矩形

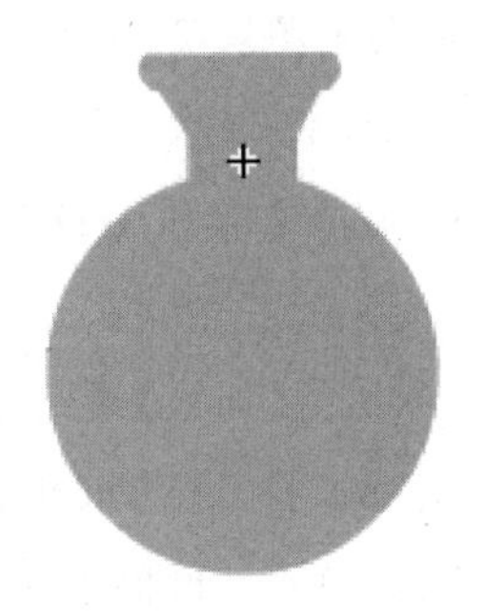

图 7-72 调整后的形状

(6) 选中图形所在第 1 帧(实现选择所有图形对象功能),按 Ctrl+B 组合键打散,让图形对象变成一个对象。选择【颜料桶工具】,打开颜色编辑器,设置颜色属性,如图 7-73 所示。对药水瓶进行渐变填充,如果效果不满意,可以用【渐变变形工具】对颜色进行变形,如图 7-74 所示。

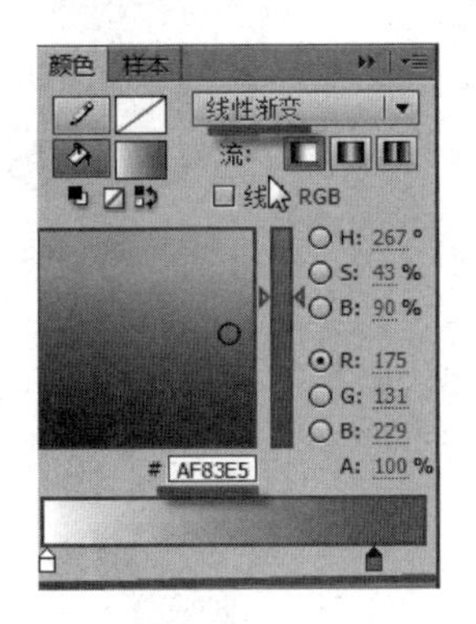

图 7-73 颜色属性

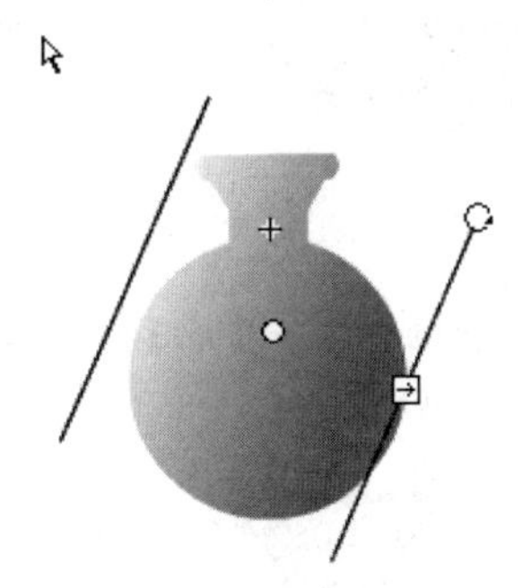

图 7-74 对颜色进行变形

(7) 选择【墨水瓶工具】设置笔触颜色为 #990033,粗细为 3px,对药水瓶进行描边,效果如图 7-75 所示。

(8) 新建图层 2,选择【椭圆工具】,设置笔触为【无】,填充颜色为线性渐变。颜色编辑器设置如图 7-75 所示。绘制一个正圆,用【渐变变形工具】变形渐变颜色。效果如图 7-76 所示。

图 7-75 新的渐变颜色

图 7-76 绘制一个正圆

(9) 选中图层 2 的第 1 帧,用【选择工具】在圆形上拖出一个矩形框,选择圆形的上半部分,按 Delete 键删除。效果如图 7-77 所示。

(10) 选择【椭圆工具】,设置笔触为【无】,填充为 #660099,绘制一个椭圆,如图 7-78 所示。

(11) 执行【插入】|【新建元件】命令,选择【椭圆工具】,设置笔触为【无】,填充为白色,绘制一个正圆。打开【药水瓶】元件,新建图层 3,拖入元件 1 一个实例,选中该实例,设置样式 alpha 值为 50%。再拖入一个元件 1 实例,变形该实例,设置样式 alpha 值为 30%。效果如图 7-79 所示。

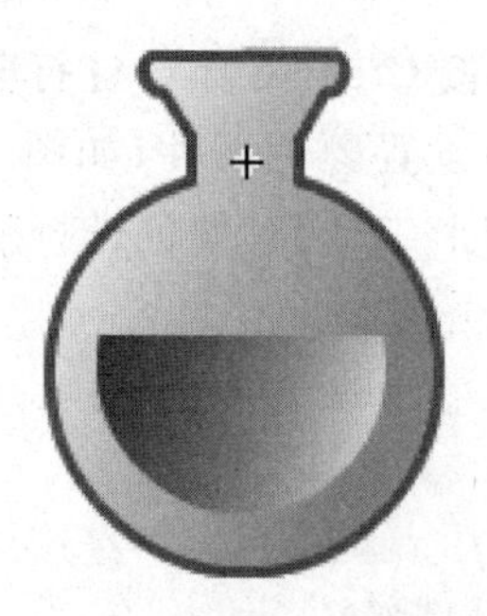

图 7-77 删除上半部分

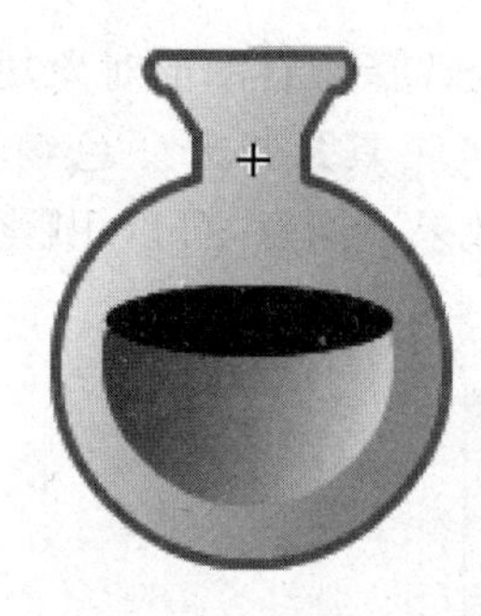

图 7-78 绘制上表面

图 7-79 绘制两个气泡

(12) 回到场景 1,打开【库】面板,拖入【药水瓶】实例,调整不同样式色调,就可以获得如图 7-80 所示的效果。

图 7-80 不同颜色实例

(13) 测试并保存文档。

思考与实践

1. 使用工具绘制如图 7-81 所示图形。

提示:利用矩形工具和颜色填充来绘制,注意 Alt 键的结合使用。

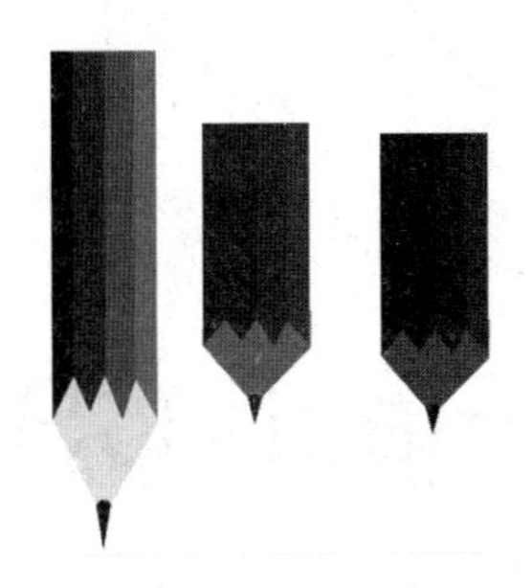

图 7-81　铅笔图形效果

2. 绘制小黄鸭。注意多种工具的配合使用，如图 7-82 所示。

图 7-82　小黄鸭

第8章 Flash CS6动画制作

Flash 是一个完美的制作动画的专业软件，使用它可以制作各种类型的动画，不仅可以制作简单的逐帧动画，还可以制作较复杂的补间动画、遮罩动画、引导层动画、骨骼动画等。

8.1 制作逐帧动画

逐帧动画技术利用人的视觉暂留原理，快速地播放连续的、具有细微差别的图像，使原来静止的图形运动起来。人眼所看到的图像大约可以暂存在视网膜上 1/16s，如果在暂存的影像消失之前观看另一张有细微差异的图像，并且后面的图片也在相同的极短时间间隔后出现，所看到的将是连续的动画效果。电影的拍摄和播放速度为每秒 24 帧画面，比视觉暂存的 1/16s 短，因此看到的是活动的画面，实际上只是一系列静止的图像。逐帧动画是一种常见的动画形式(Frame By Frame)，其原理是在“连续的关键帧”中分解动画动作，也就是在时间轴的每一帧上逐帧绘制不同的内容，使其连续播放而形成动画。

要创建逐帧动画，需要将每个帧都定义为关键帧，然后给每个帧创建不同的图像。每个新关键帧最初包含的内容和它前面的关键帧是一样的，因此可以递增地修改动画中的帧。制作逐帧动画的基本思想是把一系列相差甚微的图形或文字放置在一系列的关键帧中，动画的播放看起来就像一系列连续变化的动画。其最大的不足就是制作过程较为复杂，尤其是在制作大型的 Flash 动画的时候，它的制作效率是非常低的，在每一帧中都将旋转图形或文字，所以占用的空间会比制作渐变动画所耗费的空间大。但是，逐帧动画的每一帧都是独立的，它可以创建出许多依靠 Flash CS6 的渐变功能无法实现的动画，所以在许多优秀的动画设计中也用到了逐帧动画。

8.1.1 逐帧动画的创建

由于逐帧动画是一帧一帧地画，所以逐帧动画具有非常大的灵活性，几乎可以表现任何想表现的内容。它类似于电影的播放模式，很适合于表演细腻的动画。例如，人物或动物急剧转身、头发及衣服的飘动、走路、说话以及精致的 3D 效果等。

逐帧动画在时间帧上表现为连续出现的关键帧，如图 8-1 所示。

以下是创建逐帧动画的几种方法。

用导入的静态图片建立逐帧动画：用 jpg、png 等格式的静态图片连续导入到 Flash 中，就会建立一段逐帧动画。

绘制矢量逐帧动画：用鼠标或压感笔在场景中一帧帧地画出帧内容。

文字逐帧动画：用文字作帧中的元件，实现文字跳跃、旋转等特效。

指令逐帧动画：在【时间帧】面板上，逐帧写入动作脚本语句来完成元件的变化。

导入序列图像：可以导入 GIF 序列图像、SWF 动画文件产生的动画序列。

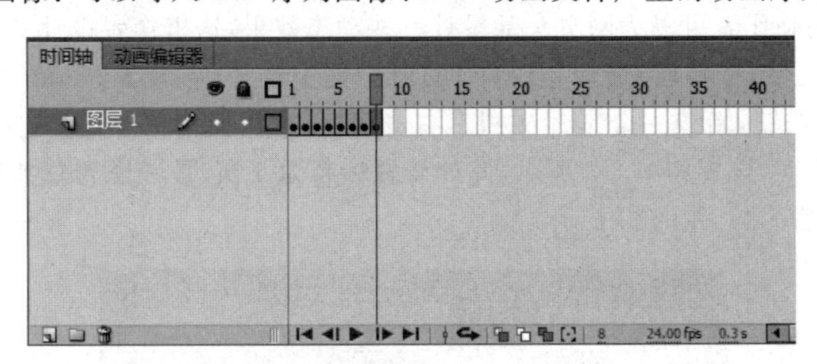

图 8-1 逐帧动画在时间轴上的表现

8.1.2 绘图纸

借助辅助工具可以使创建逐帧动画更加精细。绘图纸是一个帮助定位和编辑动画的辅助功能，这个功能对制作逐帧动画特别有用。通常情况下，Flash 在舞台中一次只能显示动画序列的单个帧。使用绘画纸功能后，就可以在舞台中一次查看两个或多个帧了，对于多帧的对齐非常有用。

如图 8-2 所示是使用【绘图纸】功能后的场景，可以看出，当前帧中内容用全彩色显示，其他帧内容以半透明显示时，它使我们看起来好像所有帧内容是画在一张半透明的绘图纸上，这些内容相互层叠在一起。当然，这时只能编辑当前帧的内容。

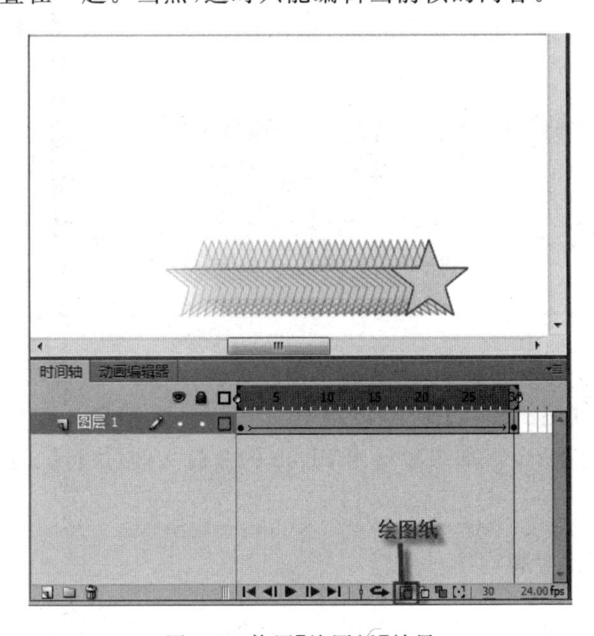

图 8-2 使用【绘图纸】效果

8.1.3 逐帧动画示例

1. 示例 1——奔跑的豹子

利用逐帧动画作者可以为网页头部设计一些动态效果，这里作者设计一个奔跑的豹子。

(1) 执行【文件】|【新建】命令，在弹出的对话框中选择【常规】| ActionScript 3.0 选项后，单击【确定】按钮，新建一个影片文档。右击舞台，在快捷菜单中选择【文档属性】，打开【文档属性】对话框，设置如图 8-3 所示，此处设置帧频为 6 帧，是考虑到总共只有 8 幅画面。保存文档，文件名为“奔跑的豹子. fla”。

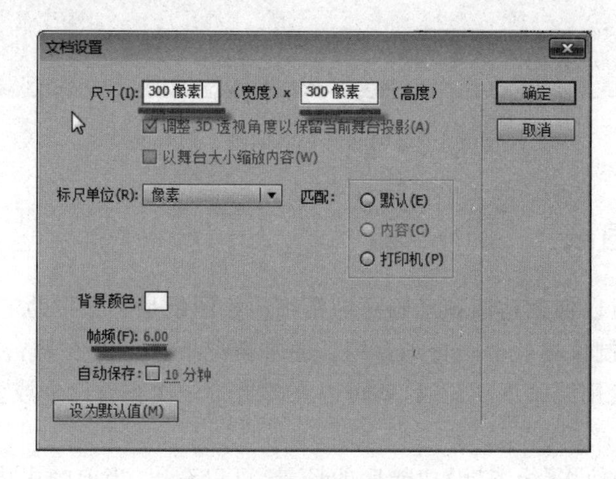

图 8-3 文档属性设置

(2) 打开【文件】|【导入】|【导入到舞台】，导入已经准备好的豹子. jpg 素材，由于准备好的素材文件名相同，只有后面的编号不同，会出现如图 8-4 所示的对话框，单击【是】按钮即可。

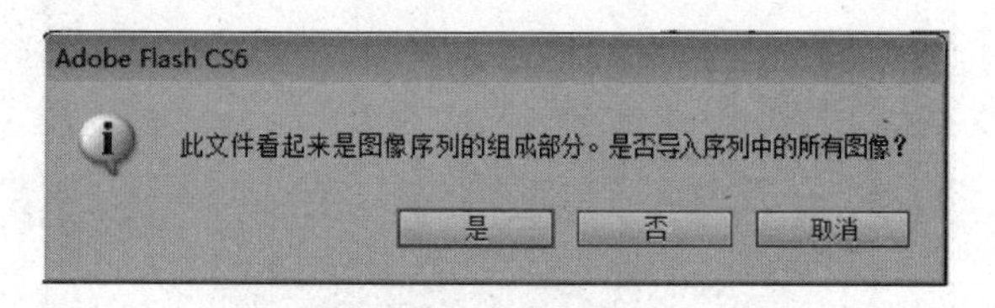

图 8-4 导入图片序列

(3) 出现如图 8-5 所示的效果，用鼠标单击各关键帧，观察舞台效果。

(4) 执行【控制】|【测试影片】命令(或按 Ctrl+Enter 组合键)，观察动画的效果，如果满意，执行【文件】|【保存】命令。如果要导出 Flash 的播放文件，执行【文件】|【导出】|【导出影片】命令。

2. 示例 2——倒计时牌

(1) 执行【文件】|【新建】命令，在弹出的对话框中选择【常规】| ActionScript 3.0 选项后，单击【确定】按钮，新建一个影片文档。保存文档，文件名为“倒计时牌. fla”。在文档【属

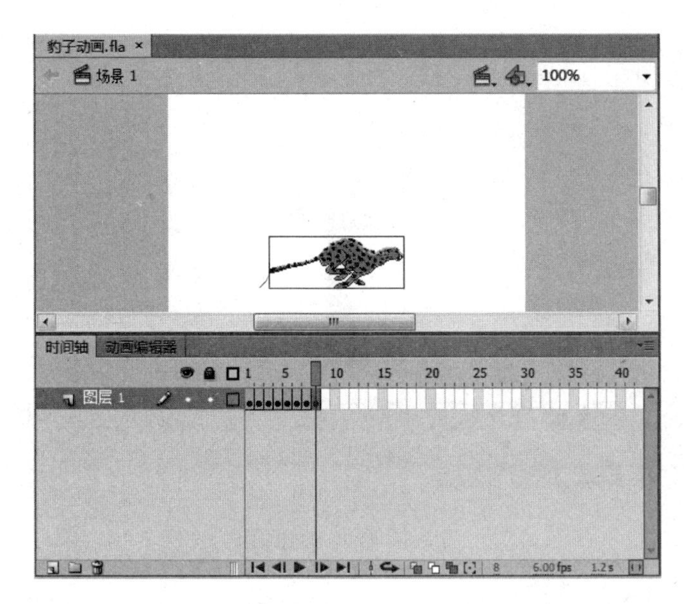

图 8-5 导入图片序列后的时间轴效果图

性】面板中设置文档属性，如图 8-6 所示。

图 8-6 影片文档属性

(2) 选择【文字工具】，设置文字工具的属性如图 8-7 所示，注意设置文字大小为 200，颜色为红色，添加滤镜为【模糊】、【投影】、【发光】，都采用默认值，在舞台中输入数字“3”。

(3) 右击第一帧，在快捷菜单中选择【复制帧】，单击【时间轴】上面第二帧，执行【粘贴帧】，得到一个格式和第一帧一样的帧，用【文字工具】修改文字内容为“2”。同样的方法，得到第三帧的内容“1”，如图 8-8 所示。

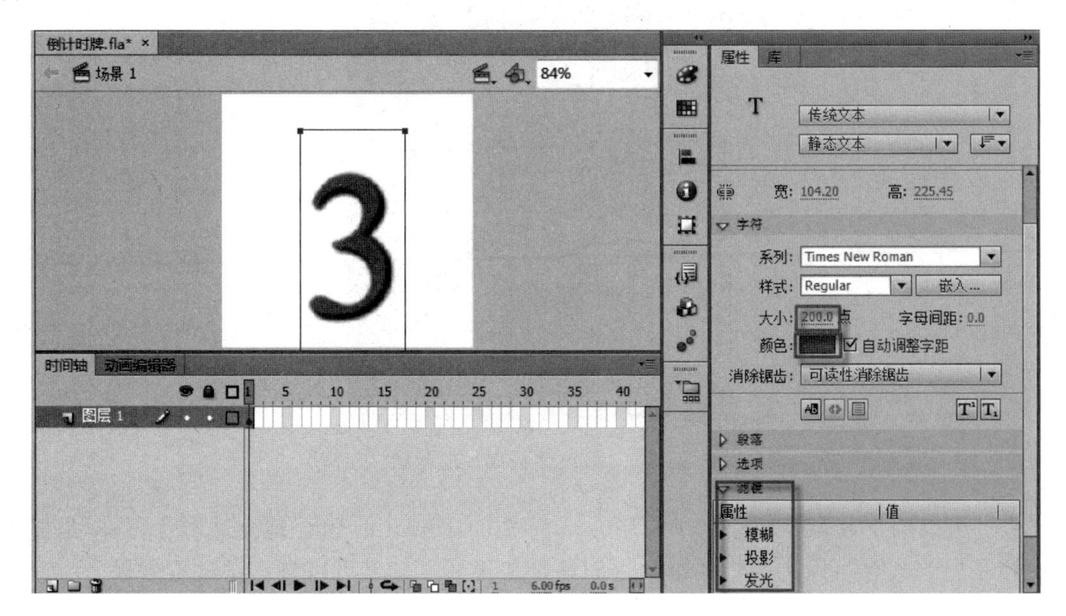

图 8-7 文字工具属性

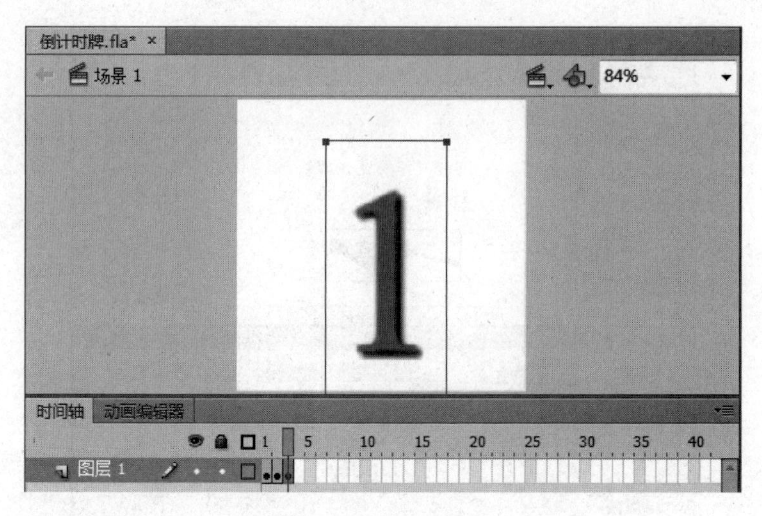

图 8-8　计时牌各画面

（4）执行【控制】|【播放】或者按 Ctrl＋Enter 组合键测试影片，发现速度太快，回到舞台上，用【选择工具】单击舞台旁边灰色区域，【属性】面板更换到文档属性，修改 FPS（帧频）为 1，如图 8-9 所示。再按 Ctrl＋Enter 组合键测试影片速度，如果发现速度还是比较快，如何操作呢？

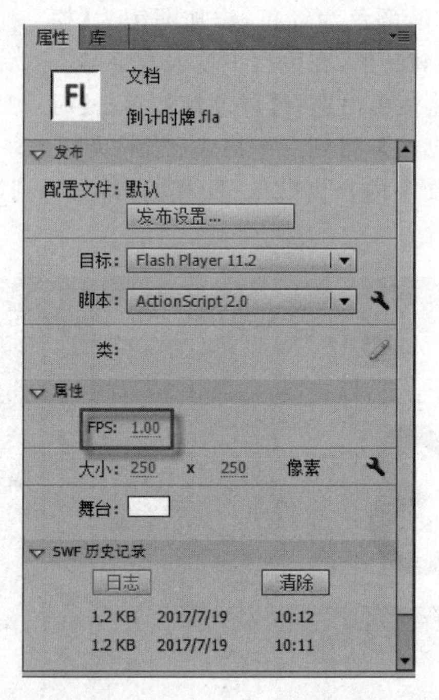

图 8-9　修改文档属性的帧频

（5）可以用小数，比如修改 FPS 为 0.5，再按 Ctrl＋Enter 组合键测试影片，是不是比刚才更慢了？当然也可以在两个关键帧之间增加普通帧。读者可以自己试试看效果。

8.2 制作形状补间动画

形状补间是使图形对象在一定时间内，慢慢由一种形态变为另一种形态(包括对象的位置、形状和颜色)。一般一次只渐变一个图形。

要注意的是，Flash 不能渐变元件、组、文本块和位图图片的形状，要对它们应用形状补间，必须先从主菜单中选择【修改】|【分离】命令(也可以按 Ctrl+B 组合键)分离它们成为图形填充，如果是文字，需要至少两次“打散”，被打散成图形形状的对象，被选中的时候是作为很多点构成，用户在使用的时候要注意观察。

8.2.1 形状补间动画的创建

1. 形状补间动画的概念

在 Flash 的【时间轴】面板上，在一个时间点(关键帧)绘制一个形状，然后在另一个时间点(关键帧)更改该形状或绘制另一个形状，Flash 根据二者之间帧的值或形状来创建的动画被称为“形状补间动画”。

2. 构成形状补间动画的元素

形状补间动画可以实现两个图形之间颜色、形状、大小、位置的相互变化，其变形的灵活性介于逐帧动画和动作补间动画二者之间，使用的元素多为用鼠标或压感笔绘制出的形状，如果使用图形元件、按钮、文字，则必须先执行【修改】|【分离】命令或按 Ctrl+B 组合键将其“打散”再变形。

3. 形状补间动画在【时间轴】面板上的表现

形状补间动画建好后，【时间帧】面板的背景色变为淡绿色，在起始帧和结束帧之间有一个长长的箭头，如图 8-10 所示。

4. 创建形状补间动画的方法

在【时间轴】面板上动画开始播放的地方创建或选择一个关键帧并设置要开始变形的形状，一般一帧中最好只放置一个对象，在动画结束处创建或选择一个关键帧并设置要变成的形状，再右击时间轴上中间任意一帧，在弹出的快捷菜单中选择【创建补间形状】选项，此时，时间轴上的变化如图 8-10 所示，一个形状补间动画就创建完毕。

5. 形状补间动画的属性设置

Flash 的【属性】面板随鼠标选定的对象不同而发生相应的变化。当作者建立了一个形状补间动画后，单击时间帧，【属性】面板如图 8-11 所示。

形状补间动画的【属性】面板上只有以下两个参数。

1)【缓动】选项

单击 0 后上下拉动滑杆或填入具体的数值，形状补间动画会随之发生相应的变化。

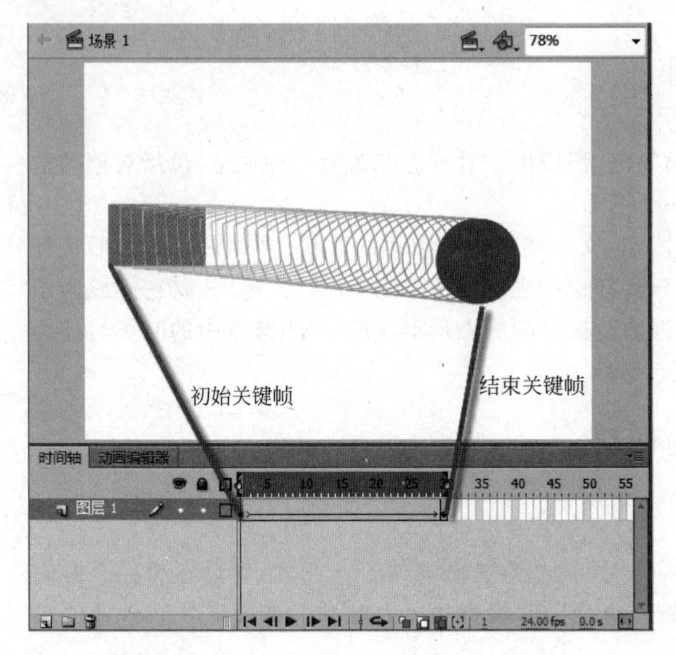

图 8-10 形状补间动画在时间轴上的表现

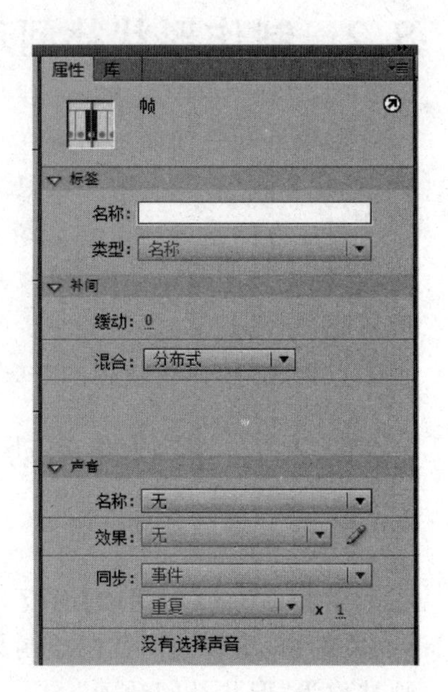

图 8-11 形状补间动画的属性设置

在 0～－100 的负值之间，动画运动的速度从慢到快，朝运动结束的方向加速度补间。在 0～100 的正值之间，动画运动的速度从快到慢，朝运动结束的方向减慢补间。默认情况下，补间帧之间的变化速率是不变的，即缓动为 0。

2)【混合】选项

【角形】选项：创建的动画中间形状会保留有明显的角和直线，适合于具有锐化转角和直线的混合形状。

【分布式】选项：创建的动画中间形状比较平滑且不规则。

8.2.2 形状补间动画示例——文字变国旗

(1) 新建文档，执行【文件】|【新建】，在弹出的对话框中选择【常规】| ActionScript 3.0 选项后，单击【确定】按钮，新建一个影片文档。这时的【属性】面板是设置文档属性的，设置文件为 600×400(像素)，背景颜色为白色，帧频为 24fps。

(2) 制作初始关键帧，选择【文字工具】，设置工具属性为大小 200，颜色红色，输入文字"中国"，用【对齐】面板设置【垂直居中】、【水平居中】。两次按 Ctrl＋B 组合键打散文字。在时间轴的 20 帧处插入关键帧(目的是保持该画面 20 帧的时长)。

(3) 制作结束关键帧，在第 80 帧处插入"空白关键帧"，绘制中华人民共和国国旗，选择【矩形工具】，设置笔触颜色为【无】，填充颜色为红色。绘制矩形，注意矩形长宽比约 3∶2，新建图形元件【五角星】，用【星形工具】，设置笔触颜色为【无】，填充颜色为黄色，绘制五角星。回到场景中，拖入 5 个五角星实例，分别进行缩放和旋转，如图 8-12 所示。选中该关键帧，按 Ctrl＋B 组合键打散。

(4) 创建形状补间，右击第 20 帧到第 80 帧之间的任意一帧，在快捷菜单中选择【创建补间形状】。

(5) 保持最后帧的画面,单击时间轴上的第100帧处,插入帧(或按F5键)(目的是保持最后一个画面20帧的时长)。

(6) 保存并导出文件,执行【控制】|【测试影片】|【测试】(或按Ctrl+Enter组合键),观察动画的效果,如果满意,执行【文件】|【保存】命令,将文件保存成"文字变国旗.fla"。如果要导出Flash的播放文件,执行【文件】|【导出】|【导出影片】命令。影片片段效果如图8-12所示。

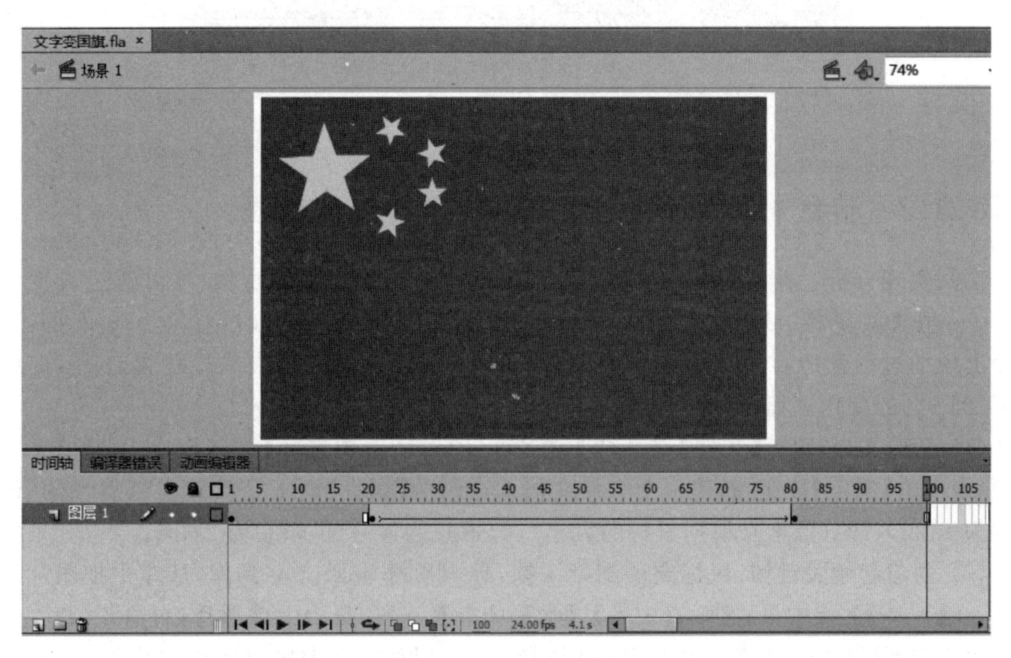

图 8-12 "文字变国旗"时间轴

8.3 制作传统补间动画

另一种补间动画被称为传统补间(Classic Tween),这是Flash动画中最重要的一个功能。形状补间操作的对象是图形形状;传统补间操作的对象是元件的实例(虽然图形组合也可以用来创建传统补间,但从不建议这样做)。

8.3.1 创建传统补间的方法

使用传统补间,不但使元件实例的位置可以变化,而且大小、颜色、透明度等属性也可以变化。

创建传统补间动画步骤如下。

(1) 创建起始关键帧,在一个图层中,创建起始空白关键帧,拖入一个元件实例。

(2) 创建结束关键帧,在结束帧位置插入一个关键帧,这同时会在该帧上复制一个元件的实例(一般是沿用的起始帧的元件实例,不再重新拖入新的元件实例)。在该关键帧中改变元件的大小、位置、颜色、透明度等。

(3) 右击起始帧和结束帧之间的任意帧，在快捷菜单中选择【创建传统补间】，在时间轴上出现如图8-13所示的黑色箭头，而背景颜色变为淡紫色。

从主菜单中选择【控制】|【播放】命令来测试效果，当时间轴上红色的播放指针向右移动时，舞台上的对象也在发生着变化。

图8-13 传统补间时间轴效果

8.3.2 传统补间动画示例——渐变的广告动画

动画实现分析：渐变出现即对象从无到有的一个逐步出现的过程，可以通过设置元件的alpha值来实现，当alpha值为0%时对象透明，alpha值为100%时，对象不透明，即出现。渐变出现的过程就是alpha值从0%到100%的变化过程，渐变消失的过程就是alpha值从100%到0%的变化过程，用两个传统补间实现。

(1) 新建文档，执行【文件】|【新建】，在弹出的对话框中选择【常规】|ActionScript 3.0选项后，单击【确定】按钮，新建一个影片文档。这时的【属性】面板是设置文档属性的，设置文件为1123×794(像素)(根据素材的大小)，背景颜色为白色，帧频为24fps。

(2) 创建起始关键帧，鼠标定位到第1帧，导入素材hex1.jpg到库，从库中把图片拖入舞台，在【对齐】面板中设置【垂直中齐】、【水平中齐】。选中舞台上该图片，右击该图片，在快捷菜单中选择【转换为元件】，在打开的【转换为元件】对话框中修改元件名称为"hex1"，类型为【图形】，确定。单击舞台上该元件实例，在【属性】面板中设置【色彩效果】中alpha值为0%，设置该元件实例为透明。

(3) 创建结束关键帧，在第30帧处按F6键插入一个关键帧。单击舞台上该元件实例，在【属性】面板中设置【色彩效果】中alpha值为100%，设置该元件实例为不透明。

(4) 创建传统补间动画，右击第1至第30帧之间的任意一帧，在快捷菜单中选择【创建传统补间】。

(5) 制作渐变消失的结束关键帧。在第60帧处插入关键帧，在【属性】面板中设置【色彩效果】中alpha值为0%，设置该元件实例为透明。

(6) 修改图层名字为hex1，如图8-14所示。

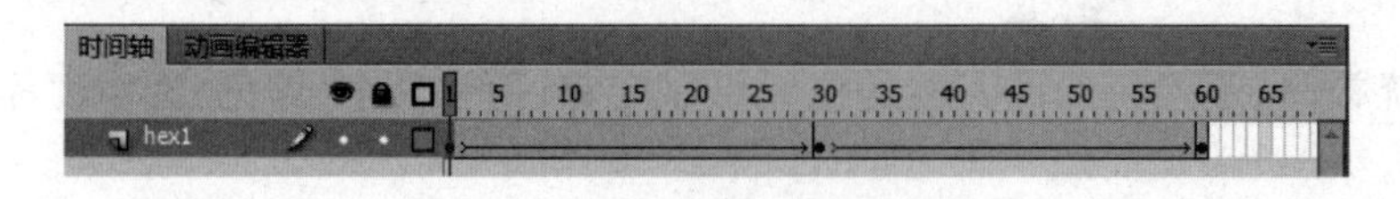

图8-14 图层hex1效果

(7) 同样的方法制作第二张图片的渐变出现和渐变消失动画。新建hex2图层，导入hex2.jpg，制作hex2图形元件。起始关键帧在第60帧，目的是在第1张图片动画结束后开始第 2 张图片动画。

(8) 第 3 张图片和第 4 张图片的动画效果制作方式和上面的方法一样。最后时间轴效果如图 8-15 所示。

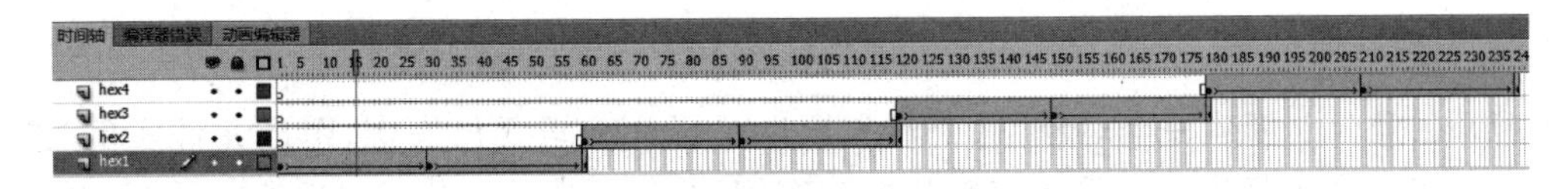

图 8-15 时间轴效果

(9) 保存并导出文件，执行【控制】|【测试影片】|【测试】(或按 Ctrl+Enter 组合键)，观察动画的效果，如果满意，执行【文件】|【保存】命令，将文件保存成“广告.fla”。如果要导出 Flash 的播放文件，执行【文件】|【导出】|【导出影片】命令。动画片段如图 8-16 所示。

图 8-16 广告动画片段效果

8.4 制作补间动画

补间动画是 Flash CS6 中的一种动画类型，是从 Flash CS4 开始引入的。相对于以前版本中的补间动画，这种补间动画类型具有功能强大且操作简单的特点，用户可以对动画中的补间进行最大程度的控制。

Flash CS6 中的“补间动画”动画模型是基于对象的，是将动画中的补间直接应用到对象，而不是像传统补间动画那样应用到关键帧，所以也被称为对象补间。Flash 能够自动记录运动路径并生成相关的属性关键帧。

能够应用对象补间的元素包括影片剪辑元件实例、图形元件实例、按钮元件实例以及文本框实例。如果所选择的对象不是元件，则 Flash 会给出提示对话框，提示将其转换为元件。只有转换为元件后，该对象才能创建补间动画。

对象补间总是有一个运动路径，这个路径就是一条曲线，使用贝塞尔手柄可以轻松更改运动路径。

8.4.1 制作补间动画

1. 创建补间动画

(1) 在舞台上创建一个对象,这个对象可以是影片剪辑元件实例、图形元件实例、按钮元件实例以及文本框实例。选中该影片剪辑实例,右击所选的对象或对象所在的当前帧,在弹出的快捷菜单中选择【创建动画补间】命令,就可以看到时间轴被延长了,帧的背景颜色是淡蓝色,这时播放头停在最末的那一帧,如果补间对象仅驻留在时间轴的第 1 帧,则补间范围的长度自动等于 1s 的持续时间。例如,默认帧频是 24fps,则补间范围包含 24 帧(即最末一帧为第 24 帧);如果帧频不足 5fps,则补间范围强制为 5 帧,如图 8-17 所示。

(2) 移动播放头在任意一个帧,改变在这个帧上对象的属性,可以是位置、色调、透明度、亮度等,这个改变将在该帧创建一个属性关键帧,如果是位置发生变化,同时可以发现舞台上出现一个路径线条,线条上有很多节点.每个节点对应一个帧,如图 8-18 所示。注意新建的这个关键帧不是普通的关键帧,而是“属性关键帧”。注意属性关键帧和普通关键帧的不同,属性关键帧在补间范围中显示为小菱形。但对象补间的第 1 帧始终是普通关键帧,它仍显示为圆点。注意,属性关键帧与其他补间动画不同,该关键帧仅仅是一个符号,它表示在该关键帧上“对象的属性”有了变化。

图 8-17 补间动画

图 8-18 路径线条

由于在最末的那一帧改变了对象的 X 和 Y 这两个位置属性,因此在该帧中为 X 和 Y 添加了属性关键帧。

现在已经创建了一个补间动画,按 Enter 键可以播放动画查看效果。注意该时间轴与传统补间动画时间轴不同,帧背景颜色稍深,并且没有箭头。

路径线条显示的是从补间范围的第 1 帧中的位置到新位置的路径,这也与传统补间动画不同。对于路径线条,可以像修改线条那样使用【选择工具】修改路径,将直线路径变形成弧线路径,如图 8-19 所示;也可以使用【部分选择工具】像用贝塞尔手柄那样修改弧线路径(单击一个端点就会出现贝塞尔手柄),如图 8-20 所示。

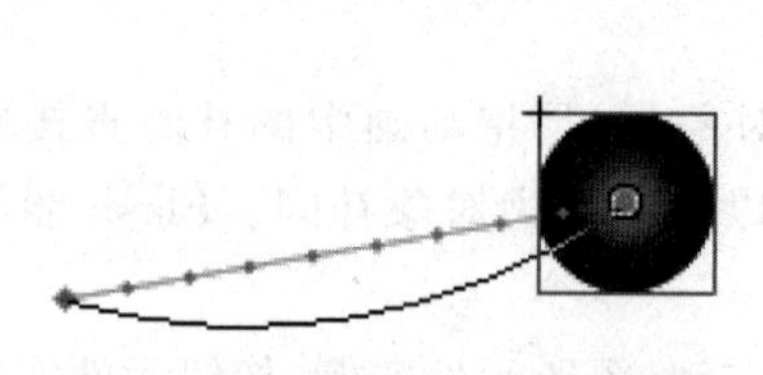

图 8-19 使用选择工具修改路径

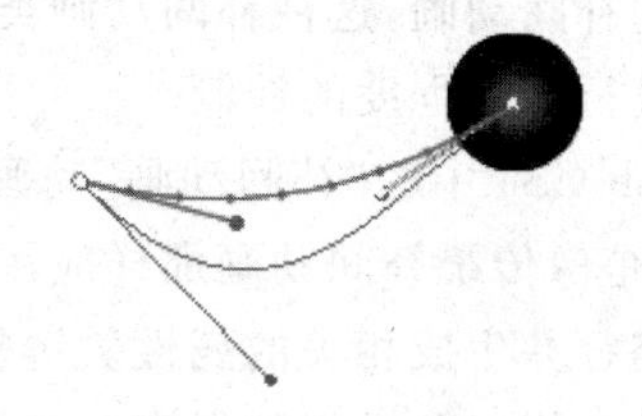

图 8-20 使用部分选择工具修改路径

如果在补间范围内改变其中任意一个帧上对象的属性,那么在该帧上就创建了一个新的属性关键帧。如图 8-21 所示,在第 10 帧改变了目标对象的色调,从而创建一个属性关键帧。

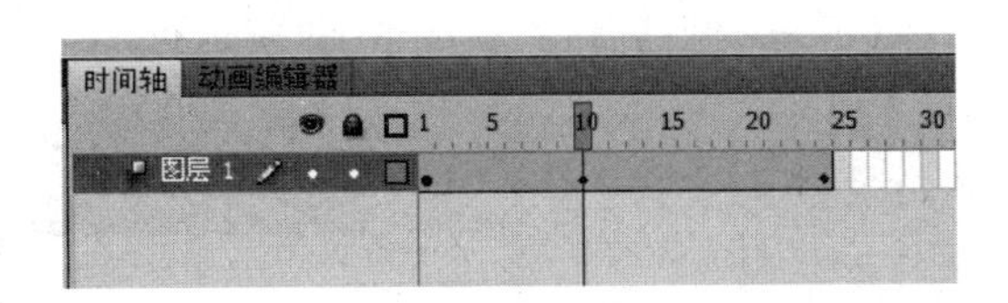

图 8-21 创建新的属性关键帧

2. 处理补间动画范围

补间图层中，两个属性关键帧之间的帧被称为补间范围，它是对象补间的最小构造块。补间动画范围简单明了、井然有序，却能创建精致的动画，这一点超越了传统补间方法的功能。

(1) 为了延长动画的持续时间，可以将范围的左侧边缘或右侧边缘拖动到期望的帧上。根据新的范围长度，Flash 会自动在该范围内插入所有的关键帧。要在范围中添加帧，而不插入现有的关键帧，只需在拖动范围边缘的同时按下 Shift 键，如图 8-22 所示。

(2) 在用鼠标拖动希望选择的帧的同时按下 Ctrl 键，可以在动画范围中选择一定范围内的帧，如图 8-23 所示。

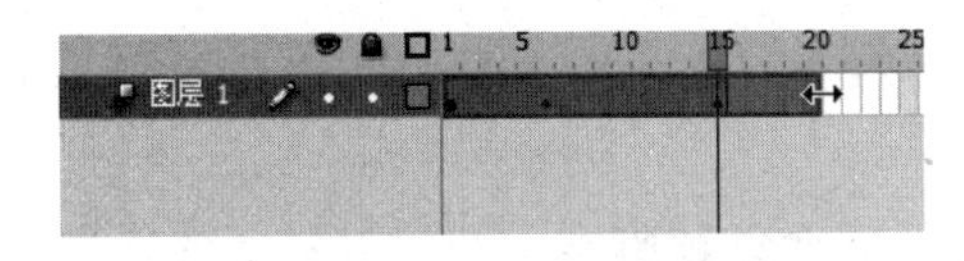

图 8-22 延长补间动画范围

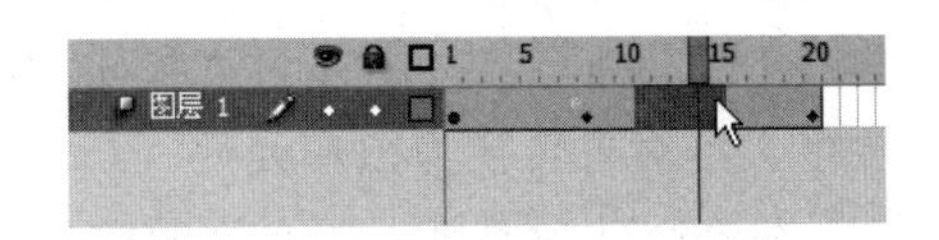

图 8-23 选择多帧

(3) 为了在时间轴上移动某个范围，可以在它上面单击选择，然后单击并将它拖到该图层的一个新位置，如图 8-24 所示。

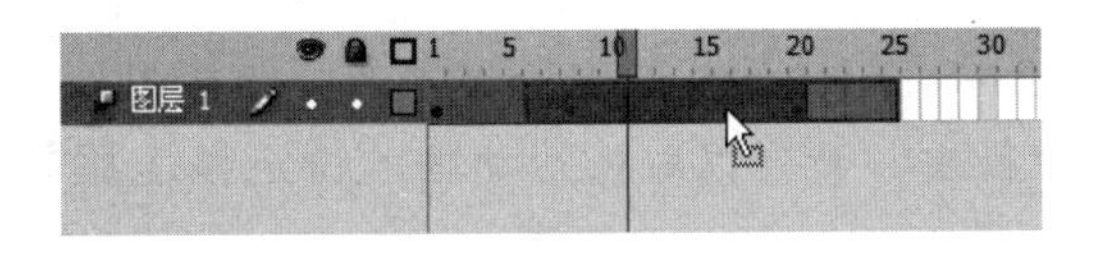

图 8-24 移动帧

(4) 为了选择动画范围中的某一帧或某个关键帧，按 Ctrl 键，然后单击该帧或关键帧。为了选择动画范围内的一组帧，可在按 Ctrl 键的同时，用鼠标拖动这些帧和希望选中的图层。一旦选中，可将选中内容拖到新的帧中，或在拖动到新帧时，在按 Alt 键的同时单击以复制。对于跨图层和其他动画范围复制动画，这种方式很方便。如果拖动一个动画范围，将它覆盖在一个已有的范围上，那么两个范围共有的帧会被移动至该位置的动画范围"覆盖掉"，如图 8-25 所示。

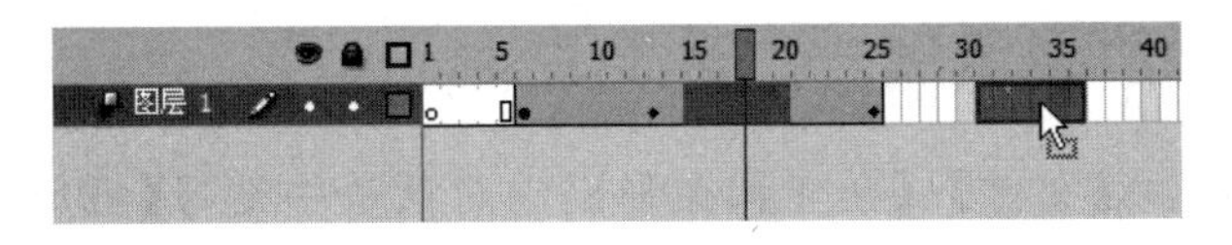

图 8-25 复制帧

(5) 为将补间范围分成两个独立的范围，按下 Ctrl 键的同时单击该范围中的某一帧，然后在弹出的范围菜单中选择【拆分动画】命令，如图 8-26 所示。

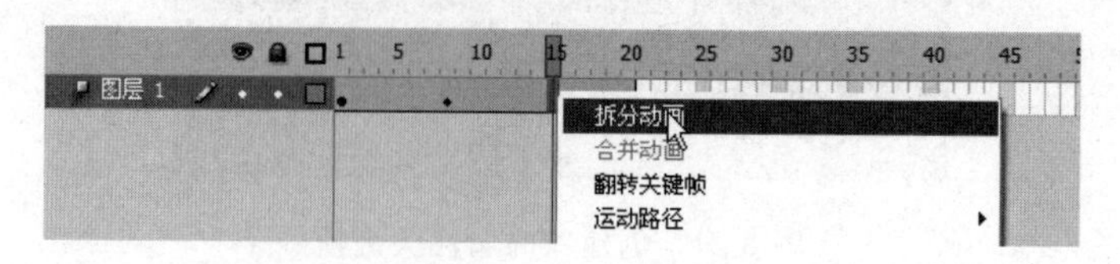

图 8-26　拆分动画

8.4.2 补间动画和传统补间之间的差异

(1) 传统补间使用关键帧，关键帧是其中显示对象的新实例的帧。补间动画只能具有一个与之关联的对象实例，并使用属性关键帧而不是关键帧。

(2) 补间动画在整个补间范围上由一个目标对象组成。传统补间是在两个关键帧之间进行补间，其中包含相同或不同元件的实例。

(3) 补间动画和传统补间都只允许对特定类型的对象进行补间。在创建补间动画时，会对不能够进行动画制作的对象类型转换为影片剪辑。而在创建传统补间动画时，会将它们转换为图形元件。

(4) 补间动画会将文本视为可补间的类型，而不会将文本对象转换为影片剪辑。传统补间会将文本对象转换为图形元件。

(5) 在补间动画范围上不允许帧脚本。传统补间允许帧脚本。补间目标上的任何对象脚本都无法在补间动画范围的过程中更改。

(6) 可以在时间轴中对补间动画范围进行拉伸和调整大小，并将它们视为单个对象。传统补间包括时间轴中可分别选择的帧的组。要选择补间动画范围中的单个帧，就要在按住 Ctrl 键的同时单击该帧。

(7) 对于传统补间，缓动可应用于补间内关键帧之间的帧组。对于补间动画，缓动可应用于补间动画范围的整个长度。若要仅对补间动画的特定帧应用缓动，则需要创建自定义缓动曲线。

(8) 利用传统补间，可以在两种不同的色彩效果(如色调和 Alpha 透明度)之间创建动画。补间动画可以对每个补间应用一种色彩效果。

(9) 只可以使用补间动画来为 3D 对象创建动画效果。无法使用传统补间为 3D 对象创建动画效果。

(10) 只有补间动画可以另存为动画预设。

(11) 在同一图层中可以有多个传统补间或补间动画，但在同一图层中不能同时出现两种补间类型。

8.4.3 补间动画示例——珍爱生命

(1) 新建文档，执行【文件】|【新建】，在弹出的对话框中选择【常规】|ActionScript 3.0 选项后，单击【确定】按钮，新建一个影片文档。背景颜色为白色，帧频为 24fps。将文件保存

成“珍爱生命.fla”。

(2) 制作背景图。将当前层命名为“背景”,单击第1帧,选择【矩形工具】,设置对应属性为【笔触颜色】为【无】,【填充颜色】为绿色到墨绿色的径向渐变。在舞台上绘制和舞台一样大的矩形,如果填充颜色不满意,可以用【颜料桶工具】重新进行填充。在第130帧处按F5键,锁定该图层。

(3) 制作【烟】图层。新建一个图层,命名为“烟”。选择【文件】|【导入】|【导入到舞台】,选择“烟.png”图片导入到舞台,用【选择工具】拖放到合适的地方。在第130帧处按F5键,锁定该图层。

(4) 制作文字“珍爱”效果。新建图层,命名为“珍爱”。选择【文字工具】设置【字符】属性,如图8-27所示,字体为【华文行楷】,大小为40点,颜色为白色。在舞台上输入文字“珍爱”。用【选择工具】把舞台上的文字“珍爱”拖到舞台外面右侧。效果如图8-28所示。右击【珍爱】图层的第一帧,选择【创建补间动画】,【珍爱】图层时间轴上出现蓝色背景。把播放头定位到第20帧处,把“珍爱”文字拖入舞台中(为了保证是水平拖放,按住Shift键),用【选择工具】单击“珍爱”文字,拖文字中间变形中心(那个小圆圈)到文字左下角,把播放头定位到第21帧处,用【任意变形工具】移到文字上方,当光标出现⇆形状,变形文字对象为倾斜。再把播放头定位到第30帧处,用该方法把文字对象变形到原来直立的状态。锁定该图层。

图8-27 文字属性

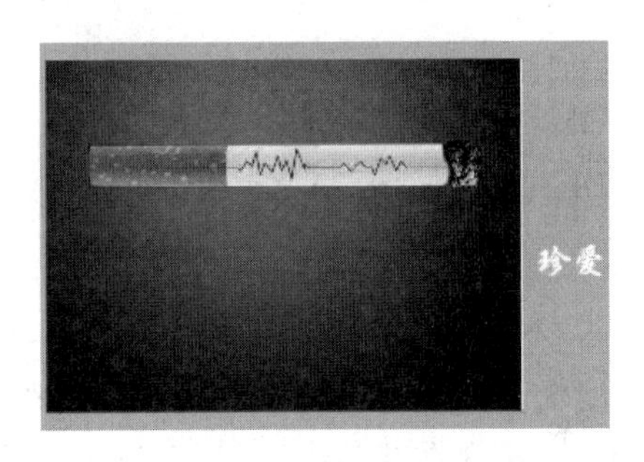

图8-28 放入“珍爱”文字

(5) 制作文字“生命”效果。新建图层,命名为“生命”,在第40帧处插入关键帧,选择【文字工具】,设置字符属性,大小为60点,颜色为黄色,字体为【华文楷体】。在【生命】图层的第40帧创建文字对象“生命”。用【选择工具】把该文字对象拖到舞台外上方。右击该图层第40帧,选择快捷菜单中【创建补间动画】,把播放头定位到第60帧处,用【选择工具】拖文字对象“生命”到烟的图片上方,在第80帧处,拖文字对象上移一点儿(创建20帧的停顿现象),把播放头定位到第100帧处,把文字对象拖到“珍爱”对象的后面,与之水平对齐。

(6) 制作文字“拒绝烟草”效果。新建图层,命名为“拒绝烟草”,在第100帧处插入关键帧,选择【文字工具】,设置字符属性,大小为40点,颜色为白色,字体为【华文行楷】。在【拒绝烟草】图层的第100帧创建文字对象“拒绝烟草”。用【选择工具】把该文字对象拖到舞台外右侧。右击【拒绝烟草】图层的第100帧,在快捷菜单中选择【创建补间动画】。把播放头定位到第110帧处,用【选择工具】把文字对象拖放到舞台上合适的地方。最后的时间轴效果如图8-29所示。

(7) 保存并导出文件,执行【控制】|【测试影片】|【测试】(或按Ctrl+Enter组合键),观察动画的效果,如果满意,执行【文件】|【保存】命令。如果要导出Flash的播放文件,执行

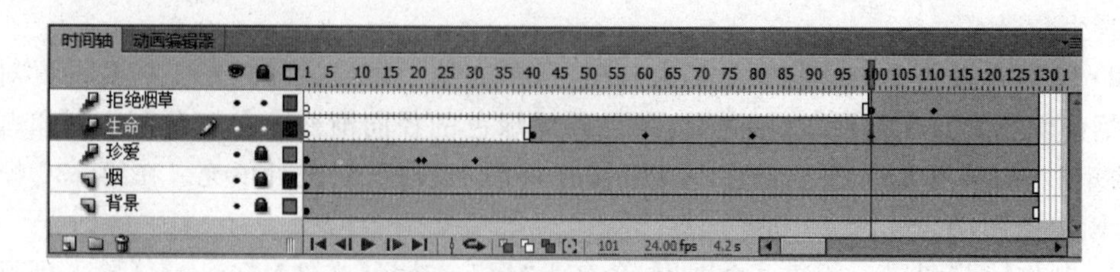

图 8-29　时间轴效果

【文件】|【导出】|【导出影片】命令。动画效果片段如图 8-30 所示。

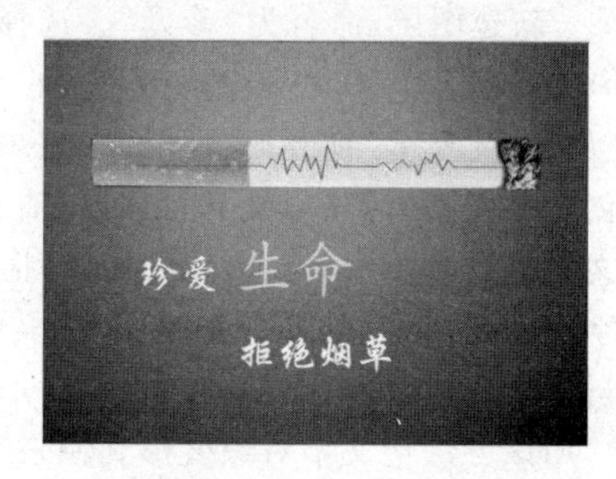

图 8-30　动画片段

8.5　制作路径动画

Flash CS6 中传统补间和形状补间都可以使两个图形对象在两点之间的直线上实现渐变,但有时需要一些复杂的动画效果,有很多运动是弧线或不规则的,如飘落的竹叶、鱼儿在大海里遨游、蝴蝶在花丛中飞舞等,这就需要用到一个引导线来指引对象运动,这就是沿路径运动的传统补间。

沿路径运动的补间动画只适用于传统补间,也就是说只适用于元件实例、组和文本块。在创建沿路径运动的传统补间时,需要用到一个名为引导层的层,在引导层可以绘制一个路径来设置渐变动画的实例、组和文本块,使它们沿着绘制的路径运动。在设置和创建引导层时,可以使多层传统补间与运动引导层连接以使这些层上的多个对象沿同一路径运动,也可以为每层分别建立一个引导层。建立引导层后,与运动引导层连接的常规层变为被引导层。

8.5.1　创建沿路径运动的传统补间

1. 创建引导层和被引导层

一个最基本的引导路径动画由两个图层组成,上面一层是引导层,它的图层图标为,下面一层是被引导层,图标同普通图层一样。

右击普通层,执行【添加传统运动引导层】命令,该层的上面就会添加一个引导层,同时该普通层缩进成为被引导层,如图 8-31 所示。

2. 引导层和被引导层中的对象

引导层是用来指示元件运行路径的，所以引导层中的内容可以是用钢笔、铅笔、线条、椭圆工具、矩形工具或画笔工具等绘制出的线段。

而被引导层中的对象是跟着引导线走的，可以使用元件实例、组和文本块，但不能应用形状。

由于引导线是一种运动轨迹，不难想象，被引导层中最常用的动画形式是动作补间动画，当播放动画时，一个或多个元件将沿着引导路径移动。

3. 向被引导层中添加元件

“沿路径运动的传统补间动画”最基本的操作就是使一个被引导对象附着在引导线上。所以操作时应特别注意引导线的两端，被引导的对象起始、终点的两个“中心点”一定要对准引导线的两个端头，如图 8-32 所示。

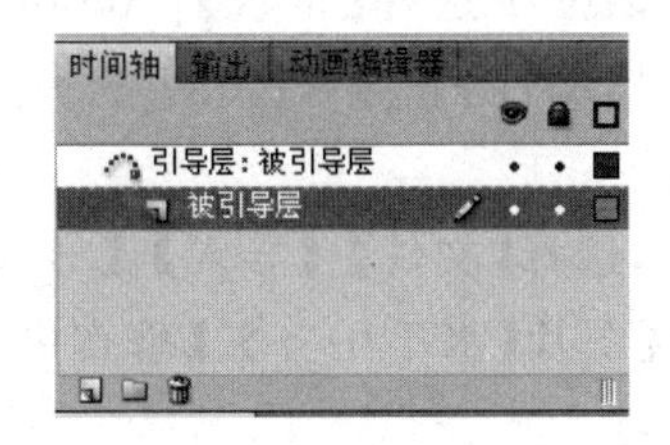

图 8-31 引导层与被引导层图示

图 8-32 被引导对象附着在引导线上

注意：在图 8-32 中，【元件】中心的十字型正好对着线段的端头，这一点非常重要，是沿路径运动的传统补间动画顺利运行的前提。

8.5.2 应用沿路径运动的传统补间动画的技巧

(1) 被引导层中的对象在被引导运动时，还可做更细致的设置，比如运动方向，在【属性】面板上勾选【调整到路径】复选框，对象的基线就会调整到运动路径。而如果勾选【贴紧】复选框，元件的中心点就会与运动路径对齐，如图 8-33 所示。

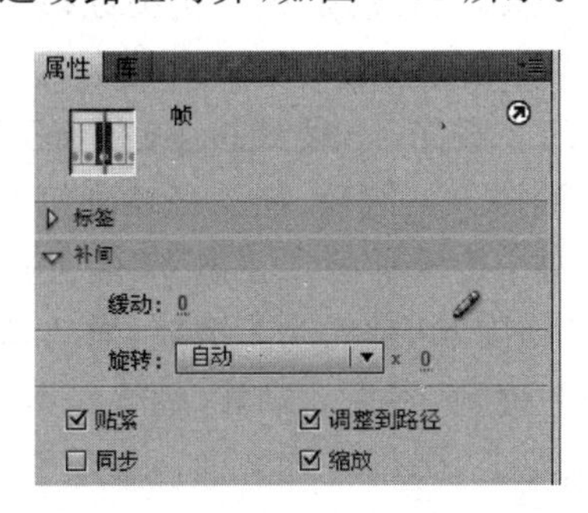

图 8-33 沿路径运动的传统补间动画属性设置

(2) 过于陡峭的引导线可能使引导动画失败，而平滑圆润的线段有利于引导动画成功制作。

(3) 被引导对象的中心对齐场景中的“十字”也有助于引导动画的成功。

(4) 向被引导层中放入元件时,在动画开始和结束的关键帧上,一定要让元件的中心点对准引导线的开始和结束的端点,否则无法引导。如果元件为不规则形,可以单击工具栏上的【任意变形工具】按钮,调整中心点。

(5) 如果想解除引导,可以把被引导层拖离引导层,或在图层区的引导层上单击右键,在弹出的菜单上勾掉【引导层】。

(6) 如果想让对象作圆周运动,可以在【引导层】画一个圆形线条,再用橡皮擦去一小段,使圆形线段出现两个端点,再把对象的起始和终点分别对准端点即可。

(7) 引导线允许重叠,比如螺旋状引导线,但在重叠处的线段必须保持圆润,让 Flash 能辨认出线段走向,否则会使引导失败。

8.5.3 路径动画制作示例——蝴蝶飞舞

(1) 新建文档,执行【文件】|【新建】,在弹出的对话框中选择【常规】| ActionScript 3.0 选项后,单击【确定】按钮,新建一个影片文档,设置文档属性,帧频 FPS 为 6,大小为 660×474。将文件保存成“蝴蝶飞舞.fla”。

(2) 制作背景图片图层。命名图层名字为“鲜花”,选择【文件】|【导入】|【导入到舞台】,导入“鲜花 2.jpg”图片到舞台上,利用【对齐】面板设置图片【水平中齐】、【垂直中齐】。在第 110 帧处按 F5 键插入帧。

(3) 制作被引导层。新建一个图层,命名为“蝴蝶”,选择【文件】|【导入】|【导入到库】,选择“蝴蝶.gif”,在【库】面板中可以看到新生成了一个影片剪辑元件“元件 1”。在【蝴蝶】图层的第 1 帧,拖入元件 1。

(4) 制作引导层。新建一个图层,命名为“路径”。用铅笔绘制蝴蝶需要飞舞的路径。注意:起点和终点可以接近重叠在一朵花上面,要经过需要停留的花朵。

(5) 完成引导。右击【路径】图层,在快捷菜单中勾选【引导层】,图层图标变为,拖动【蝴蝶】图层到【路径】图层下面,【路径】图层图标变为。用【选择工具】拖【蝴蝶】图层中第 1 帧到【路径】的起始点(蝴蝶的中心圆圈要套在引导路径的上)。在第 100 帧处按 F6 键插入关键帧(先在第 100 帧处插关键帧的目的是让终止关键帧和起始关键帧在同一个位置)。在第 20 帧处按 F6 键插入关键帧,拖动蝴蝶到第 2 朵花上(注意,蝴蝶的中心圆圈要套在引导线路径曲线上),制作传统补间。在第 40 帧处按 F6 键插入关键帧,不拖动蝴蝶(蝴蝶停留 20 帧)。在第 60 帧处按 F6 键插入关键帧,拖动蝴蝶到第 3 朵花上(注意,蝴蝶的中心圆圈要套在引导线路径曲线上),制作传统补间。在第 65 帧处按 F6 键插入关键帧,不拖动蝴蝶(蝴蝶停留 5 帧)。在第 70 帧处按 F6 键插入关键帧,拖动蝴蝶到第 4 朵花上,制作传统补间。在第 80 帧处按 F6 键插入关键帧,不拖动蝴蝶(蝴蝶停留 10 帧)。在第 90 帧处按 F6 键插入关键帧,拖动蝴蝶到第 5 朵花上,制作传统补间。在第 90~100 帧上制作传统补间(不作停留)。

(6) 保存并导出文件,执行【控制】|【测试影片】|【测试】(或按 Ctrl+Enter 组合键),观察动画的效果,如果满意,执行【文件】|【保存】命令。在测试中发现蝴蝶扇动翅膀的速度太慢,打开【库】面板,双击元件 1,在打开的元件 1 的时间轴上把各关键帧之间的普通帧删除。

再测试，刚才的翅膀扇动速度的问题就解决了。还有一个问题，蝴蝶在飞舞的过程中，始终都朝向上方，不符合自然现象，可以在各关键帧中用【任意变形工具】旋转调整蝴蝶的朝向，使头部朝向飞行的方向。

如果要导出 Flash 的播放文件，执行【文件】|【导出】|【导出影片】命令。最后影片画面如图 8-34 所示。

图 8-34 影片第一帧

8.6 制作遮罩动画

遮罩动画是 Flash 中一个很重要的动画类型，很多效果丰富的动画都是通过遮罩动画来完成：放大镜、波光粼粼、探照灯、蝴蝶飞舞、火焰背景文字、卷轴动画、百叶窗等。

制作遮罩动画至少需要两个图层，即遮罩层和被遮罩层。在时间轴上，位于上层的图层是遮罩层，这个遮罩层中的对象就像一个窗口一样，透过窗口可以看到位于其下方的被遮罩层中的区域。而任何窗口之外的区域都是不透明的，被遮罩层在此区域中的图像将不可见。

8.6.1 创建遮罩动画

对于探照灯效果、风景字效果和其他复合变换效果，可以通过创建一个遮罩层来实现，在这一层可以设置各种形状的“窗口”，比如文字形状的“窗口”、五角星形状的“窗口”、花型的“窗口”等。只有在这些“窗口”处才能显示下一层相应部分的内容，可以将多层共同置于遮罩层下作为被遮罩层，从而产生复杂的效果，还可以使用除路径补间动画以外的任何动画使遮罩层移动，这就是遮罩。

要创建一个遮罩层，必须放置一个填充形状，也就是作者前面提到的“窗口”，如果不在遮罩层上放置颜色填充对象，就好比没有“窗口”，那么与它连接层的所有对象都将看不到。

一个文本位于一幅图片上，两者分别处于两个图层。图 8-35 为正常情况下图形叠加的效果，图 8-36 使用了遮罩。可以看到，文字产生了一个“窗口”，遮罩仅使“窗口”下的图形可见。

图 8-35 正常叠加

图 8-36 使用了遮罩

遮罩的创建过程如下。

(1) 新建一个文档,从主菜单中选择【文件】|【导入】|【导入到舞台】命令,在弹出的【导入】对话框中选择一个图片“鲜花.jpg”,单击【确定】按钮就可以将该图片导入到舞台上,调整图片到合适位置。

(2) 在【时间轴】面板中单击【新建图层】按钮新建一个层,保持该层在图片所在层的上边。在工具箱中选择【文本工具】,在舞台上输入文字。可以输入任意多的文字,因为是使用遮罩,所以最好选择“粗壮”的字体和较大的字号,并且保证文字与图片有交合部分。注意,遮罩效果与遮罩层中字体的颜色或者填充图形的颜色无关,而是与遮罩层中文字或图形的形状以及被遮罩层的样式或颜色有关。记得文字要打散,因为遮罩层只能使用形状。

(3) 在文字所在图层的层图标上右击,在弹出的快捷菜单中选择【遮罩层】命令,如图 8-37 所示,这样就会将当前层转换成遮罩层,而紧挨其下的层同时被转换成被遮罩层,这时的时间轴如图 8-38 所示。一个遮罩效果就完成了,效果如图 8-36 所示。

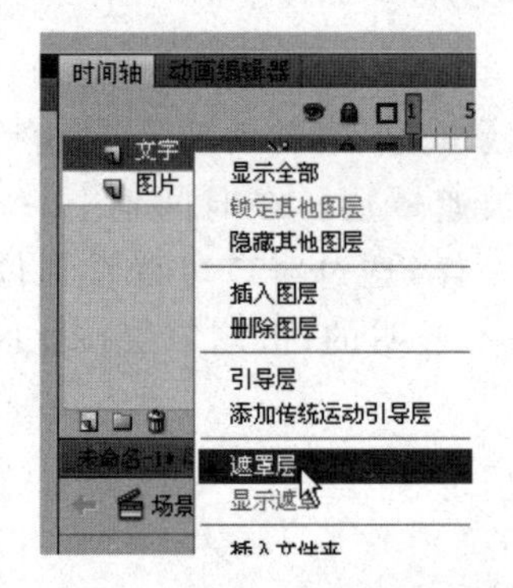

图 8-37 普通图层转换为遮罩层

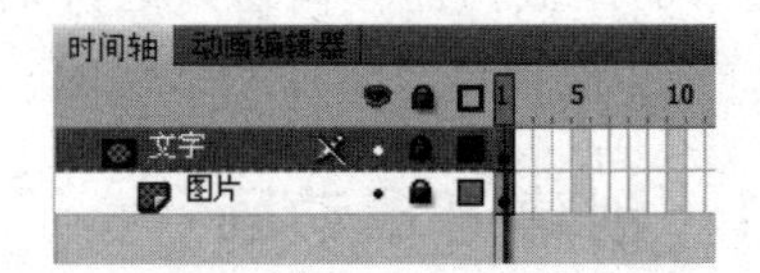

图 8-38 遮罩效果时间轴

在 Flash 中没有一个专门的按钮来创建遮罩层,遮罩层其实是由普通图层转化的。只要在某个图层上单击右键,在弹出的快捷菜单中选择【遮罩层】命令,使命令的左边出现一个小勾,该图层就会生成遮罩层,【层图标】就会从普通层图标变为遮罩层图标,系统会自动把遮罩层下面的一层关联为【被遮罩层】,在缩进的同时图标变为,如果想关联更多层被遮罩,只要把这些层拖到被遮罩层下面就行了。

原理和创建方法非常简单,关键是如何灵活使用遮罩,再与 Flash 其他的功能和动画结合起来,创建令人惊异的效果。

8.6.2 遮罩动画制作示例

1. 示例1——探照灯效果的制作

(1) 新建文档，执行【文件】|【新建】，在弹出的对话框中选择【常规】|ActionScript 3.0 选项后，单击【确定】按钮，新建一个影片文档。背景颜色为深蓝色(#000033)，帧频为24fps。将文件保存成“探照灯.fla”。

(2) 制作暗夜中的文字。修改图层名字为“深色文字”，选择【文字工具】，设置文字属性为：大小60点，颜色深蓝色(#000066)，字体为【华文行楷】。在舞台上输入文字“加强锻炼增强体质”。用【选择工具】选定文字，在【对齐】面板中设置【垂直中齐】、【水平中齐】。在第100帧处按F5键插入帧。

(3) 制作亮色文字。复制“深色文字”修改图层名字为“亮色文字”，选定该层第1帧，用【文字工具】选定文字内容，修改文字【属性】面板上的颜色为黄色。在第100帧处按F5键插入帧。

(4) 制作遮罩层。新建一个图层，修改层名字为“探照灯”，选择【椭圆工具】，设置笔触为【无】，按住Shift键，在最左边一个字上拖出一个正圆，大小是能盖住一个字。在第100帧处按F6键插入关键帧。在第50帧处按F6键插入关键帧，用【选择工具】拖动“圆”到最右边文字上(为了保证是在水平线上移动，可以按住Shift键)。右击第1~50帧上任意一帧，选择【创建补间形状】，右击第50~100帧上任意一帧，选择【创建补间形状】。

(5) 制作遮罩，右击【探照灯】图层，在快捷菜单中勾选【遮罩层】。时间轴效果如图8-39所示。

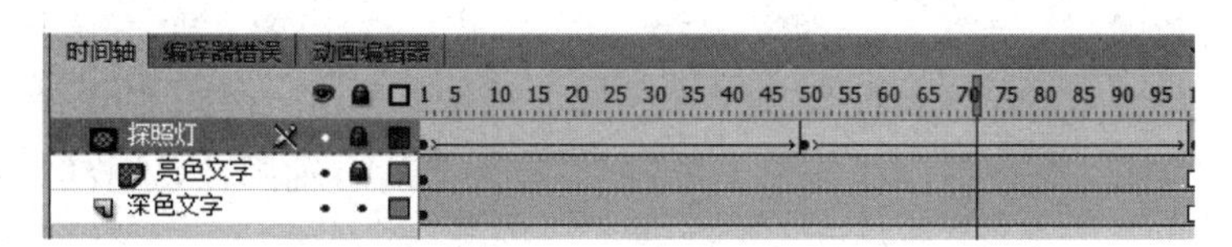

图8-39 时间轴效果

(6) 保存并导出文件，执行【控制】|【测试影片】|【测试】(或按Ctrl+Enter组合键)，观察动画的效果，如果满意，执行【文件】|【保存】命令。如果要导出Flash的播放文件，执行【文件】|【导出】|【导出影片】命令。影片片段如图8-40所示。

图8-40 影片片段

2. 示例2——卷轴画的制作

(1) 新建文档，执行【文件】|【新建】，在弹出的对话框中选择【常规】| ActionScript 3.0 选项后，单击【确定】按钮，新建一个影片文档。大小为700×400，帧频为24fps。将文件保存成“卷轴画.fla”。

(2) 制作背景图层。选中第一帧，导入图片“乐山大佛(带轴).jpg”到舞台，用【对齐】面板设置【垂直中齐】、【水平中齐】。在第100帧处按F5键插入帧。

(3) 制作被展示的图层。新建一个图层，命名为“大佛”，选中第一帧，导入图片“乐山大佛.jpg”，拖动图片，与背景图层中的图片对齐。在第100帧处按F5键插入帧。

(4) 制作遮罩层。新建一个图层，命名为“遮罩”，选择【矩形工具】，设置笔触为【无】，选中第一帧，在舞台中心绘制一个同舞台一样高的矩形，用【选择工具】选定矩形，在【对齐】面板中设置【垂直中齐】、【水平中齐】。在第100帧处按F6键插入关键帧。用【任意变形工具】，按住Alt键，对称拖宽矩形，覆盖整个舞台。右击第1～100帧之间的任意帧，选择【创建补间形状】。

(5) 制作左轴图层。新建一个图层，命名为“左轴”。选中第一帧，导入图片“左轴.jpg”到舞台。先拖动图片，与背景图层中的左轴重合，再按住Shift键水平拖动图片到矩形左边，图片右侧与矩形左侧对齐，用【选择工具】单击舞台上的左轴图片，选择【转换为元件】，给元件命名为“左轴”。在第95帧处按F6键插入关键帧(思考，为什么是在第95帧处)，拖动图片元件到左侧，与背景图层中的左轴对齐。右击第1～95帧中的任意一帧，选择【创建传统补间】。

(6) 制作右轴图层。新建一个图层，命名为“右轴”。选中第一帧，导入图片“右轴.jpg”到舞台。先拖动图片，与背景图层中的右轴重合，再按住Shift键水平拖动图片到矩形右边，图片左侧与矩形右侧对齐，用【选择工具】单击舞台上的右轴图片，选择【转换为元件】，给元件命名为“右轴”。在第95帧处按F6键插入关键帧，拖动图片元件到右侧，与背景图层中的右轴对齐。右击第1～95帧中的任意一帧，选择【创建传统补间】。

(7) 实现遮罩。右击【遮罩】图层，勾选菜单中的【遮罩层】。删除背景图层(思考背景图层的作用)。

(8) 保存并导出文件，执行【控制】|【测试影片】|【测试】(或按Ctrl+Enter组合键)，观察动画的效果，如果满意，执行【文件】|【保存】命令。如果要导出Flash的播放文件，执行【文件】|【导出】|【导出影片】命令。时间轴效果如图8-41所示。动画片段如图8-42所示。

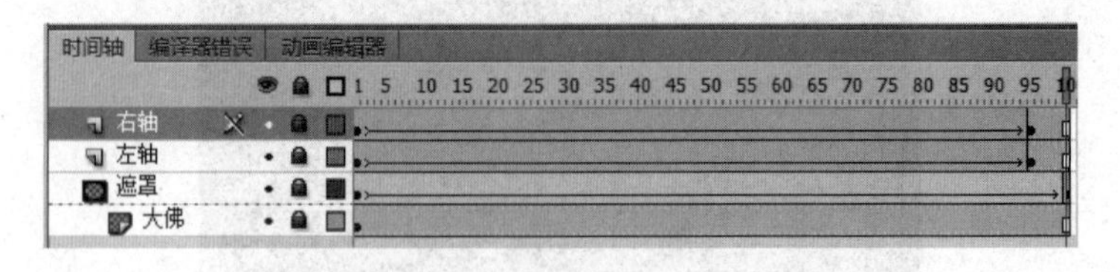

图8-41 时间轴效果图

图 8-42 影片片段

8.7 为 Flash 动画添加声音

多媒体动画的美妙之处就在于它有效地融合了图文声像，在 Flash 中多媒体的应用是制作动画的一个重要环节，恰到好处地加入声音和视频，使动画作品更具感染力和生动性。

本节介绍怎样使用 Flash CS6 强大的多媒体创作能力为 Flash 影片添加音频。

在 Flash 中提供了许多使用声音的途径，可以使声音独立于【时间轴】面板之外连续播放，也可使音轨中的声音与动画同步，使它在动画播放的过程中淡入或淡出。为按钮加入声音，则可以使它产生更富于表现力的效果。

Flash 中使用的基本声音有两种，即事件声音（Event Sounds）和声音流（Stream Sounds）。前者在播放之前必须被完全下载，在播放时除非有命令使它停止，否则将持续播放；而后者只要下载了前几帧的声音数据即可开始播放，且与【时间轴】面板同步。

采样率和压缩比对输出影片声音的质量和所占的存储空间影响极大，这可在【声音属性】对话框或者【发布设置】对话框中进行控制。

8.7.1 导入声音

要在 Flash 中使用声音，必须先把声音导入到 Flash CS6 创作软件中，从主菜单中选择【文件】|【导入】命令。Flash 可直接导入的声音格式有 WAV、MP3、AIFF 和 AU 4 种，其中，WAV 和 MP3 应用最多。正如导入其他文件类型一样，Flash 把声音元件也存放在库中。

下面的范例把“Windows 电话播入.wav”导入到 Flash 中，步骤如下。

(1) 从主菜单中选择【文件】|【导入】|【导入到舞台】命令，弹出【导入】对话框。

(2) 在该对话框中，选择“C:\WINDOWS\Media\Windows 电话播入.wav”，而后单击【打开】按钮，如图 8-43 所示。

(3) 打开【库】面板，可以看到刚才导入的声音出现在【库】面板中，如图 8-44 所示。

这样就把一个声音元件导入到 Flash CS6 中了。

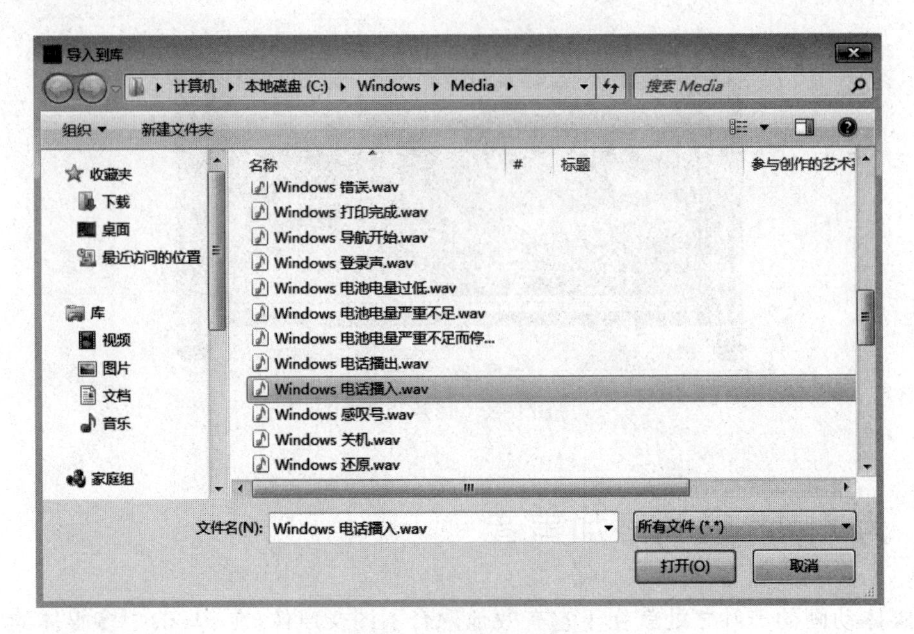

图 8-43 导入音频

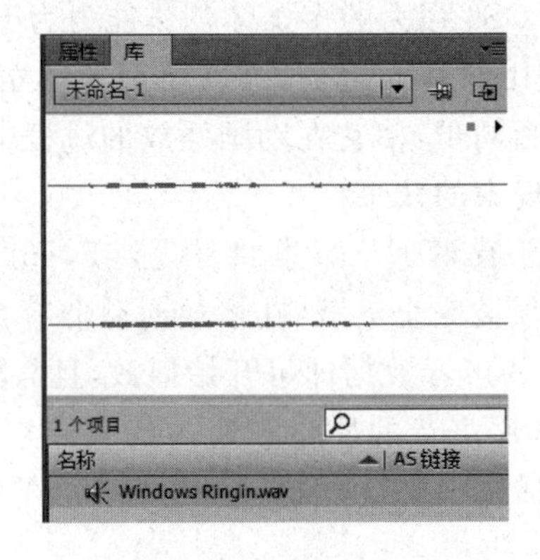

图 8-44 【库】面板中的声音

8.7.2 添加声音到影片帧中

像其他元件一样,一个声音元件可在影片中的不同地方使用。

要向影片中添加声音,先将声音导入影片。如果已经导入声音,就可以把声音添加到影片中了,步骤如下。

(1) 在【时间轴】面板中单击【插入图层】按钮,为存放声音创建一个新层。在创建新层时,同时把该层的第 1 帧设置成了关键帧。

(2) 选中第 1 帧,从【库】面板中把“Windows 电话播入. wav”声音元件直接拖到舞台上,Flash 将按默认的设置把声音置于当前帧,可以看到该帧中间出现了一个蓝色声波形状(如果声波开始位置形状为直线型,则将在该帧中间显示为一个蓝色直线),如图 8-45 所示。

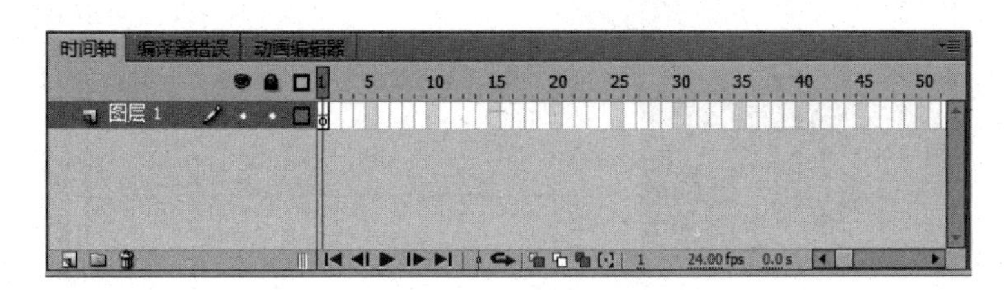

图 8-45 声音在时间轴上

8.7.3 查看声波

可以把声音放在任意多的层上，每一层相当于一个独立的声道，在播放影片时，所有层上的声音都将播放。

有时在一些范例中，能从时间轴上看到完整的声音过程很有用。通过双击声音图层图标，在弹出的【图层属性】对话框中设置【图层高度】选项的值为 300%，表示设置声音层的高度到 300%，如图 8-46 所示。

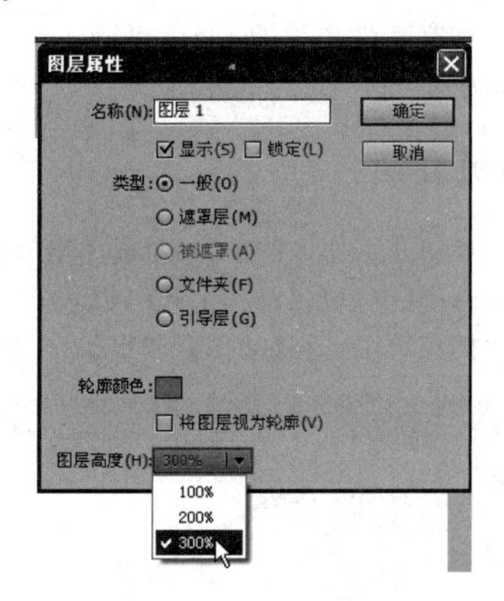

图 8-46 【图层属性】对话框

然后单击【时间轴】面板右上角的按钮，在弹出的功能菜单中选择【预览】命令，就会看到如图 8-47 所示的波形。

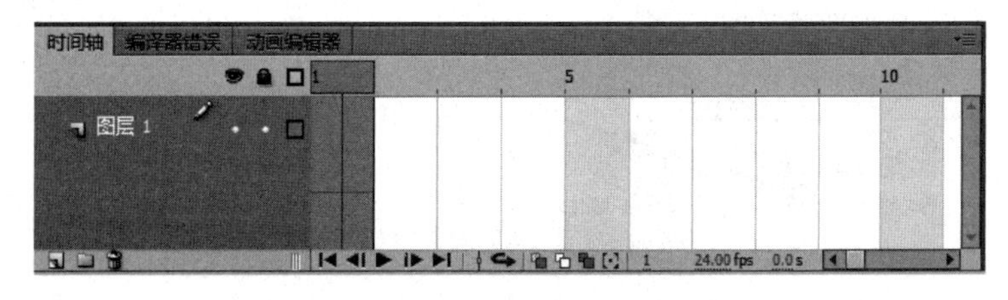

图 8-47 查看声音波形

选中第 1 帧，持续按 F5 键建立帧，直到声音波形完全显示，如图 8-48 所示。

并且要注意，使用单帧存放声音和把声音波形展开这两种方式是不同的。在测试状态

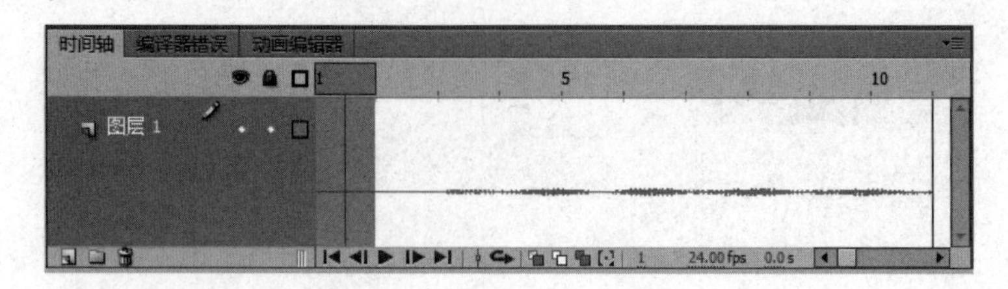

图 8-48　完全显示声音波形

下（确保选择主菜单中的【控制】|【循环播放】命令），后者不停地循环播放，而前者只播放一次即停止了。这表明前者使声音独立于时间轴之外播放，后者从理论上说也是独立于时间轴之外播放，但是使用该方法也可使音轨中的声音与动画同步。

8.8 制作交互式动画

本节将介绍 Flash 的一项非常强大的功能——动作脚本，它是一种类似 JavaScript 的脚本语言，用于实现更为复杂和交互性更强的 Flash 动画。本节学习它的一些最常用的命令，以 ActionScript 2.0 脚本为例。

8.8.1 【动作】面板介绍

默认情况下，【动作】面板显示在工作区的下方，只需单击就可以展开面板。如果工作区中没有显示【动作】面板，可以选择【窗口】|【动作】命令，或按 F9 键调出【动作】面板，也可以右击关键帧或元件对象，在快捷菜单中选择【动作】，调出【动作】面板，如图 8-49 所示。

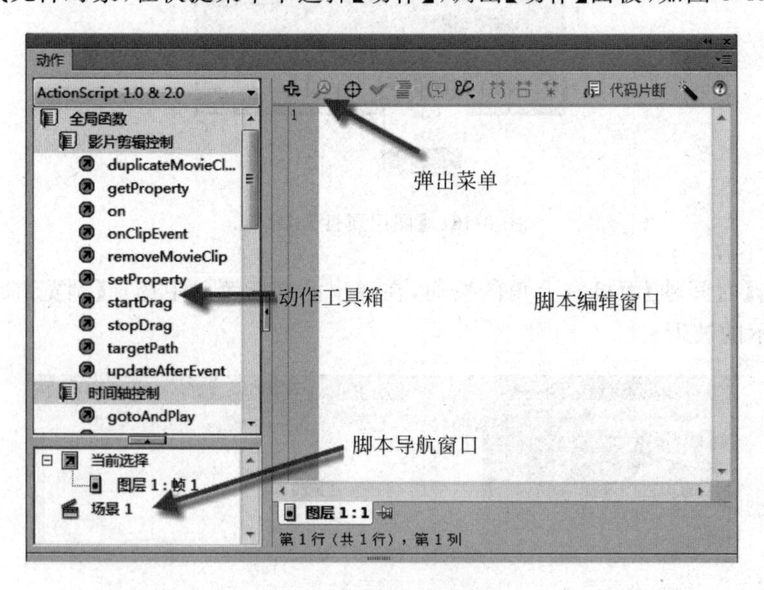

图 8-49　【动作】面板

可以看到【动作】面板的编辑环境由左右两部分组成。左侧部分又分为上下两个窗口。左侧的上方是一个【动作】工具箱，单击前面的图标展开每一个条目，可以显示出对应条目下的动作脚本语句元素，双击选中的语句即可将其添加到编辑窗口。

下方是一个脚本导航器，里面列出了 FLA 文件中具有关联动作脚本的帧位置和对象；单击脚本导航器中的某一项目，与该项目相关联的脚本则会出现在【脚本】窗口中，并且场景上的播放头也将移到时间轴上的相应位置。双击脚本导航器中的某一项，则该脚本会被固定。

右侧部分是脚本编辑窗口，这是添加代码的区域。可以直接在【脚本】窗口中编辑动作、输入动作参数或删除动作。也可以双击【动作】工具箱中的某一项或脚本编辑窗口上方的【添加脚本】工具，向【脚本】窗口添加动作。

在 Flash 中添加动作脚本可以分为两种方式，一是为“帧”添加动作脚本，二是向“对象”添加动作脚本。

“帧”动作脚本是指在时间轴的“关键帧”上添加的动作脚本。

“对象”动作脚本是指在“按钮”元件和“影片剪辑”元件的实例上添加的动作脚本。请注意，“图形”元件上是不能添加动作脚本的。

8.8.2 为关键帧添加 ActionScript

ActionScript 可以被添加到主时间轴的关键帧中，添加后只要该关键帧被播放一次，添加的 ActionScript 就会执行一次。添加了 ActionScript 的关键帧上显示一个 a 标记。

在关键帧上添加 ActionScript 的方法如下。

(1) 右击需要添加 ActionScript 的关键帧。

(2) 从弹出的菜单中选择【动作】选项，打开帧动作面板，在右边的代码显示窗口中输入语句。

8.8.3 为按钮添加 ActionScript

在 Flash 动画中，我们常常可以看到用按钮控制动画的播放，但并不是创建了按钮元件就能控制动画，只有为按钮添加了交互语句才可以。

如在一个动画中，当单击某个按钮时，动画就停止；当单击另一个按钮时，动画又继续，操作步骤如下。

(1) 打开“卷轴画. fla”文件，另存为“为按钮添加动作——卷轴画. fla”。因为原来此文档是采用的 ActionScript 3.0 脚本制作的文档，现在需要执行【文件】|【发布设置】，在【发布设置】的窗口中修改“脚本”为 ActionScript 2.0，单击【确定】按钮。在图层最上方新建一个图层，命名为“按钮层”。打开【窗口】|【公用库】|【按钮】，在公用库按钮中选择一个【播放】按钮和一个【暂停】按钮拖放到场景的合适位置(本例中选择的是公用库中 Classic Buttons | Circle Buttons | Play 和 Stop 按钮)，如图 8-50 所示。

图 8-50 为动画添加按钮

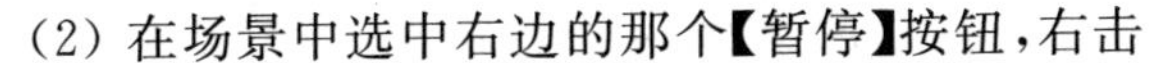

(2) 在场景中选中右边的那个【暂停】按钮，右击

在快捷菜单中选择【动作】打开【动作】面板。在该面板中双击需要的动作命令即可为该按钮指定相应的动作，这里首先选择【全局函数】|【影片剪辑控制】命令，然后双击 on 选项，在弹出的命令列表框中设置需要的参数，这里设置为 release，如图 8-51 所示。

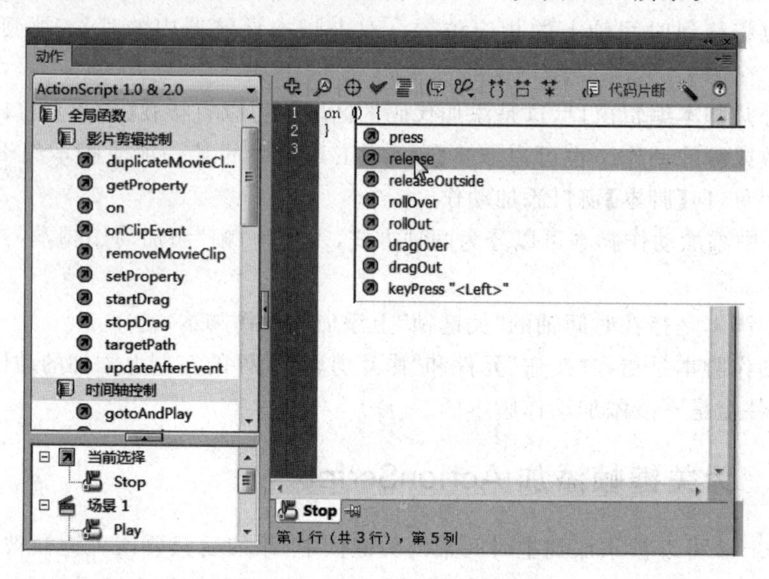

图 8-51　为按钮添加 AS 代码

(3) 根据需要再为按钮设置其他动作，选取的动作不同，命令列表框中为语句提供的参数也不同，根据需要设置即可。

单击大括号，选择【全局函数】|【时间轴控制】命令，然后双击 stop 选项即可，如图 8-52 所示。

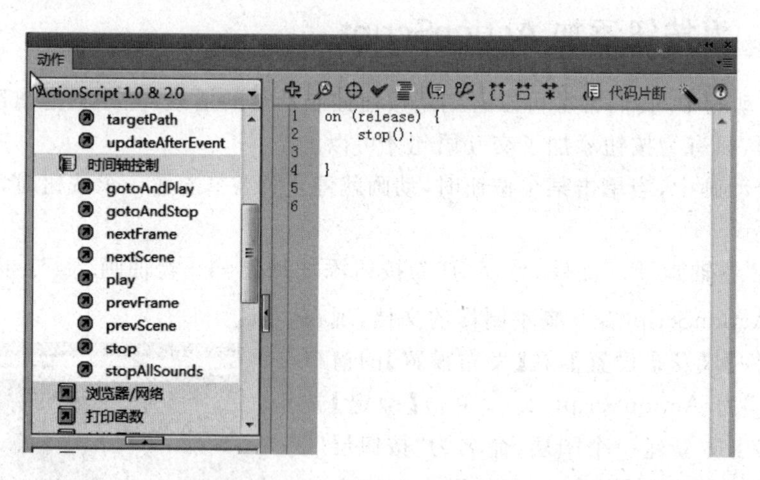

图 8-52　【暂停】按钮动作

值得一提的是，在选中舞台中按钮的前提下，如果单击 脚本助手 按钮，则不需要第(2)步，直接双击 stop 就可以了。

(4) 利用类似方法，再为【播放】按钮添加动作，唯一不同的是最后要选择 play 选项。

(5) 存盘测试。

按钮动作必须通过事件来触发,如单击、双击、拖动鼠标时执行 ActionScript 程序。所以,要执行的 ActionScript 语句必须要嵌套在 on 函数中,否则就要出错。

on 函数中各参数的含义如下。

press(单击)在按钮上按下鼠标左键时触发动作。

release(释放)在按钮上释放鼠标左键时触发动作。

releaseOutside(释放离开)在按钮外面释放鼠标左键时触发动作。

rollOver(指针经过)光标滑过按钮时触发动作。

rollOut(指针离开)光标移出按钮时触发动作。

dragOver(拖放经过)在按钮上按住鼠标拖动移出按钮,然后又拖动移回到按钮上时触发动作。

dragOut(拖放离开)在按钮上按住鼠标左键拖动移出按钮时触发动作。

keyPress(按键)其后的文本框处于可编辑状态,在其中按下相应的键输入键名,以后当按下该键时触发动作。

8.8.4 为影片剪辑添加 ActionScript

1. 为影片剪辑添加 ActionScript

Flash 动画中的影片剪辑元件拥有独立的时间线,每个影片剪辑元件都有自己唯一的名称。为影片剪辑元件添加语句并指定触发事件后,当事件发生时就会执行设置的语句动作。为影片剪辑添加 ActionScript 与为按钮添加的方法基本相同。

2. 案例制作——滚动图片广告

此案例已用于“乌木艺术”页面,实现广告图片无缝隙滚动效果,当光标放在图片上时,滚动停止,当光标移开图片后,滚动继续。

(1) 新建文档,执行【文件】|【新建】,在弹出的对话框中选择【常规】| ActionScript 2.0 选项后,单击【确定】按钮,新建一个影片文档。大小为 1000×210,帧频为 9fps。将文件保存成“Flashm-pause.fla”。

(2) 新建一个图形元件“元件 1”,选择【文件】|【导入】|【导入到库】,把已经准备好的图片 hex 1-1.jpg～hex 10-1.jpg 导入到库。逐张拖入图片到舞台上,首尾接好,注意图片中间有间隔,按 Ctrl+A 组合键全选后,使用【对齐】面板设置【垂直中齐】。

(3) 制作主滚动效果。回到主场景,修改图层名称为“主滚动”,将图形元件 1 拖到舞台上,利用【对齐】面板设置【垂直中齐】、【水平左对齐】。在第 201 帧处插入关键帧,将图片水平左移到舞台之外,使图片元件的右边与舞台的左边对齐。创建传统补间动画。

(4) 制作补充滚动效果。选择第一帧,在图片元件上右击,在快捷菜单中选择【复制】,将本图层锁定。新建一个图层命名为“补充滚动”。在该图层中,单击第 1 帧,选择菜单【编辑】|【粘贴到当前位置】,在第 201 帧插入关键帧。单击第 1 帧,用【选择工具】拖动图片元件实例右移,使之与【主滚动】图层中的图片元实例件首尾相接(如果图片元件长度超出了舞台,可以调整显示比例)。创建传统补间动画。

(5) 制作无缝对接效果。按住 Shift 键,同时选中两个图层的第 200 帧,右击快捷菜单,选择【插入关键帧】。分别删除两个图层的第 201 帧。按 Ctrl＋Enter 组合键测试是否可以无缝滚动播放。

(6) 鼠标控制滚动暂停。选定刚才制作的两个图层,右击快捷菜单中选择【拷贝图层】。【插入】|【新建元件】,新建一个影片剪辑元件 2,在【图层】面板中右击快捷菜单中选择【粘贴图层】,删除原来的图层 1。回到场景 1,删除原来的两个图层,新建一个图层 1。打开【库】面板,把元件 2 拖入舞台,利用【对齐】面板设置【垂直中齐】、【水平左对齐】。选中场景中的影片剪辑元件,右击快捷菜单,选中【动作】打开【动作】面板。进行如图 8-53 所示的动作设置。

说明:代码最后采用鼠标双击的方式自动生成,尽量不要用手动输入,对于新手来说容易出问题。

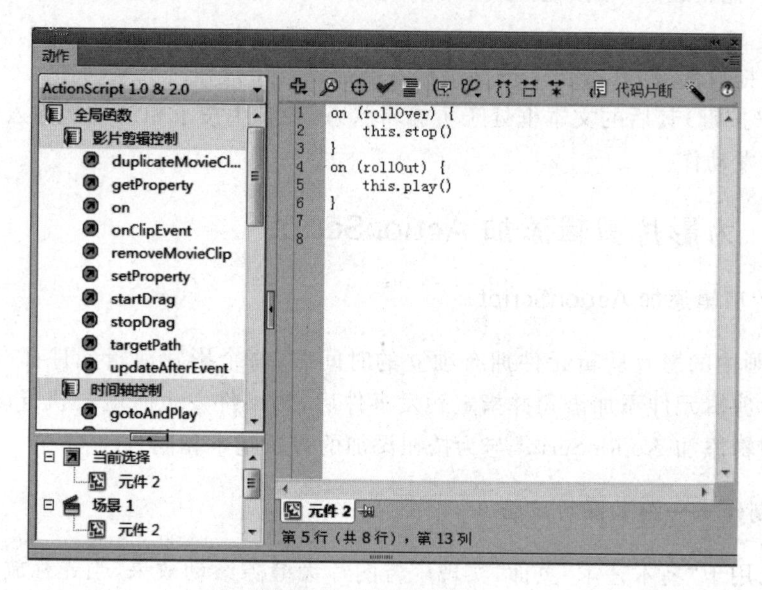

图 8-53 【动作】面板

(7) 保存并导出文件,执行【控制】|【测试影片】|【测试】(或按 Ctrl＋Enter 组合键),观察动画的效果,如果满意,执行【文件】|【保存】命令。如果要导出 Flash 的播放文件,执行【文件】|【导出】|【导出影片】命令。影片剪辑元件 2 的时间轴效果如图 8-54 所示。最后的动画片段如图 8-55 所示。

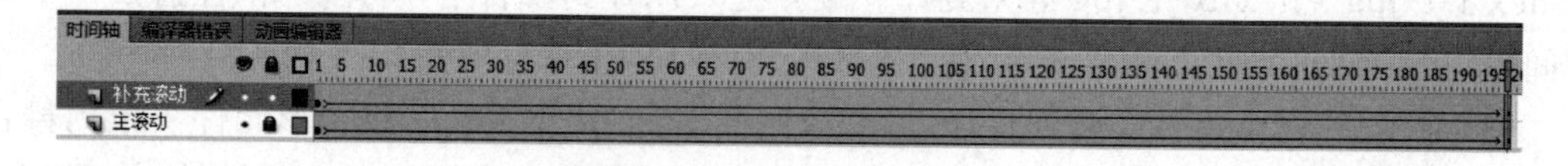

图 8-54 时间轴效果

图 8-55 影片片段

可以看到,影片剪辑动作也要通过事件来触发。所以,要执行的 ActionScript 语句也必须嵌套在函数中,否则就要出错。但对于影片剪辑而言,除了使用 on 函数外,还可以使用 onClipEvent 函数。

8.8.5 stop 和 play 语句

1. 添加 stop 和 play 语句

通过为关键帧、按钮或影片剪辑实例添加 play 或 stop 命令,可以对 Flash 影片的播放或停止进行控制。play 命令的主要功能就是能让停止的动画继续播放,它没有任何参数,具体用法如下。

```
play();
```

比如,我们可以为某个按钮添加下列语句:

```
on(press){
 play();
}
```

上面语句实现的功能就是当在按钮上按下鼠标左键的时候,让动画继续播放。

stop 是与 play 作用相反的一个命令,它用来让播放的动画暂停。如果某关键帧添加了 stop 命令的话,动画播放到该帧的时候就会停止,直到有 play 命令执行才能继续播放。stop 命令同样也没有任何参数,具体用法如下。

```
stop();
```

我们都有这样的经验:在对制作好的 Flash 文件执行【测试影片】命令的时候,动画总是一遍又一遍地循环播放。如果想让动画仅播放一遍,可以通过为最后一个关键帧添加 stop 命令来实现。

2. 卷轴动画示例

(1) 打开"卷轴画.fla",另存为"卷轴画(stop).fla"。

(2) 在【遮罩】层的最后一个关键帧上右击在快捷菜单中选择【动作】,打开【动作】面板,在【动作】面板中选择 ActionScript 1.0&2.0|【全局函数】|【时间轴控制】,双击 stop,如图 8-56 所示。

(3) 按 Ctrl+Enter 组合键测试文档,会发现卷轴动画只播放一遍就停止了。

8.8.6 goto 语句

帧跳转命令 goto 是一种非常重要的时间轴控制命令,它主要用来控制动画播放头的跳转,主要包括 gotoAndPlay 和 gotoAndStop 这两个命令。

gotoAndPlay 命令实现的功能就是让播放头跳转到某场景的某帧并从该帧开始播放,其语法格式如下。

```
gotoAndPlay(scene,frame);
```

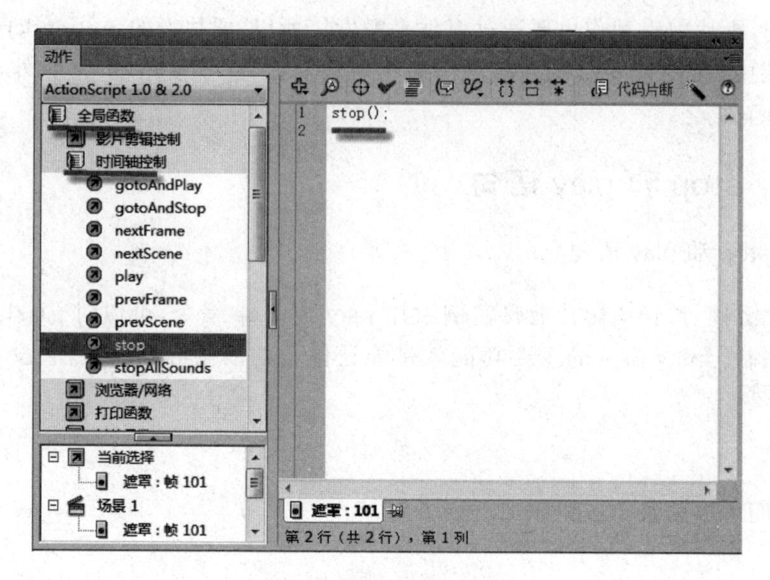

图 8-56 【动作】面板设置

其中，参数只能在时间轴上使用。参数 frame 是播放头要跳转的帧编号或者帧标签。

注意：帧标签和元件的实例名称比较类似，具体设置方法为：选中某关键帧，然后按 Ctrl+F3 组合键打开【属性】面板，在【属性】面板的【帧标签】框中输入作为标签的字符串即可。

gotoAndPlay 命令主要用在关键帧或者按钮上，比如：

```
gotoAndPlay(20);
gotoAndPlay("scene1","fra");
```

上面语句中，前一句的功能是让播放头跳转到当前场景的第 20 帧并从该帧开始播放。后一句实现的功能是让播放头跳转到场景 scene1 中帧标签为 fra 的关键帧并从该帧开始播放。也可以将上面的代码添加到某关键帧中用来控制播放头的跳转。

gotoAndStop 命令与 gotoAndPlay 命令相反，但意思也是如此。除此之外，还有 nextFrame 和 prevFrame。

nextFrame 命令实现的功能是让播放头跳转到下一帧，用法如下。

```
nextFrame();
```

prevFrame 命令实现的功能时让播放头跳转到上一帧，用法如下。

```
prevFrame();
```

利用 nextFrame 和 prevFrame 可以很容易地实现电子相册。

8.8.7 getURL 语句

getURL 就是 Flash 的超级链接，因此这是一个跟浏览器密切程度很高的语句。当 Flash 和网页结合的时候，它的功能将显得重要而强大。

用法如下：

```
getURL("url","窗口","变量");
```

参数说明(如图 8-57 所示)如下。

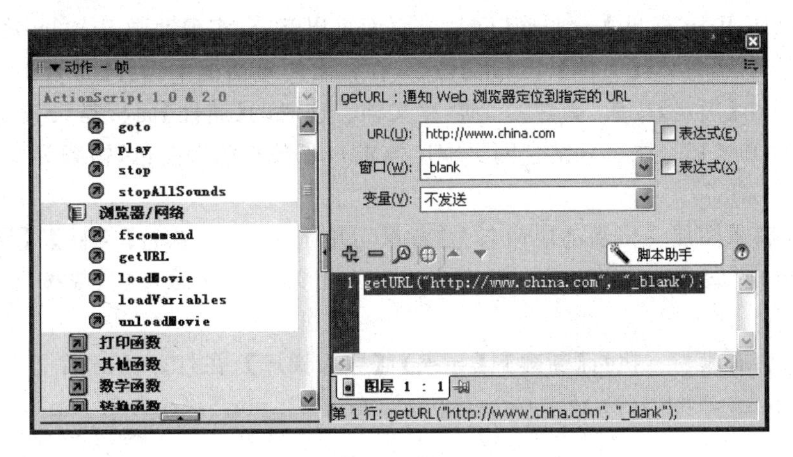

图 8-57　getURL 语句使用方法

(1) url 参数：url 用来获得文档的统一定位资源。注意填写的时候要书写完整，比如 www.china.com，可以在 IE 地址栏里直接书写，但在这里必须写成 http://www.china.com 才可以，当然 FTP 地址、CGI 脚本等也都可以作为其参数。

以上是绝对地址，它完整书写了统一定位资源。

其实这里也可以使用相对地址：

如果 SWF 与要打开的资源属于同一目录下，可直接书写要打开的文件名及后缀，如"getURL(" aaa.swf ");"。

如果资源在下一层目录，就以"/"开头，如"getURL("/aaa.swf ");"。

如果资源在上一层目录，就以"../"开头，如"gerURL("../aaa.swf ");"。

以上说的目录是指以 SWF 文件存放的目录为基准。

(2) "窗口"参数：设置所要访问链接的网页窗口打开方式。可以自己输入值或窗口名称(配合 Dreamweaver 里框架的设置)，也可以通过下拉列表选择。

_self：在当前的浏览器打开链接。

_blank：在新窗口打开网页。

_parent：在当前位置的上一级浏览器窗口打开链接。若有多个相互嵌套的框架，而又想所链接的 URL 只替换影片自身所在的页面时，可以使用这一选项。

_top：在当前浏览器上方新开一个链接。如果在 Dreamweaver 里设置了一些框架，本影片位于某一框架中，当你希望链接的 URL 不替代任何框架而出现在所有框架之上时，可以使用这一选项。

(3) "变量"参数：规定参数的传输方式。大多数情况下，其默认参数为"不发送"。如果要将内容提交给服务器的脚本，就要选"用 GET 方式发送"或者"用 POST 方式发送"。

"GET"表示将参数列表直接添加到 URL 之后，与之一起提交，一般适用于参数较少且简单的情况；"POST"表示将参数列表单独提交，在速度上会慢一些，但不容易丢失数据，适用于参数较多且较复杂的情况。

8.8.8 综合案例——动画 Banner 制作

此案例已应用于“嘉州文化长廊”网站各页面页眉部分，实现动画 Banner 效果。

(1) 新建文档。执行【文件】|【新建】命令，在弹出的对话框中选择【常规】| ActionScript 3.0 选项后，单击【确定】按钮，新建一个影片文档。这时的【属性】面板是设置文档属性的，设置文件为 1100×150(像素)(结合网页宽度需求)，背景颜色为白色，帧频为 9fps。将文件保存成“banner. fla”。

(2) 制作背景图层。将当前层命名为“背景”，单击第 1 帧，执行【文件】|【导入】|【导入到舞台】命令，把“背景. png”导入到舞台中央并右击第 200 帧插入帧(或按 F5 键)。锁定该层。

(3) 导入所有素材。执行【新建】|【导入】|【导入到库】，在打开的对话框中选择“left1. png”，“left2. png”，“left3. png”，“right1. png”，“right2. png”，“right3. png”，“logo. png”，“印章. png”。

(4) 设置渐变出现再消失的左侧图片。新建一个 left1 图层，定位第 1 帧，打开【库】面板，选择库中的 left1. png，拖到舞台中，用【对齐】面板设置【垂直居中】和【水平左对齐】，右击舞台上的该图片，在快捷菜单中执行【转换为元件】，在打开的【转换为元件】对话框中修改元件名称为 left1，元件类型为【图形】。分别在第 30、60 帧插入关键帧，选中第一帧，单击舞台上的图形元件，在对应的【属性】面板中设置【色彩效果】中的 Alpha 值为 0%，如图 8-58 所示。同样的方法设置第 60 帧中的元件的【色彩效果】中的 Alpha 值为 0%。右击第 1 帧到第 30 帧中的任意一帧，创建传统补间；同样的方法创建第 30～60 帧的传统补间。

(5) 设置渐变出现再消失的右侧图片。同(4)一样的方法，新建【right1】图层，拖入图片 right1. png，建立元件 right1。只是插入关键帧的位置在第 40 帧和 70 帧，目的是让左右两个动画出现和消失有一个先后，不至于很生硬，如图 8-59 所示。

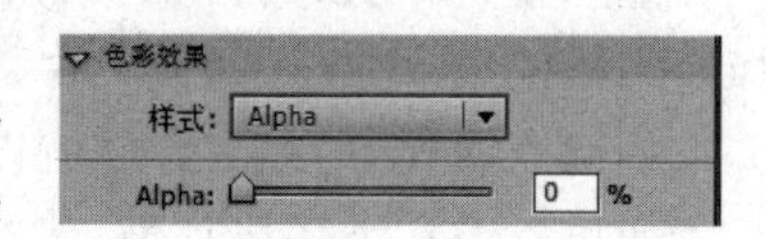

图 8-58 设定 Alpha 值为 0%

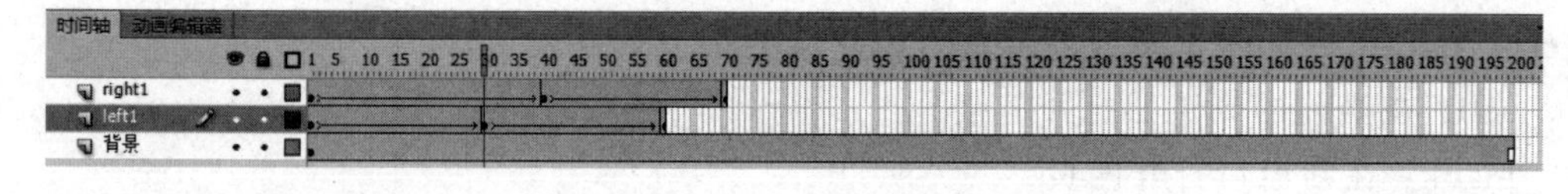

图 8-59 渐变效果时间轴

(6) 完成【left2】、【right2】、【left3】、【right3】图层的效果制作。方法同步骤(4)和(5)，分别用到 left2. png、left3. png、right2. png、righ3. png 图片制作对应的元件，并完成元件实例的渐变出现和渐变消失。对应的时间轴如图 8-60 和图 8-61 所示。

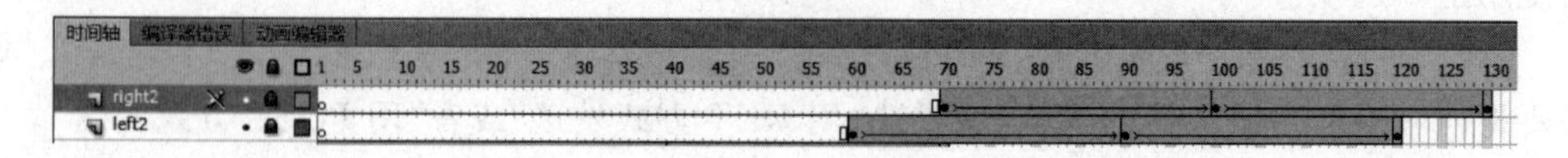

图 8-60 第 2 组渐变效果时间轴

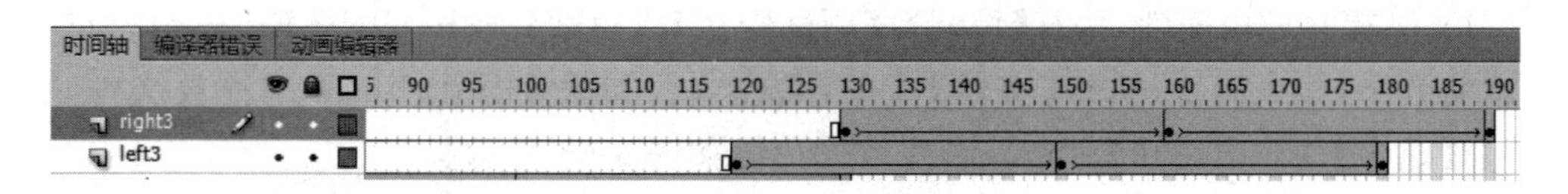

图 8-61 第 3 组渐变效果时间轴

(7) 创建【Logo】图层。新建图层,命名为 Logo,打开【库】面板,把图片 logo.png 拖入场景中,用【对齐】面板设置【垂直中齐】、【水平中齐】,由于左边要放置印章,需要把 Logo 往右边稍微移动一点儿距离,让 Logo+印章整体看起来居中。单击舞台上的 Logo 图片,右击该图片打开快捷菜单,选择【转换为元件】,在打开的对话框中修改元件名称为 Logo,元件类型为【图形】。

(8) 复制 Logo 图层。右击 Logo 图层,在快捷菜单中选择【拷贝图层】,再右击【图层】面板,选择【粘贴图层】,得到一个一模一样的图层,图层名字自动为“logo 复制”。单击舞台上的 Logo 元件实例,在【属性】面板中设置【色彩效果】如图 8-62 所示。本图层是为了设置光条下面发光的 Logo 图层效果。

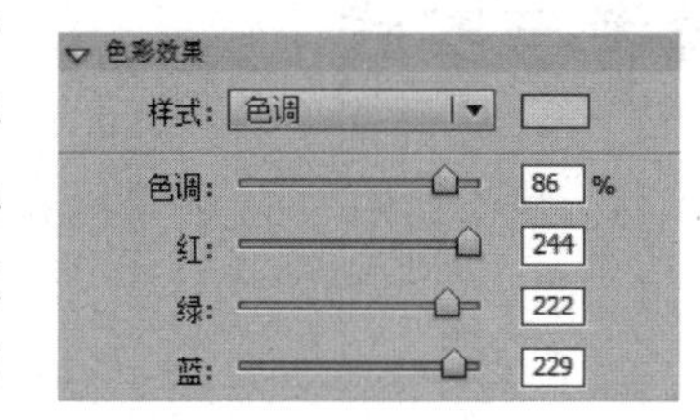

图 8-62 发光文字色彩效果

(9) 制作光条。新建一个图层,命名为“遮罩”,用【矩形工具】,设置【笔触颜色】为【无】,填充颜色任意。在第 1 帧中绘制两个矩形,如图 8-63 所示。分别在第 100 帧和第 200 帧处插入关键帧。创建形状补间动画。右击【图层】面板上的【遮罩】图层,勾选【遮罩层】。

图 8-63 光条的制作

(10) 创建印章图层。新建图层,命名为“印章”,从【库】面板中把“印章.png”图片拖入舞台,放到 Logo 旁边预留的位置上。

完整的时间轴效果如图 8-64 所示。

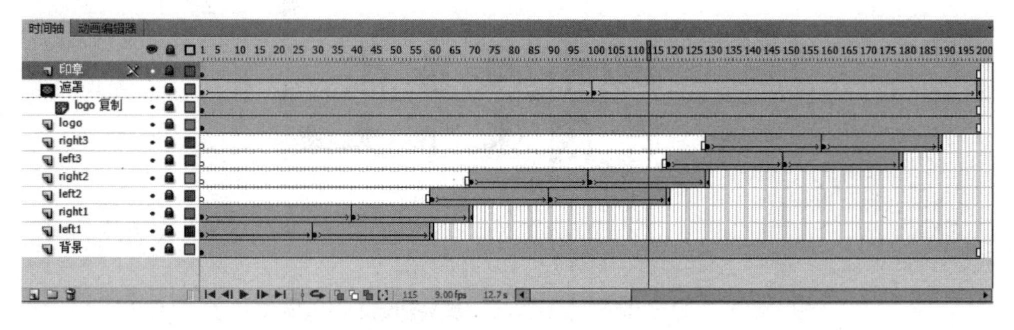

图 8-64 完整时间轴效果

(11) 保存并导出文件,执行【控制】|【测试影片】|【测试】(或按 Ctrl+Enter 组合键),观察动画的效果,如果满意,执行【文件】|【保存】命令。如果要导出 Flash 的播放文件,执行【文件】|【导出】|【导出影片】命令。影片效果片段如图 8-65 所示。

图 8-65 Banner 动画效果片段

思考与实践

1. 制作如图 8-66 所示的逐帧文字动画效果。

图 8-66 逐帧文字动画

2. 制作如图 8-67 所示的写字效果(采用逐帧动画实现)。

图 8-67 写字效果

3. 制作由"形状补间"变化成"快乐学习"的形状补间动画。注意形状补间前的文字和变化完后的文字要有画面保留时间。效果如图 8-68 所示。

图 8-68 形状补间动画

4. 实现文字的风吹效果(利用传统补间动画实现元件的变形和透明度的变化),效果和时间轴的效果如图 8-69 所示。

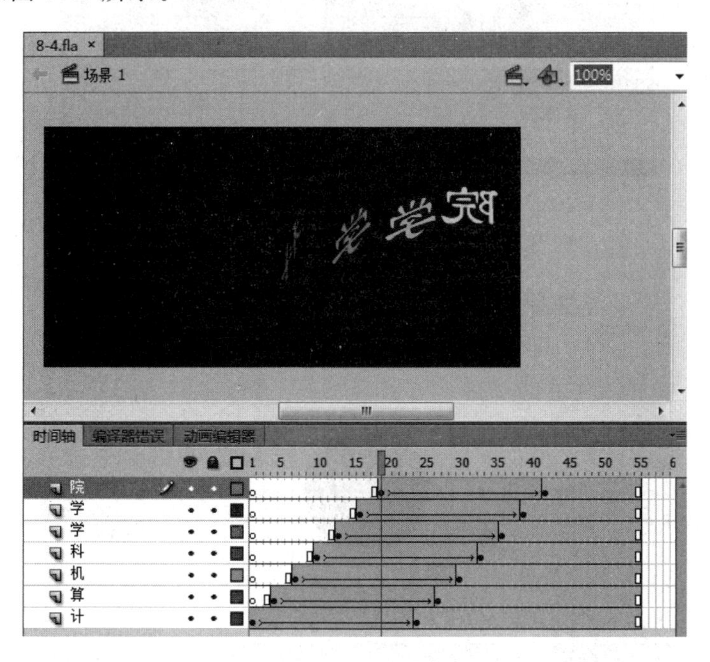

图 8-69 风吹字效果

5. 利用遮罩动画和补间动画实现放大镜的效果。原图如图 8-70 所示。效果如图 8-71 所示。

6. 利用路径动画制作"地球绕太阳旋转"的效果,如图 8-72 所示。

7. 思考:如何给自己的网页设计动态的 Banner 或按钮效果。

图 8-70　放大镜原图

图 8-71　放大后的效果

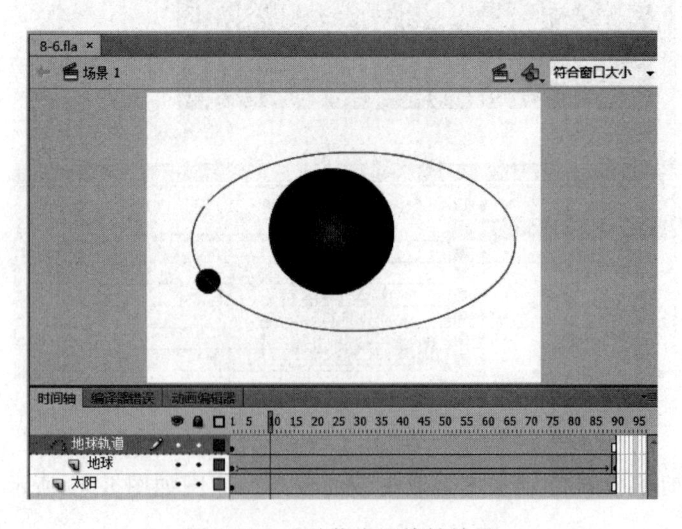

图 8-72　地球绕太阳旋转效果

网站的规划与设计

9.1 网站规划概念

网站规划是指在网站建设前对市场进行分析，确定网站的目的和功能，并根据需要对网站建设中的技术、内容、费用、测试、维护等做出规划。网站规划对网站建设起到计划和指导作用，对网站的内容和维护起到定位作用。

一个网站的成功与否与建站前的网站规划有着极为重要的关系。在建站前应明确建设网站的目的、确定网站的功能以及网站规模、投入费用、进行必要的市场分析等。只有详细的规划才能避免在网站建设中出现很多的问题，使网站建设能顺利进行。

网站设计的主要任务包括：网站架构设计，以浏览器为客户端的 Web 应用程序开发（例如新闻中心、网上商店、虚拟邮局、网站管理等），系统测试及网站发布。

网站设计过程大体分为以下 6 个阶段：

(1) 用户需求分析及变更。

(2) 网站架构及业务流程分析。

(3) 系统分析及总体设计。

(4) 界面设计、交互设计及程序开发。

(5) 系统测试及文档编写。

(6) 客户培训、技术支持和售后服务。

9.2 网站内容规划

在进行网站设计之前，首先要对网站进行规划，确定相应的开发内容和方向，主要应考虑以下几个方面的问题。

9.2.1 网站类型

首先要确定网站的类型，常见的有以下几种。

(1) 门户类网站：门户类网站将无数信息整合、分类，为上网者打开方便之门。绝大多数网民通过门户类网站来寻找自己感兴趣的信息资源。门户类网站涉及的领域非常广，是一种综合性网站,如搜狐、网易、新浪等。

(2) 购物类网站:网络的普及和人们生活水平的提高,使得网上购物成为一种时尚,丰富多彩的网上资源,价格实惠的打折商品,服务优良送货上门的购物方式,已成为人们休闲、购物两不误的首选方式,如淘宝、京东等。

(3) 行业信息类网站:随着互联网的发展、网民人数的增多及网上不同兴趣群体的形成,门户网站已经明显不能满足不同群体的需要。一批能够满足某一特定领域上网人群及其特定需要的网站应运而生,如58同城等。

(4) 个人网站:个人网站是以个人名义开发创建的具有较强个性化的网站,一般是个人为了兴趣爱好或展示个人等目的而创建的,具有较强的个性化特色,带有很明显的个人色彩,无论从内容、风格、样式上都形色各异。

(5) 机构类网站:所谓机构网站通常指机关、非盈利性机构或相关社团组织建立的网站,网站的内容多以机构或社团的形象宣传和服务为主。

(6) 企业类网站:所谓企业网站,就是企业在互联网上进行网络建设和形象宣传的平台。企业网站就相当于一个企业的网络名片。

(7) 娱乐休闲类网站:随着互联网的飞速发展,不仅涌现出了很多个人网站和商业网站,同时也产生了很多的娱乐休闲类网站,如电影网站、游戏网站、交友网站、社区论坛、手机短信网站等。这些网站为广大网民提供了娱乐休闲的场所。

9.2.2 网站应该包括的内容

根据网站的类型,设计网站一般应包含以下9个方面的内容。

(1) 站点结构图。

(2) 导航栏(无任何链接的内容不要做成按钮的形式,每个页面都应包括代表“返回”或“前进”的按钮,图片下应附有文字说明,以避免图片使用不当而引起的混淆)。

(3) 联系方式页面(在此页面创建可发送E-mail的链接)。

(4) 反馈表(利用反馈表,用户可以随时提出信息需求,而不必记下电话号码)。

(5) 引人入胜的内容。

(6) 精美的图片。

(7) 搜索工具。

(8) 新闻页面(在最近更新的信息边加注一个亮丽的小图标“新”)。

(9) 相关链接站点。

9.2.3 目录结构规划

根据网站的内容进行站点内目录的规划,规划目录结构时应考虑以下几点。

(1) 不要将所有文件都放在根目录下。根目录下文件过多会使上传速度过慢,维护时分不清哪些文件需要更新和编辑,哪些无用的文件可以删除。

(2) 按文档类型建立子目录。

(3) 目录的层次不要太深,一般不要超过三层。

9.2.4　链接结构规划

设计各页面的链接结构，可根据需要选择以下结构。

(1) 树状链接结构：一对一。一级一级浏览，一级一级退出，条理比较清晰，浏览者可以知道自己在什么位置，但是浏览效率低，要从一个栏目的子页面转到另一个栏目的子页面，必须返回到首页再进行。

(2) 星状链接结构：一对多。每个页面相互之间都有链接，这样浏览比较方便，随时可以到达自己喜欢的页面，但是由于链接太多，容易使浏览者迷路，搞不清自己在什么位置，看了多少内容。

因此，在实际的网站制作中，总是将这两种结构混合起来使用。总的目标是希望浏览者既可以方便快捷地到达自己需要的页面，又可以清楚地知道自己的位置。最好的办法是：首页和一级页面之间用星状链接结构，一级和二级页面之间用树状链接结构。

9.2.5　图片文字规格

(1) 一个网页大小不得超过 80KB，一般小图片为 3KB 左右，大图片为 8～10KB。

(2) 网页内容文字部分以宋体小五号为标准，标题部分可根据设计需要设定，但尽量不要用图片和 Flash，除非需要使用特殊字体，可以做成图片，使用在网页的标题处。

9.3　网站策划

9.3.1　网站功能分析

计划设计一个著名人物(王阳明)的个人网站，介绍王阳明及其主要学说，对该网站的功能需求分析如下。

(1) 网站的功能模块。

有主页、阳明心学、阳明故事、阳明佳句、人生智慧和龙场悟道等几个模块。

(2) 确定各个模块的主要功能。

① 主页：该界面为欢迎界面，是该网站的门户，开门见山简要介绍王阳明及其著作。

② 阳明心学：介绍王阳明最著名的心学理论体系。

③ 阳明故事：讲述几个王阳明的小故事，以小见大更深入了解心学的由来。

④ 阳明佳句：展示王阳明最著名的几句话及其解读。

⑤ 人生智慧：展示王阳明的人生智慧。

⑥ 龙场悟道：讲述龙场悟道的由来。

(3) 网站功能框架，如图 9-1 所示。

9.3.2　网站非功能分析

网站非功能分析包括以下几个方面。

(1) 页面的风格：简约淡雅，古典自然。

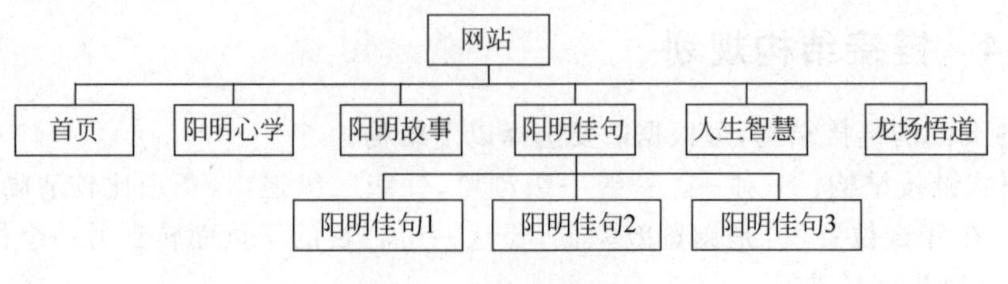

图 9-1 网站功能框架

(2) 所需素材：自己选材，网上有很多相关素材可供选择。

(3) Logo：设计网站自己的 Logo 和 Banner，在主页显示。

(4) 色调：采用偏冷色色系，色调柔和，体现古典文化的魅力和淡雅。

网页效果如图 9-2 所示。

图 9-2 首页效果

(5) 网站布局。

① 网站色彩布局。

该网站属于标准的个人网站，首页采用了粉灰色和白色搭配，给人一种古典、舒适、淡雅的感觉，这两种色块构成了网站的大部分，网站 Banner 采用很温和的色彩图片，体现了网站主题，宁静致远。导航栏与 Banner 的色系一致，和谐美观。中间大块的白色区域为网页内容，分别放置了王阳明的个人简介、阳明心学和下载；底部为网站版尾区域，主要用于放置网站版权信息，与网站 Banner 色调协调一致。

② 网站结构布局。

网站结构布局，如图 9-3 所示。绘制网站布局图，可以更加清晰地了解网站内容的分布情况。

A 区：网站 Logo 与 Banner，网站中的个人标志和形象。

B 区：个人信息展示。

C 区：网站主要内容区。

D 区：网站的图书下载区。

E 区：网站版权信息，声明本网站的版权所有信息。

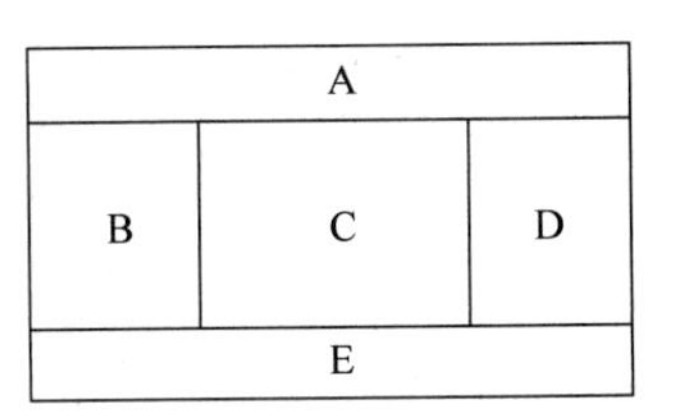

图 9-3 网站布局图

9.4 网页制作

9.4.1 首页版面设计

在 D:盘根目录下新建一个文件夹 web，在 web 下面新建 6 个文件夹 images、media、html、css、download 和“文字材料”。把需要用的图片素材复制到 images 下面，多媒体素材复制到 media 文件夹下面，书籍文件复制到 download 文件夹下面，文字素材复制到“文字材料”文件下面。下面先从网站 Banner 开始，逐一介绍网站首页的版面设计。操作步骤如下。

(1) 打开 Photoshop CS6，新建文件，【新建】对话框如图 9-4 所示，保存文件名为“效果图. psd”，保存在 images 文件夹下面。网页宽度是根据需求决定的，购物网站为了商品展示需要设置的宽一点儿，而社交网站为了方便浏览会设置的窄一些，“王阳明心学”网站属于个人网站，取一个中等大小的宽度 1000px。

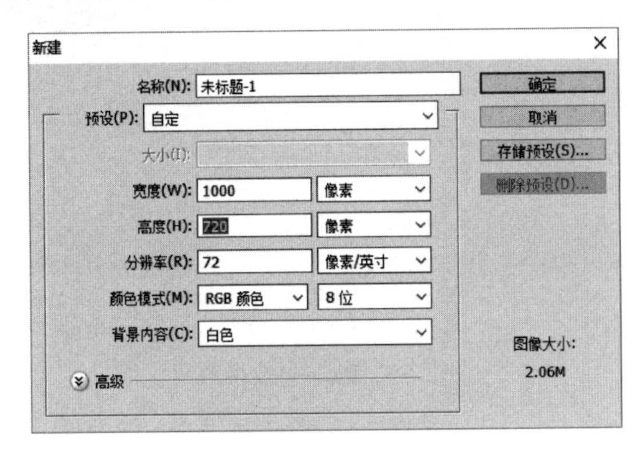

图 9-4 【新建】对话框

(2) 制作 Banner 区。

① 选择【视图】|【新建参考线】，水平方向设置 180px。分别打开 images 文件夹下面的 bj1. jpg 和 zxhy. jpg。

② 对 zxhy. jpg 进行处理。双击【背景】图层转换成图层 0，利用【快速选择工具】和【矩形选框工具】，选择非“知行合一”区域，删掉所选区域，留下“知行合一”，然后再利用【矩形选框工具】和【移动工具】，调整 4 个字的顺序，取颜色 # 87623c 填充，并合并图层，效果如图 9-5 所示。

③ 利用【移动工具】把两张图片拖入“效果图. psd”的绘图区域，调整“知行合一”的大小

图 9-5 提取“知行合一”

(原始图片的 50%)和两张图的位置;并将区域下部填充 bj1 的背景色。

④ 选择【文字工具】(华文行楷,30 点,颜色#87623c),在合适位置写上“——王阳明”;新建图层,在右上方选择一个矩形区域,填充#8c8783;再选择【文字工具】(华文行楷,24 点,#ffffff),在灰色图层上面写上“胜负之决,只在此心动与不动”,并将“心动”两字颜色调整为#c36037,根据文字位置,重新调整灰色图层的大小和位置,最终效果如图 9-6 所示。

图 9-6 Banner 效果图

(3) 制作 Footer 区。

① 选择【视图】|【新建参考线】,水平方向设置 600 px。打开 images 文件夹下面的 bj2.jpg,用【移动工具】把图片拖入“效果图.psd”的绘图区域底部,选择 120 px 高度的图片部分进行复制,生成新图层,将旧图层删掉,因为图片不够宽度,需要两个一样的图层进行拼接,再复制新图层,对复制的新图层执行【编辑】|【变换】|【水平翻转】,调整位置到两个图层并排,合并两个图层,并铺满整个底部。

② 为合并图层添加图层蒙版,并用【渐变工具】对图层蒙版进行渐变(注意:【渐变工具】要使用默认的黑色过渡到白色)。【图层】面板效果如图 9-7 所示。最终效果如图 9-8 所示。

图 9-7 【图层】面板效果

图 9-8 Footer 效果图

(4) 绘制主区。以参考线作为上下边距，用【圆角矩形工具】绘制一个笔触颜色为＃a9a798，3 像素的画笔进行描边的圆角矩形，效果如图 9-9 所示。这个灰色圆角矩形既能控制网页区域的位置，也有层次感。

图 9-9 绘制矩形区域

(5) 对主区进行分解。分别用【矩形工具】和【圆角矩形工具】的路径绘制出各个矩形区域，注意，圆角矩形路径绘制的路径一定要在新的层里面，设置好画笔工具的属性才来描边路径。效果如图 9-10 所示。

(6) 绘制导航栏。垂直方向设置宽度 150px 的参考线，用矩形路径工具绘制导航栏，使用【直接选择工具】调整矩形的上部，让它看起来不死板，再用路径填充工具填充浅灰色＃cfccbb，使用路径选择工具拖动该路径到后面合适的地方，继续填充路径为浅灰色，重复

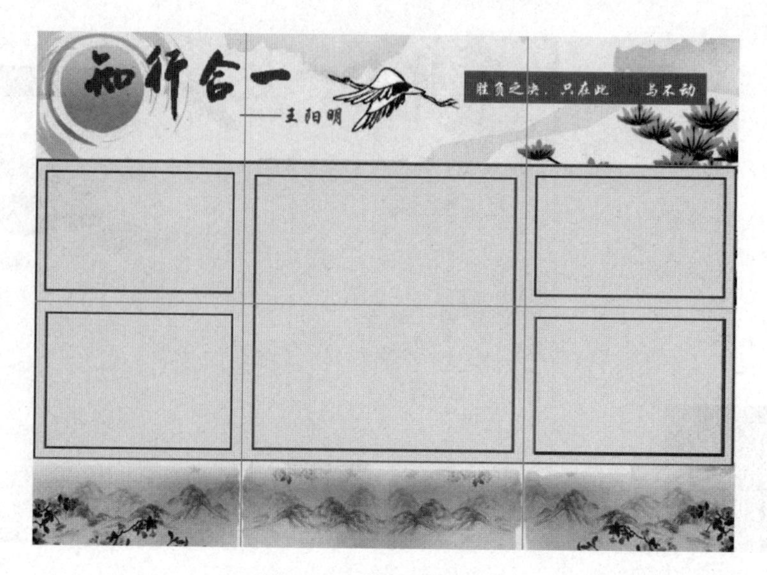

图 9-10 绘制各个区域

做该动作，生成 6 个灰色导航区域，这样整个布局就基本完成了，主页布局效果如图 9-11 所示。

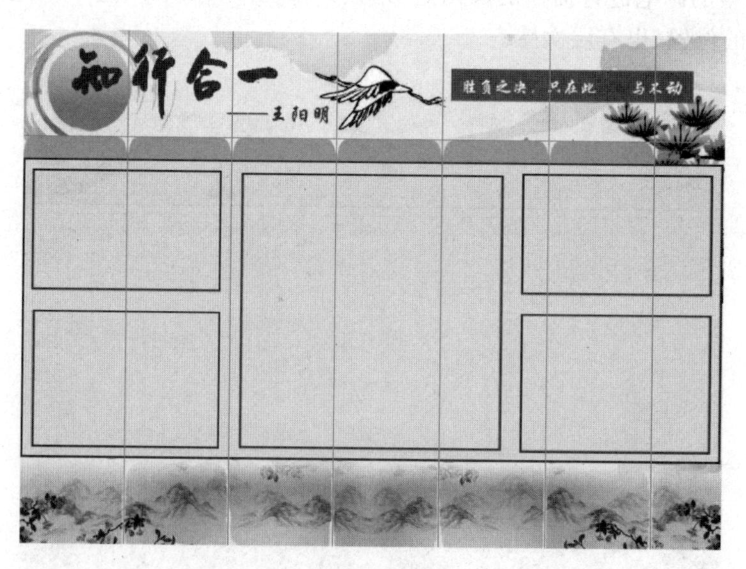

图 9-11 布局效果

(7) 重新设置如图 9-12 所示的参考线，选择【切片工具】，单击【基于参考线的切片】，就将该布局结构图切成几个部分，再用【切片工具】重新手动切中间两块，使之成为一块，最终切片效果如图 9-12 所示。

说明：也可以拉好参考线把要切的几个部分分隔开，再选择【视图】|【对齐】命令，这样手动切割的时候切割线会自动靠近参考线，不至于产生很多莫名其妙的碎片图片。

首页的布局图就完成了。单击【文件】|【存储为 Web 所用格式】命令，保存所有切片，保存的文件名为 01.gif～07.gif。

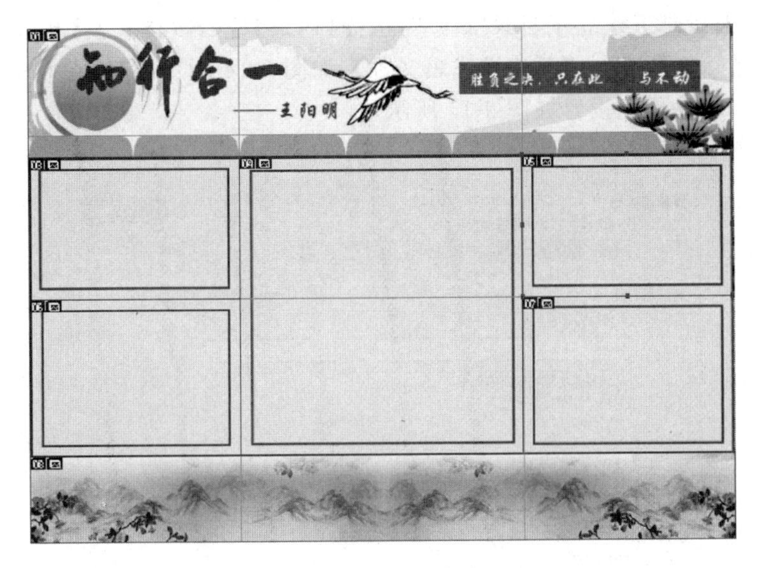

图 9-12 切片效果

9.4.2 首页制作

(1) 打开 Dreamweaver CS6 软件,首先需要设置站点信息。站点设置效果如图 9-13 所示。当然,需要先在 D:盘建立文件夹"web",这样才能把站点指向此文件夹。若新建的文件夹是其他名字,则需要在此处进行相应的变换。

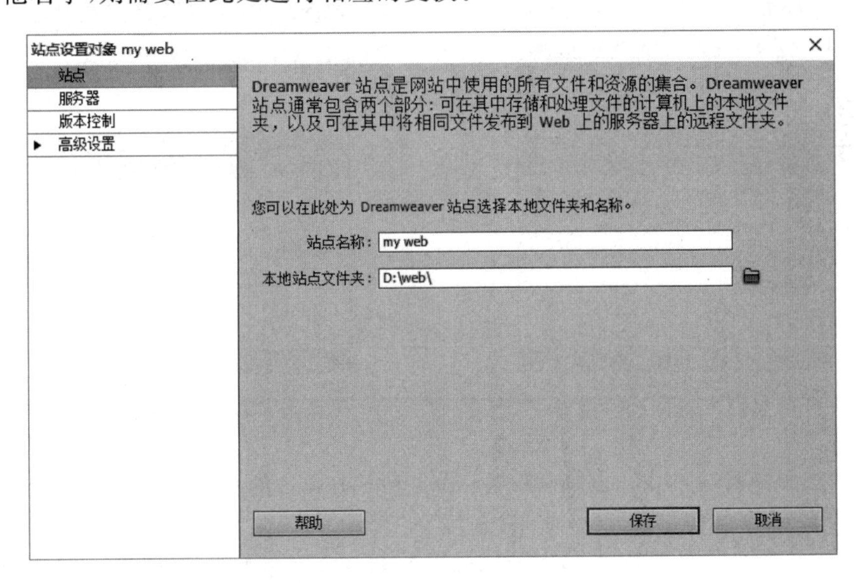

图 9-13 站点设置

(2) 新建一个 HTML 文件,文件名为"index. html",保存到站点根文件夹下,即 D:\web 文件夹下。

(3) 设置公用的 CSS 样式。

① 在 web 根目录下建立子目录“CSS”，选择【格式】|【CSS 样式】|【新建…】，弹出对话框，分别设置为【标签】，body，【新建样式表文件】，如图 9-14 所示，存储在 CSS 文件夹下，取名“style. css”。body 属性设置如图 9-15 所示。

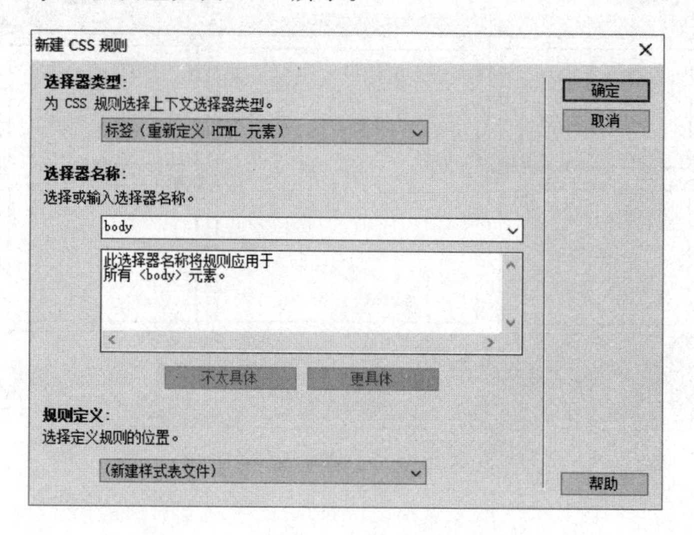

图 9-14　新建 CSS

② 在 style. css 中继续创建类 bt，属性设置如图 9-16 所示。

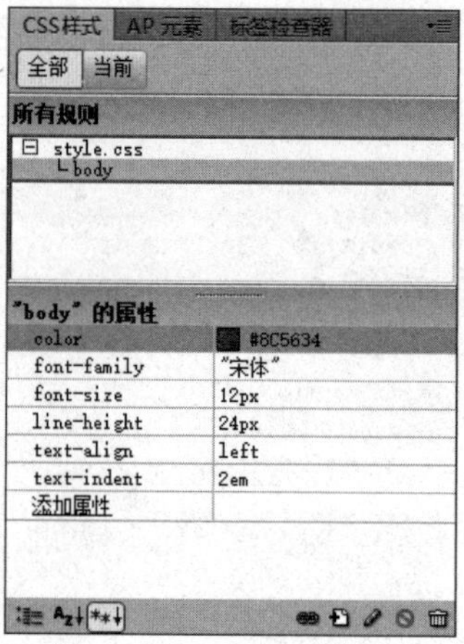

图 9-15　body CSS 属性

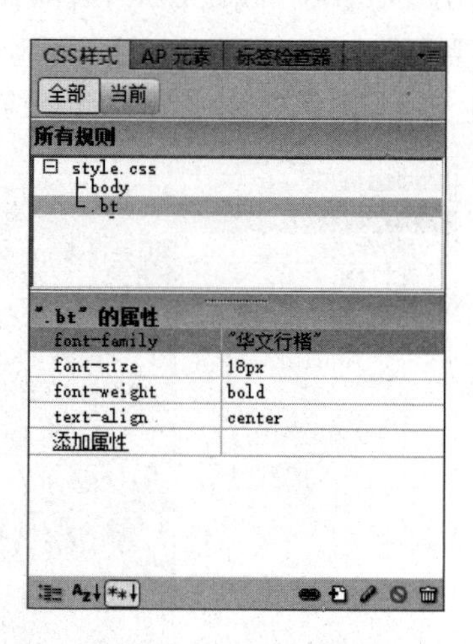

图 9-16　bt CSS 属性

③ 新建超级链接 a:link，a:visited，a:active 和 a:hover 的 CSS，同样存储在 style. css 文件中，各个设置如图 9-17～图 9-20 所示。

(4) 制作 Banner。执行【插入】|【布局对象】|【DIV 标签】，输入 ID“banner”，如图 9-21 所示，单击【新建 CSS 规则】按钮，在【新建 CSS 规则】对话框内，规则定义位置选择【仅限该文档】，如图 9-22 所示。Banner 层属性设置如图 9-23 所示。

(5) 在 Banner 层里插入一个 1 行 6 列的表格(ID: bg)，行高 30，每列宽 150，bg 的 CSS 属性设置如图 9-24 所示。在单元格输入文字后，总体效果如图 9-25 所示。

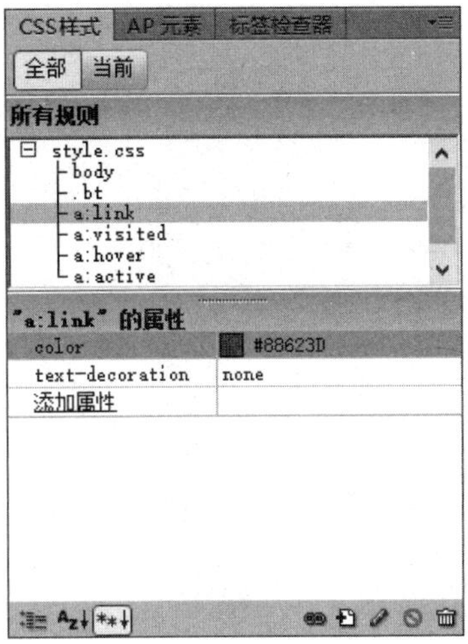

CSS样式
AP 元素
标签检查器
全部
当前
所有规则
style.css
body
.bt
a:link
a:visited
a:hover
a:active
"a:link" 的属性
color
#88623D
text-decoration
none
添加属性

图 9-17　a:link CSS 属性

CSS样式
AP 元素
标签检查器
全部
当前
所有规则
style.css
body
.bt
a:link
a:visited
a:hover
a:active
"a:visited" 的属性
color
#8c8783
添加属性

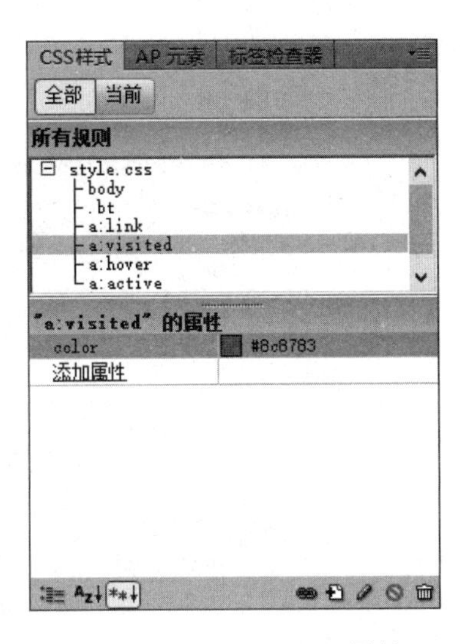

图 9-18　a:visited CSS 属性

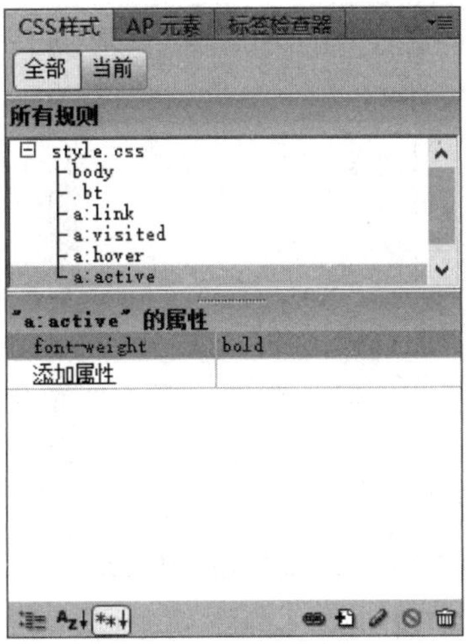

CSS样式
AP 元素
标签检查器
全部
当前
所有规则
style.css
body
.bt
a:link
a:visited
a:hover
a:active
"a:active" 的属性
font-weight
bold
添加属性

图 9-19　a:active CSS 属性

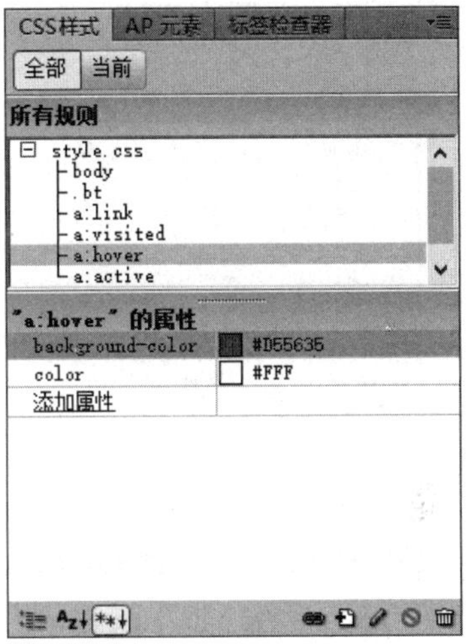

CSS样式
AP 元素
标签检查器
全部
当前
所有规则
style.css
body
.bt
a:link
a:visited
a:hover
a:active
"a:hover" 的属性
background-color
#D55635
color
#FFF
添加属性

图 9-20　a:hover CSS 属性

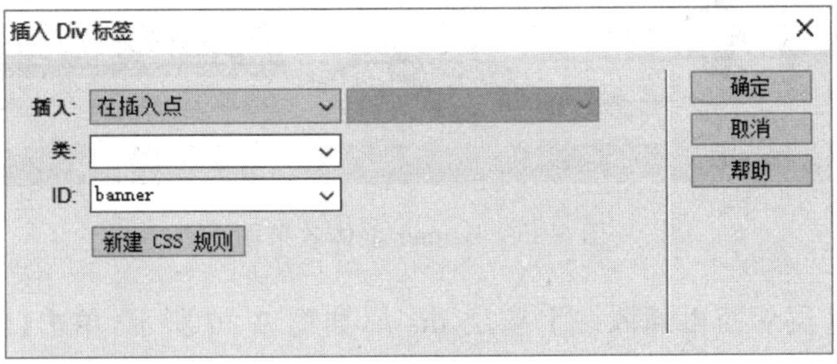

插入 Div 标签
插入:
在插入点
类:
ID:
banner
新建 CSS 规则
确定
取消
帮助

图 9-21　创建 Banner 层

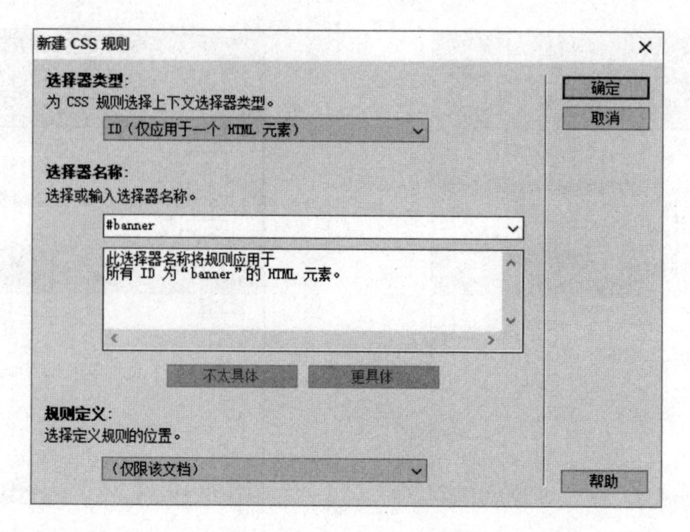

图 9-22　新建 CSS 规则

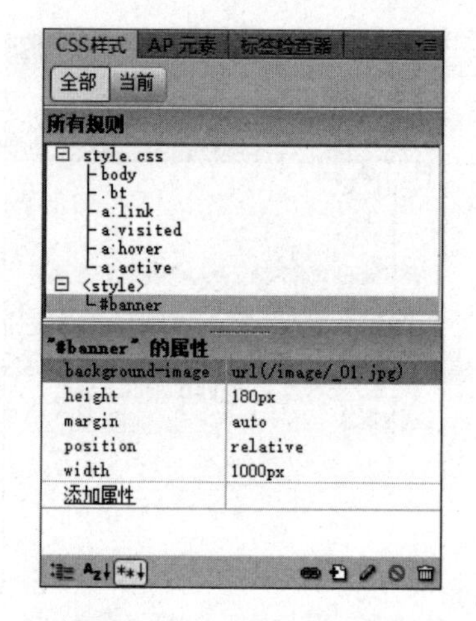

图 9-23　Banner CSS 属性

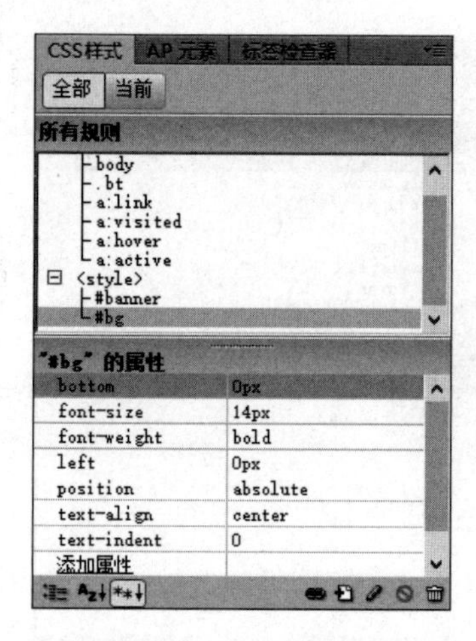

图 9-24　bg 的 CSS 属性

图 9-25　Banner 整体效果图

（6）在 Banner 层后面再插入一个新层 main，如图 9-26 所示，单击【新建 CSS 规则】按钮，如图 9-27 所示设置 main 的 CSS 属性。

（7）在 main 层里面新建三个 DIV 层，排列为左中右结构。如图 9-28 所示插入左边的 DIV 层 main_left，设置属性如图 9-29 所示。

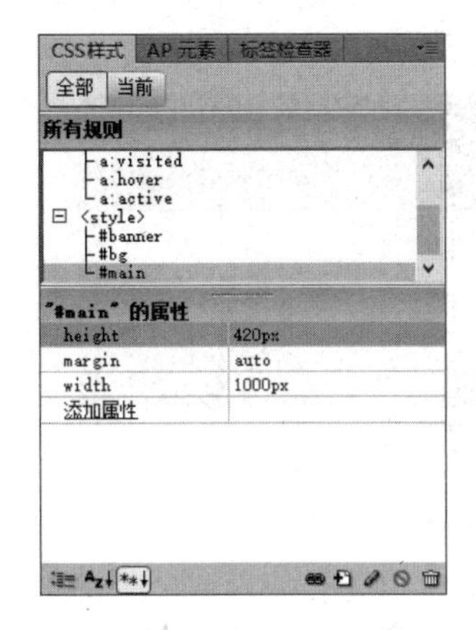

图 9-26　创建 main 层

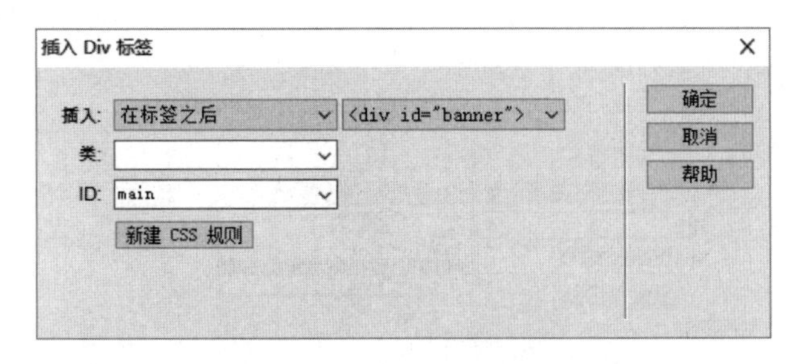

图 9-27　main CSS 属性

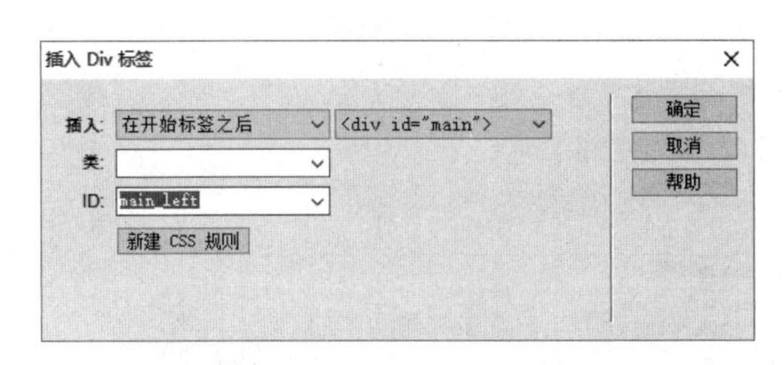

图 9-28　插入 main_left

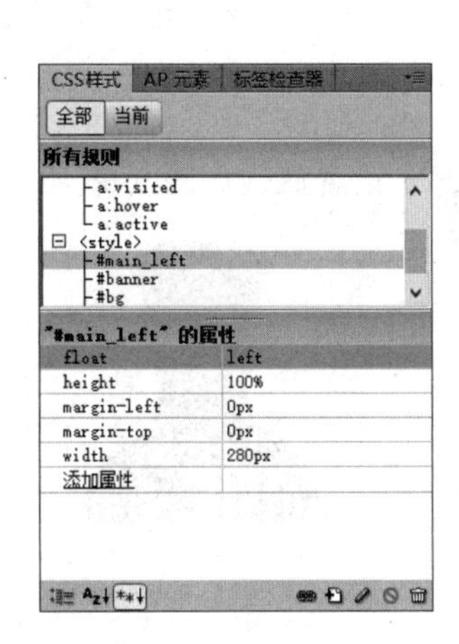

图 9-29　main_left 属性

（8）在 main_left 里插入上下结构的两个 DIV 层 main_left_up 和 main_left_down。main_left_up 插入设置如图 9-30 所示，属性设置如图 9-31 所示；main_left_down 插入设置如图 9-32 所示，属性设置如图 9-33 所示。在层里输入阳明简介相关文字后，最终效果如图 9-34 所示。

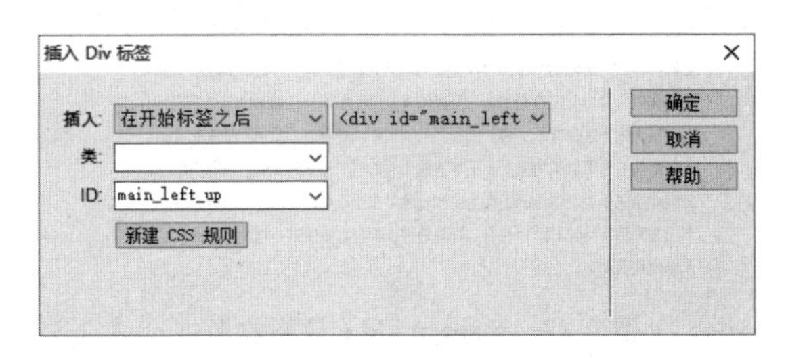

图 9-30　插入 main_left_up

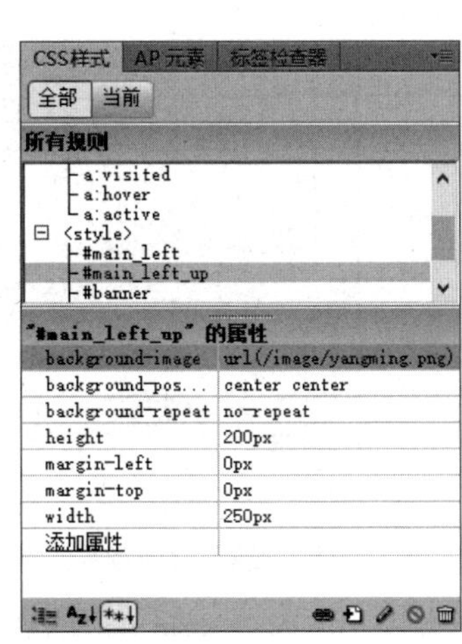

图 9-31　main_left_up 属性

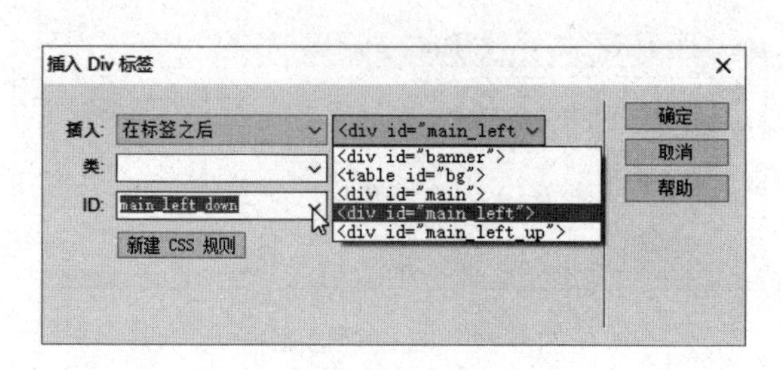

图 9-32　插入 main_left_down

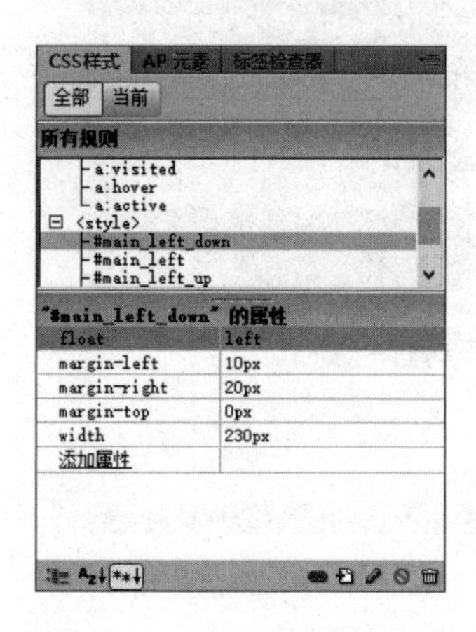

图 9-33　main_left_down 属性

(9) 在 DIV 层 main 中插入排列中间的层 main_middle，如图 9-35 所示插入 DIV 层 main_middle，设置属性如图 9-36 所示，输入文字(两段中间插入水平线)后最终效果如图 9-37 所示。

王守仁（1472年10月31日—1529年1月9日），汉族，幼名云，字伯安，别号阳明。浙江绍兴府余姚县（今属宁波余姚）人，因曾筑室于会稽山阳明洞，自号阳明子，学者称之为阳明先生，亦称王阳明。

明代著名的思想家、文学家、哲学家和军事家，陆王心学之集大成者，精通儒家、道家、佛家。

图 9-34　main_left 最终效果图

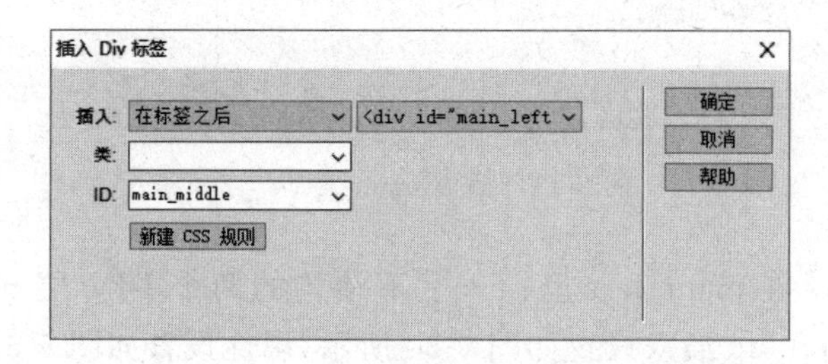

图 9-35　插入 main_middle

CSS样式 AP 元素 标签检查器
全部 当前
所有规则
a:visited
a:hover
a:active
<style>
#main_left_down
#main_middle
#main_left

"#main_middle" 的属性

height	100%
margin-left	300px
margin-top	0px
position	absolute
width	400px
添加属性	

图 9-36　main_middle 属性

"陆王心学"是由儒家学者陆九渊、王阳明发展出来的心学的简称，或直接称"心学"；或有专门称为某哲学家的心学，如王守仁的"阳明心学"。陆王心学一般认为肇始孟子、兴于程颢、发扬于陆九渊，由王守仁集其大成。陆王心学与程朱理学虽有时同属宋明理学之下，但多有分歧，陆王心学往往被认为是儒家中的"格心派"（一称"主观唯心主义"），而程朱理学为"格物派"（一称"客观唯心主义"）。

阳明学，通常又称作王学、心学，是由明代大儒王阳明发展的儒家理学。元代以及明初以来流行的程颐朱熹一派的理学强调格物以穷理，王阳明则继承宋代陆九渊强调"心即是理"，即最高的道理不需外求，而从自己心里即可得到。王阳明的主张为其学生们继承并发扬光大，并以讲会的形式传播到民间，其中又以泰州学派（又被称作左派王学）将其说法推向一个极端，认为由于理存在于心中，因此"人人可以成尧舜"，即使不是读书人的平民百姓、也可以成为圣人。王学这种"心即理"看法的发展，也影响了明朝晚期思想中对于情欲的正面主张和看法，由于心即理，因此人欲与天理，不再如朱熹所认为的那样对立，因此是可以被正面接受的，这种主张的代表人物就是李贽。

图 9-37　main_middle 最终效果

(10) 在 DIV 层 main 中插入排列右侧的层 main_right，如图 9-38 所示插入 DIV 层 main_right，设置属性如图 9-39 所示。

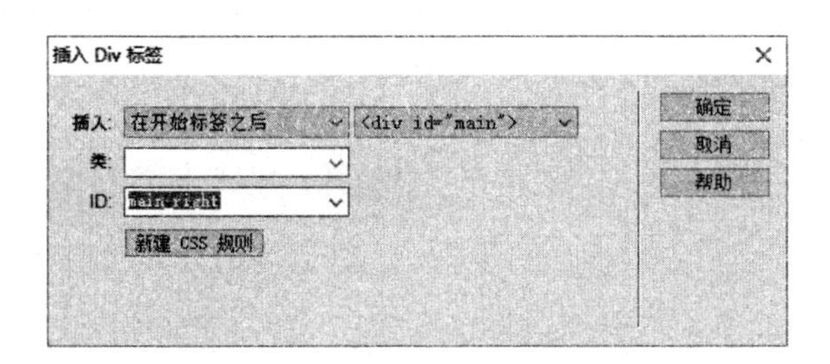

图 9-38　插入 main_right

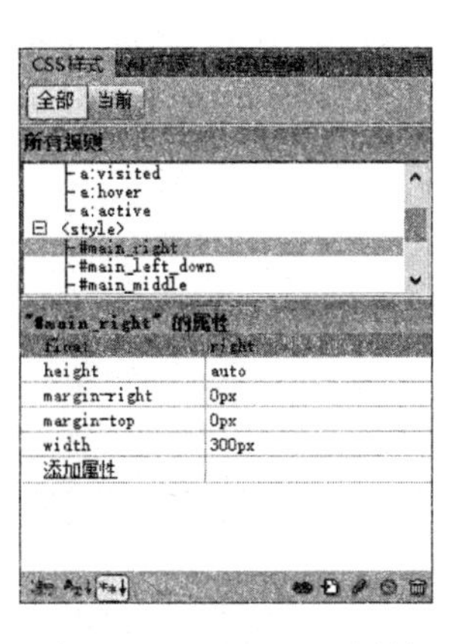

图 9-39　main_night 属性

(11) 在 main_right 里插入上下结构的两个 DIV 层 main_right_up 和 main_right_down，main_right_up 插入设置如图 9-40 所示，属性设置如图 9-41 所示，并插入图片 shi.gif(设置 ID 为 img_shi)，新建 CSS 样式 img_shi，属性如图 9-42 所示，效果如图 9-43 所示。

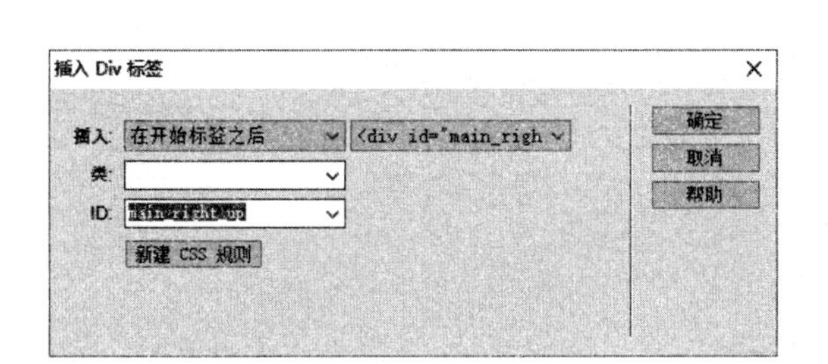

图 9-40　插入 main_right_up

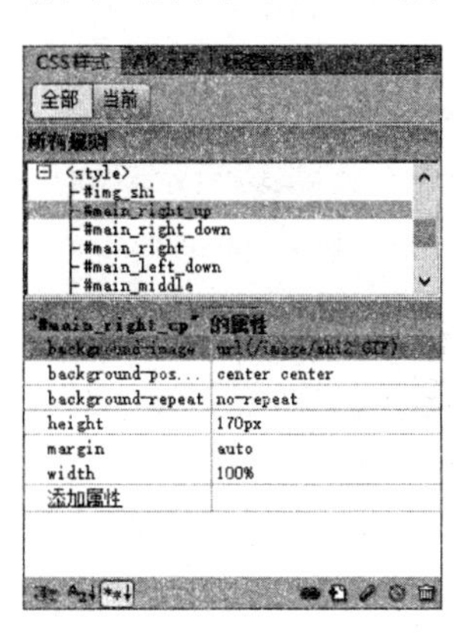

图 9-41　main_right_up 属性

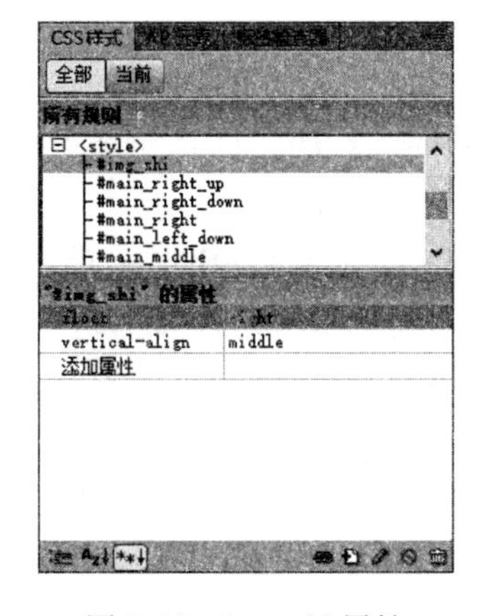

图 9-42　img_shi 属性

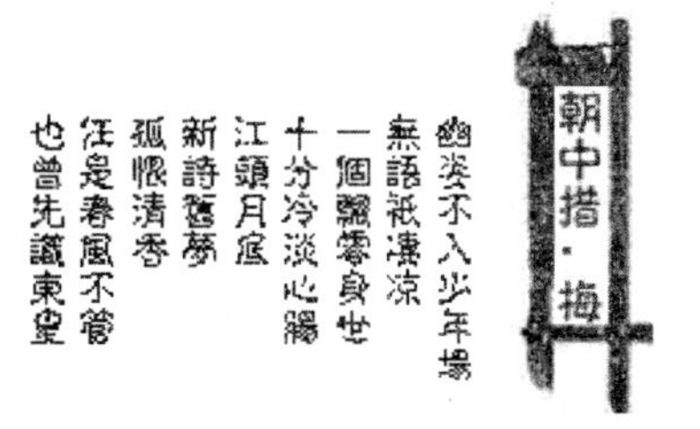

图 9-43　main_right_up 效果图

(12) main_ right _down 插入设置如图 9-44 所示，属性设置如图 9-45 所示，并在层里输入下载书籍名的相关文字，选中文字，选择【格式】|【CSS 样式】|【新建…】，出现如图 9-46 所示对话框，确定后，进行如图 9-47 所示的属性设置。最终效果图如图 9-48 所示。

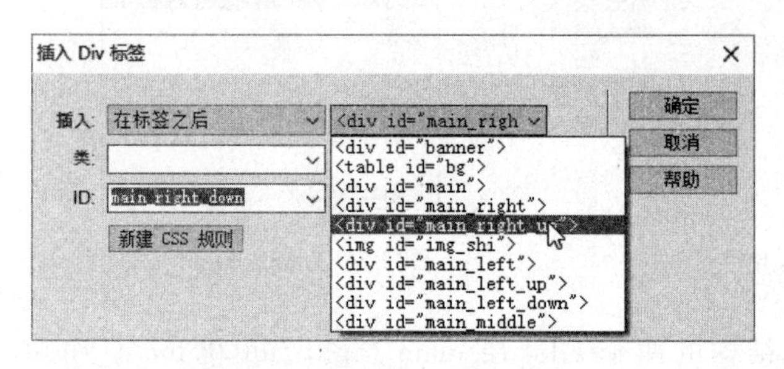

图 9-44 插入 main_right_down

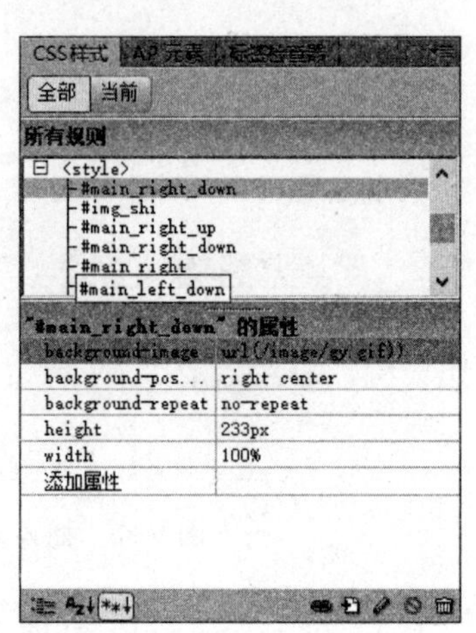

图 9-45 main_right_down 属性

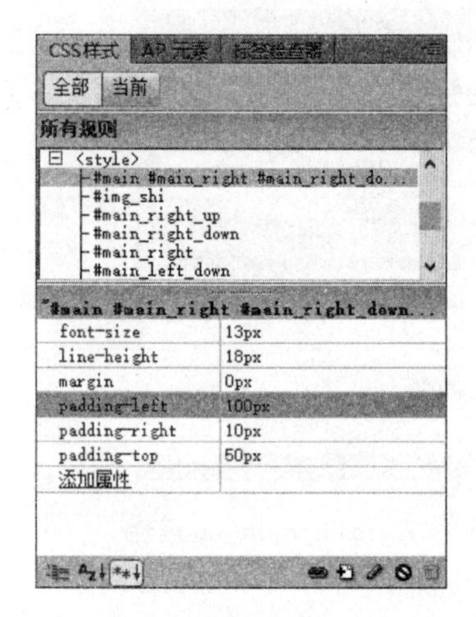

图 9-46 文字段的 CSS 属性

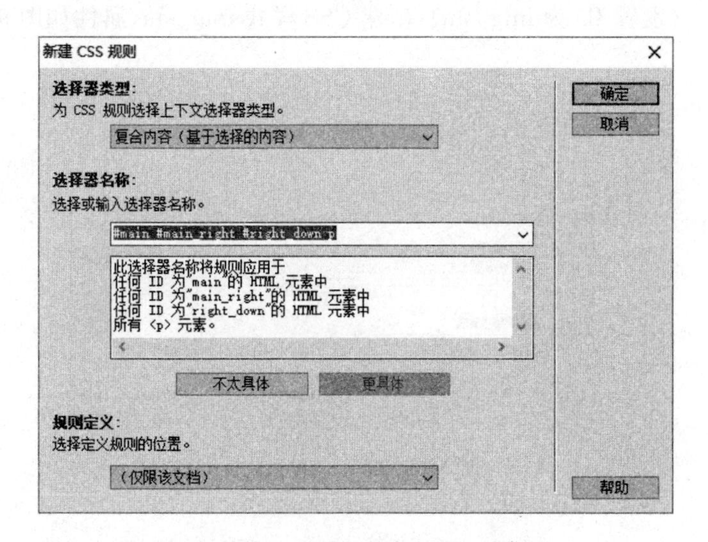

图 9-47 新建文字的 CSS 规则

(13) 制作 Footer。执行【插入】|【布局对象】|【DIV 标签】，插入设置如图 9-49 所示，属性设置如图 9-50 所示，输入版权等相关信息，效果如图 9-51 所示。

(14) 设置主页右下角下载版块的超级链接。选中“《瘗旅文》”，属性栏进行如图 9-52 所示的设置。其余书籍的超级链接操作方法与之相似，只是链接的文件名不同，采用相应的文件进行链接。

(15) 先假设已经建立了 ymxx. html、ymgs. html、ymjj. html、rszh. html、lcwd. html 几个文件，并保存到了站点的 html 文件夹下面，即保存路径为 D:\web\html 文件夹。选中“首页”文字，设置属性如图 9-53 所示。选中“阳明心学”文字，设置属性如图 9-54 所示。其

王守仁（1472年10月31日－1529年1月9日），汉族，幼名云，字伯安，别号阳明。浙江绍兴府余姚县（今属宁波余姚）人，因曾筑室于会稽山阳明洞，自号阳明子，学者称之为阳明先生，亦称王阳明。

明代著名的思想家、文学家、哲学家和军事家，陆王心学之集大成者，精通儒家、道家、佛家。

"陆王心学"是由儒家学者陆九渊、王阳明发展出来的心学的简称，或直接称"心学"；或有专门称为某哲学家的心学，如王守仁的"阳明心学"。陆王心学一般认为肇始孟子、兴于程颢、发扬于陆九渊，由王守仁集其大成。陆王心学与程朱理学虽有时同属宋明理学之下，但多有分歧，陆王心学往往被认为是儒家中的"格心派"（一称"主观唯心主义"），而程朱理学为"格物派"（一称"客观唯心主义"）。

阳明学，通常又称作王学、心学，是由明代大儒王阳明发展的儒家理学。元代以及明初以来流行的程颐朱熹一派的理学强调格物以穷理，王阳明则继承宋代陆九渊强调"心即是理"，即最高的道理不需外求，而从自己心里即可得到。王阳明的主张为其学生们继承并发扬光大，并以讲会的形式传播到民间，其中又以泰州学派（又被称作左派王学）将其说法推向一个极端，认为由于理存在于心中，因此"人人可以成尧舜"，即使不是读书人的平民百姓、也可以成为圣人。王学这种"心即理"看法的发展，也影响了明朝晚期思想中对于情欲的正面主张和看法，由于心即理，因此人欲与天理，不再如朱熹所认为的那样对立，因此是可以被正面接受的，这种主张的代表人物就是李贽。

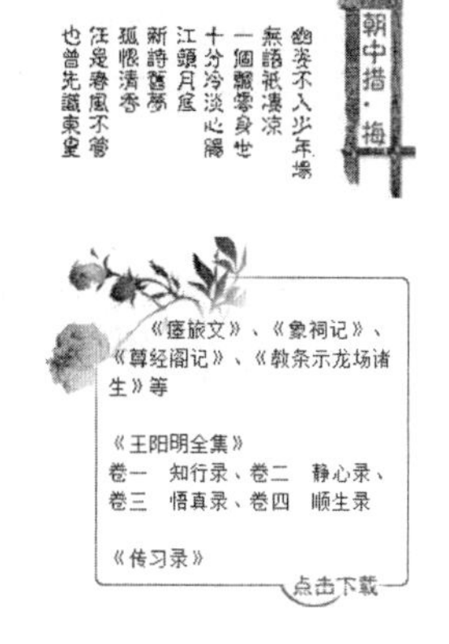

图 9-48　main 最终效果图

他几个导航项和"阳明心学"的属性设置相似，只是链接的文件名不同，采用相应的文件进行链接。

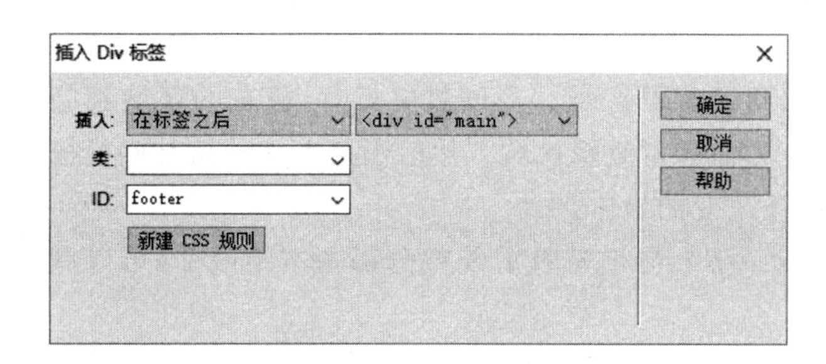

图 9-49　插入 Footer

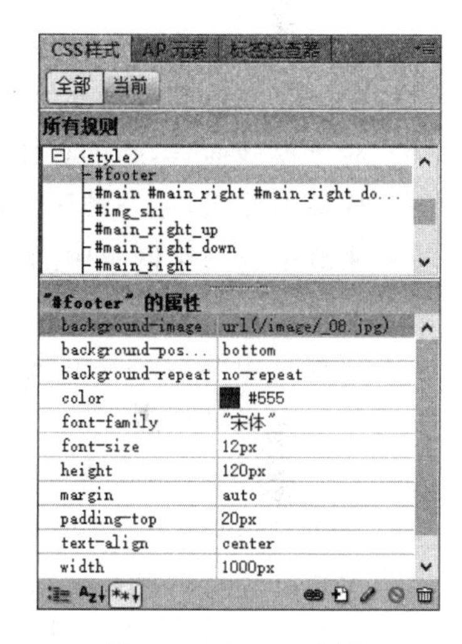

图 9-50　Footer 属性

图 9-51　Footer 效果图

图 9-52　"《瘗旅文》"属性

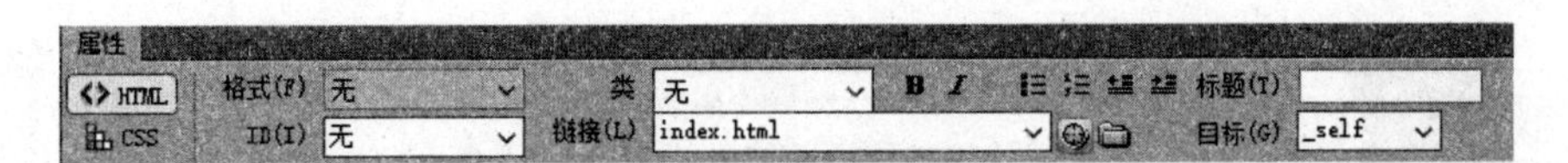

图 9-53 “首页”属性

图 9-54 “阳明心学”属性

(16) 网页标题设置为“知行合一”,保存 index.html 文件并预览,就可以看到首页效果了。当然,在设置的过程中也需要不断地预览查看对齐效果,方便调整对象属性。最后的首页效果如图 9-2 所示。

9.4.3 模板制作

模板是网页编辑软件生成具有相似布局结构和外观的一种网页制作功能。如果希望站点中的网页享有某种特性,例如相同的布局结构、相似的导航栏等,模板是非常有用的。

对于模板而言,新的页面可以从一个模板中创建。一旦被创建,这个新的文档将保持和原来模板的联系,除非被明确地隔离分开。一旦把模板应用于一组网页,就可以通过编辑该模板来改变这一组网页中的共享信息。例如,将模板中的导航栏更改后,应用该模板页面中的导航栏将自动被更新。

模板是由两类区域组成的:锁定区域和可编辑区域。当创建模板时,所有的区域都是锁定的。定义模板过程的一部分就是指定和命名可编辑区域。然后当某个文档从某些模板中创建时,可编辑的区域则成为唯一可以被改变的地方。

这里,Banner 和 Logo 部分(稍微修改一下)、导航栏及底线部分都基本不改变,可以制作成模板的锁定区域。

(1) 修改“效果图.psd”,并切片。

① 在 Photoshop CS6 中打开“效果图.psd”,隐藏部分图层,留下如图 9-55 所示的图层效果。

图 9-55 背景效果

② 将 Banner 由原来的 180px 改为 130px，先作一条水平 130px 的参考线，选择松树所在图层，利用选择和移动工具调整松树的位置，并将移动后的原位置填充图片底色。

③ 吸取仙鹤周围颜色为前景色，再利用【选择工具】和【填充工具】抹去仙鹤。

④ 最后将导航图层上移至参考线，效果如图 9-56 所示，另存为“效果图 2. psd”。

图 9-56　修改后背景效果

⑤ 再作一条水平 600px 的参考线，重新切片成三块，单击切片工具【属性】面板中的【基于参考线切片】按钮，效果如图 9-57 所示。保存切片文件名为 bg_01. gif、bg_02. gif、bg_03. gif。

图 9-57　基于参考线切片

(2) 执行【文件】|【新建】，选择【空模板】|【HTML 模板】，单击【文件】|【保存】命令，在打开的【另存模板】对话框中输入文件名为“mb”，系统会在站点根文件夹下自动新建一个 Templates 文件夹，模板文件就放在该文件夹下。导入公用的 CSS 样式文件，【格式】|【CSS 样式】|【附加样式表】，如图 9-58 所示进行导入。

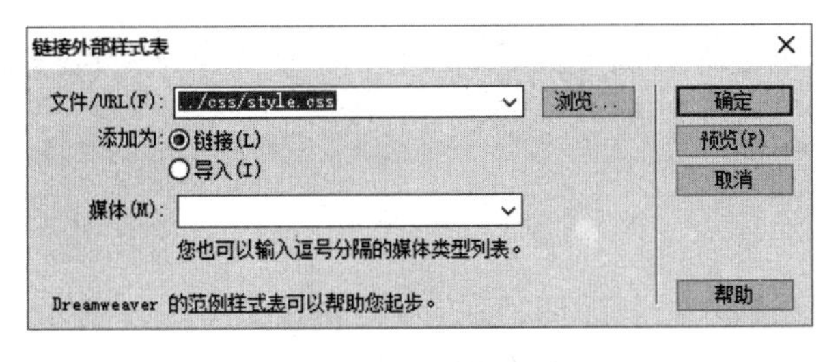

图 9-58　附加样式表

(3) 在空白模板文件中，先作 banner 层，选择【插入】|【布局对象】|【Div 标签】，创建设置如图 9-59 所示，CSS 属性如图 9-60 所示。

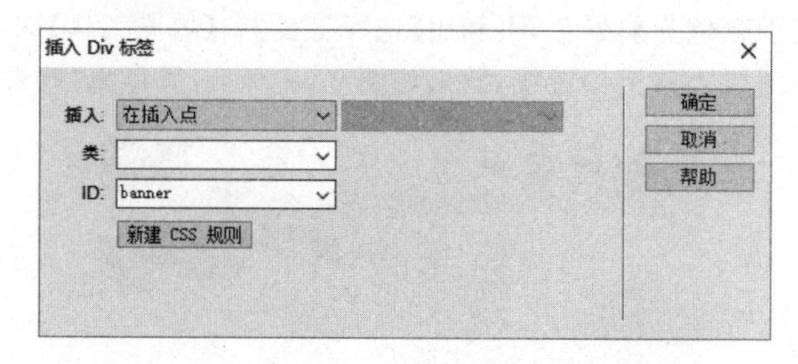

图 9-59　创建 banner 层

(4) 打开 index.html 文件，选中导航表格 bg，复制到模板文件 mb.dwt 的 banner 层中，同时属于 bg 层的相关 CSS 也会一并被复制过来。同样方法将 index.html 中的 footer 层复制到 mb.dwt 中 banner 的后面。注意，需要将 footer 属性中 background-image 的地址修改为“url(../images/bg_03.jpg)”，属性如图 9-61 所示，整体效果图如图 9-62 所示。

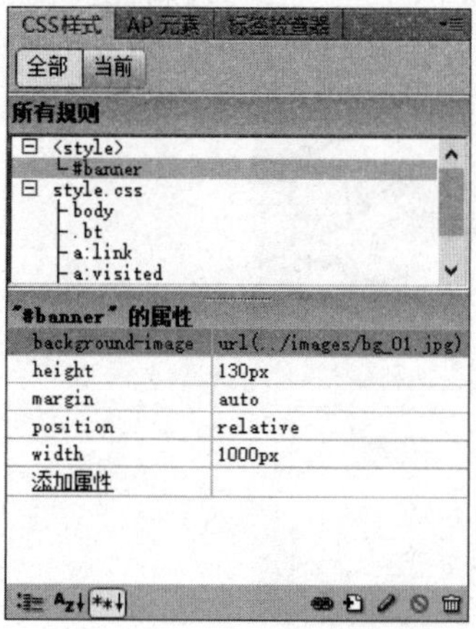

图 9-60　banner 层属性

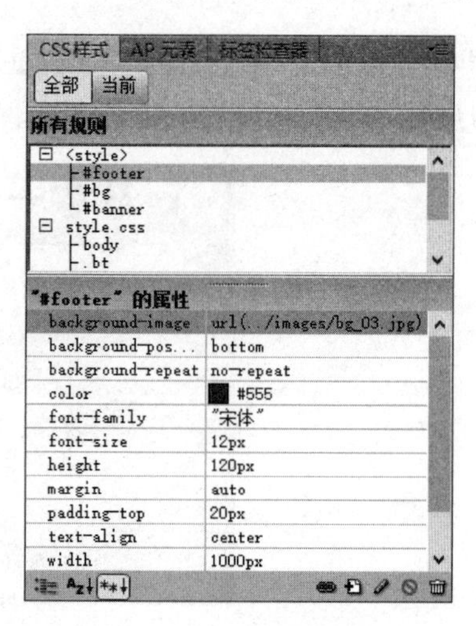

图 9-61　footer 层属性

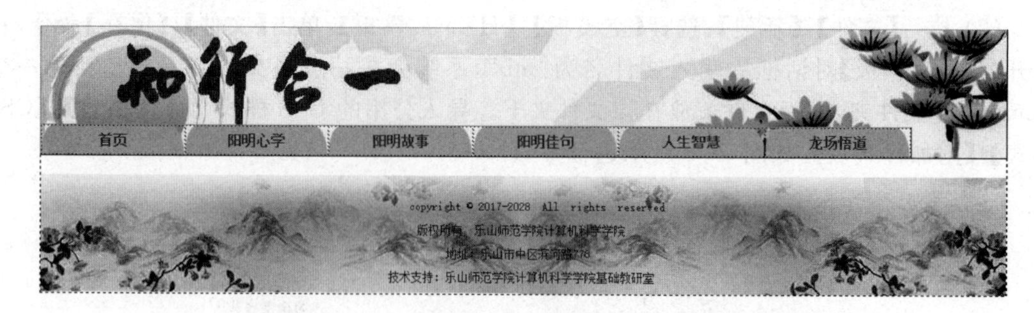

图 9-62　效果图

(5) 在 banner 层后插入一个新 DIV 层 main，创建如图 9-63 所示，属性如图 9-64 所示，单击【插入】|【模板对象】|【可编辑区域】命令，弹出一个【新建可编辑区域】对话框，输入名

称,比如输入“main”,如图 9-65 所示。导航里的超级链接全部重新链接一次(模板和主页文件存储地址不一样,Dreamweaver 里采用的是相对地址),最终模板文件 mb. dwt 效果如图 9-66 所示。

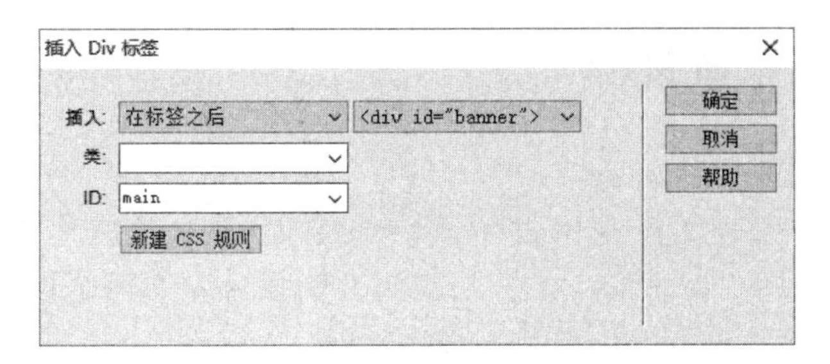

图 9-63 创建 main 层

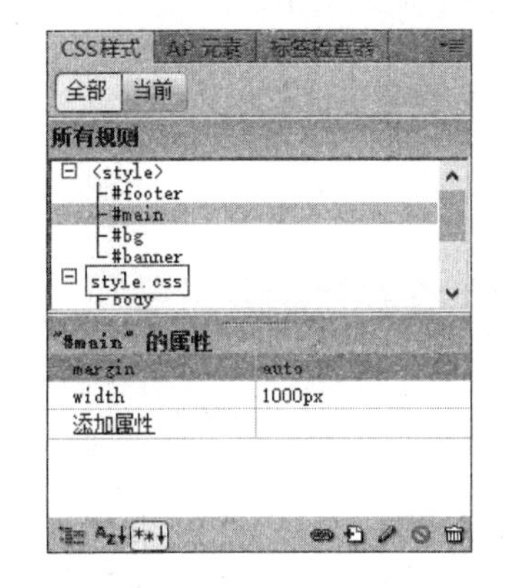

图 9-64 main 层属性

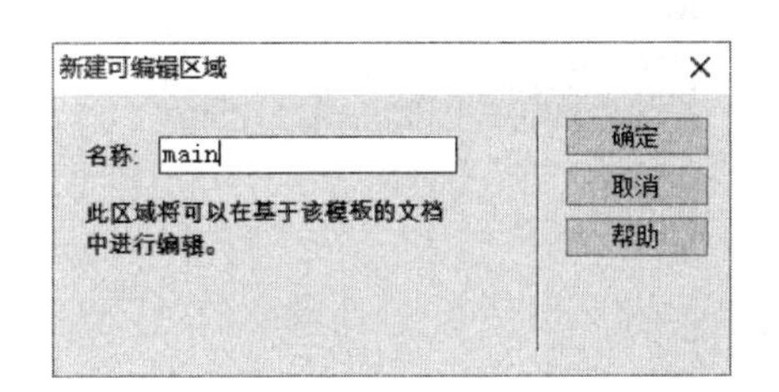

图 9-65 新建可编辑区域

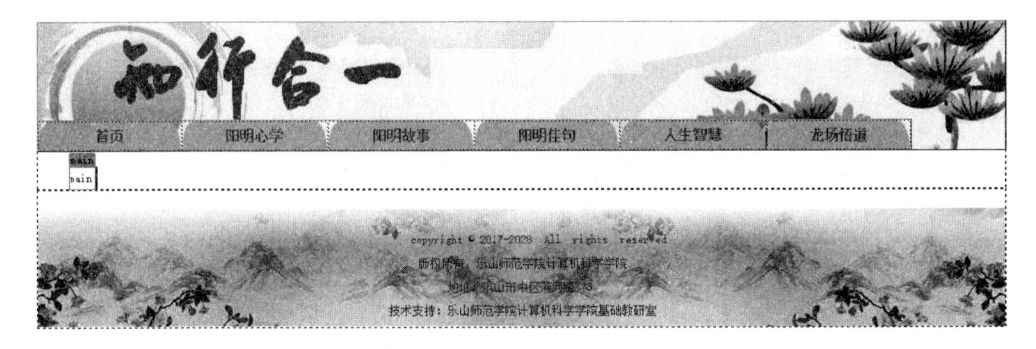

图 9-66 模板文件效果图

在模板中,可编辑区域是要制作的页面的部分,对于基于模板的页面,能够改变可编辑区域中的内容。锁定区域是页面布局的一部分,在文档中始终保持不变。定义的可编辑区域被加亮显示,区域周围被浅蓝色的线框所包围,区域左上角是可编辑区域的名称。新建、打开的模板页面和普通的网页没什么两样,同样可以加入表格、层、图片、动画、脚本,设置页面属性等。

若还有其他区域需要编辑,同理操作。

注意：新建和使用模板前需定义站点。模板使用的是相对路径，如果没有指定网站在本地的位置，软件就不能准确找到并保存模板文件，并且在应用模板新建和更新页面时，页面中的超链接也不能随页面文件保存位置的不同而相应地变化。

9.4.4 其他页面制作

1. 阳明心学的制作

(1) 新建网页，存储在文件夹 html 下，名为 ymxx. html，并导入 style. css 样式文件。插入 DIV 层，属性如图 9-67 所示，在 zt 层里再分别插入左右两个层，属性如图 9-68 和图 9-69 所示。

(2) 在 zt_right 中插入 5 个 DIV 层，属性都如图 9-70 所示。

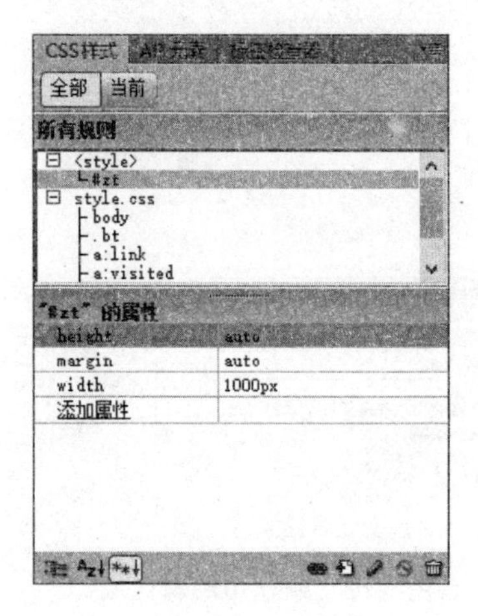

图 9-67 zt 属性

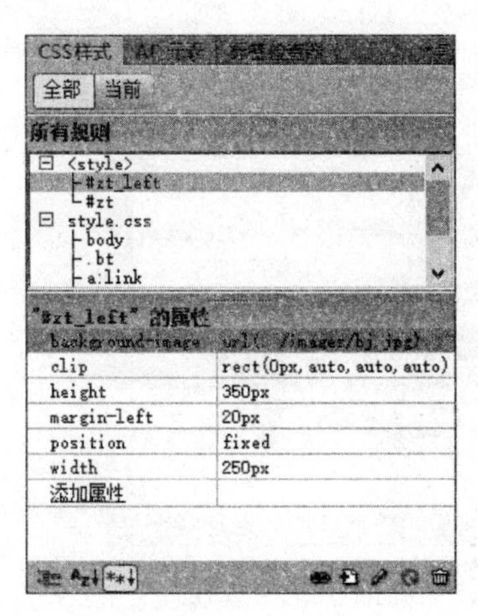

图 9-68 zt_left 属性

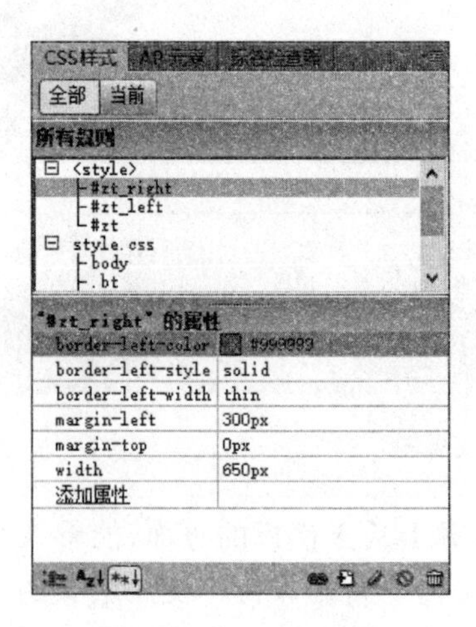

图 9-69 zt_right 属性

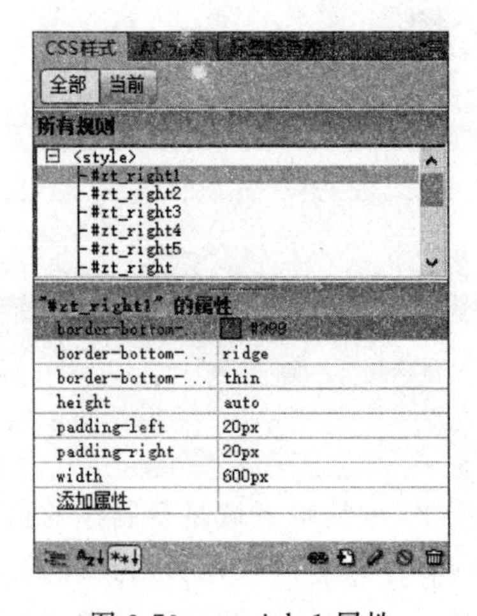

图 9-70 zt_right1 属性

(3) 输入相关文字后，并将标题文字设置为 bt 样式。

(4) 作好左右两个层的命名锚记的超级链接。

(5) 在【资源】面板中单击【模板】,选中 mb,单击面板左下角【应用】按钮,如图 9-71 所示,弹出对话框进行如图 9-72 所示的设置,单击【文件】|【全部保存】即完成网页的制作,最终效果如图 9-73 所示。

图 9-71　【模板】面板

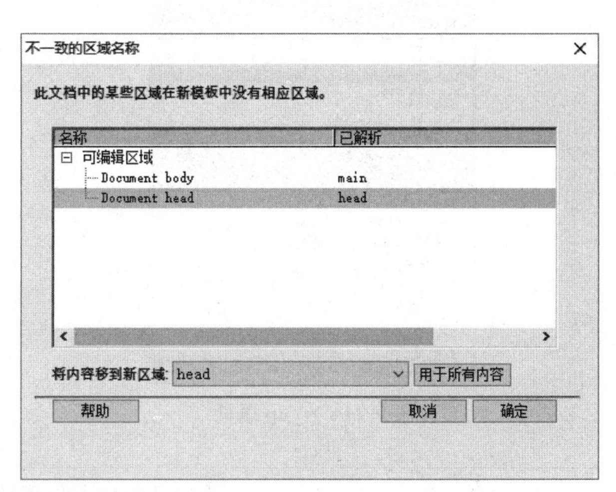

图 9-72　【不一致的区域名称】对话框

图 9-73　"阳明心学"最终效果图

2. 阳明故事的制作

(1) 新建网页,存储在文件夹 html 下,名为 ymgs. html,并导入 style. css 样式文件。插入 DIV 层 zt，在 zt 层里再分别插入上中下三个层，属性如图 9-74～图 9-76 所示。

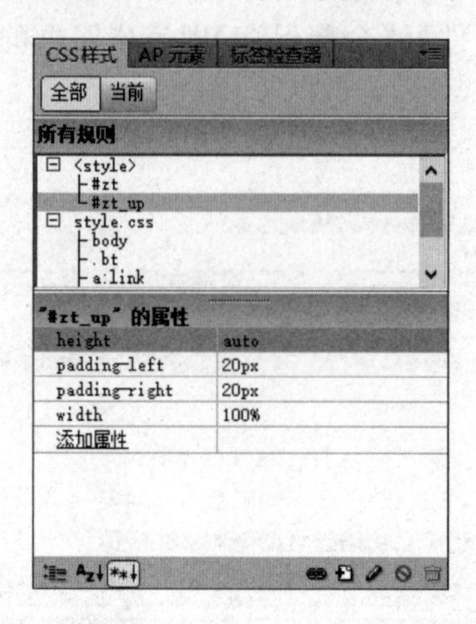

图 9-74　zt_up 属性

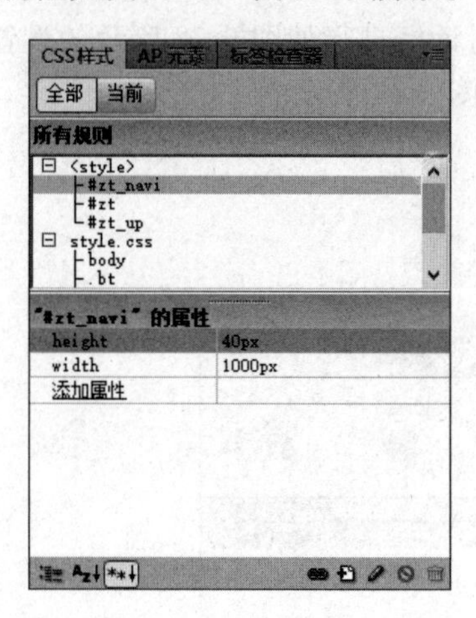

图 9-75　zt_navi 属性

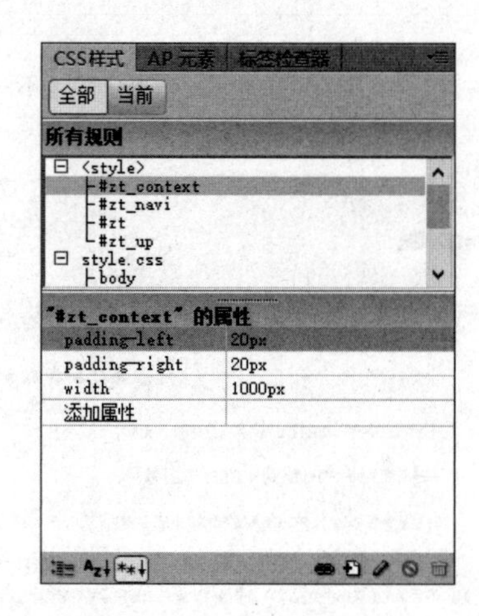

图 9-76　zt_context 属性

(2) 在 zt_navi 层中插入 1 行 6 列表格(ID：bg1)，表格属性如图 9-77 所示(设置 bg1 的 CSS 字体为 12)，单元格属性如图 9-78 所示，并设置单元格内文字为白色。

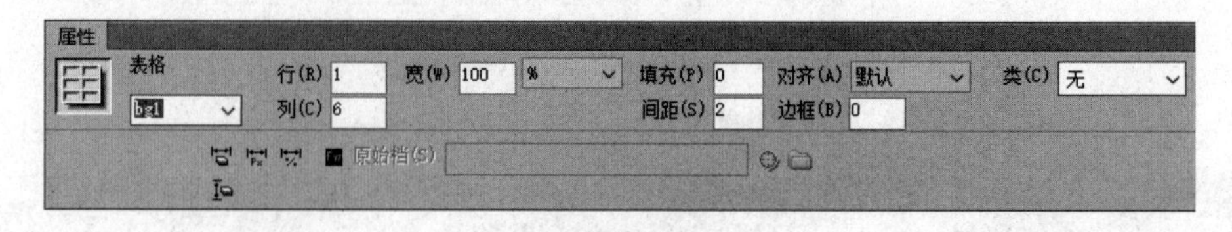

图 9-77　表格属性

(3) 其他两层输入相关文字后，并将标题文字设置为 bt 样式。

(4) 作好 zt_navi 和 zt_context 命名锚记的超级链接。

(5) 像制作“阳明心学”一样套用模板 mb，单击【文件】|【全部保存】即完成网页的制作，最终效果如图 9-79 所示。

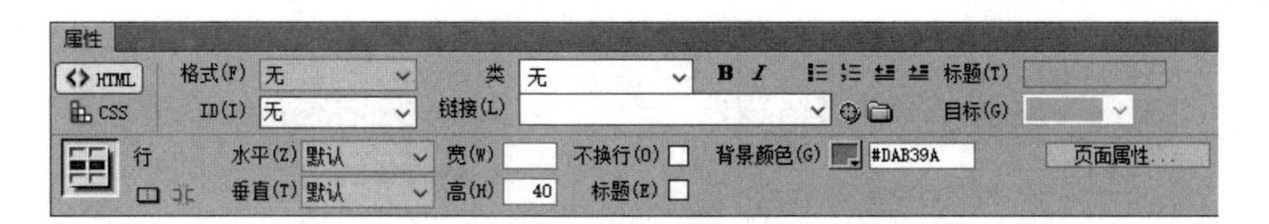

图 9-78 单元格属性

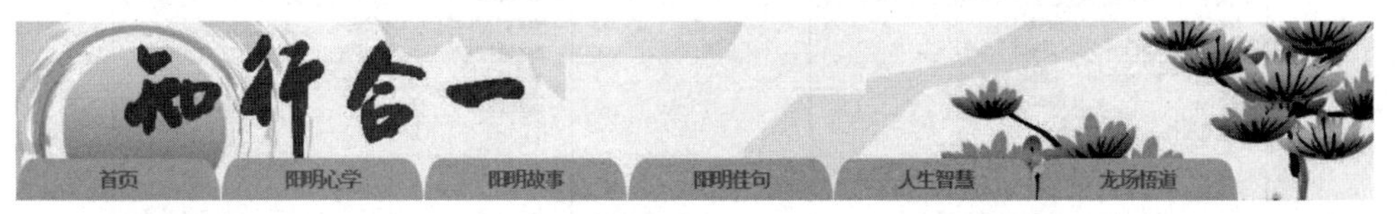

图 9-79 “阳明故事”最终效果图

3. 阳明佳句的制作

(1) 新建网页，存储在文件夹 html 下，名为 ymjj1.html，并导入 style.css 样式文件，如图 9-67 所示插入 DIV 层 zt(在网页制作完成后，根据网页内容高度最后再确定 zt 高度具体的值，这里设置为 600px)，在 zt 层里再分别插入两个层，属性如图 9-80 和图 9-81 所示。

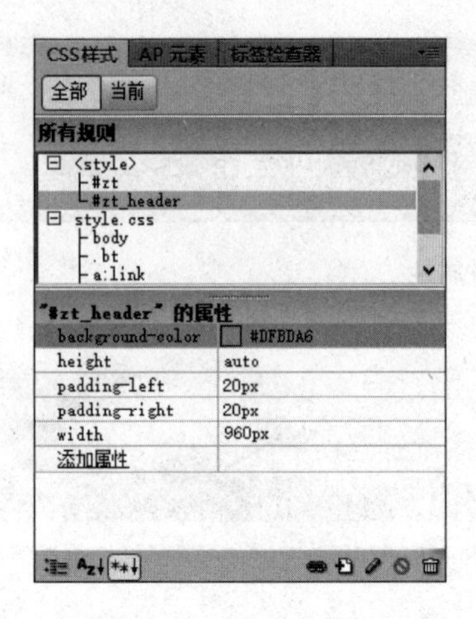

图 9-80　zt_header 样式

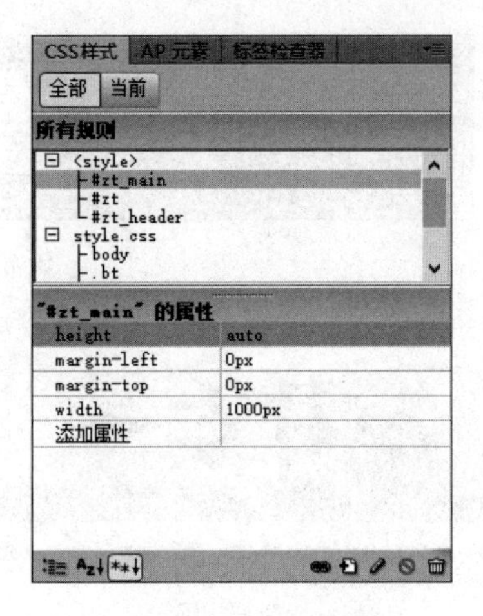

图 9-81　zt_main 样式

(2) 并在 zt_main 层中插入左右两个 DIV 层 zt_main_left 和 zt_main_right，属性如图 9-82 和图 9-83 所示。

(3) 在 zt_main_right 层中输入相关文字后，插入图片 last.jpg 和 next.jpg，调整位置后，设置超级链接如图 9-84 所示，同样方法设置另一张图链接到 ymjj2.html。

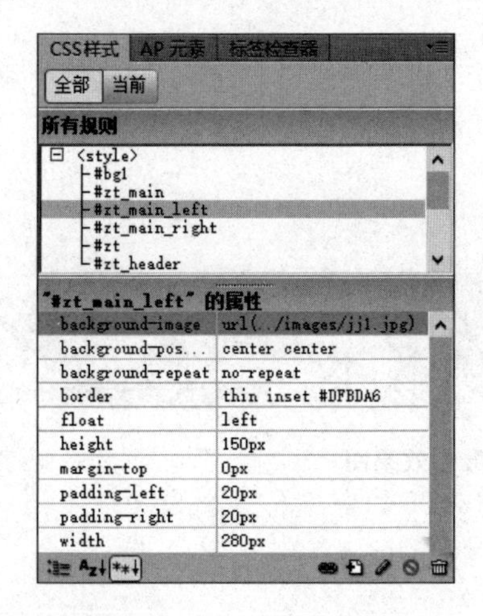

图 9-82　zt_main_left 属性

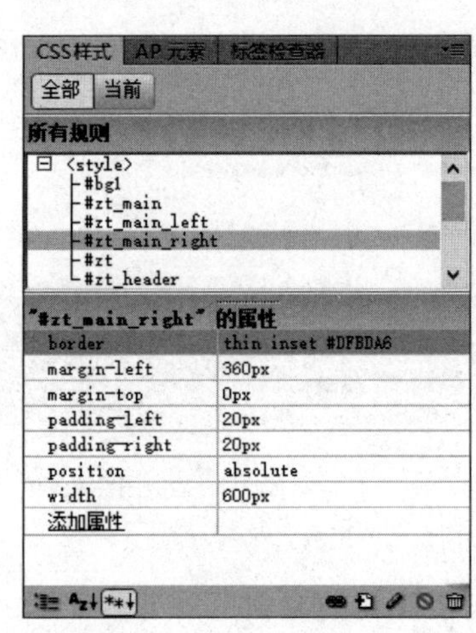

图 9-83　zt_main_right 属性

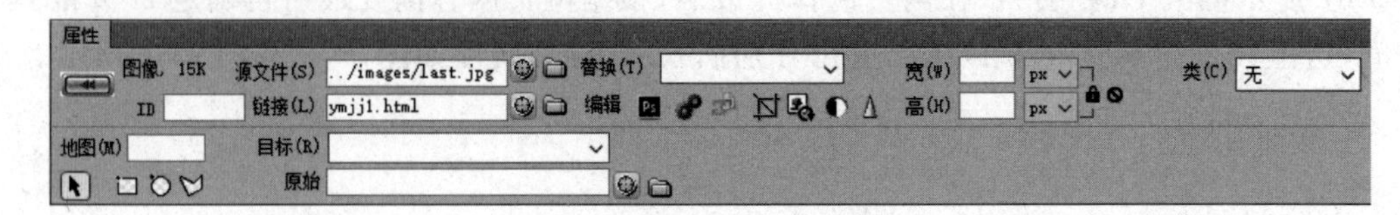

图 9-84　图片属性

(4) 像制作“阳明心学”一样套用模板 mb，单击【文件】|【全部保存】即完成网页的制作，最终效果如图 9-85 所示。

(5) 对 ymjj1.html 进行适当修改，就可以得到阳明佳句的其他子网页，分别存储为

图 9-85 "阳明佳句"效果图

ymjj2. html 和 ymjj3. html。

4. 人生智慧的制作

(1) 新建网页，存储在文件夹 html 下，名为 rszh. html，并导入 style. css 样式文件。插入 DIV 层 zt，属性如图 9-67 所示，在 zt 层里再分别插入上下两个层，属性如图 9-86 和图 9-87 所示。

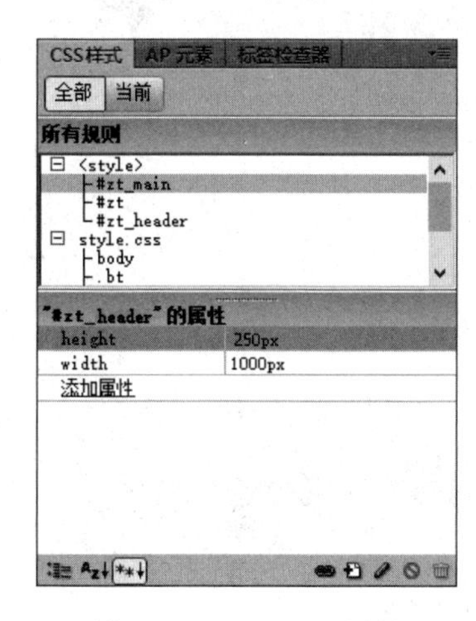

图 9-86 zt_header 属性

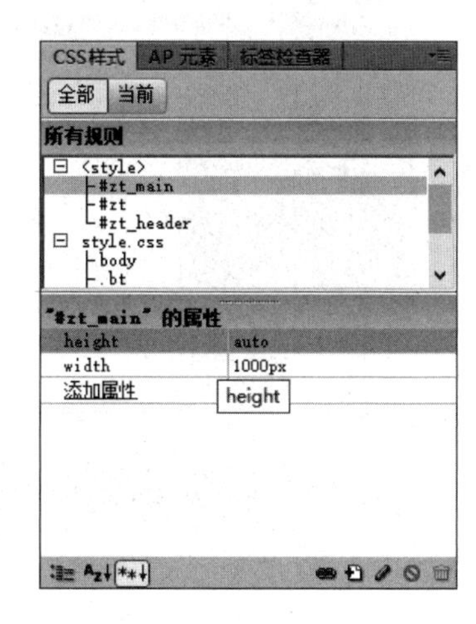

图 9-87 zt_main 属性

(2) 在 zt_header 层中再插入两个层,属性如图 9-88 和图 9-89 所示。

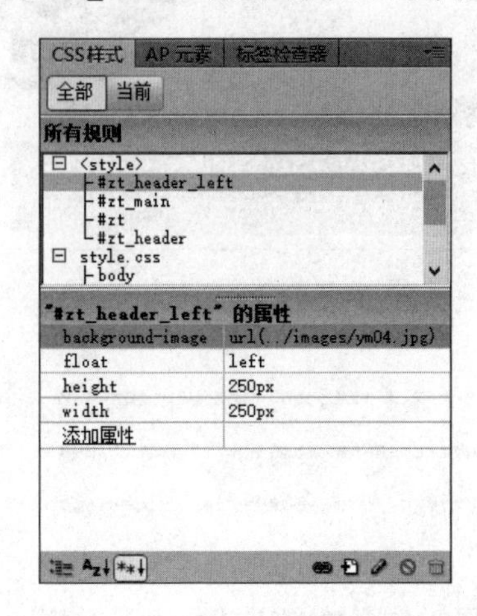

图 9-88 zt_header_left 属性

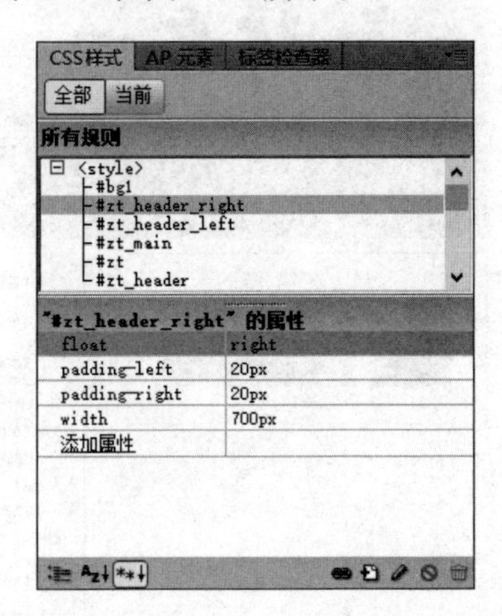

图 9-89 zt_header_right 属性

(3) 在 zt_main 中插入 10 行 1 列表格(ID:bg1),表格属性如图 9-90 所示(将标题行行高设为 40,并设置 bg1 的 CSS 字体为 12),奇数单元格背景颜色为#F3E7DE。

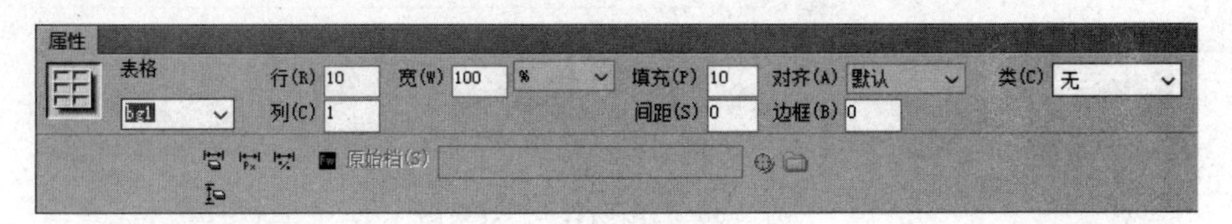

图 9-90 表格属性

(4) 输入相关文字后,并将标题文字设置为 bt 样式。

(5) 像制作"阳明心学"一样套用模板 mb,单击【文件】|【全部保存】即完成网页的制作,最终效果如图 9-91 所示。

图 9-91 "人生智慧"最终效果图

5. 龙场悟道的制作

(1) 新建网页,存储在文件夹 html 下,名为 lcwd. html,并导入 style. css 样式文件。插入 DIV 层 zt,如图 9-67 所示,属性如图 9-92 所示,在 zt 层里再分别插入两个层,属性如图 9-93 和图 9-94 所示。

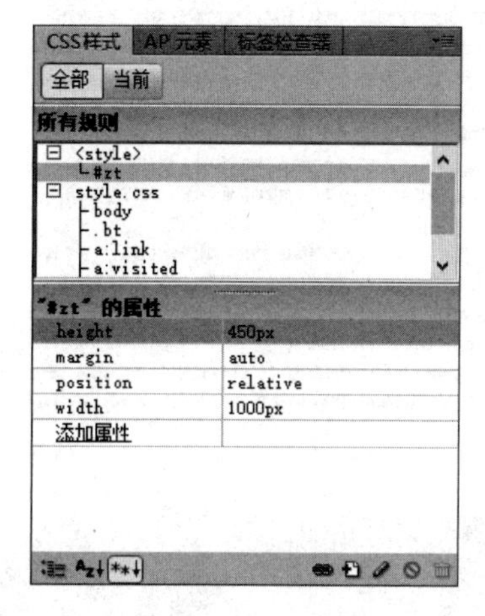

图 9-92 zt 属性

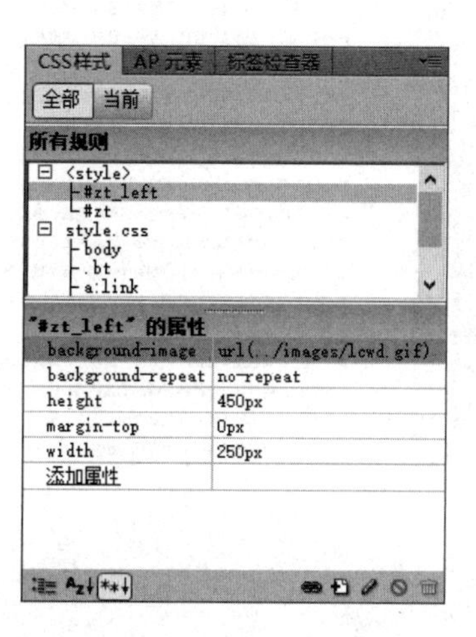

图 9-93 zt_left 属性

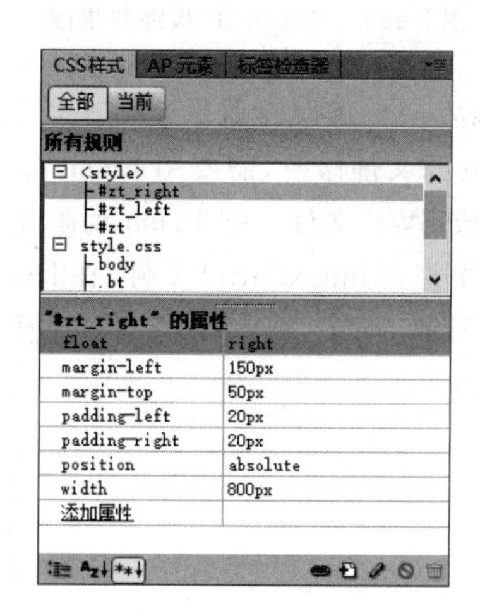

图 9-94 zt_right 属性

(2) 输入相关文字后,像制作"阳明心学"一样套用模板 mb,单击【文件】|【全部保存】即完成网页的制作,最终效果如图 9-95 所示。

6. 在网页中添加 Flash

若想让网页有动感、更炫彩,可以在网页上面添加 Flash 动画。当然,可以用前面第 7、8 章学到的知识自己作 Flash 动画,也可以利用网络资源,在网络上面有很多 Flash 高手作的漂亮 Flash 动画。当然,只是借鉴学习,不能用于商业领域。由于篇幅有限,这里以网络下载素材为例来学习。

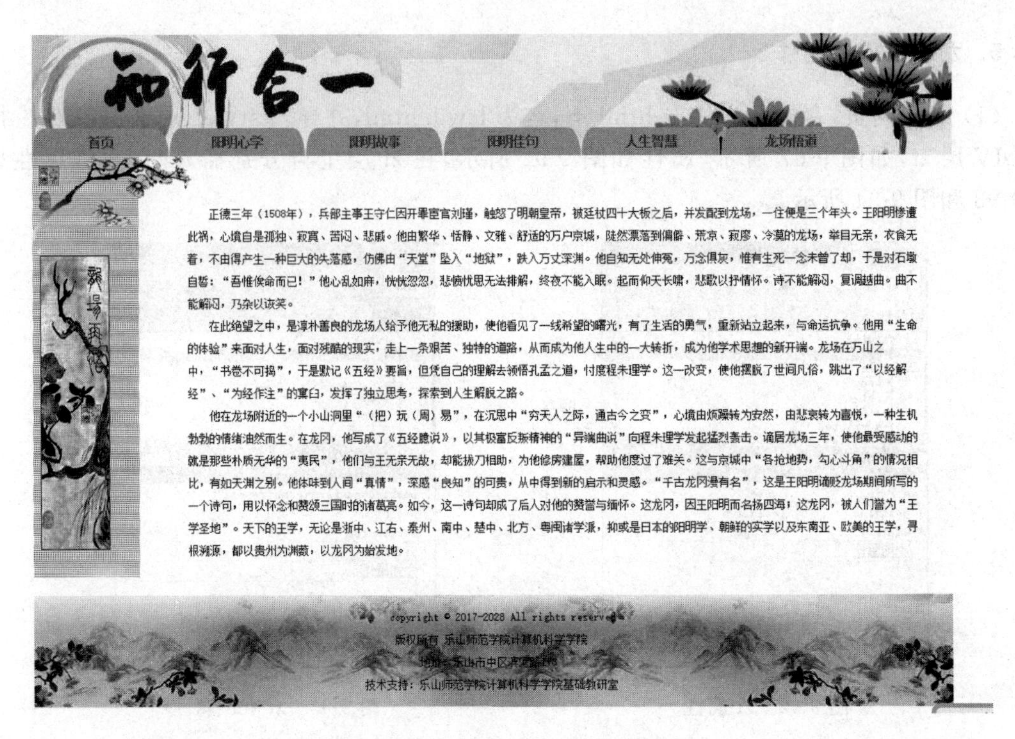

图 9-95 “龙场悟道”最终效果图

在网站首页的 Banner 上插入一个透明背景的动画来美化 Banner。首先，在网络上搜索下载。若需要对下载的 Flash 源文件修改，需要用 Flash 打开下载的 FLA 文件修改。若只有 FLA 源文件，则需要发布成 SWF 文件。把 Flash 动画插入网站首页步骤如下。

(1) 在 Dreamweaver CS6 中打开 index. html 文件，在 banner 层中插入 DIV 新层，设置如图 9-96 所示，属性如图 9-97 所示。定位于 flash 层中，单击【插入】|【媒体】|SWF 命令，插入 media 文件夹中的 12. swf 文件。

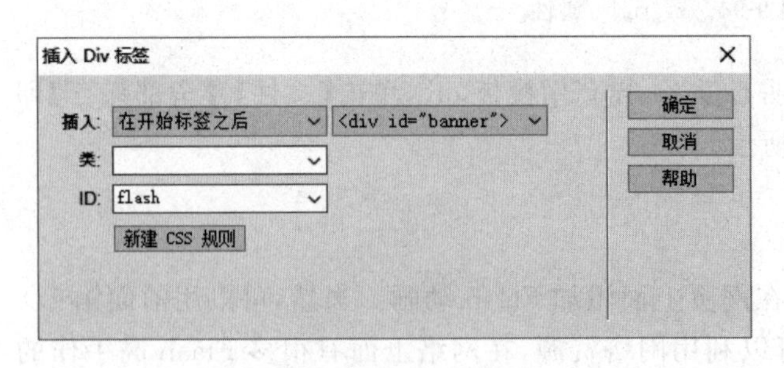

图 9-96 插入 DIV 标签

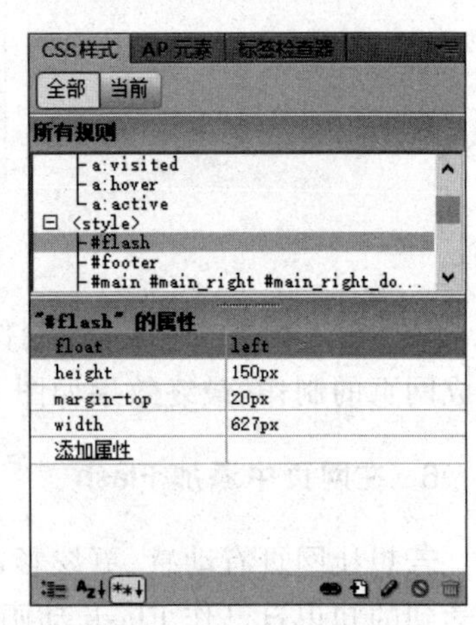

图 9-97 flash 层属性

(2) 选中该 SWF 文件，属性如图 9-98 所示，注意：wmode 设置为【透明】。

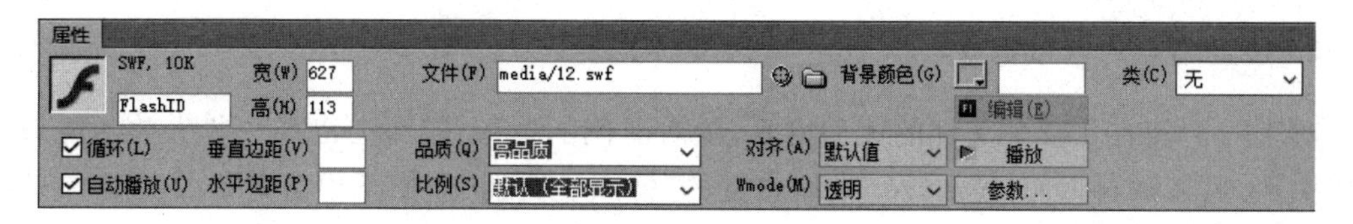

图 9-98 插入 Flash 效果

(3) 保存文件,预览。整个网页是不是更生动了呢?

(4) 若希望子页都有这样的动画,则需要在制作模板时就添加该 Flash 动画,这样就每页都有了。

9.5 测试和发布网站

一个网站从建立到投入使用通常要经过以下步骤:合理规划站点、构建本地站点和远程站点、站点的测试、站点的上传与发布。

在完成了本地站点所有页面的设计后,必须进行必要的测试工作,当网站能够稳定地工作后,就可以将站点上传到远程 Web 服务器上,使之成为真正的站点,这就是站点的发布。

9.5.1 站点的本地测试

当用户获得了域名和网站空间后,应当对本地站点进行完整的测试,再将页面上传到远程 Web 服务器中,主要的测试工作包括以下内容。

(1) 站点浏览器的兼容性检查。

(2) 站点的链接检查。

(3) 在浏览器里预览整个站点中的所有页面,检查可能存在的其他问题。

1. 检测浏览器的兼容性

Dreamweaver CS6 的"检查目标浏览器"功能可以检测当前 HTML 文档、整个本地站点或站点窗口中的一个或多个文件/文件夹在目标浏览器中的兼容性,查看有哪些标签属性在目标浏览器中不兼容,以便对文档进行修正更改。检测的主要方法如下:打开需要检查的 HTML 文档,然后选择【文件】|【检查页】|【浏览器兼容性】命令,稍等片刻后,即可看到目标浏览器的兼容报告,如图 9-99 所示。

图 9-99 浏览器的兼容报告

2. 检查站点的链接错误

对于一个拥有几百个文件的大型网站，随着时间的推移，难免会出现一些失效或无效的链接文件，可以通过 Dreamweaver CS6 内置的“链接检查器”功能来检查并修复这些失效或无效的链接文件。

(1) “链接检查器”功能可以用来检查当前打开的单一文件、文件夹或者整个本地站点文件。在结果面板上右击，在弹出的快捷菜单中选择【检查整个当前本地站点的链接】命令，稍等片刻后，即可在【链接检查器】选项卡中看到链接检查结果，如图 9-100 所示。

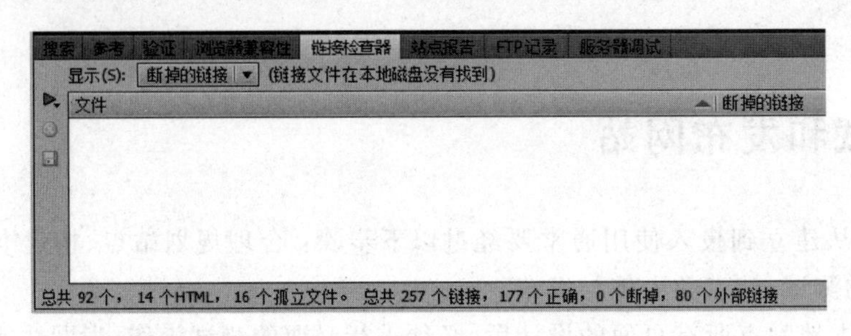

图 9-100 【链接检查器】选项卡

用户可以从【显示】下拉列表框中选择要检查的链接方式。

① 断掉的链接：检查文档中是否存在断掉的链接，这是默认选项。

② 外部链接：检查文档中的外部链接是否有效。

③ 孤立文件：检查站点中是否存在孤立文件，该选项只有在检查整个站点时才启用。

如果需要，用户可以单击【链接检查器】选项卡中的【保存】按钮，将这些报告保存成一个文件。

(2) 修复错误的链接。

用户可以通过【属性】面板和【链接检查器】选项卡来修复链接。

首先在【结果】面板中找到需要修复链接的文件，在【断掉的链接】列中直接输入正确的链接路径，或者单击后面的【浏览】按钮选择链接路径。

9.5.2 域名空间的申请

在 http://www.baidu.com 上面搜索域名空间的申请，可以得到很多相关信息。若需要申请免费的域名和空间，就需要搜索免费域名空间。直接访问 http://free.3v.do 就可以申请 100MB 免费域名空间。如图 9-101 所示，单击【注册】按钮进入注册页面，填入相关信息，申请成功即可登录进入自己的空间页面，如图 9-102 所示。特别要注意记下自己的 FTP 上传地址、FTP 上传账号和 FTP 上传密码，用于把已经作好的网站上传到该地址空间。至于系统自动分配的域名也要记住，它是用于访问自己的网页的网络地址。

9.5.3 发布站点

网页设计好并在本地站点测试通过后，必须把它发布到 Internet 上形成真正的网站，否则网站形象仍然不能展现出去。要构建远程站点，必须知道 ISP 提供的主页空间是如何支

图 9-101　free.3v.do 网站首页

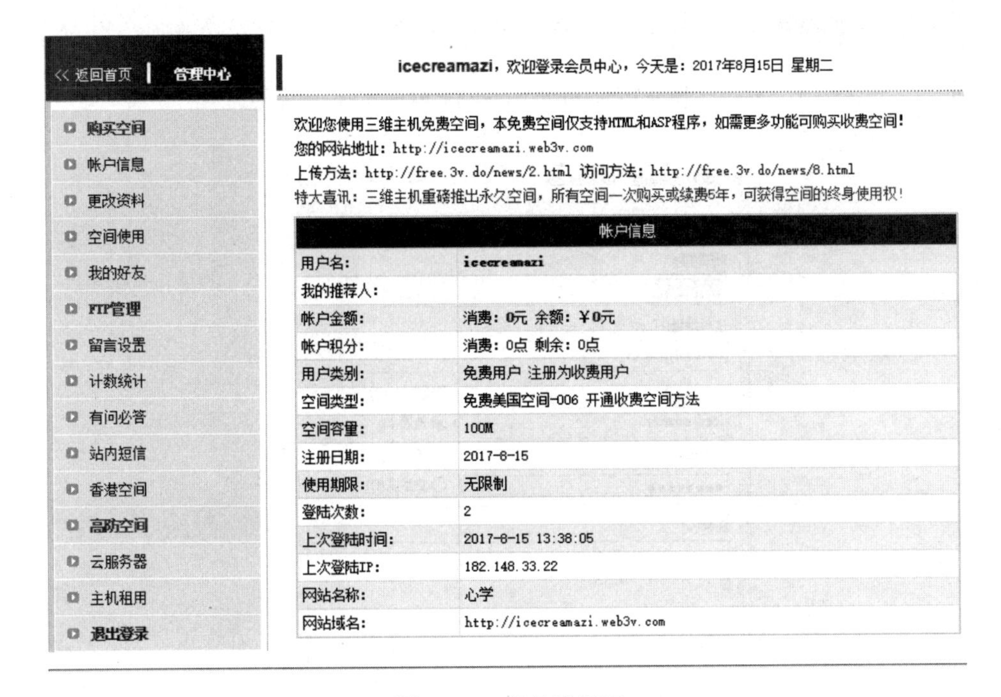

图 9-102　登录后界面

持上传的。网页的上传一般是通过 FTP 软件工具链接 Internet 服务器进行上传。FTP 软件很多，有 CutFTP、LeapFTP、FlashFXP 等，也可以使用 Dreamweaver 的站点管理器上传网页。

1. 直接使用软件登录前面申请到的 FTP 空间

打开已安装好的 CuteFTP 软件，界面如图 9-103 所示。单击【新建站点】命令，弹出【站点属性】对话框，如图 9-104 所示，输入已经记录下来的主机地址、用户名、密码。

注意登录方式要选择【普通】而不是【匿名】。单击【连接】按钮开始连接，这个连接过程可能会比较慢。

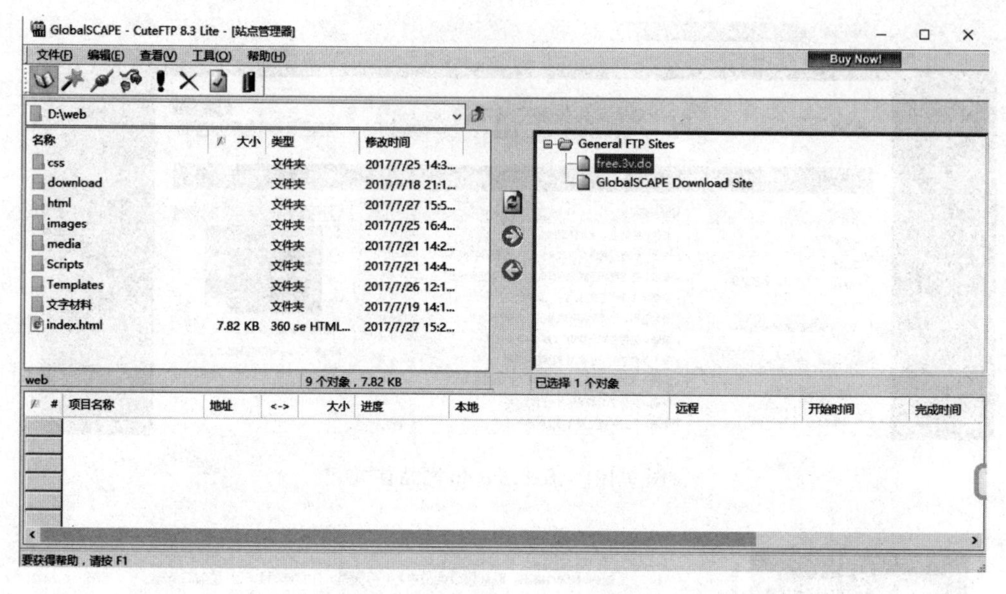

图 9-103　打开 CuteFTP 软件界面

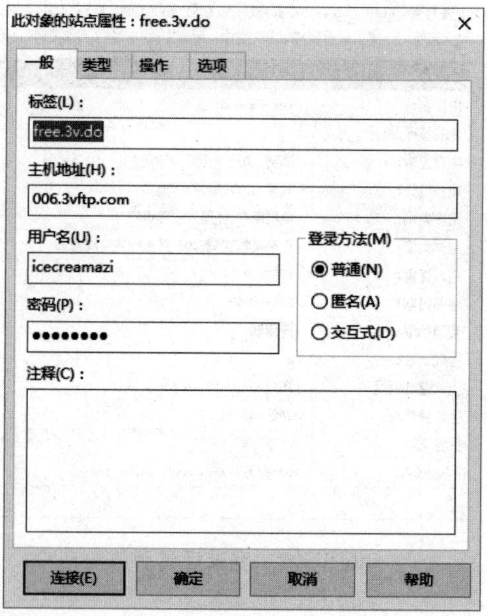

图 9-104　【站点属性】对话框

连接完成后，在左窗格中选定 D:\web 文件夹内需要上传的所有文件，单击 图标，开始上传文件到申请到的空间里面。当下面窗格中显示传送队列已完成时，网站就传送完毕了，如图 9-105 所示，这样就可以根据申请的网址访问自己的网站了。

2. Dreamweaver 内置 FTP 上传功能

Dreamweaver 内置了 FTP 上传功能，可以通过 FTP 实现本地站点和远程站点之间的

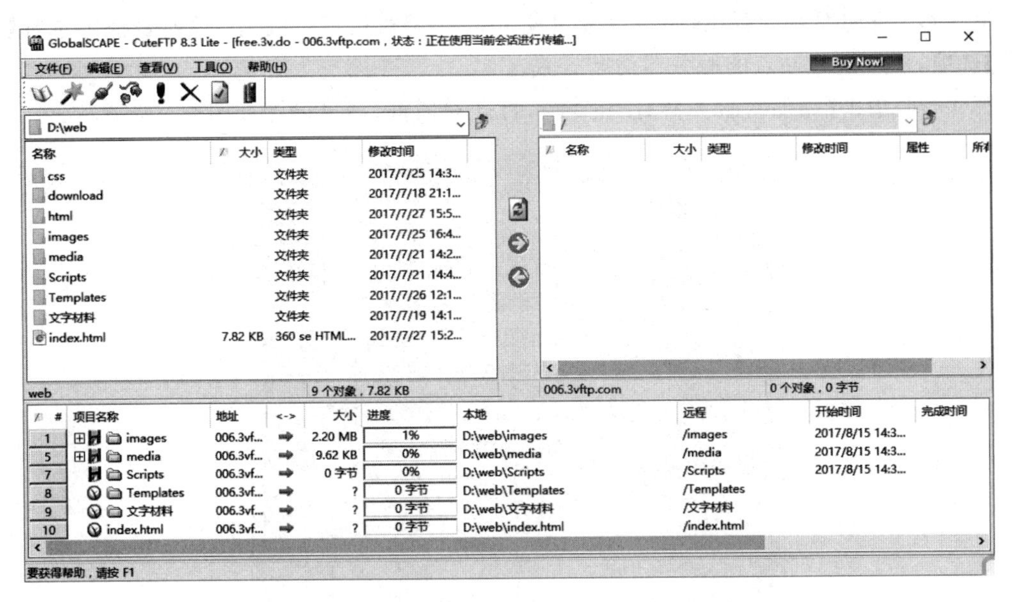

图 9-105　上传文件完毕

文件传输。

(1) 设置远程站点。当在本地机的硬盘上创建了本地站点后，如果需要将本地站点传输到远程服务器上，则必须在传输站点之前设置站点的服务器访问类型。本地站点建立的文件可以通过 FTP 上传到远程的 FTP 或 Web 服务器上。设置远程站点信息的具体步骤如下。

第 1 步：选择【站点】|【管理站点】命令，弹出【管理站点】对话框，如图 9-106 所示。

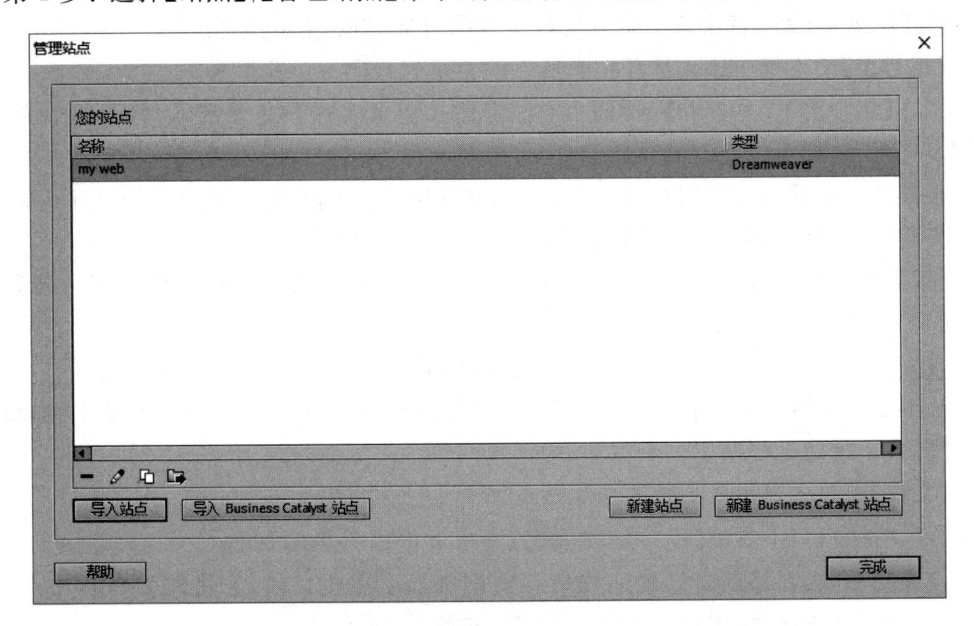

图 9-106　【管理站点】对话框

第 2 步：在其中的站点列表中，当前站点已经被突出显示，选择一个需要设置远程站点信息的站点，然后单击【编辑】按钮。

第 3 步：此时系统会弹出【站点设置对象 my web】对话框，在【分类】列表框中选择【服务器】选项，设置远程站点的服务器访问方式。

第 4 步：单击【添加新服务器】按钮 ，打开对话框，信息设置如图 9-107 所示。

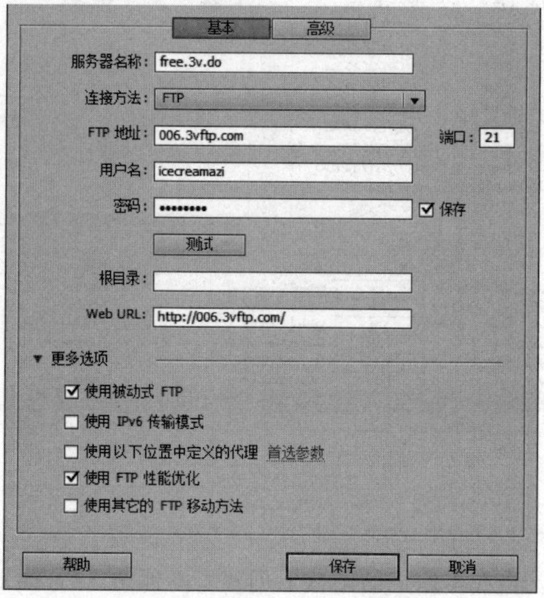

图 9-107　新建 FTP 链接

在该对话框中设置参数的含义如下。

在【FTP 地址】文本框中输入站点文件上传的目标 FTP 主机地址。

在【根目录】文本框中输入远程站点所在的主机目录名称。这里为空。

分别在【用户名】文本框和【密码】文本框中输入登录名称和登录密码，然后选中旁边的【保存】复选框，这样可以将密码自动保存。

如果某些防火墙要求使用被动式 FTP，也就是说，让本地的软件建立 FTP，而不是请求远程服务建立 FTP，这时应当选中【使用被动式 FTP】复选框。

【高级】选项卡中，若需要文件同步，需要勾选【保存时自动将文件上传到服务器】复选框，如图 9-108 所示。

设置好各个参数后，用户可以单击【测试】按钮测试 FTP 远程站点是否连通。

(2) 连接服务器。定义了远程站点后，还必须建立本地站点和 Internet 服务器的真正连接，才能真正构建远程站点。步骤如下。

在【文件】窗口中显示要上传的本地站点。

单击【文件】窗口上方的【连接】按钮 ，连接过程如图 9-109 所示。

连接成功后，会在站点窗口的远程站点窗格中显示主机目录，它将作为远程站点根目录。同时原先的“连接”按钮转变为“断开连接”按钮。

(3) 文件的上传和下载。

在设置本地站点信息和远程站点信息后，就可以进行本地站点与远程站点间文件的上传及下载操作。具体的操作步骤如下。

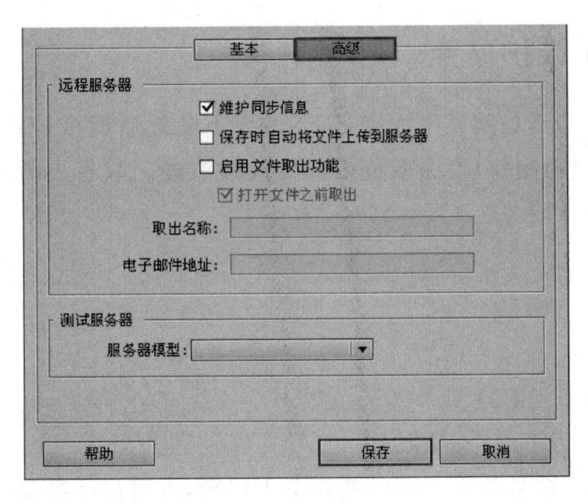

图 9-108　设置文件同步方式

图 9-109　连接服务器

① 在 Dreamweaver 中设置本地和远程服务器信息。

② 将本地计算机连入 Internet。

③ 在站点管理窗口中打开要进行上传或下载文件操作的站点，将 Dreamweaver 与远程服务器接通，接通后，文件窗口选择【远程服务器】即可显示远程服务器中的文件目录，如图 9-110 所示。

图 9-110　远程服务器中的文件目录

④ 与远程服务器连通后，即可在站点管理窗口中上传及下载站点文件。

9.5.4 更新维护站点

网站上传完成后并不是就完事大吉了，还需要不断地后期维护站点。比如更新网站信息，链接出现问题要重新制作，有无效链接需要及时清理。只有不断地更新维护，网站才能吸引更多的人气。

思考与实践

完成一个综合的个人网站

1. 制作前请思考以下几个问题。

(1) 个人网站的主题是什么？可以选择个人展示，也可以选择某一兴趣爱好的介绍，或者科普知识的普及等。

(2) 确定主题后，该个人网站应该包括哪几个板块的内容？首页应该展现的是什么内容呢？例如，个人展示可以包括首页，个人介绍、照片展示、日志和留言板等板块。

(3) 根据确定的主题、内容和该网站面对的受众用户群，确定网站的风格。所谓网站风格是指，网站页面设计上的视觉元素组合在一起的整体形象，展现给人的直观感受。这个整体形象包括网站的配色、字体、页面布局、页面内容、交互性、海报、宣传语等因素。

(4) 网站采用什么色系？主色和辅助色是什么？例如，个性可爱的女生，个人展示可以采用红色色系，比如＃FF9999＋＃99CC33＋＃FFCC99，也可以根据 Banner 和图片的色调来决定网站的色调。(注意：色彩的饱和度和亮度的调整可以使网站呈现不同的风格。)

(5) 网站的布局结构如何？请画出首页的结构图。例如，图 9-111 就是一种目前流行的个人网站布局结构。

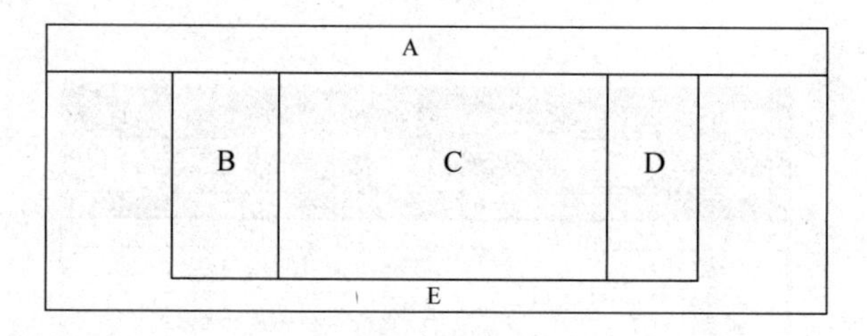

图 9-111　首页结构图

A 区：网站 Logo 与 Banner，网站中的个人标志和形象。

B 区：个人信息展示。

C 区：网站主要内容区。

D 区：网站图片内容，也起到美化网站的作用。

E 区：网站版权信息，声明本网站的版权所有信息。

(6) 网站实现的技术采用哪些？比如是采用主流的 CSS＋DIV？还是采用表格或者框架？

2. 确定以上内容后,根据情况制作满足以下要求的网站。

(1) 使用的技术要求。

① 用 Dreamweaver CS6 或其他版本制作网页时要体现布局(DIV、表格或者框架),要有背景音乐、超链接。注意网页的宽度根据网站风格自行确定(目前流行宽屏,可以设置宽度为 100%,也可以定宽为 1000px)。

② 用 Photoshop CS6 制作图片,美化网页,必须要有网站 Logo 和网站 Banner,素材请根据网站内容自行设计实现。

③ 用 Flash CS6 制作动画插入网页中,让网页生动。可以用动画表现 Banner,也可以用动画表现按钮等。

(2) 内容要求。

① 首页里面要有各个模块,要有网页导航,至少 5 个模块。

② 要体现个性特色,内容丰富。

(3) 风格要求。

① 要统一色调,和谐美观,干净整洁。

② 体现自己的性格与爱好。

③ 内容与形式相统一。

④ 主题鲜明。

⑤ 导航清晰。

⑥ 功能多样,使用方便。

参 考 文 献

[1] 刘瑞新，等. 网页设计与制作教程[M]. 4 版. 北京：机械工业出版社，2013.
[2] 陈建国，李勤. 网页设计实用技术[M]. 北京：中国水利水电出版社，2014.
[3] 周文洁. HTML5 网页前端设计[M]. 北京：清华大学出版社，2017.
[4] 李东博. HTML5＋CSS3 从入门到精通[M]. 北京：清华大学出版社，2013.
[5] 刘瑞新. 网页设计与制作教程[M]. 5 版. 北京：机械工业出版社，2015.
[6] 常开忠，唐青. Dreamweaver CS6 网页制作从入门到精通[M]. 北京：清华大学出版社，2014.
[7] 宜亮. DIV＋CSS 网页样式与布局实战详解[M]. 北京：机械工业出版社，2013.
[8] Elizabeth Castro，Bruce Hyslop. HTML5 与 CSS3 基础教程[M]. 北京：人民邮电出版社，2014.
[9] Rob Larsen. HTML5 & CSS3 编程入门经典[M]. 北京：清华大学出版社，2014.
[10] 周建国. Photoshop 平面设计实用教程[M]. 北京：人民邮电出版社，2008.
[11] 数字艺术教学研究室. 中文版 Photoshop CS6 基础培训教程[M]. 北京：人民邮电出版社，2012.
[12] 于学斌. Photoshop CS6 界面设计创作实录[M]. 北京：清华大学出版社，2013.
[13] Adobe 公司. Adobe Photoshop CS6 中文版经典教程：彩色版[M]. 北京：人民邮电出版社，2014.
[14] 李林，苏炳均. Flash CS5 动画制作教程[M]. 北京：清华大学出版社，2014.
[15] 新视角文化行. Flash CS6 动画制作实战从入门到精通[M]. 北京：人民邮电出版社，2013.
[16] 九州书源. Flash CS6 动画制作[M]. 北京：清华大学出版社，2015.